"十三五"普通高等教育系列教材

DIANJI YU TUODONG JICHU

电机与拖动基础

刘学军　编著
周振雄　主审

中国电力出版社
CHINA ELECTRIC POWER PRESS

内 容 提 要

本书为"十三五"普通高等教育系列教材。全书共分 11 章，内容包括概述、直流电机、电力拖动系统的动力学基础、直流电动机的电力拖动、变压器、交流电机的基本理论、异步电动机、三相异步电动机的电力拖动、同步电机及同步电机的电力拖动、控制电机及其他用途的电动机、电力拖动系统中的电机选择。书中列举了丰富的例题和提供大量的习题，并附有参考答案，具备易于讲授、便于自学、理解和掌握的特点。本书有配套教材《电机与拖动基础学习指导》，提出了学习要点，对教材的全部习题进行详细解答，并提供了实验指导书。

本书可作为电气工程及其自动化、自动化、机电一体化、测控技术与仪器等相关专业的本科教材，也可供成人高等教育和大专院校相关专业选用，还可供电气工程技术人员参考使用。

图书在版编目(CIP)数据

电机与拖动基础/刘学军编著. —北京：中国电力出版社，2016.6（2024.7 重印）
"十三五"普通高等教育规划教材
ISBN 978-7-5123-9346-2

Ⅰ．①电… Ⅱ．①刘… Ⅲ．①电机-高等学校-教材 ②电力传动-高等学校-教材 Ⅳ．①TM3 ②TM921

中国版本图书馆 CIP 数据核字（2016）第 111301 号

中国电力出版社出版、发行
（北京市东城区北京站西街 19 号　100005　http://www.cepp.sgcc.com.cn）
三河市百盛印装有限公司印刷
各地新华书店经售

*

2016 年 6 月第一版　2024 年 7 月北京第九次印刷
787 毫米×1092 毫米　16 开本　20 印张　488 千字
定价：**40.00** 元

版 权 专 有　侵 权 必 究

本书如有印装质量问题，我社营销中心负责退换

"十三五"普通高等教育系列教材

电机与拖动基础

前 言

  电机是利用电磁原理进行能量转换或信号传递的电气设备,或把与电能有关的能量转换成机械能,是实现电能的生产、变换、传输、分配、使用和控制的电磁机械装置。电机广泛应用于工业、农业、交通运输、日常生活、文教、医疗以及国防、人造卫星等领域。电机是自动控制系统中很重要的执行元件,是构成整个系统不可或缺的组成部分。要对控制系统进行研究,就必须对电机和电力拖动技术有足够的了解。电机与电力拖动课程是电气工程及其自动化专业和自动化专业的一门重要的专业基础课。课程内容是将电机学、电力拖动和控制电机等课程整合成一门课程。本课程的任务是使读者掌握交直流电机、控制电机和变压器的基本结构和工作原理,掌握电力拖动系统的运行性能、分析计算和电机的选择、实验方法,为学习后续专业课程奠定坚实的理论基础。

  现代高等教育的任务是培养具有创新精神和实践能力的高级专门人才。培养具有创新精神和实践能力的高级专门人才,就必须强调实践教学的重要性。许多知识,只有在实践中才能心领神会,实践是能力培训的重要环节。现今社会是知识大爆炸的年代,在有限的时间里,学生们需要学习和了解的知识很多。作者在分析了当前教学现状和社会需求的基础,总结了多年的教学经验,结合电气工程及其自动化专业特点及兼顾"电机学""电力拖动"及"控制电机"等学科体系的原则,对教材内容及体系结构重新进行科学的整合,将教学内容与实际应用相结合,以解决课时与知识容量之间的矛盾,便于自学。因此,本书对电气工程自动化和其他相关专业的专业技能培养以及后续课程的学习都有很大的帮助。

  本书全面论述了电机与拖动基础的基本理论,包括电机学、电力拖动基础和控制电机三门课程的主要内容,并引进了本学科的先进成果,如三相鼠笼式异步电动机的软启动、无刷电机、直线电机、双馈电机等内容,使读者能了解电力拖动领域的最新研究动态和新成果。本书在内容叙述上由浅入深,通俗易懂,说理清楚,理论联系实际,加强工程应用。书中列举了丰富的例题并提供了大量的习题,具备易于讲授、便于自学、理解和掌握的特点。为了便于读者更好学习、理解、掌握电机与电力拖动的主要内容,提高分析问题和解决问题的能力,本书有配套教材《电机与电力拖动基础学习指导》,提出了学习要点,对教材的全部习题进行详细解答,并提供了实验指导书。

  全书共分11章,包括概述、直流电机、电力拖动系统的动力学基础、直流电动机的电力拖动、变压器、交流电机的基本理论、异步电动机、三相异步电动机的电力拖动同步电机及同步电机的电力拖动、控制电机及其他用途的电动机、电力拖动系统中的电机选择。

  本书由刘学军教授编著并统稿。本书在编写过程中,参考了有关专家、学者的一些文献，北华大学周振雄教授审阅书稿并提出了许多宝贵意见。谨在此表示诚挚的感谢。本书的插图绘制和文字录入工作由马凤军女士完成，在此一并表示感谢。

由于作者水平和时间有限，书中不妥和疏漏之处在所难免，恳请广大读者批评指正。

刘学军

2016 年 2 月

目 录

前言
第1章 概述 1
1.1 电机及电力拖动简介 1
1.2 磁路定律和电磁感应定律 3
小结 9
思考题 9
计算题 9

第2章 直流电机 11
2.1 直流电机的用途和基本工作原理 11
2.2 直流电机的结构、额定值与型号 13
2.3 直流电动机的电枢绕组 17
2.4 直流电机的磁场 23
2.5 直流电机的电枢电动势、电磁转矩和电磁功率的计算 29
2.6 直流发电机 30
2.7 直流电动机 35
2.8 直流电机换向 38
小结 41
思考题 43
计算题 43

第3章 电力拖动系统的动力学基础 45
3.1 电力拖动系统的运动方程式 46
3.2 多轴旋转系统的折算 47
3.3 平移运动系统与旋转运动系统的相互折算 50
3.4 升降运动系统的折算 51
3.5 生产机械的负载转矩特性 53
小结 54
思考题 54
计算题 55

第4章 直流电动机的电力拖动 56
4.1 他励直流电动机的机械特性 56
4.2 他励直流电动机的启动 60
4.3 他励直流电动机的制动 65
4.4 他励直流电动机的调速 70
小结 76

思考题 ··· 77
　　计算题 ··· 77
第 5 章　变压器 ·· 80
　5.1　变压器基本知识 ·· 80
　5.2　变压器的运行分析 ··· 85
　5.3　变压器的参数测定和标幺值 ··································· 94
　5.4　变压器的运行特性 ··· 99
　5.5　三相变压器 ··· 102
　5.6　其他变压器 ··· 108
　5.7　三绕组变压器 ·· 112
　5.8　小型单相变压器的电磁计算 ··································· 114
　　小结 ··· 127
　　思考题 ··· 128
　　计算题 ··· 129
第 6 章　交流电机的基本理论 ·· 132
　6.1　交流电机工作原理 ··· 132
　6.2　交流电机绕组及感应电动势 ··································· 134
　6.3　交流绕组的磁动势 ··· 144
　　小结 ··· 153
　　思考题 ··· 153
　　计算题 ··· 154
第 7 章　异步电动机 ·· 155
　7.1　异步电动机的结构 ··· 155
　7.2　三相异步电动机的运行原理 ··································· 159
　7.3　三相异步电动机的功率、转矩与工作特性 ················· 167
　7.4　三相异步电动机的参数测定 ··································· 171
　　小结 ··· 173
　　思考题 ··· 174
　　计算题 ··· 174
第 8 章　三相异步电动机的电力拖动 ······························· 176
　8.1　三相异步电动机的机械特性 ··································· 176
　8.2　三相异步电动机的启动 ··· 181
　8.3　三相异步电动机的制动 ··· 190
　8.4　三相异步电动机的调速 ··· 196
　　小结 ··· 206
　　思考题 ··· 207
　　计算题 ··· 207
第 9 章　三相同步电机及同步电动机的电力拖动 ················ 209
　9.1　三相同步电机的工作原理与分类 ····························· 209

9.2 同步电机的基本结构 ······ 211
9.3 同步电机的额定值及励磁方式 ······ 213
9.4 同步发电机 ······ 216
9.5 同步电动机 ······ 230
9.6 同步电动机的电力拖动 ······ 239
小结 ······ 242
思考题 ······ 244
计算题 ······ 244

第10章 控制电机及其他用途电动机 ······ 247
10.1 伺服电动机 ······ 247
10.2 直流力矩电动机 ······ 252
10.3 测速发电机 ······ 253
10.4 自整角机 ······ 255
10.5 旋转变压器 ······ 258
10.6 单相异步电动机 ······ 263
10.7 直线电动机 ······ 266
10.8 步进电机 ······ 269
10.9 无刷直流电动机 ······ 272
10.10 双馈异步电机 ······ 275
10.11 开关磁阻电机 ······ 278
小结 ······ 280
思考题 ······ 281
习题 ······ 282

第11章 电力拖动系统中的电机选择 ······ 284
11.1 电动机选择的基本内容 ······ 284
11.2 电机的发热和冷却 ······ 286
11.3 电机的工作制 ······ 288
11.4 电机允许输出功率 ······ 290
11.5 电动机容量选择方法 ······ 291
小结 ······ 297
思考题 ······ 297
计算题 ······ 298

参考答案 ······ 300

参考文献 ······ 312

第 1 章　概　　述

知识目标

- 清楚电机的分类及用途。
- 清楚电力拖动系统的构成及发展情况。
- 知道铁磁材料的特性。
- 知道铁磁材料的损耗。

能力目标

- 掌握电机理论中的常用的基本定律（包括电路定律、磁路定律、电磁感应定律和电磁力定律）。

1.1　电机及电力拖动简介

1.1.1　电机的分类和用途

电能是最重要的能源之一，与其他能源相比具有明显的优越性，适宜于大量生产，集中管理、远距离输送、转换经济，分配容易和自动控制，并且是一种洁净能源，对环境污染小。电机是电动机和发电机的总称，电动机将电能转换为机械能，发电机将机械能转换为电能。电机是一种电磁装置，是生产、传输、分配及应用电能的主要设备。

电机的分类方法主要有两种。一种是按照能量转换职能分类，可以分为发电机、电动机、变压器和控制电机四大类；另一种是按照电机结构、转速或运动方式分类，可以分为变压器、旋转电机和直线电机。还可以按照电源性质分类，如采用直流电源供电的直流电机，采用交流电源供电的交流电机（同步电机、异步电机）等。还有其他分类方法，但不论哪种分类方法都不是绝对的。

1.1.2　电力拖动系统

用电动机作为原动机拖动生产机械运动的系统，称为电力拖动系统。如图 1-1 所示，电力拖动系统主要由电动机、传动机构、生产机械、控制设备和电源组成。图 1-1 中虚线表示电动机直接与生产机械连接。

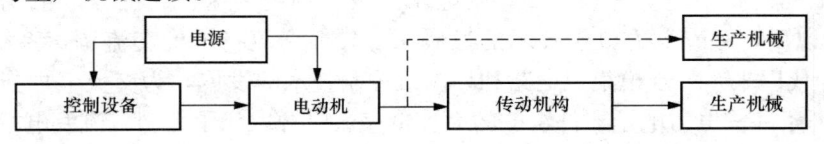

图 1-1　电力拖动系统示意图

电力拖动系统具有传动效率高、运行经济，电动机种类和规格多，具有良好的特性，能满足不同生产机械的需要。电力拖动系统操作和控制方便,能实现自动控制和远距离控制。

在现代工业企业中,绝大多数的生产机械都是由电动机拖动的,因此电机和电力拖动技术在国民经济中具有极其重要的作用。

1.1.3 电机与电力拖动发展概况

1. 电机发展概况

电机的发展已有一百多年的历史,可以分为直流电机和交流电机的产生及形成两个阶段。1820年安培发现了电磁效应。1821年法拉第首次发现载流导体在磁场中受力现象,不久便制造出原始的电动机。1831年法拉第又发现了电磁感应。法拉第的电磁感应定律,揭示了电磁感应原理,奠定了电磁学基础。法拉第根据电磁感应定律制造出原始的直流电动机。

在19世纪80年代以前,直流电机的应用一直占主导地位。1834年雅克比发明被世界公认的第一台功率为15W的棒状铁芯实用电动机。1837年商业化直流电动机问世。1885年费拉里斯提出了旋转磁场原理,并研制了两相异步电动机。1886年尼古拉·特斯拉也独立研制了两相异步电动机。1889年多里沃·多勃罗沃尔斯基成功研制第一台实用的三相交流单鼠笼异步电动机,并发明了第一台双鼠笼三相异步电动机。直到20世纪初,交流三相制在电力工业中占据了绝对统治地位。

我国电机制造业自新中国成立以来发展很快。建国后我国的电机制造业从仿制进入到自行试验研究和自行设计阶段。目前,我国已建立自己的电机工业体系,有了统一的国家标准和统一的产品系列。我国生产的各种类型的电机不仅可以满足国民经济各部门的需要,而且有的产品已经达到世界先进水平。

2. 电力拖动发展概况

电力拖动系统最初的拖动方式是采用成组拖动,这种拖动方式传动损耗大、效率低、控制不灵活,容易出事故。这种陈旧落后的拖动方式已经被淘汰了。

从20世纪20年代起采用"单电动机拖动",就是单台电动机拖动单台生产机械。这种拖动方式的缺点是机械传动机构复杂。

按电动机种类不同,电力拖动系统分为直流电力拖动系统和交流电力拖动系统。在交流电机出现以前,直流电力拖动是唯一的一种电力拖动方式。

19世纪末期,研制出交流电动机,使交流电力拖动在工业中广泛应用。但随着生产技术发展,特别是精密机械加工与冶金工业生产过程中对于启动、制动、正反转及调速精度和调速范围等静态特性和动态响应方面都提出了更高要求。由于交流电力拖动比直流电力拖动技术上难以实现这些要求,因此,20世纪以来在可逆、可调速与高精度的拖动技术领域中,相当长时期内几乎全部采用直流拖动系统,而交流拖动系统主要用于恒转速系统。

直流拖动系统虽然具有调速性能优异这一突出优点,但由于它有电刷和换向器使得它故障率较高,电动机使用环境受到限制。其电压等级、额定转速、单机容量也受到限制。20世纪60年代以后,随着电力电子技术的发展,半导体变流技术的交流调速系统得到实现。20世纪70年代以来,大规模集成电路和计算机控制技术的发展,为交流电力拖动的广泛应用创造了有利条件。电力电子器件组成的大容量直流电源取代了大型直流发电机,使直流电动机具有更加优良的调速性能。与此同时,还出现了高性能价格比的变频电源,使交流电机得到高工作精度、宽调速范围等较高的性能指标。由于交流电力拖动系统具有调速性能优良,维护费用低等优点,因此,在主流上将有取代直流拖动系统的势头。

1970年，勃拉希克提出异步电机磁场定向控制方法（矢量控制调速），使交流电机可得到与直流电机相媲美的调速性能。随着交流电机矢量控制理论和实践不断完善，电机控制理论技术得到了飞速发展。随着电力电子技术、计算机控制技术、微电子技术、信号检测与处理技术及控制理论的发展，电力拖动系统正朝着网络化、信息化及智能化方向迅速发展。

1.2 磁路定律和电磁感应定律

1.2.1 磁场的基本物理量

1. 电流的磁效应

磁场是电流产生的。磁场可以用磁感应线，简称磁力线描述。如图1-2所示，电流通过直导线、环形导线和螺线管时产生的磁力线，磁力线都是围绕电流的闭合曲线，其回转方向和电流方向之间符合右手螺旋定则。

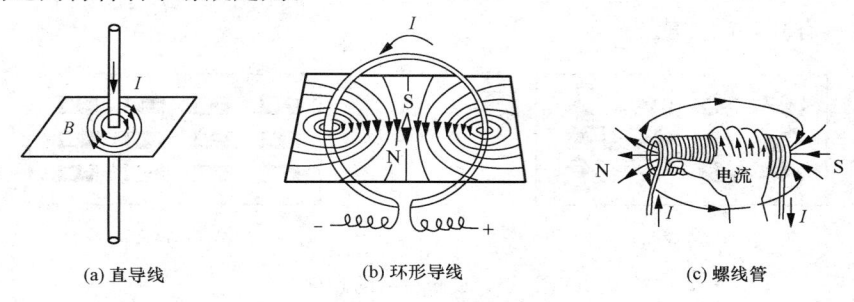

(a) 直导线　　(b) 环形导线　　(c) 螺线管

图1-2　磁场中的磁力线

2. 磁通量 Φ 与磁感应强度 B

磁场中穿过某一截面的总磁感应线称为通过该面积的磁通量，简称为磁通。磁感应强度是描述磁场强弱和方向的物理量，是一个矢量，其数值表示磁场的强弱，其方向表示磁场的方向。在均匀磁场中，若通过磁力线垂直于某面积 S 的磁通为 Φ，则有

$$B = \frac{\Phi}{S} \tag{1-1}$$

式中　B——磁感应强度，T（特、特斯拉）；

　　　Φ——磁通量，Wb（伯、韦伯）；

　　　S——面积，m^2（平方米）。

磁感应强度在数值上等于与磁场方向垂直的单位面积上通过的磁通量，所以磁感应强度也称为磁通密度。

3. 磁场强度 H

计算导磁物质的磁场时引入辅助物理量磁场强度，是一个矢量，用 H 表示，它与磁密 B 的关系为

$$B = \mu H \tag{1-2}$$

式中　μ——导磁物质的磁导率，H/m（亨/米）。

　　　H——磁场强度，A/m（培/米）。

μ 是衡量物质导磁能力的物理量，真空的磁导率为常数，用 μ_0 表示，$\mu_0 = 4\pi \times$

10^{-7} H/m。铁磁材料中 $\mu \gg \mu_0$。

1.2.2 铁磁材料的特性

自然界中物质按照磁导率不同,可以分为铁磁性物质和非铁磁性物质两大类。非铁磁性物质的磁导率 μ 接近真空磁导率 μ_0。它又分为顺磁性物质(如变压器油和空气),其 μ 稍大于 μ_0;反磁性物质(如铜和铋),其 μ 稍小于 μ_0。工程上可以认为非铁磁性物质的磁导率 μ 等于 μ_0。非铁磁性物质的 B 和 H 呈线性关系。

铁磁性物质(如铁、镍、钴等)的磁导率比真空磁导率大几千至几万倍。铁磁物质的这一特点主要是由于铁磁性物质的内部是由许多很小的磁畴构成的,如图 1-3 所示。在未磁化的材料中,所有磁畴随意排列,磁效应相互抵消,对外不显示磁性。当外部磁场施加到铁磁材料时,这些磁畴将沿外磁场方向重新作有规则排列,与外磁场同方向的磁畴不断增加,其他方向上的磁畴不断减少。当外磁场足够强时,所有磁畴方向与外磁场方向相同,这时说明铁磁材料被完全磁化。由磁畴产生的内部磁场与外加的磁场叠加使合成磁场大为增强。从而使铁磁材料具有高导磁性能。

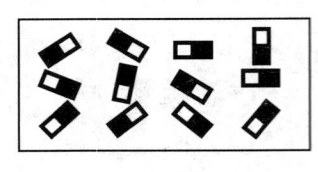

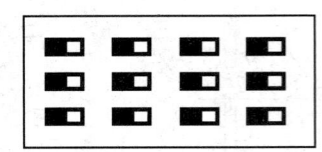

(a) 磁化前　　　　　　　　　　(b) 磁化后

图 1-3 铁磁材料的磁化

铁磁材料的磁化过程可以用磁化曲线描述,磁化曲线是指磁场的磁感应强度与磁场强度的关系即 $B = \mu H$,简称 B-H 曲线。

对于非铁磁性材料,有 $B = \mu_0 H$,B 和 H 呈线性关系,如图 1-4 中特性曲线 1。铁磁性材料的磁化曲线是非线性的,如图 1-4 中特性曲线 2 为未磁化过的铁磁材料进行磁化后的 B-H 曲线,称为起始磁化曲线。开始磁化时,由于外磁场较弱,所以 B 值增加较慢,对应曲线 2 的 O-A 段;随着外磁场逐渐增强,铁磁材料中大量磁畴的转向和外磁场一致方向,B 值增加很快,对应曲线 2 的 a-b 段;再增强外磁场,可以转向的磁畴越来越少,B 值增加越来越慢,对应曲线 2 的 b-c 段,这时铁磁材料逐渐饱和,到 c 点后所有磁畴都转向与外磁场方向一致,再增加 H,B 值增加很少,基本不变,铁磁材料深度饱和。为使铁芯得到充分利用而又不进入饱和区,电机和变压器的铁芯额定工作点设计在其磁化曲线的膝点(如曲线 2 的 b 点)。由式 $\mu = B/H$ 可知磁导率 $\mu = f(H)$ 的特性曲线是非线性的,如图 1-4 特性曲线 3 所示。

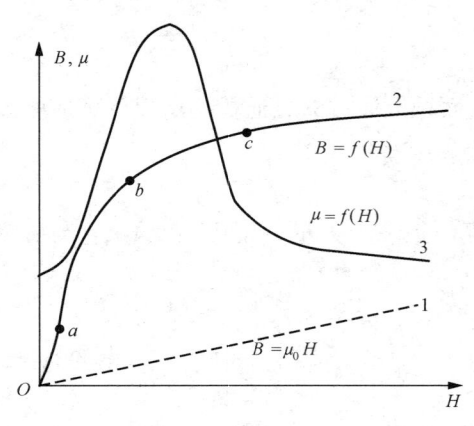

若铁磁材料进行反复磁化,则 B-H 曲线(如图 1-5 所示)为闭合的磁滞回线。从图 1-5 磁滞回线可知,B 的变化总是滞后于 H,这种现象称为磁滞现象。当 H 降为零时,铁芯磁性并未消失,它所保留的磁感应强度 B_r 称为剩磁强度。永久磁

图 1-4 起始磁化曲线

铁的磁性就是 B_r 产生的。当 H 反向增加到 $-H_c$ 时,铁芯的剩磁才能完全消失,使 $B=0$ 的 H 值 H_c 称为矫顽磁力。铁磁性材料的这一特点,是由于磁畴在转向时遇到摩擦阻力的阻碍作用引起的。

对于同一铁磁性材料,选取不同值的 H_m 多次交变磁化,可以得到一系列磁滞回线,如图 1-5 所示,将这些磁滞回线的正顶点与原点连成的曲线称为基本磁化曲线。通常用它表征材料的磁化特性。它是分析计算磁路的依据。图 1-6 给出了几种常用铁磁性材料的基本磁化曲线。

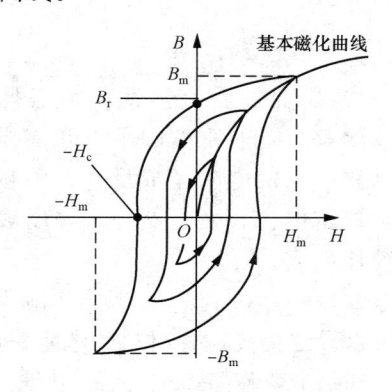

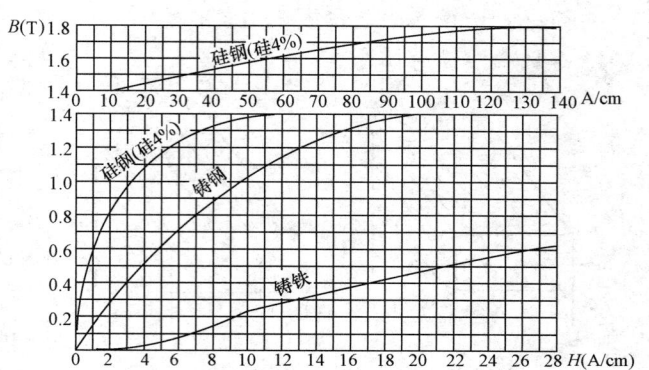

图 1-5 基本磁化曲线　　　　　图 1-6 常用铁磁性材料的基本磁化曲线

按磁滞回线不同,磁性材料可以分为硬磁性材料、软磁性材料和矩磁材料三种。硬磁性材料的磁滞回线比较宽,如钴钢、钨钢、铝镍钴合金和铋铁硼合金等,主要用来制造永久磁铁。软磁性材料磁滞回线较窄,如铸钢、硅钢片、铁镍合金、铁氧体和坡莫合金等,由于磁滞损耗小,常用来制造电机、变压器的铁芯。矩磁性材料的磁滞回线接近于矩形,如镁锰氧体(磁性陶瓷)和某些铁镍合金等,常用于电子技术和计算机技术中。

1.2.3 铁磁材料的损耗

1. 磁滞损耗

铁磁材料在交变磁场的反复磁化过程中,磁畴会不停转动,互相之间产生摩擦,因此会产生功率损耗,这种损耗称为磁滞损耗。磁滞损耗与磁通的交变频率及磁通密度的幅值的关系为

$$P_h = k_h f \cdot B_m^\alpha V \tag{1-3}$$

式中　f——磁芯中磁铁交变频率,Hz;

　　　V——铁芯体积;

　　　k_h——不同材料的磁滞损耗系数;

　　　α——由试验确定的指数,电工钢片 $\alpha = 1.6 \sim 2.3$。

由于硅钢片的磁滞回线面积很小,而且导磁性能很好,故磁滞损耗小,因此电机、变压器的铁芯通常采用硅钢片制成。

2. 涡流损耗

当通过导电铁磁性材料的磁通交变时,根据电磁感应定律,在铁芯中将产生围绕磁通呈现螺旋状的感应电动势和感应电流,简称涡流。如图 1-7 所示,涡流在其流通路径上的等效电阻中产生的损耗等于涡流损耗。

涡流损耗与磁通的交变频率、磁通密度幅值、硅钢片的电阻及硅钢片的厚度有关，涡流损耗可以用下式计算

$$p_e = k_e b^2 f^2 B_m^2 V \tag{1-4}$$

式中　k_e——涡流损耗系数，与铁磁材料的电阻率成反比；
　　　b——铁芯厚度；
　　　f——磁场交变频率；
　　　B_m——铁芯磁通密度幅值；
　　　V——铁芯体积。

由式（1-4）可见，涡流损耗与铁芯厚度、磁场交变频率、磁通密度的平方和体积成正比，与铁磁材料的电阻率成反比。为减少涡流损耗，通常电机、变压器使用厚度较小的硅钢片叠压而成。

硅钢片厚度一般为 0.3～0.5mm，为减少涡流损耗，可以设法提高铁磁材料的电阻率，在硅钢片之间和整个铁芯都要经过绝缘处理。

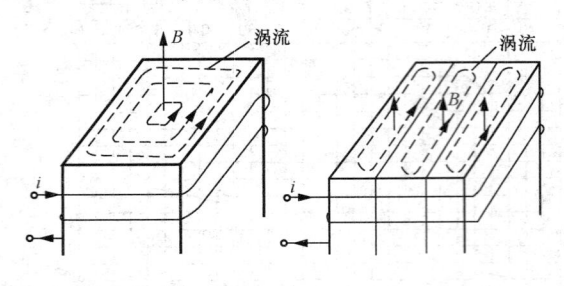

图 1-7　铁磁材料中的涡流损耗

1.2.4　电机理论中常用的基本定律

1. 电路定律

电路定律有基尔霍夫第一定律和第二定律。

2. 磁路定律

（1）磁路基尔霍夫第一定律。在磁路中任一闭合面内，在任一瞬间穿过该闭合面的各分支磁路磁通的代数和等于零，即 $\Sigma \Phi = 0$。

（2）磁路基尔霍夫第二定律（安培环路定律）。在磁路中，沿着任意一个闭合回路的磁场强度 H 的线积分等于该闭合回路所包围的所有电流的代数和，即

$$\oint_l H \cdot dl = \Sigma I \tag{1-5}$$

式中　ΣI——磁路所包围的全电流。

故该定律又称为全电流定律。式（1-5）也可以写成 $\Sigma Hl = \Sigma I$。即沿着闭合磁路，各段平均磁场强度与磁路平均长度的乘积（磁压降）之和 ΣHl 等于它所包围的全部电流 ΣI。

（3）磁路的欧姆定律。由安培环路定律可得

$$F = IN = Hl = \frac{Bl}{\mu} = \frac{\Phi l}{\mu S} = R_m \Phi \tag{1-6}$$

式中　R_m——磁路的磁阻，$R_m = \frac{l}{\mu S}$，则磁通量 $\Phi = \frac{F}{R_m} = \frac{IN}{R_m}$。

3. 电磁感应定律

变化的磁场会产生电场，使导体产生感应电动势，这就是电磁感应现象。在电机中电磁感应现象主要表现在当导体与磁场有相对运动，导体切割磁力线，导体内产生的电动势称为切割电动势；另一种是线圈中磁通变化在线圈中产生的感应电动势，称为变压器电动势。

（1）切割电动势。由导体或线圈切割磁力线而感应的电动势称为切割电动势，如图 1-8

所示，当 B、l、v 三量互相垂直时，其表达式为

$$e = Blv \tag{1-7}$$

式中　B——磁感应强度；
　　　l——导体的有效长度；
　　　v——导体相对与磁场运动的线速度。

（2）变压器电动势。与线圈交链的磁通发生变化，线圈感应出电动势，其方向由楞次定律判定。如感应电动势的正方向与磁通的正方向符合右手螺旋定则，则感应电动势的表达式为

$$e = -\frac{d\psi}{dt} = -N\frac{d\Phi}{dt} \tag{1-8}$$

式中　ψ——磁链，$\psi = N\Phi$；
　　　Φ——磁通量；
　　　N——线圈匝数。

根据楞次定律，如图 1-9 所示，当 $d\Phi/dt > 0$ 时，e 的实际方向为 A 端为正，X 端为负，e 的实际方向与和正方向相反，e 为负；当 $d\Phi/dt < 0$ 时，则 e 为正。e 的实际方向是 A 端为负，X 端为正。

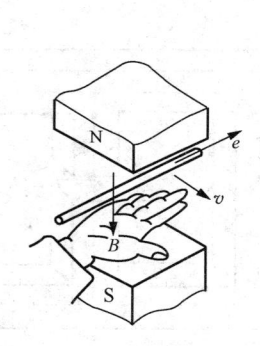

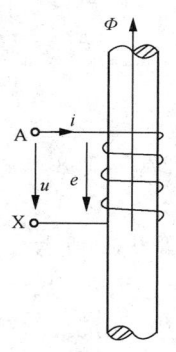

图 1-8　右手定则　　　图 1-9　感应电动势与磁通的正方向

4. 电磁力定律

载流导体处在磁场中会受到电磁力作用，这个电磁力称为安培力。当磁力线与导体的方向相互垂直时，载流导体所受电磁力 f 为

$$f = BlI \tag{1-9}$$

式中　B——载流导体处的磁感应强度；
　　　l——导体的有效长度；
　　　I——载流导体中流过的电流。

电磁力的方向由左手定则判断，如图 1-10 所示，磁力线从左手掌心穿过，四指指向导体中电流方向，则大拇指的指向就是导体所受电磁力的方向。

【例 1-1】如图 1-11 所示，磁路由两块铸钢铁芯及一段空气间隙构成。各部分尺寸为：$l_0/2 = 0.5\text{cm}$，$l_1 = 30\text{cm}$，$l_2 = 12\text{cm}$，$S_0 = S_1 = 10\text{cm}^2$，$S_2 = 8\text{cm}^2$。线圈中电流为直流电流。问：要在

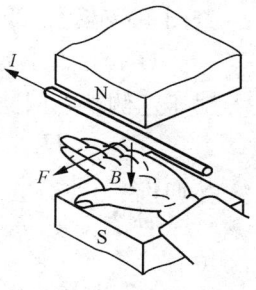

图 1-10　左手定则

空气间隙处的磁感应强度达到 $B_0 = 1.0T$，需要多大磁通势？

解：（1）磁路的磁通为

$$\Phi = B_0 S_0 = 1 \times 0.001 = 0.001 (\text{Wb})$$

（2）各段磁感应强度为

$$B_0 = 1.0(\text{T})$$

$$B_1 = \frac{\Phi}{S_1} = \frac{0.001}{0.001} = 1(\text{T})$$

$$B_2 = \frac{\Phi}{S_2} = \frac{0.001}{0.0008} = 1.25(\text{T})。$$

（3）各段磁路磁场强度为

$$H_0 = \frac{B_0}{\mu_0} = \frac{1}{4\pi \times 10^{-7}} \times 10^{-2} = 7962(\text{A/cm})$$

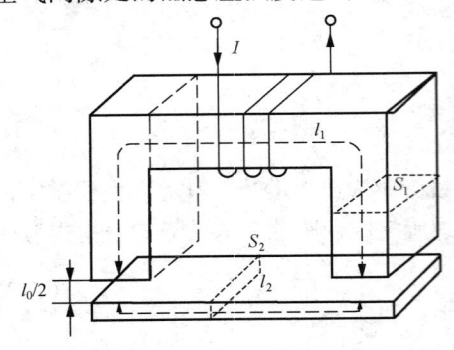

图 1-11 例 1-1 的磁路

由图 1-6 磁化曲线查得：$H_1 = 9.2\text{A/cm}$，$H_2 = 14\text{A/cm}$。

（4）各段磁路磁压为

$$F_0 = H_0 l_0 = 7960 \times 1 = 7960(\text{A})$$
$$F_1 = H_1 l_1 = 9.2 \times 30 = 276(\text{A})$$
$$F_2 = H_2 l_2 = 14 \times 12 = 168(\text{A})$$

（5）磁通势为

$$F = F_0 + F_1 + F_2$$
$$= 7960 + 276 + 168$$
$$= 8404(\text{A})$$

【例 1-2】 磁路如图 1-12 所示，截面积 $S_1 = S_2 = 6 \times 10^{-4} \text{m}^2$，$S_3 = S_4 = 10 \times 10^{-4} \text{m}^2$，平均长度 $l_1 = l_2 = 0.5\text{m}$，气隙长度 $\delta = 1.0 \times 10^{-4}\text{m}$，已知 $\Phi_3 = 10 \times 10^{-4}\text{Wb}$，$F_1 = 350\text{A}$，求 F_2。

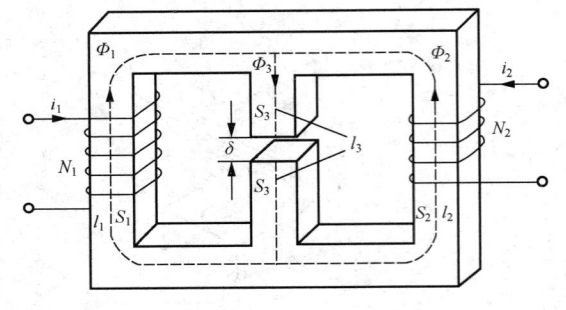

图 1-12 例 1-2 的磁路

（硅钢片技术数据查图 1-6）

解：（1）磁路分为 3 段，左段、右段、中间段。

（2）三部分截面积已知。求中间柱铁芯的磁密为

$$B_3 = \frac{\Phi}{S_3} = \frac{10 \times 10^{-4}}{10 \times 10^{-4}} = 1.0(\text{T})$$

查图 1-6 硅钢曲线得 $H_3 = 300\text{A/m}$。由于 $B_\delta = B_3 = 1.0\text{T}$，中间柱磁密为

$$H_3 l_3 + B_\delta \delta / \mu_0 = 300 \times 0.14 + 1.0 \times 1.0 \times 10^{-4} / 4\pi \times 10^{-7} = 121.62(\text{A})$$

对于左侧铁芯回路磁压降有

$$H_1 l_1 = F_1 - H_3 l_3 - B_\delta \delta / \mu_0 = 350 - 121.62 = 228.4(\text{A})$$

从而得

$$H_1 = \frac{228.4}{0.5} = 456.8(\text{A/m})$$

查图 1-6 曲线得 $B_1 = 1.15\text{T}$，$\varphi_1 = B_1 S_1 = 1.15 \times 6 \times 10^{-4} = 6.9 \times 10^{-4}(\text{Wb})$

铁芯右侧回路中磁通

$$\Phi_2 = \Phi_3 - \Phi_1 = 10 \times 10^{-4} - 6.9 \times 10^{-4} = 3.1 \times 10^{-4}(\text{Wb})$$

故

$$B_2 = \frac{\Phi_2}{A_2} = \frac{3.1 \times 10^{-4}}{6 \times 10^{-4}} = 0.5167(\text{T})$$

查图 1-6 曲线得

$$H_2 = 180\text{A/m}, \quad H_2 l_2 = 180 \times 0.5 = 90(\text{A})$$

最终有

$$F_2 = H_2 l_2 + H_3 l_3 + B_\delta \delta / \mu_0 = 90 + 121.6 = 211.6(\text{A})$$

小 结

本章介绍了电机用途和电力拖动系统的构成，介绍了当前电力拖动系统的发展概况。电机的工作原理及内部电磁关系和运行原理都要用到有关电和磁的基本知识和基本定律。

本章复习了电磁感应定律、磁路的欧姆定律、电路的基本定律、基尔霍夫电压定律和电流定律。电机和变压器的铁芯都是使用铁磁材料制造的，铁磁材料性能优劣将直接影响电机的运行性能。要充分理解铁磁材料的磁化曲线关系和铁芯损耗。

思 考 题

1-1 变压器感应电动势和电机中的切割电动势产生的原因有什么不同？其大小与哪些因素有关？

1-2 磁路饱和对磁路的等效电感有何影响？

1-3 如何减少铁芯中磁滞和涡流损耗？

1-4 起始磁化曲线、磁滞回线和基本磁化曲线是如何形成的，它们有哪些要求？

1-5 螺线管中磁通与电动势的正方向如图 1-13 所示，当磁通变化时，分别写出它们之间的关系式。

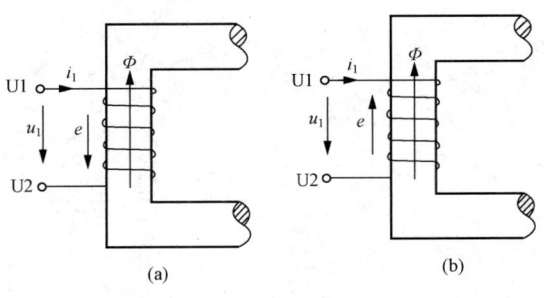

图 1-13 思考题 1-5 图

计 算 题

1-1 某铁芯的截面积 $S = 10\text{cm}^2$，当铁芯中的 $H = 5\text{A/cm}$ 时，$\Phi = 0.001\text{Wb}$，可以认为

磁通在铁芯内均匀分布，求铁芯的磁感应强度 B 和磁导率 μ。

1-2　在一个铸钢制成的闭合铁芯上绕有一个匝数 $N=1000$ 匝的线圈。铁芯的截面积 $S=20\text{cm}^2$，铁芯平均长度 $l=50\text{cm}$。若要在铁芯中产生 $\Phi=0.002\text{Wb}$ 时，试问线圈中应通入多大直流电流。如果在制作时铁芯中出现一段 $l_0=0.2\text{cm}$ 的气隙，要保持铁芯中磁通不变，则通入线圈直流电流增加多少？

1-3　如图 1-14 所示磁路中，铁芯厚度均为 50mm，铁芯 1 用硅钢，铁芯 2 用铸钢制成。若要在铁芯中产生 0.001 2Wb 的恒定磁通，线圈的磁通势为多少？

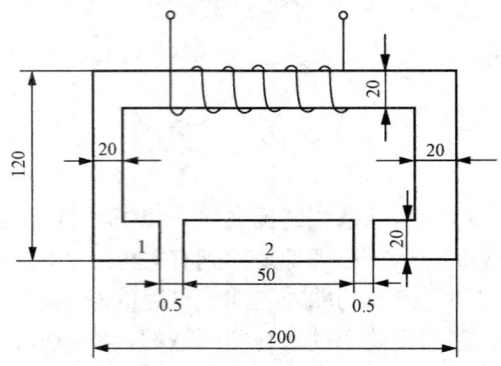

图 1-14　计算题 1-3 图（单位：mm）

第 2 章 直 流 电 机

知识目标

- 清楚直流电机的用途和基本工作原理。
- 清楚直流电机的结构、额定值与型号。
- 了解直流电机换相。

能力目标

- 能描述直流电机的电枢绕组、励磁方式。
- 能描述直流发电机、直流电动机的运行特性和分析方法。
- 掌握直流电机的电磁转矩、电枢电动势和电磁功率的计算。

2.1 直流电机的用途和基本工作原理

2.1.1 直流电机的用途

直流电机是实现机械能和直流电能相互转换的设备,把机械能转换为直流电能的电机称为直流发电机,反之,把直流电能转换为机械能的电机称为直流电动机。

直流发电机的用途主要是做直流电源,为直流电动机、电解、电镀等提供所需的直流电能。直流电动机的用途是作为电力拖动。直流电动机具有良好的启动、调速性能,过载能力大,易于控制,因而被广泛应用于对启动和调速性能较高的生产机械上。如电力机车、轧钢机、船舶机械、造纸和纺织机械等。

直流电动机的主要缺点是制造工艺复杂、生产成本高、维护较困难及可靠性较差。

在目前,随着电力电子技术的迅速发展、在很多领域内,直流发电机将被晶闸管整流电源代替,直流电动机逐步被交流电动机取代,但在许多场合直流电机仍在使用。

2.1.2 直流电机工作原理

1. 直流电动机工作原理

如图 2-1 所示为一台最简单的两极直流电动机模型。N 和 S 是一对固定不动的磁极,称为主磁极。两磁极之间有一个用导磁材料制成圆柱体,称为电枢铁芯。在电枢铁芯上放置由 ab 及 dc 两根导体连成线圈,构成最简单的电枢绕组。线圈首端和末端分别连接到两片圆弧形铜片上,分别表示为换向片 1 和 2,换向片固定在转轴上与电枢一起旋转,换向片之间以及换向片与转轴之间绝缘,构成最简单的换向器。在换向片上放置一对固定不动的电刷 A 和 B,它与换向片之间保持滑动接触。线圈通过换向片和电刷与外电路连接。

如图 2-1(a) 所示线圈 ab 边在 N 极下,cd 边在 S 极下,电枢绕组电流沿 $a→b→c→d$ 方向流动。电枢电流在磁场相互作用下产生电磁力 F,其方向用左手定则判断,可见,这一对电磁力形成电磁转矩使电枢逆时针方向旋转。当电枢绕组线圈 ab 边转到 S 极下，cd 边转到 N 极下，如果线圈中电流保持方向不变，那么作用在线圈上的电磁力和电磁转矩的方向均与原来方向相反，因此，电枢无法旋转。为此，必须改变电枢绕组线圈中的电流方向。通过换向片和电刷可以实现电流的转换。

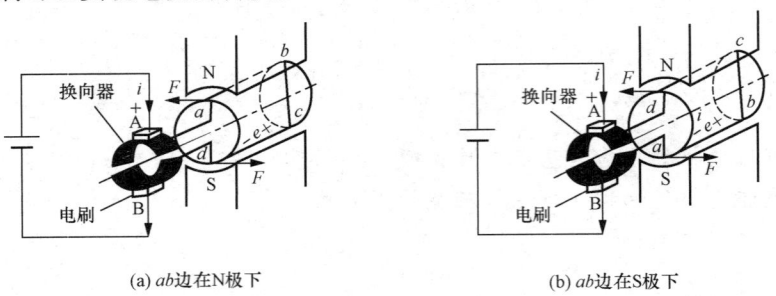

(a) ab 边在 N 极下　　　　　　　　　(b) ab 边在 S 极下

图 2-1　直流电动机模型

如图 2-1 (b) 所示，线圈 cd 边已转到 N 极下，电刷 A 通过换向片连接到 d 端，线圈 ab 边已转到 S 极下，电刷 B 通过换向片与 a 端相连，因而线圈中电流沿 d→c→b→a 方向流动。用左手定则可判断出作用在电枢上的电磁力和电磁转矩方向仍然使电枢逆时针旋转。

上述分析表明，在直流电动机中产生旋转方向不变的电磁转矩，必须把电机外部不变的直流电流转变为电机内部的交流电流，这一过程称为电流的换向，它通过换向器完成。

当电枢绕组旋转时，线圈边切割磁力线，要产生感应电动势 e，根据右手定则，可知其方向与电枢电流方向相反，故称为反电动势。反电动势和电枢电流形成电磁转矩。说明电机吸收了电磁功率，然后转化为电机输出的机械功率。

2. 直流发电机工作原理

图 2-2 所示为直流发电机的模型，其结构与直流电动机模型完全相同，只不过电枢是被原动机拖动以恒定转速旋转，即向电机输入机械功率，线圈 ab 和 cd 边切割磁感应线产生感应电动势 e，在电枢绕组线圈与负载所形成的闭合回路中产生电流，电流方向与感应电动势方向相同。

如图 2-2 (a) 所示位置时，在直流发电机内部，电流沿着 d→c→b→a 的方向流动，在直流发电机外部，电流沿着电刷 A 流向负载→电刷 B 方向流动。当电枢绕组转到图 2-2 (b) 所示位置时，线圈 ab 边转到 S 极下，cd 边转到 N 极下时，这时线圈边中感应电动势方向发生改变，使得直流发电机内部电流方向沿着 a→b→c→d 方向流动。通过换向器作用，直流发电机外部电流方向保持不变，仍然是沿着电刷 A→负载→电刷 B 的方向，即发电机输出直流电流，直流发电机输出直流电功率。与此同时，电枢电流与旋转磁场相互作用产生电磁力形成与电枢旋转方向相反的电磁转矩。原动机要克服电磁转矩才能驱动电枢旋转，因此，发电机的电磁转矩是制动转矩。这表明直流发电机将机械能转变为电能。

综上所述，直流发电机通过电刷和换向器将直流发电机内部的交流电动势和交流电流转变为直流发电机外部的直流电动势和直流电流。实现了换向。虽然电枢线圈是旋转的，并且其中电流是交变的，但在 N 极和 S 极下的电枢电流方向是不变的。因此，电枢电流在空间产生的磁场是恒定不变的。

直流电机具有可逆性。由上述分析可知，同一台直流电机即可作为发电机运行也可以作为电动机运行。只是电机外部工作条件不同。作为直流电动机运行，电刷两端接直流电源，轴上接机械负载；作为发电机运行，用原动机拖动电枢旋转，从电刷两端引出直流电动势对负载供电。发电机将机械能转换为电能。

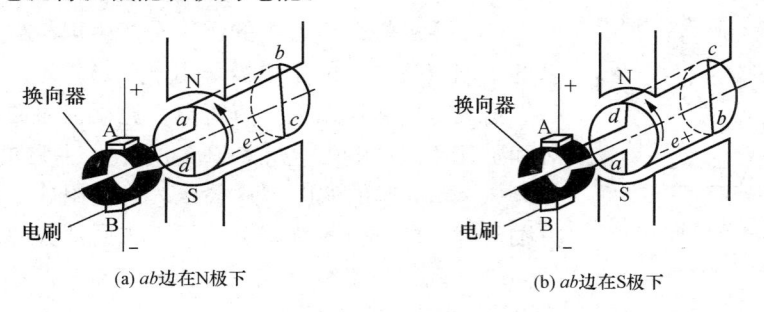

(a) ab边在N极下

(b) ab边在S极下

图 2-2　直流发电机模型

2.2　直流电机的结构、额定值与型号

2.2.1　直流电机的结构

直流发电机和直流电动机结构相同。直流电机的结构由定子和转子两部分组成。直流电机运行时静止不动的部分称为定子，转动部分称为转子，也称为电枢。小型直流电机的结构如图2-3所示。

图2-4所示为一台两极直流电机，从面对轴端看的剖面图。

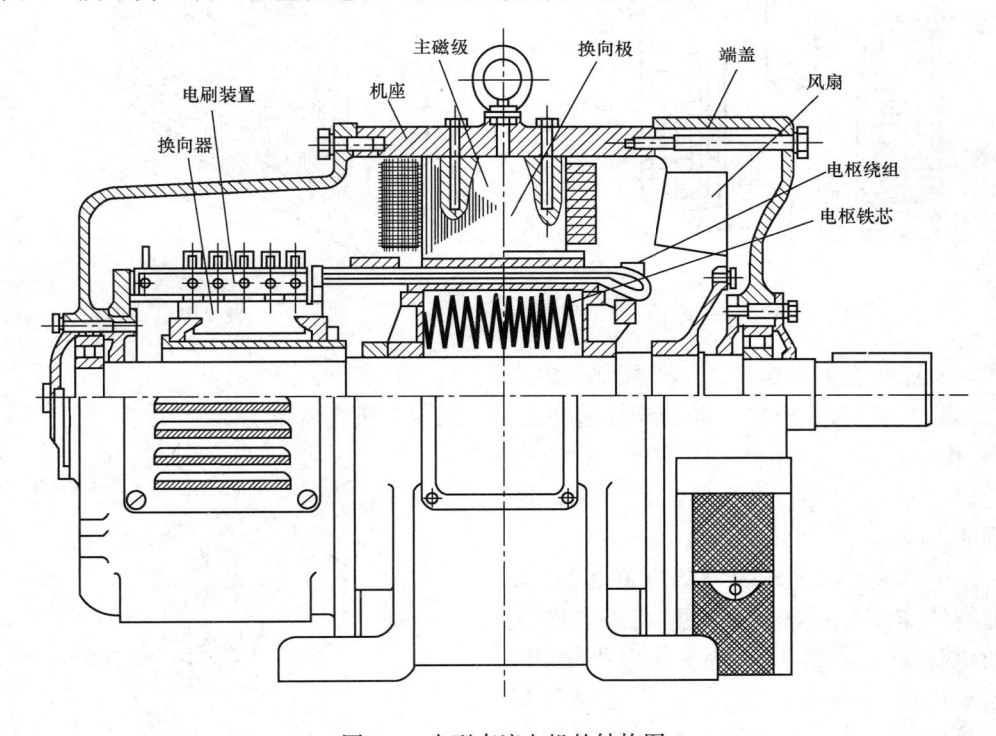

图 2-3　小型直流电机的结构图

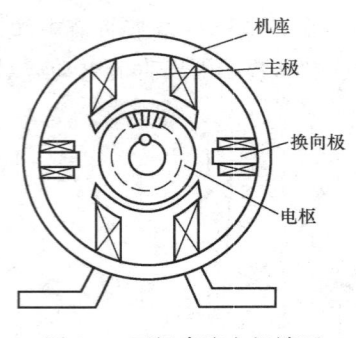

图 2-4 两极直流电机端面看到的剖面图

1. 定子部分

直流电机定子由主磁极、换向极、机座和电刷装置等组成。

(1) 主磁极。主磁极的作用是产生电机磁场，除个别类型的小型直流电机的主磁极采用永久磁铁，一般直流电机主磁极是装置励磁绕组通过直流电流励磁。主磁极由主磁极铁芯和励磁绕组构成。如图 2-5 所示，主磁极铁芯一般由 1.0~1.5mm 厚的低碳钢片叠压、铆紧组成。铁芯中上部套有励磁绕组的部分称为极身，下面扩展部分称为极靴。

励磁绕组由绝缘导线绕制而成，与铁芯绝缘，励磁绕组线圈套在主磁极上，整个主磁极用螺钉固定在机座上。

(2) 换向极。换向极装在两相邻主磁极之间的几何中心线上，其作用是用来改善换向。换向极是由铁芯和套在上面的绕组组成。铁芯一般用整块钢构成，当换向要求较高时，采用 1.0~1.5mm 厚的钢片叠压而成。如图 2-6 所示。换向极绕组与电枢绕组串联，因此，通过电流较大，一般用截面积较大的矩形导线绕制而成，而且匝数较少。

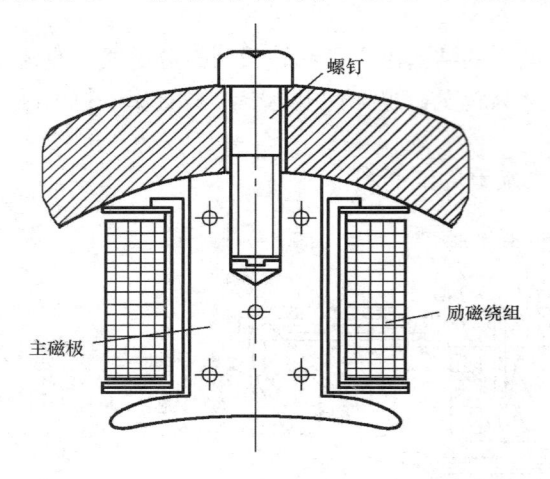

图 2-5 直流电机主磁极

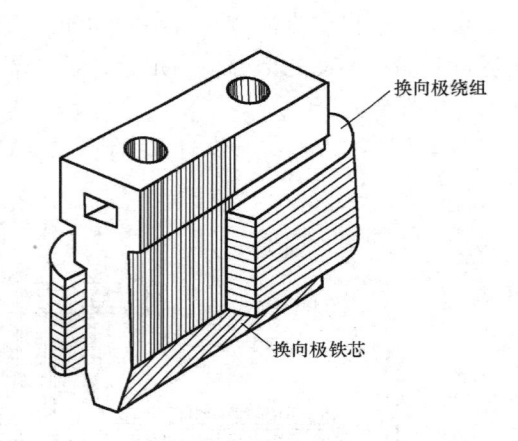

图 2-6 直流电机换向极

(3) 机座。直流电机定子的外壳部分称为机座。机座有两个作用：
1) 固定主磁极、换向极和端盖并起到支撑和固定电机在基础上。
2) 作为磁路，这部分称为磁轭。机座用导磁性能好并且有足够机械强度的铸钢件或钢板焊成。

(4) 电刷装置。电刷装置结构如图 2-7 所示。电刷的作用是把转动的电枢与外电路连接，使电流经电刷输入电枢或从电枢输出，并且通过电刷与换向器的配合，在电刷两端获得直流电压。为了使电刷与旋转的换向器有良好的接触，需要有一套电刷装置。

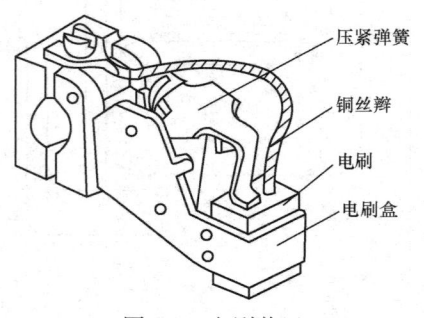

图 2-7 电刷装置

电刷装置由电刷、刷握和铜丝辫等组成。电刷放在刷握里,用弹簧压紧,使电刷与换向器之间接触良好。电刷上有个铜丝辫,可以引入、引出电流,刷握放在刷杆上,刷杆装在圆形刷杆座上,相互之间必须绝缘。刷杆座装在端盖或轴承内盖上,同一个绝缘刷杆上电刷盒并联,组成一组电刷。一般直流电机中电刷组的数目可以用刷杆数表示。电刷杆数与主磁极数相同。

2. 转子部分

直流电机转子部分由电枢铁芯、电枢绕组、换向器和转轴等组成。

(1) 电枢铁芯。电枢铁芯有两个作用,一个是作为主磁通的磁路,另一个用来嵌放电枢绕组。为减少电机运行时电枢铁芯中产生涡流损耗和磁滞损耗,电枢铁芯一般用厚度 0.5mm 的涂有绝缘漆的硅钢片冲片叠压而成。冲片上有槽,嵌有电枢绕组,还有轴向通风孔。容量较大电机,为加强冷却,把电枢铁芯沿轴向分成数段,段与段之间留有宽 10mm 的通风道,整个铁芯固定在转子支架或转轴上,电枢铁芯冲片和装配好的电枢铁芯如图 2-8 所示。

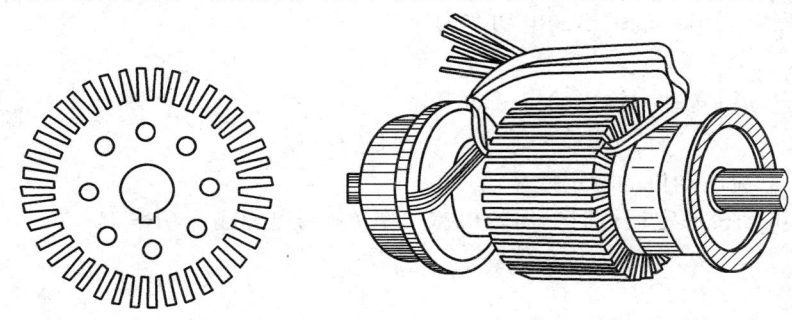

(a) 电枢铁芯冲片   (b) 装配好的电枢铁芯

图 2-8 电枢铁芯冲片和装配好的电枢铁芯

(2) 电枢绕组。电枢绕组的作用是产生感应电动势和通过电枢电流,使电机实现机电能量变换。电枢线圈用带有绝缘的圆形或矩形截面的导线绕制而成。线圈有单匝或多匝的。电枢绕组是由许多线圈按一定规律连接而成。嵌在电枢铁芯槽内,并与换向器做相应连接。线圈与铁芯之间,以及上下层线圈之间均要妥善绝缘。为防止电枢转动产生离心力将线圈甩出。绕组嵌入槽后要用槽楔压紧,线圈伸出槽外端接部分用热固性无纬玻璃丝带扎紧。以防止电枢旋转时产生离心力将导线甩出。

(3) 换向器。换向器的作用是把电枢绕组内部的交流电动势转换为电刷间的直流电动势。如图 2-9 所示,换向器是由许多带有鸠尾的梯形铜片组成的圆筒,片与片之间用云母绝缘,两端用 V 形钢环借金属套筒和螺纹压圈拧紧成一个整体。V 形钢环与换向片之间用 V 形云母绝缘,每个换向片上刻有小槽,以便焊接电枢绕组元件的引出线。

2.2.2 直流电机的额定值

直流电机制造厂按照国家标准,根据直流电机设计数据规定,直流电机的主要数据为电机的额定值。额定值一般标注在铭牌上,所以也称为铭牌数据。直流电机的主要额定值见表 2-1。

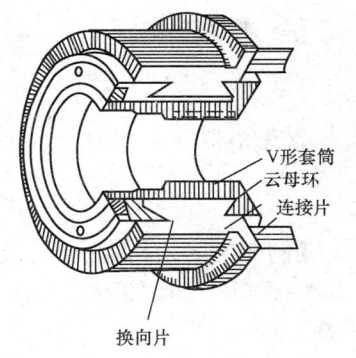

图 2-9 直流电机的换向器

表 2-1　　　　　　　　　　直流电机的主要额定值

额定值	定　义	单位
额定功率 P_N	额定功率是指额定状态下电机所能提供的输出功率,对电动机是指轴上输出的机械功率,对发电机是指电刷引出端的电功率	kW
额定电压 U_N	额定电压是指电枢绕组能安全工作的最高电压,对于电动机是指电刷输出端的输入电压;对于发电机是指电刷输出端的输出电压	V
额定电流 I_N	额定电流是指电机按规定工作方式运行时,电枢绕组允许通过的最大电流,对于并励和复励直流电动机指的是总电流	A
额定转速 n_N	额定转速是指电机在额定电压、额定电流和额定功率运行时电机的转速	r/min

直流电机还有一些额定值,如额定效率 η_N、额定转矩 T_N、额定温升 τ_N 及额定励磁电流 I_{fN} 等,都可以从产品说明书中获得。

对于直流发电机出线端输出的电功率为

$$P_N = U_N I_N \tag{2-1}$$

对于直流电动机转轴上输出的机械功率为

$$P_N = \eta_N U_N I_N \tag{2-2}$$

式中　η_N——直流电动机的额定效率。

η_N 是直流电动机额定运行时输出的机械功率 P_N 与电源输入功率 P_1 之比,即

$$\eta_N = \frac{P_N}{P_1} \tag{2-3}$$

直流电动机轴上输出额定转矩用 T_{2N} 表示,其大小应该是额定功率除以转子角速度的额定值,即

$$T_{2N} = \frac{P_N}{\Omega_N} = \frac{P_N}{\frac{2\pi n_N}{60}} = 9.55 \frac{P_N}{n_N} \tag{2-4}$$

式中　P_N——额定功率,W,若 P_N 单位为 kW,则系数改为 9550;

n_N——额定转速,r/min;

T_{2N}——额定转矩,N·m。

【例 2-1】一台直流发电机,其额定功率 $P_N = 145\text{kW}$,额定电压 $U_N = 230\text{V}$,额定转速 $n_N = 1450\text{r/min}$,额定效率 $\eta_N = 90\%$,求该发电机的输入功率 P_1 及额定电流 I_N。

解：输入功率

$$P_1 = \frac{P_N}{\eta_N} = \frac{145}{0.9} = 161(\text{kW})$$

额定电流

$$I_N = \frac{P_N}{U_N} = \frac{145 \times 10^3}{230} = 630.4(\text{A})$$

【例 2-2】一台直流电动机,其额定功率 $P_N = 160\text{kW}$,额定电压 $U_N = 220\text{V}$,额定转速 $n_N = 1500\text{r/min}$,额定效率 $\eta_N = 90\%$,求该发电机的输入功率 P_1、额定电流 I_N 和额定输出转矩 T_{2N}。

解：输入功率

$$P_1 = \frac{P_N}{\eta_N} = \frac{160}{0.9} = 177.8(\text{kW})$$

额定电流

$$I_N = \frac{P_N}{U_N} = \frac{177.8 \times 10^3}{220} = 808.1(\text{A})$$

电磁转矩 $T_{2N} = 9.55\dfrac{P_N}{n_N} = 9.55 \times \dfrac{160 \times 10^3}{1500} = 1018.7(\text{N·m})$

在实际应用中，直流电机不一定总是运行在额定状态，一般不允许超过额定值运行，若长期过载运行会使直流电机过热，加速绝缘老化，降低电机使用寿命，甚至损毁电机。但如果长期欠载运行，电机容量没有充分利用，效率低，浪费能源，不经济。因此，应根据负载情况，合理选择电动机的容量，使电机工作在接近额定情况下运行。

2.2.3 国产直流电机的主要系列产品

我国目前生产的直流电机的种类及用途见表2-2。

表2-2　　　　　　　　　　国产直流电机的种类及用途

种类	用途	举例
Z_2系列	一般用途的中、小型直流电机	发电机和电动机
ZT系列	用于恒功率负载且调速范围比较大的拖动系统	广调速直流电动机
ZD_2和ZF_2系列	一般用途的中型直流电机	ZD_2系列中型直流电动机，ZF_2系列中型发电机
ZZJ系列	用于冶金辅助拖动机械	冶金起重直流电动机
ZQ系列	用于电力机车、工矿电机车和蓄电池供电电车	直流牵引电动机
ZA系列	用于矿井和有易燃气体场所	防爆安全型直流电动机
ZKJ系列	用于冶金、矿山挖掘机	矿用直流电动机

例如型号Z_2-31的电机，其含义如图2-10所示。

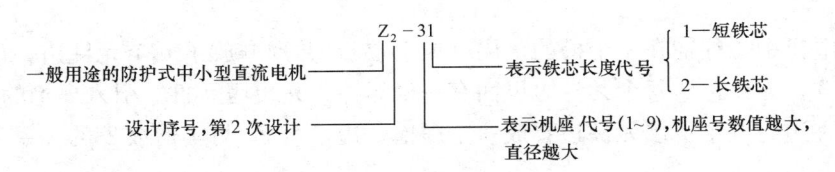

图2-10　Z_2-31电机型号含义

2.3 直流电动机的电枢绕组

从直流机工作原理可知，电枢绕组是直流电机的核心部分，电机中能量变换是通过电枢绕组实现的。电枢绕组是由电枢表面均匀嵌入的许多线圈按一定规律连接构成的。对电枢绕组的要求是在通过规定的电流和产生足够的电动势前提下，尽可能节约有色金属和绝缘材料，并且要求工艺结构简单、运行可靠。

2.3.1 电枢绕组的一般知识

电枢绕组的基本单元称为元件，元件是由绝缘导线绕制的线圈，分为单匝或多匝线圈。一个元件是由两条元件边（称为有效边）和端部接线组成。元件边置于电枢铁芯槽内，能切割磁力线感应出电动势。为使元件端接的部分平整排列，每个槽中的元件分上、下两层叠放，一个元件的一个边放在某一个槽的上层，则另一个有效边放入在某一个槽的下层。所以，直流电机电枢绕组都是双层绕组，如图 2-11 所示。

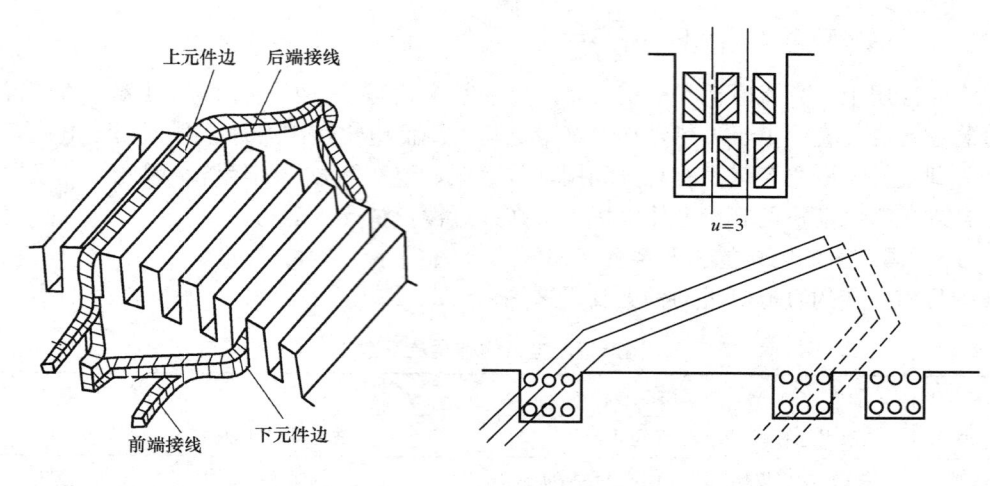

图 2-11 绕组元件在槽中的位置

图 2-12 虚槽示意图

每个元件的末端（下层边）按照一定规律和另一个元件的首端（上层边）相连接。接到同一个换向片上，所有元件依次串联，最后，使整个电枢绕组通过换向片连成一个闭合回路。这是直流电枢绕组的特点，也是构成原则。

一个元件有两根引出线，称为首端和末端，它们分别接到两个换向片上，而每一个换向片又与不同元件的两根引出线连接。所以整个电枢绕组的元件数 s 应等于换向片数 k，即 $s=k$。每个元件有两个有效边，而每个槽分上、下两层，嵌放有效边，所以元件数 $s=Z$（槽数）。

在直流电机中，往往在一个槽的上层（或下层），并列嵌放了 u 个元件边，如图 2-12 所示，有并列 3 个元件边，每个元件边里面有一根导体，是单匝元件。引入虚槽的概念，即把一个上层元件边与一个下层元件边看成一个虚槽。虚槽数 Z_u 与实槽数 Z 的关系为 $Z_u = uZ$。因此有

$$Z_u = uZ = s = k \tag{2-5}$$

相邻两个异性磁极中心线之间的长度用电枢铁芯外圆的对应弧长表示的距离，称为极距 τ，当用槽数表示时有

$$\tau = \frac{Z}{2p} \tag{2-6}$$

用长度表示有

$$\tau = \frac{\pi D}{2p} \tag{2-7}$$

式中　D——电枢铁芯的外直径，mm；
　　　p——磁极对数。

2.3.2 单叠绕组

单叠绕组的连接特点是每个元件的两个出线端连接在相邻的两个换向片上。

1. 绕组节距

绕组节距是指被连接起来的两个元件边或换向片之间的距离，一般用虚槽数表示。如图 2-13 所示。

(1) 第一节距 y_1。y_1 是指同一元件的两个有效边之间的距离，一般用虚槽数表示，为了使每一个元件的感应电动势最大，y_1 应接近或等于极距 τ，用下式计算

$$y_1 = \frac{Z_u}{2p} \pm \varepsilon = a (a \text{ 为整数}) \tag{2-8}$$

式中 ε 是使 y_1 凑成整数的一个分数。取 $\varepsilon = 0$，则 $y_1 = \tau$ 称为整距绕组；ε 前面取负号时，$y_1 < \tau$ 为短距绕组，前面取正号时，$y_1 > \tau$ 为长距绕组。长距绕组用铜线较多，因此，通常采用短距绕组。

(2) 合成节距 y 和换向片节距 y_k。合成节距 y 是相串联的两个元件的对应边之间的距离，用虚槽数表示。换向器节距 y_k 是指一个元件的两个出线端所连接的换向片之间的距离，用换向片数表示。对单叠绕组有 $y = y_k = 1$。绕组连接顺序从左向右进行，称为右行绕组 $y_k = 1$；反之，绕组连接顺序从右向左进行，称为左行绕组 $y_k = -1$。左行绕组连续互相交错，用铜线较多，故很少采用。

(3) 第二节距 y_2。y_2 是指连接同一个换向片上的两个元件边之间的距离。或者说 y_2 是相串联的两个元件中，第一个元件的下层边与第二个元件的上层边之间的距离。用虚槽数表示。

对单叠绕组有 $y_2 = y_1 - y$。单叠绕组元件各节距的关系如图 2-13 所示，元件上层边用实线，下层边用虚线。

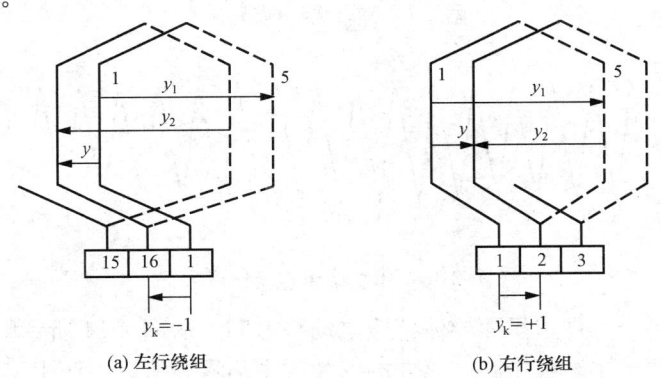

(a) 左行绕组　　(b) 右行绕组

图 2-13　单叠绕组元件

2. 展开图

下面通过一个实例来说明单叠绕组的连接方法和特点。

设已知一台 4 极直流电机，$2p = 4$，$Z_u = s = k = 16$ 单叠右行绕组，试画出单叠绕组展开图。

(1) 计算节距。

$$y_1 = \frac{Z_u}{2p} \pm \varepsilon = \frac{16}{4} \pm 0 = 4，采用整距绕组，因为是单叠右行绕组，故 y = y_k = 1，所以$$

$y_2 = y_1 - y = 4 - 1 = 3$。

(2) 画出展开图，如图 2-14 所示，作图步骤如下：

第一步，画出 16 根等长等宽的实线和虚线，实线表示上层有效边，虚线表示下层有效边，并编上槽号，再画出 16 个等宽的小方块表示换向片，并编上号码。

第二步，放磁极。让每个磁极宽度为大约 0.7mm 极距，4 个磁极均匀分布在各槽上，并标上 N、S 极。

第三步，连接绕组。将 1 号元件上层边连接 1 号换向片，根据第一节距 $y_1 = 4$，将 1 号上层边与 5 号槽下层边连接。5 号下层边连接 2 号换向片。由于元件几何形状对称，1、2 号换向片位置应放在 1 号元件中心线上。由于是右行单叠绕组，2 号换向片连接 2 号槽上层边后连接 6 号槽下层边，之后回到 3 号换向片。按此规律连接，一直把 16 个元件连接完毕，组成一个闭合回路。元件连接次序如图 2-15 所示。

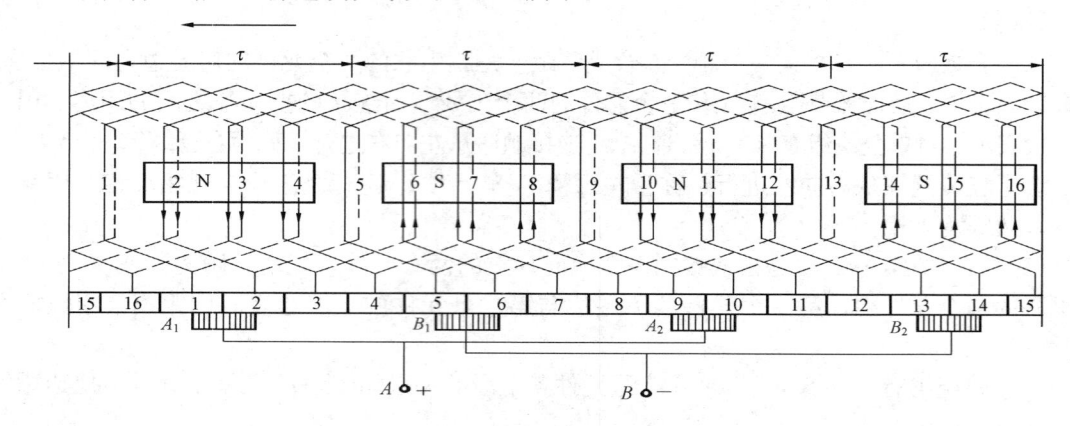

图 2-14　单叠绕组展开图

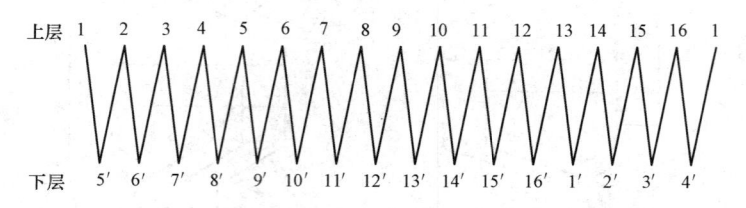

图 2-15　单叠绕组连接次序表

第四步，确定每个元件边里面导体感应电动势方向。从图 2-14 所示瞬间，1、5、9、13 四个元件正好位于两个主磁极中间，该处的气隙磁密为零，所以不产生感应电动势。其余各元件中感应电动势的方向可根据电磁感应定律的右手定则判断。如图 2-14 所示，磁极放在电枢绕组上面，N 极下磁感应线是穿进纸面，S 极下磁感应线是穿出纸面。电枢从右向左旋转，所以在 N 极下的导体电动势方向向下，S 极下电动势方向向上。

第五步，放置电刷。电刷组数等于刷杆数目，它与主磁极个数相同。对本例来说是四组电刷，它们均匀地放在换向器表面圆周方向的位置，每个电刷宽度等于每一个换向片的宽度。

放置电刷的原则是，要求正负电刷之间电动势最大，或者被电刷短接的元件中感应电动势最小。如图 2-14 所示，由于元件在几何形状上对称，如果把电刷中心线对准主磁极中心线即可满足要求。被电刷短接的元件正好是1、3、5、9,这四个元件中电动势为零。实际运行时,电刷静止不动,电枢旋转,被电刷短接的元件,永远都是处于两个主磁极之间,感应电动势为零。

(3) 单叠绕组的并联支路图。根据绕组展开图中各元件连接顺序,可以得到图2-16所示的并联支路图。可见,位于同一个磁极下的各元件串联组成一个支路。4极组成四个支路,电刷杆数等于极数。

从上述分析可见单叠绕组特点为:
(1) 支路数等于磁极数($2a=2p$)。
(2) 电刷放在换向器表面上的位置对准主磁极中心线,正、负电刷间感应电动势最大,被电刷短接的元件里感应电动势最小。
(3) 电刷杆数等于极数。
(4) 电枢总电流 I_a 为各并联支路电流的 $2a$ 倍($I_a = 2ai_a$)。

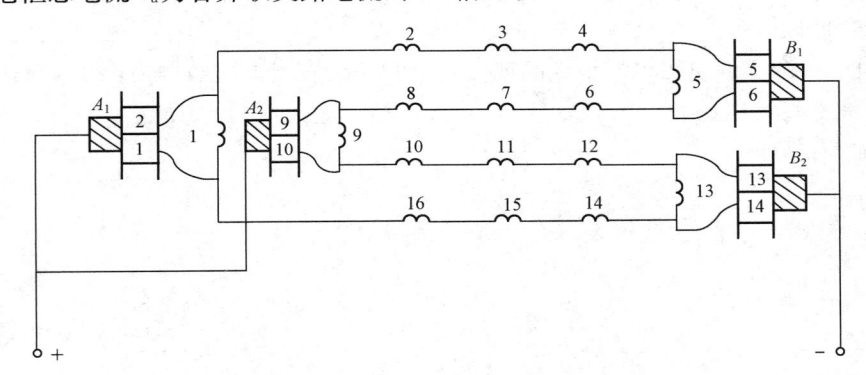

图 2-16 单叠绕组的并联支路图

2.3.3 单波绕组

在单叠绕组中每个元件都是与相邻的元件连接,而单波绕组的每个元件是与相距约两个极距的元件连接。每个元件两端连接的换向片相距很远。两元件串联后形成如图2-17所示的波浪形,故称为单波绕组。

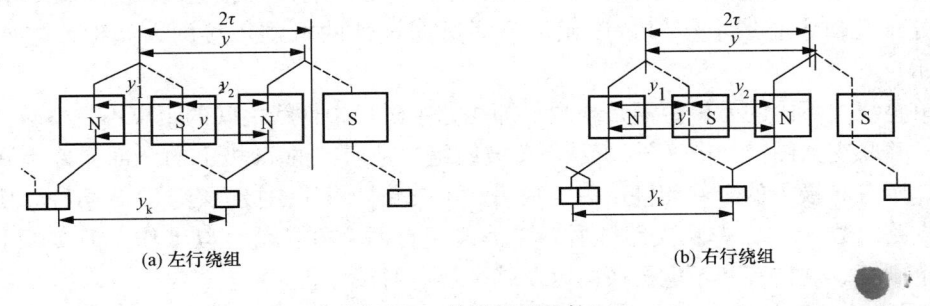

(a) 左行绕组　　(b) 右行绕组

图 2-17 单波绕组元件

1. 绕组节距

第一节距 y_1,其确定原则同单叠绕组相同,即

$$y_1 = \frac{Z_u}{2p} \pm \varepsilon = a \quad (a \text{ 为整数}) \tag{2-9}$$

合成节距 y 与换向器节距 y_k，在单波绕组中 $y = y_k$ 仍然成立。选择 y_k 时，应使相串联的元件感应电动势方向相同。为此，首先应把两个相串联的元件放在相同极性磁极下面，让它们在空间位置相距两个极距。当沿电枢圆周向一个方向绕一周，经过 p 个元件串联后，其尾端所连接的换向片 py_k 必须落在与起始换向片相邻的换向片上，即

$$py_k = k \pm 1$$

如取 $py_k = k+1$ 表示绕完一周后，单波绕组落在起始换向片右边换向片上，称为单波右行，这时绕组端接部分交叉，用铜线较多，一般不采用。反之，取 $py_k = k-1$ 表示绕完一周后，单波绕组落在起始换向片左边换向片上，称为单波左行绕组。则有

$$y_k = y = \frac{k \pm 1}{p} = a (a \text{ 为整数}) \tag{2-10}$$

第二节距 $y_2 = y - y_1$。

2. 绕组展开图

下面通过一个实例说明单波绕组的连接。已知一台直流电机数据为：$2p = 4$，$Z_u = s = k = 15$，单波左行绕组。

(1) 计算节距。

极距 $$\tau = \frac{Z_u}{2p} = \frac{15}{4} = 3\frac{3}{4}$$

第一节距 $$y_1 = \frac{Z_u}{2p} \pm \varepsilon = \frac{15}{4} - \frac{3}{4} = 3$$

换向器节距 $$y_k = y = \frac{k \pm 1}{p} = \frac{15-1}{2} = 7$$

第二节距 $$y_2 = y - y_1 = 7 - 3 = 4$$

(2) 绕组展开图。根据单波绕组的几个节距，参照单叠绕组的绘制步骤可以画出单波绕组的展开图，如图 2-18 所示。磁极、电刷位置及电刷极性判断都与单叠绕组相同。在端接线对称情况下，电刷中心线仍然对准磁极中心线。电刷短接元件 1、5 和 9 的两个有效边也处于几何中心线上，但是该元件是通过同极性的电刷短接的，元件连接次序如图 2-19 所示。

与单叠绕组不同的是极距不是整数，即相邻主磁极中性线之间的距离不是整数。

(3) 并联支路图。如图 2-20 所示，单波绕组是把所有的 N 极下的全部元件串联组成一个支路，所有 S 极下的全部元件串联组成另一个支路，由于磁极只有 N、S 两种，所以单波绕组的支路对数 $a=1$。单从支路数看，单波绕组有两个刷杆就可以工作，但实际上，仍然要用 4 个刷杆。这样有利于电机换向以及减少换向器尺寸。

1) 同极下各元件串联起来组成一个支路，各支路对数 $a=1$，与磁极对数 p 无关。
2) 当元件几何对称时，电刷在换向器表面位置对准主磁极中心线，支路电动势最大。
3) 电刷杆数等于磁极数（采用全额电刷）。

综上所述，在电机磁极对数、元件数，以及导体截面积相同情况下，单叠绕组并联支路数多，每个支路元件数少，适用于低电压、大电流的直流电机；对于单波绕组，支路对数

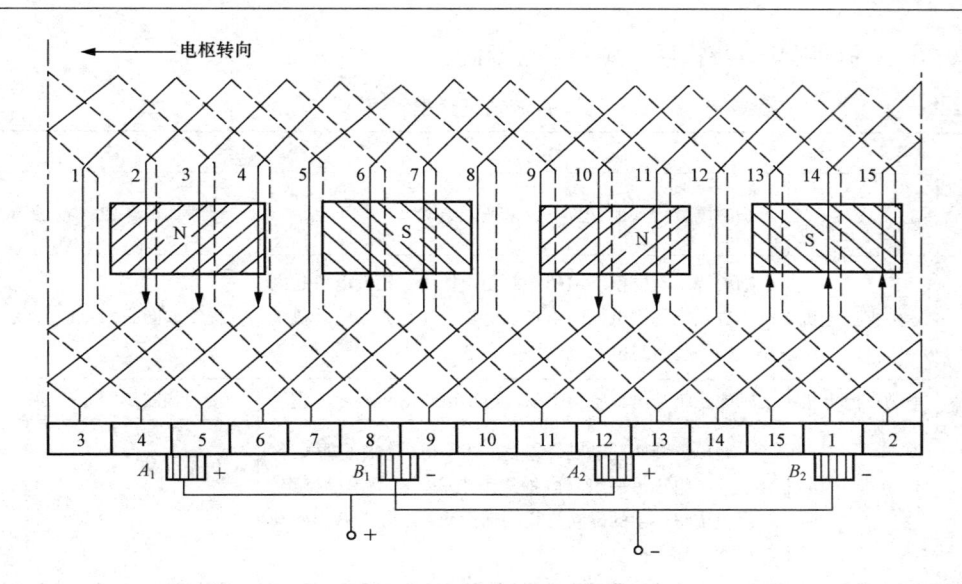

图 2-18 单波绕组展开图

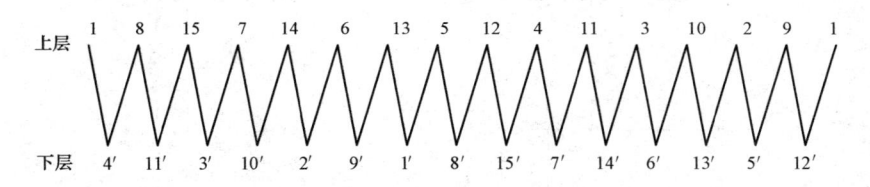

图 2-19 单波绕组连接次序表

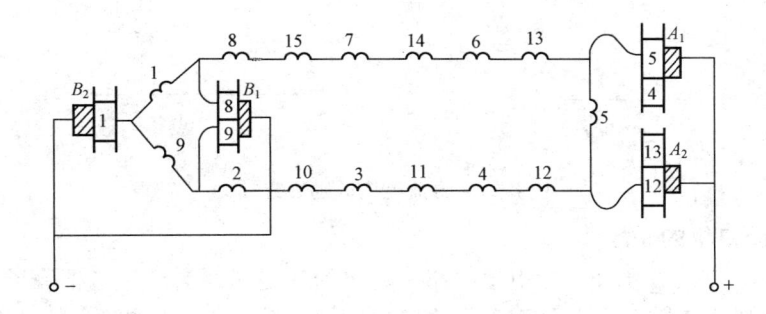

图 2-20 单波绕组的并联支路图

$a=1$，在元件数相同条件下，每个支路里包含的元件数较多，所以这种绕组适用于电流小、电压较高的直流电机。

在实际应用中，还有复叠、复波及混合绕组。

2.4 直流电机的磁场

2.4.1 直流电机的分类

根据励磁方式的不同，直流电机分为他励、自励直流电机。电机励磁电流由电机本身供给，按照励磁绕组连接方式不同，可以分为并励、串励和复励直流电机，见表 2-3。直流电机励磁方式不同，则其运行特性和应用场合不同。

表 2-3　　　　　　　　　直流电机分类

分类		定　义	备　注
他励直流电机	—	励磁电流由其他直流电源单独供给	接线如图 2-21（a）所示
自励直流电机	并励直流电机	励磁绕组与电枢绕组两端并励，作为并励发电机是电机本身发出的端电压供给励磁电流；作为并励电动机来说，励磁绕组与电枢绕组用同一电源	接线如图 2-21（b）所示
	串励直流电机	励磁绕组与电枢绕组串联，电枢电流等于励磁电流	接线如图 2-21（c）所示
	复励直流电机	主磁极上装两套励磁绕组，一组与电枢绕组并联，称为并励绕组；另一组与电枢绕组串联，称为串励绕组。若两组绕组产生的磁动势相同称为积复励，若两组磁动势相反，称为差复励。	接线如图 2-21（d）所示

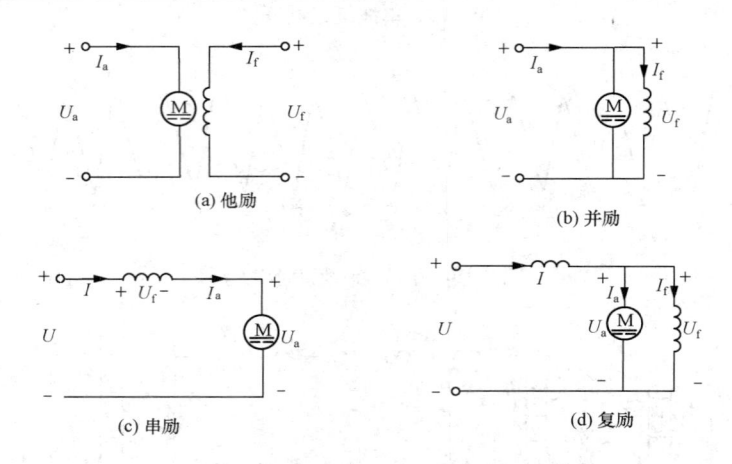

图 2-21　直流电机的励磁方式

2.4.2　直流电机的磁场

直流电机除主磁极磁场外，当电枢绕组中有电流流过时还会产生电枢磁场，电枢磁场和主磁场合成为电机中气隙磁场。气隙磁场影响电枢电动势和电磁转矩的大小，决定电机的运行性能。

1. 直流电机的空载磁场

当直流电机空载运行时，电枢电流接近于零，这时气隙磁场可认为主要由主磁极的励磁绕组产生的，称为空载磁场或主磁场。

图 2-22 所示为一台 4 极（无换向极）的直流电机空载时磁场分布图。当励磁绕组流过励磁电流时，每极的励磁磁动势为

$$F_f = I_f N_f \tag{2-11}$$

式中　N_f——一个磁极上的励磁绕组的串联匝数。

从图 2-21 中可知，大部分磁感应线的路径从主磁极 N 经气隙、电枢铁芯、电枢磁轭、

定子磁轭回到原来主磁极 N。这部分磁通同时与励磁绕组和电枢绕组交链,能在电枢绕组中产生感应电动势和在轴上产生电磁转矩,这部分磁通称为主磁通(Φ_0)。少部分只交链励磁绕组本身,不能在电枢绕组中产生感应电动势和电磁转矩,这种称为漏磁通(Φ_δ)。

主磁通所经过的路径(主磁路)气隙小,磁阻小,而漏磁通所走的路径气隙大,磁阻大,所以主磁通要比漏磁通大得多,一般 $\Phi_\delta = (15\% \sim 20\%)\Phi_0$。

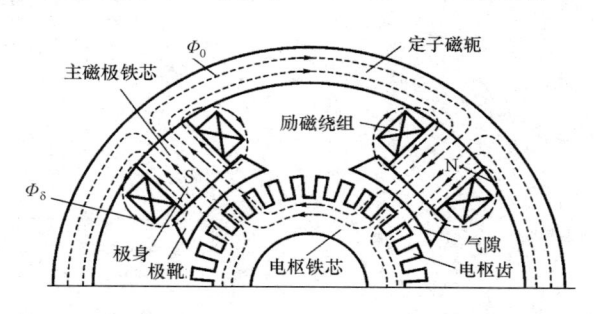

图 2-22　直流电机的空载磁场

2. 直流电机的空载磁化曲线

每极下主磁通与励磁电流的关系称为空载磁化曲线,表示为 $\Phi_0 = f(I_f)$,直流电机的空载磁化曲线可以通过实验或计算电机的磁路得到。如图 2-23 所示,电机磁化曲线与铁磁材料的磁化曲线 $B = f(H)$ 相类似。从图 2-23 中可知,直流电机磁化曲线也有饱和现象,其磁阻是非线性的。为了充分利用铁磁材料又不至于磁阻太大,磁通额定点一般在空载磁化曲线开始拐弯的地方(A 点)。

3. 空载磁场气隙磁密分布曲线

直流电机主磁路由定子、转子之间气隙、电枢铁芯和定子磁轭组成。包围主磁路的总磁动势 $2F_f = 2N_f I_f$,考虑到忽略铁芯饱和的影响,一般铁芯磁阻远小于气隙磁阻,可以认为主磁通磁动势主要消耗在两个气隙上,为了简化计算,可以忽略铁芯磁路消耗的磁动势,于是有

$$2F_f = 2N_f I_f \approx 2H_\delta \delta$$

将 $H_\delta = \dfrac{B_\delta}{\mu_0}$ 代入上式可得

$$B_\delta = \mu_0 H_\delta = \mu_0 \dfrac{N_f I_f}{\delta} \quad (2\text{-}12)$$

图 2-23　直流电机的空载磁化特性

式中　μ_0——空气导磁系数,μ_0 为常数。

当磁动势 $F_f = N_f I_f$ 一定时,气隙磁密 B_δ 与气隙长度 δ 成反比。在极靴内,气隙长度 δ 较小且均匀不变,因此气隙磁密 B_δ 较大基本为常数。极靴两侧气隙长度 δ 逐渐增大,气隙磁密则明显减小。如图 2-24 所示,在两主磁极之间的几何中性线处,磁通密度为零,这时物理中性线 mm 与几何中性 nn 线重合。空载时气隙磁通密度分布曲线为一平顶波,如图 2-25 所示。

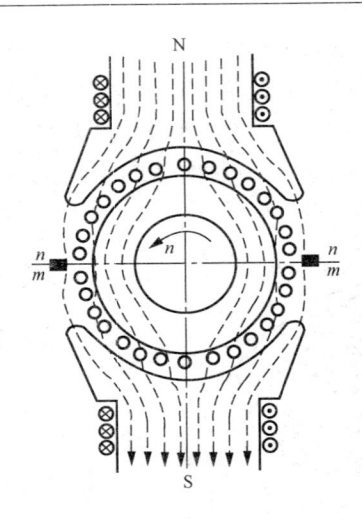

图 2-24 主磁极磁通分布曲线 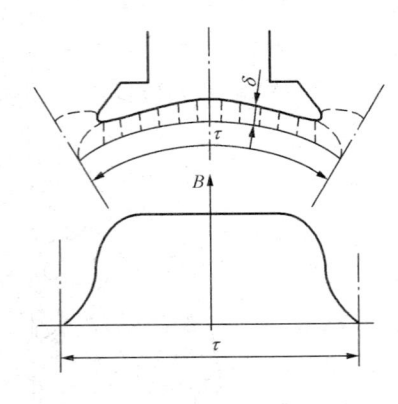　　图 2-25 空载磁场气隙磁密分布曲线

4. 直流电机负载时的磁场及电枢反应

当直流电机带上负载时，电枢绕组中有电流流过。电枢绕组产生电枢磁动势，这时气隙磁势由主极磁势和电枢磁势共同作用产生。通常把负载时电枢磁场对主极磁场的影响称为电枢反应，电枢反应对电机运行性能影响较大。

(1) 电刷在几何中性线上时的电枢反应。电枢放在几何中性线上表示电刷与几何中性线上的元件相连接，为作图简单，元件只画一层，省去换向器，电刷放在几何中性线上直接与元件接触，如图 2-26（a）所示。电刷是电枢表面电流方向的分界线，设电枢上半部电流方向为流出纸面，电枢下半部电流进入纸面，根据电枢电流方向画出电枢磁场磁力线分布如图 2-26（a）中虚线。可见电枢磁场轴线与电刷轴线重合，与主极磁场轴线垂直，这时电枢磁动势称为交轴磁动势。它对主极磁场的影响称为交轴电枢反应。

假设电枢绕组的总导体数为 N，导体中电流为 i_a，电枢直径为 D，将图 2-26（a）电枢表面展开为图 2-26（b）所示。由于电刷在几何中性线上，电枢绕组支路的中点 O 正好处于磁极轴线上，以 O 点为坐标原点，距原点 $\pm x$ 处取一闭合回路，根据全电流定律，可知作用在这个闭合回路的磁动势为

$$2x \frac{Ni_a}{\pi D} = 2xA$$

式中　A——电枢线负荷，它表示电枢圆周单位长度上的安培数，$A = \dfrac{Ni_a}{\pi D}$。线负荷是直流电机设计中一个重要指标，A/m。

忽略铁芯中磁动势不计，磁动势消耗在两个气隙中，故离原点 x 处一个气隙所消耗的磁动势为

$$F_{ax} = Ax \tag{2-13}$$

式（2-13）表明，电枢表面各处的磁动势与 x 成正比。若规定电枢磁动势由电枢指向主极方向为正，根据式（2-13）画出电枢磁动势沿电枢圆周的分布曲线为三角波，称为电枢磁动势曲线，如图 2-26（b）中曲线 1，在正、负两个电刷中点处，电枢电动势为零，在电刷轴线处（$x = \tau/2$）达到最大值 F_{am}。

(a) 电枢磁场

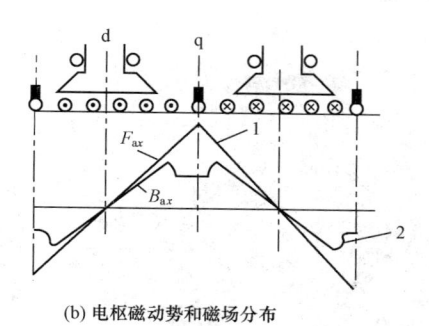

(b) 电枢磁动势和磁场分布

图 2-26 电刷在几何中性线上的电枢磁动势和磁场

$$F_{am} = A \frac{\tau}{2} \tag{2-14}$$

根据电枢磁动势分布曲线，忽略铁芯磁阻，根据电枢周围各点气隙长度求得磁通密度分布曲线。在极靴下任一点的电枢磁通密度为

$$B_{ax} = \mu_0 H_{ax} = \mu_0 \frac{F_{ax}}{\delta} \tag{2-15}$$

在极靴范围内，气隙 δ 为常数，磁通密度分布曲线是一条通过原点的直线。但在两个极靴之间的空间内，因气隙长度增加，磁阻急剧增大，虽然此处磁动势较大，而磁通密度却反而减小。因此磁通密度分布呈现马鞍形，如图 2-26（b）曲线 2 所示。

分析电枢磁场对主极磁场的影响。如图 2-27（a）所示，主极磁场和电枢磁场合成气隙磁场后，气隙磁场发生畸变。根据气隙磁场方向和电枢电流方向可以确定电枢为逆时针转向。如图 2-27（b）所示，不考虑磁路饱和的影响，用叠加原理，将电枢的磁密 B_{ax} 和主极的磁密 B_{0x} 沿电枢表面逐点叠加，得到负载时气隙的磁密 $B_{\delta x}$ 的分布曲线。从图 2-27（b）可见，主极磁场一半增加，一半减少，使磁场为零的位置由几何中性线顺转向移动一个角度 β。通过磁密为零的点并与电枢表面垂直的直线称为物理中性线。在空载时物理中性线与几何中性线重合，在负载时，由于电枢反应的影响，气隙磁场发生畸变，发电机物理中性线顺转向移动一个角度 β，电动机物理中性线逆转向移动一个角度 β。

在磁路不饱和时，主极磁场被削弱和加强的磁通量相等，如图 2-27（b）中面积 S_1 和 S_2，故气隙下每极磁通量不变。考虑到设计时铁芯磁路工作点在磁化曲线的膝部，在增磁的半个磁极，由于铁芯饱和的影响，磁阻增大，磁通不能增加很多，故磁通增加后的数量比不饱和时少，而在去磁的半个磁极下，饱和程度降低，磁阻减小，磁通减少较多。如图 2-27（b）中面积 $S_3 > S_4$。可见，考虑磁路饱和影响，每极下磁通量增加得少，减少得多，所以负载时每极磁通量略为减少，这种由于铁芯磁路饱和引起的去磁作用称为附加的去磁作用。

综上所述，电刷在几何中性线上时，电枢磁动势为交轴磁动势，交轴电枢反应使气隙磁场发生畸变，每极下磁通量略为减少。

（2）电刷不在几何中性线时的电枢反应。如图 2-29 所示，电刷从几何中性线逆时针移动一个角度 β，沿电枢表面移动 b_β 距离。当电刷移动后，电枢磁动势 F_a 的轴线也随之移动 β 角，这时电枢磁动势可以分解为两个互相垂直的分量。其中由 $(\tau - 2b_\beta)$ 范围内的导体中电流产生磁动势，其轴线与主极轴线垂直，称为交轴电枢磁动势 F_{aq}，由 $2b_\beta$ 范围内的导体中电

(a) 气隙合成磁物

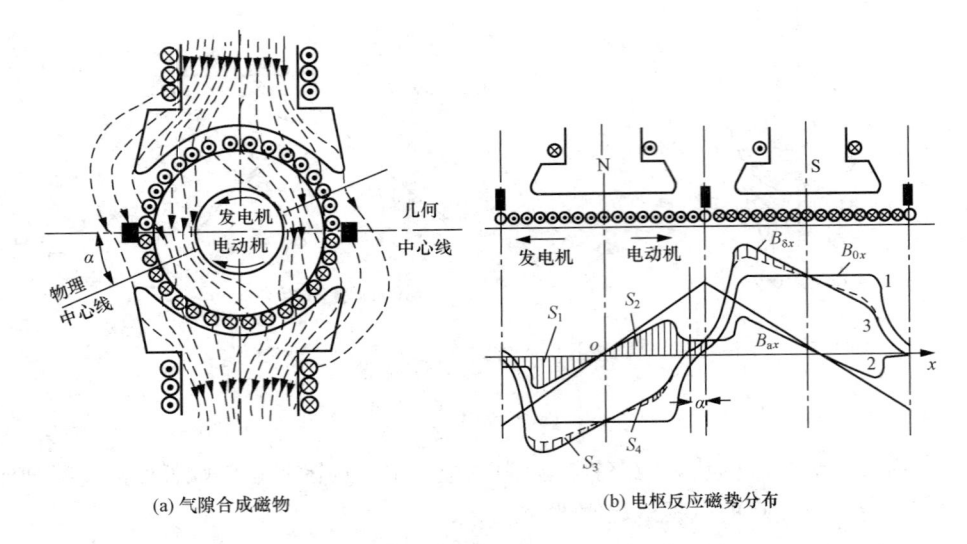

(b) 电枢反应磁势分布

图 2-27 电刷在几何中性线上的交轴电枢反应

流产生磁动势，其轴线与主极轴线相重合，称为直轴电枢磁动势 F_{ad}。

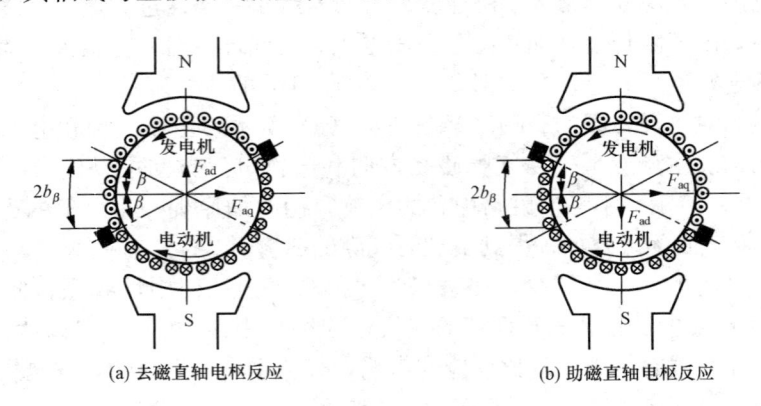

(a) 去磁直轴电枢反应

(b) 助磁直轴电枢反应

图 2-28 电刷不在几何中性线上的电枢反应

电刷不在几何中性线上时，电枢反应将分为交轴电枢反应和直轴电枢反应两个分量。交轴电枢反应对主极磁场的影响如前面所述。直轴电枢反应对主极磁场的影响分为两种情况，当直轴电枢磁动势 F_{ad} 与主极磁动势 F_0 方向相反时，称为去磁直轴电枢反应，如图 2-28（a）所示；当直轴电枢磁动势 F_{ad} 与主极磁动势 F_0 方向相同时，称为助磁直轴电枢反应，如图 2-28（b）所示。

对于发电机，当电刷顺电枢转向移动时，F_{ad} 起去磁作用；而当电刷逆转向移动时，F_{ad} 起助磁作用。对电动机而言，若保持主磁场的极性和电枢电流方向不变，则电枢转向与发电机转向相反。因此，对直流电动机，当电刷顺电枢转向移动时，F_{ad} 起助磁作用；而当电刷逆转向移动时，F_{ad} 起去磁作用。

必须说明，不论发电机还是电动机，为使电枢反应能起助磁作用而移动电刷，从换向要求角度都是不允许的。

2.5 直流电机的电枢电动势、电磁转矩和电磁功率的计算

电枢电动势、电磁转矩和电磁功率是三个最基本的物理量，下面推导其计算公式。

2.5.1 电枢电动势

电枢电动势是指直流电机正、负电刷之间的感应电动势，也就是电枢绕组每个支路的电动势。

当电枢以转速 n 旋转时，电枢导体切割气隙磁场，产生感应电动势，电枢表面某一处导体的感应电动势为

$$e_x = B_x l v_a$$

导体沿圆周的线速度为

$$v_a = \frac{\pi D n}{60} = \frac{2p\tau \cdot n}{60} \tag{2-16}$$

式中　D——电枢直径；
　　　n——转子转速，r/min；
　　　p——直流电机磁极对数；
　　　τ——极矩；
　　　l——导体有效长度。

由于电枢表面各处磁密不同，故各处导体的感应电动势不同，为简化计算，可先求每根导体的平均电动势

$$e_{av} = \frac{1}{\tau}\int_0^\tau e_x \mathrm{d}x = \frac{1}{\tau}\int_0^\tau B_x l v_a \mathrm{d}x = \frac{v_a}{\tau}\int_0^\tau B_x l \mathrm{d}x = \frac{v_a}{\tau}\Phi$$

每条支路的导体数为 $\dfrac{N}{2a}$，所以电枢电动势为

$$E_a = \frac{N}{2a}e_{av} = \frac{N}{2a}\frac{v_a}{\tau}\Phi \tag{2-17}$$

将式（2-16）代入式（2-17）可得

$$E_a = \frac{pN}{60a} \cdot n \cdot \Phi = C_e \Phi n \tag{2-18}$$

式中　C_e——电动势系数，$C_e = \dfrac{pN}{60a}$；
　　　n——转子转速，r/min；
　　　Φ——磁通量，Wb；
　　　E_a——感应电动势，V。

C_e 是一个与电机结构有关的物理量，对于已制成的电机，C_e 为一常数，电枢电动势正比于每极磁通量 Φ 和转速 n。电枢电动势的方向可以用右手定则判定，在电动机中，导体的动势和电流方向相反，故通常称为反电动势。在发电机中电动势方向和电流方向一致。

2.5.2 电磁转矩

电机带负载运行时，电枢绕组中有电流通过，载流导体在气隙磁场中将受到电磁力作用，假设电枢导体在电枢表面均匀分布，电刷在几何中性线上，电枢以恒定转速 n 逆时针方

向旋转。电枢表面各处磁密不同，因而各处导体所受电磁力大小也不相同。设某处气隙磁密为 B_x，则该根导体所受切线方向的电磁力为

$$f_x = B_x l i_a \tag{2-19}$$

由 f_x 产生的电磁转矩为

$$T_x = f_x \frac{D_a}{2} = B_x l i_a \frac{D_a}{2} \tag{2-20}$$

若电枢总导体数为 N，电枢表面 $\mathrm{d}x$ 段共有导体数为 $\frac{N}{\pi D_a}\mathrm{d}x$，则 $\mathrm{d}x$ 段导体产生的电磁转矩为

$$\mathrm{d}T = T_x \left(\frac{N}{\pi D_a}\right)\mathrm{d}x = \frac{N}{2\pi} i_a B_x l \mathrm{d}x \tag{2-21}$$

将 $i_a = \frac{I_a}{2a}$ 代入式（2-21）得 $\mathrm{d}T = \frac{N}{4\pi a} I_a B_x l \mathrm{d}x$

在一个极距下由导体电流产生的电磁转矩为

$$T_{\mathrm{av}} = \int_0^\tau \mathrm{d}T = \frac{NI_a}{4\pi a}\int_0^\tau B_x l \mathrm{d}x = \frac{NI_a}{4\pi a}\Phi \tag{2-22}$$

于是，整个直流电机所产生的电磁转矩为

$$T = 2p T_{\mathrm{av}} = \frac{pN}{2\pi a}\Phi I_a = C_T \Phi I_a \tag{2-23}$$

式中　C_T——转矩系数，$C_T = \frac{pN}{2\pi a}$；

　　　I_a——电枢电流，A；

　　　Φ——磁通，Wb；

　　　T——电磁转矩，N·m。

C_T 与电机结构有关，制造好的直流电机其电磁转矩仅与电枢电流和气隙磁通成正比。

从 C_e 和 C_T 的表达式可以得出二者之间有一定的固定关系，即 $C_T = 9.55 C_e$。

对于直流发电机，电磁转矩的方向与电枢转向相反，电磁转矩是制动性质的；而对于直流电动机，电磁转矩的方向与电枢转向相同，是驱动性质的。

2.5.3　电磁功率

由动力学可知，机械功率等于机械转矩与机械角速度的乘积，同理，电磁转矩与转子角速度的乘积为电磁功率。它反映了直流电机能量转换关系。电磁功率计算公式为

$$P_e = T\Omega = \frac{pN}{2\pi a}\Phi I_a \frac{2\pi n}{60} = \frac{pN}{60a}\Phi n I_a = E_a I_a \tag{2-24}$$

式（2-24）给出了电磁功率在电气和机械两个方面的不同的表达形式，它正好符合能量守恒定律。

2.6　直流发电机

2.6.1　直流发电机的基本方程

本节只研究发电机稳态运行时基本方程。直流发电机按励磁方式有他励、并励、串励和复励四种发电机。不同励磁方式使发电机运行性能不同。分析发电机运行性能时，将在后面按励磁方式进行讨论。

直流发电机的基本方程包括电动势平衡方程、功率平衡方程和转矩平衡方程。

1. 电动势平衡方程

直流发电机的电气与机械连接示意图图 2-29 所示,根据电工惯例,画出各电磁量正方向,根据基尔霍夫第二定律,即对任一闭合回路,所有电动势的代数和等于所有电压降的代数和($\sum E = \sum U$)。可以列出直流发电机的电动势平衡方程。

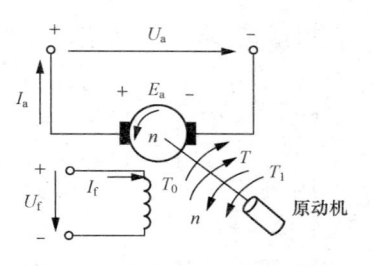

图 2-29 直流发电机的电气与机械连接示意图

(1) 他励直流发电机

$$\left. \begin{array}{l} E_a = U + I_a R_a \\ U_f = R_f I_f \end{array} \right\} \tag{2-25}$$

(2) 并励直流发电机

$$\left. \begin{array}{l} U_a = U_f = E_a + I_a R_a \\ U_f = R_f I_f \end{array} \right\} \tag{2-26}$$

(3) 串励直流发电机

$$U_1 = U_a + U_f = E_a + (R_a + R_f) I_a \tag{2-27}$$

2. 转矩平衡方程

(1) 转距的平衡方程为

$$T_1 = T + T_0 \tag{2-28}$$

(2) 功率平衡方程。由式 (2-28) 等号两侧乘以电枢的机械角速度 Ω 可得

$$\left. \begin{array}{l} T_1 \Omega = T \Omega + T_0 \Omega \\ P_1 = P_e + P_0 \end{array} \right\} \tag{2-29}$$

式 (2-29) 中 $P_1 = T_1 \Omega$ 为原动机的输入机械功率,$P_0 = T_0 \Omega$ 为空载损耗功率。而

$$P_0 = p_{Fe} + p_{me} + p_{ad} \tag{2-30}$$

式中 p_{Fe}——铁芯损耗,包括磁滞损耗和涡流损耗,它属于不变损耗;

p_{me}——机械损耗,包括电枢轴和轴承间的摩擦损耗、电刷与换向片之间的损耗、电机旋转部分与空气间的摩擦损耗等,它属于不变损耗。

p_{ad}——附加损耗,它是由于齿槽存在、磁场畸变引起的损耗,附加损耗难以计算,通常取额定功率的 0.5%~1%。

由式 (2-26) 可得电磁功率 P_e 表达式为

$$\left. \begin{array}{l} E_a I_a = U I_a + R_a I_a^2 \\ P_e = P_2 + P_{Cua} \end{array} \right\} \tag{2-31}$$

式中 P_2——直流发电机输出给负载的电功率;

p_{Cua}——电枢回路绕组电阻及电刷与换向片表面接触电阻上的损耗,称为转子铜损耗。

电机输入机械功率 P_1 为

$$P_1 = P_e + P_0 = P_2 + p_{Cua} + p_{Fe} + p_{me} + p_{ad} = P_2 + p_{al} \tag{2-32}$$

式中 p_{al}——总损耗。

对于并励发电机还应包括励磁铜损耗 $p_{Cuf} = U I_f$。

根据式（2-32）可以画出他励直流发电机的功率流程图，如图 2-30 所示。

发电机的效率用 η 表示，可用下式计算

$$\eta = \frac{P_2}{P_1} \times 100\% = \frac{P_2}{P_2 + p_{al}} \times 100\% \quad (2-33)$$

额定负载时，直流发电机的效率与电机容量有关。10kW 以下的小型电机，效率为 75%～85%；10～100kW 的电机，效率为 85%～90%；100～1000kW 的电机，效率为 88%～93%。

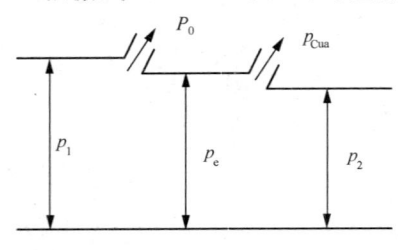

图 2-30 他励直流发电机功率流程图

【例 2-3】一台并励直流发电机，额定功率 $P_N = 20\text{kW}$，额定电压 $U_N = 220\text{V}$，额定转速 $n_N = 1500\text{r/min}$，电枢总电阻 $R_a = 0.16\Omega$，励磁回路总电阻 $R_f = 75\Omega$。机械损耗 $p_{me} = 700\text{W}$，铁损耗 $p_{Fe} = 300\text{W}$，总损耗 $p_{al} = 200\text{W}$。试求额定负载情况下的电枢铜损耗、励磁铜损耗、电磁功率、总损耗、输入功率及效率。

解：额定电流

$$I_N = \frac{P_N}{U_N} = \frac{20 \times 10^3}{230} = 86.96(\text{A})$$

励磁电流 $\quad I_f = \dfrac{U_N}{R_f} = \dfrac{230}{75} = 3.07(\text{A})$

电枢电流 $\quad I_a = I_N + I_f = 86.96 + 3.07 = 90.03(\text{A})$

电枢回路铜损耗 $\quad p_{Cua} = I_a^2 R_a = 90^2 \times 0.16 = 1296(\text{W})$

励磁回路铜损耗 $\quad p_{Cuf} = I_f^2 R_f = 3.07^2 \times 75 = 706.87(\text{W})$

电磁功率 $\quad P_e = P_2 + p_{Cuf} + p_{Fe} = 20\,000 + 1296 + 706.87 = 22\,002.87(\text{W})$

总损耗 $\quad p_{al} = p_{Cua} + p_{Cuf} + p_{me} + p_{ad} = 1296 + 706.87 + 700 + 300 + 200 = 3202.87(\text{W})$

输入功率 $\quad P_1 = P_2 + p_{al} = 20\,000 + 3202.87 = 23\,202.87(\text{W})$

效率 $\quad \eta_N = \dfrac{P_2}{P_1} \times 100\% = \dfrac{20\,000}{23\,202.87} \times 100\% = 86.20\%$

2.6.2 直流发电机的特性

直流发电机的稳态运行特性主要指直流发电机外部可测量的物理量，包括发电机端电压、负载电流、励磁电流和转速等之间的相互关系。通常运行时保持转速不变，其他三个物理量之间的关系。当其中一个物理量不变，另外两个物理量的关系，构成发电机的某一特性，主要有空载特性、外特性和调节特性。

1. 空载特性

空载特性是指当 $n = n_N$，$I = 0$ 时 $U = f(I_f)$ 的关系曲线。空载特性曲线可以通过实验求得。当发电机以恒定转速 n_N 拖动，负载电流 I 为零，改变励磁电流 I_f 的大小，测量发电机输出端的电压，即可以得到输出电压与励磁电流的关系，将所测得数据绘制成曲线，称为空载特性曲线，如图 2-31 所示。可见空载特性曲线与空载磁化特性曲线形状相同。

2. 外特性

发电机的外特性是指当 $n = n_N$，$I_f = I_{fN}$ 时，$U = f(I)$ 的关系曲线，此曲线可以由实验直接求得。他励直流发电机的

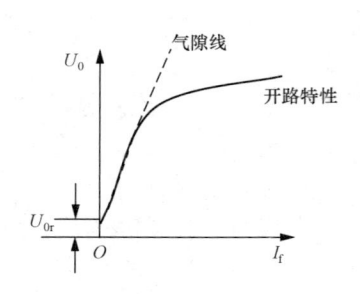

图 2-31 直流发电机的空载特性曲线

外特性如图 2-32 所示。发电机外特性是一条比水平线略微下降的曲线，电压随着负载电流增加而减小，原因是电枢回路压降逐渐增加，另外考虑铁芯磁路饱和作用，交轴电枢反应有一定的去磁作用，随着负载电流增加，气隙磁场也略微减小，使电枢电动势随之减小。

外特性可以用电压调整率表示，设 U_0 为空载时发电机端电压，U_N 为发电机额定电压，发电机的额定电压调整率为

$$\Delta U_N = \frac{U_0 - U_N}{U_N} \times 100\% \qquad (2\text{-}34)$$

他励直流发电机的 ΔU_N 约为 5%～10%，可以认为它近似是一个恒压源。

3. 调节特性

调节特性是指在 $n = n_N$，$U = U_N$ 时，$I_f = f(I)$ 的关系曲线。从外特性可知，负载增大时，端电压下降，若要维持端电压不变，则要增加励磁电流。所以直流发电机的调节特性是一条上翘的曲线，如图 2-33 所示。

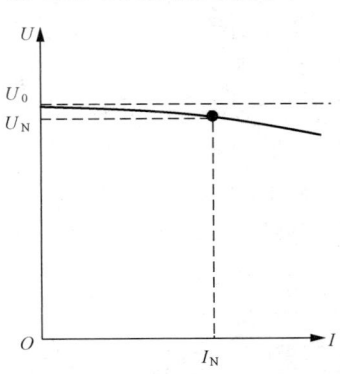

图 2-32 直流发电机的外特性

2.6.3 并励直流发电机的自励条件和运行特性

并励发电机是一种自励发电机，它的励磁电流取自本身，所以称为"自励"发电机。它的励磁绕组和电枢绕组并联，要产生励磁电流，电枢两端必须有电压，而在电压建立之前，励磁电流为零，电枢两端不可能建立电压。下面分析并励发电机建立电压的自励条件。

1. 自励过程

如图 2-34 所示，当原动机拖动发电机以额定转速 n_N 旋转，如果主磁极有剩磁，则电枢绕组切割剩磁通产生电动势 E_r，E_r 在励磁回路产生励磁电流 I_f，如果接线正确，励磁电流产生与剩磁方向相同的磁通，使主极磁场磁通增加，于是电枢电动势增强又使励磁电流进一步增加。如此不断增长互相促进，直至达到稳定工作点 A。

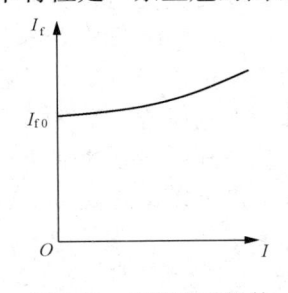

图 2-33 直流发电机的调节特性

如果励磁绕组与电枢绕组接线不正确，使励磁绕组中励磁电流产生的磁通与剩磁通方向相反，则感应电动势将比剩磁电动势还小，电机将不能自励。另外，如果励磁回路中电阻过大，自励也不能建立。

励磁曲线的斜率为

$$\tan\alpha = \frac{U_0}{I_{f0}} = R_f \qquad (2\text{-}35)$$

式中 R_f——励磁回路总电阻。

当增大 R_f 时，励磁曲线斜率会增大，当 R_f 增大到一定值以后再增大则发电机将不能自励，此时对应 R_f 值称为临界电阻，用 R_{cr} 表示。

综上所述，并励直流发电机的自励有三个条件：

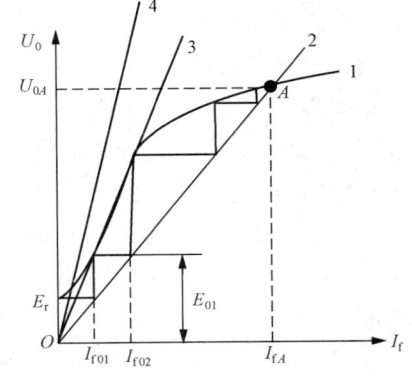

图 2-34 并励发电机的自励
1—空载特性；2—励磁回路串电阻特性；
3—临界电阻特性；4—励磁回路串电阻过大特性

(1) 发电机主磁极必须有一定的剩磁。

(2) 励磁绕组与电枢绕组接线正确,保证励磁电流所产生的磁场方向与剩磁磁场方向相同。

(3) 励磁回路总电阻必须小于该转速下的临界电阻($R_f < R_{cr}$)。

2. 并励直流发电机的空载特性

并励直流发电机的空载特性曲线可以用他励方法试验求取,由于并励直流发电机的励磁电压不能反向,所以它的空载特性曲线只作第Ⅰ象限。

3. 并励直流发电机的外特性曲线

并励直流发电机的外特性曲线如图2-35曲线2所示,比较曲线1和2可以发现,并励发电机电压的变化率比他励发电机大很多。这是因为并励发电机的电枢电流较大,电枢反应去磁作用大及电枢压降大,使电压下降又导致励磁电流明显减小,磁通减小,电枢电动势进一步减小。因此并励发电机外特性比他励发电机外特性软,并励发电机的电压调整率一般为20%。

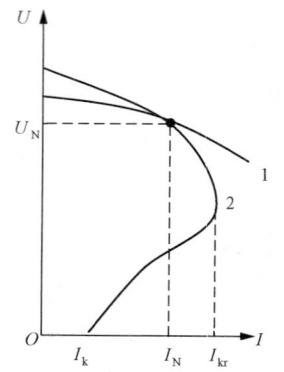

当负载电阻短路时,电枢电压为零,励磁电流也为零,这时电枢绕组中电流是由剩磁电动势产生,由于剩磁电动势不大,所以稳态短路电流也不大,一般为2.5倍额定电流。但必须指出,并励发电机稳态短路电流虽然不大,但若发生突然短路,因为励磁绕组有很大电感,励磁电流及其所建立的磁通不能立即消失,因此暂态短路电流的最大值仍可以达到8~15倍的额定电流,对电机有损毁的危险。

图2-35 并励直流发电机的外特性曲线
1—他励直流发电机的外特性曲线;
2—并励直流发电机的外特性曲线

4. 并励直流发电机的调节特性

并励直流发电机的电枢电流比他励直流发电机仅仅多了一个励磁电流,所以调节特性与他励直流发电机相差不大。

2.6.4 复励直流发电机的运行特性

复励发电机分为积复励和差复励两类。在积复励发电机中,并励绕组起主要作用,它使发电机空载时产生额定电压。串励绕组的作用只是用来补偿负载时电枢电阻压降和电枢反应去磁作用。使电机在一定的负载范围内保持端电压的恒定,克服了他励和并励发电机的电压随负载增加而下降的缺点。

根据串联绕组的补偿程度,积复励电机可以分为平复励、过复励和欠复励三种。若发电机在额定负载时,端电压等于空载电压,称为平复励。说明这时串励绕组磁动势正好补偿电枢反应去磁作用和电枢电阻压降。若补偿有余,发电机在额定负载时端电压高于空载电压,称为过复励。反之,补偿不足,发电机在额定负载时端电压低于空载电压,称为欠复励。复励发电机外特性如图2-36所示。

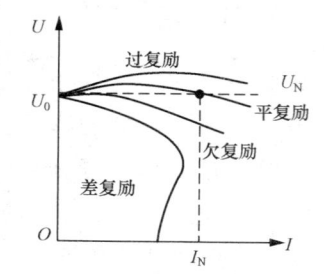

差复励发电机由于负载时串励绕组磁动势使电机磁场进一步减小,因此端电压急剧下降,接近于恒流源特性,利用这一特性,差复励发电机常用作直流电焊机。

对于只有串励绕组的串励发电机,因为负载变化大时端

图2-36 复励发电机的外特性

电压变化大，故一般很少采用，只有在某些特殊电路中作升压用。

2.7 直流电动机

直流电动机的励磁电流是由外部电源供给的，按照励磁方式不同可以分为他励、并励和复励电动机，励磁方式不同，对电动机的运行性能有较大影响。

2.7.1 直流电动机的基本方程式

以他励直流电动机为例，研究电动机稳态运行时的基本方程。如图 2-37 所示，按照电动机惯例标出各物理量的正方向。列出他励直流电动机的基本方程。

1. 电动势平衡方程式

$$\left.\begin{array}{l} U = E_a + R_a I_a \\ U_f = R_f I_f \\ E = C_e \Phi n \end{array}\right\} \quad (2-36)$$

式 (2-36) 表明电动机电枢电压等于电动势与电枢回路总电阻压降之和，电动机的电动势为反电动势，与电枢电流方向相反，有 $E_a < U_a$ 关系。

2. 转矩平衡方程式

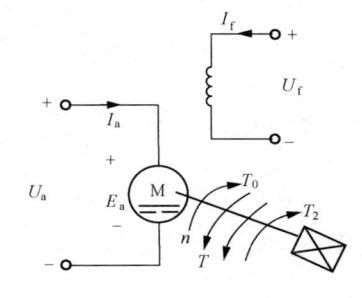

$$T = T_L + T_0 \quad (2-37)$$

图 2-37 他励直流电动机

式 (2-37) 表明电动机电磁转矩等于负载转矩与空载转矩之和，电动机电磁转矩是驱动转矩，负载转矩和空载转矩是制动转矩。

3. 功率平衡方程式

式 (2-36) 等号两边同乘以 I_a，得到功率平衡方程如下

$$P_1 = UI_a = E_a I_a + R_a I_a^2 = P_e + p_{Cua} \quad (2-38)$$

式中　P_1——电机输入的电功率；

P_e——电磁功率；

p_{Cua}——电枢回路铜损耗。

式 (2-37) 等号两边同时乘以机械角速度 Ω，可得

$$\left.\begin{array}{l} T\Omega = T_2\Omega + T_0\Omega \\ P_e = P_2 + P_0 \end{array}\right\} \quad (2-39)$$

式中，$P_e = T\Omega$ 为电磁功率；$P_2 = T_2\Omega$ 为电机输出的机械功率，$P_0 = T_0\Omega$ 为空载损耗功率，空载功率包括铁芯损耗、机械损耗和附加损耗三部分，即

$$P_0 = p_{Fe} + p_{me} + p_{ad} \quad (2-40)$$

式 (2-39) 和 (2-40) 代入式 (2-38) 可得

$$P_1 = P_e + p_{Cua} = P_2 + p_{Cua} + p_{Fe} + p_{me} + P_{ad} = P_2 + p_{al} \quad (2-41)$$

根据式 (2-41) 可以画出他励直流电动机的功率流程图如图 2-38 所示。

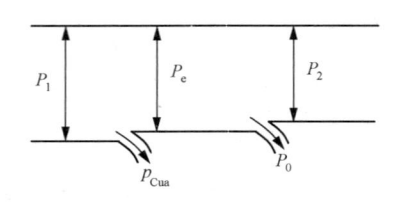

图 2-38 他励直流电动机的功率流程图

4. 效率特性

直流电动机的效率可以用下式计算

$$\eta = \frac{P_2}{P_1} \times 100\%$$

$$= \left(1 - \frac{p_{al}}{P_2 + p_{al}}\right) \times 100\% \quad (2\text{-}42)$$

2.7.2 直流电动机的工作特性

1. 他励直流电动机的工作特性

直流电动机的特性是指当电动机的端电压为额定值 U_N、励磁电流为额定值 I_{fN}、电枢回路附加电阻 R_{sa} 为零的条件下，电动机的转速 n、电磁转矩 T 和效率 η 与输出功率 P_2 之间的关系，即

$$n、T、\eta = f(P_2)$$

由于电枢电流 I_a 较容易测量，工作特性也可以表示为

$$n、T、\eta = f(I_a)$$

（1）转速特性。当 $U_a = U_N$，$I_f = I_{fN}$ 时，$n = f(I_a)$ 的关系称为转速特性。由电动势平衡方程式（2-36）可得

$$n = \frac{U_a}{C_e \Phi} - \frac{R_a}{C_e \Phi} I_a = n_0 - \Delta n \quad (2\text{-}43)$$

如图 2-39 所示，转速特性是一条略微下降的曲线。这是因为不考虑电枢反应的影响时，气隙磁通不变，当电枢电流增加时，电枢电阻压降增加，空载转速 n_0 不变，Δn 增加，所以转速 n 下降，但 R_a 很小，所以转速下降不多。

电动机从空载到满载转速变化的程度用额定转速调整率 Δn 表示，即

$$\Delta n = \frac{n_0 - n_N}{n_N} \times 100\% \quad (2\text{-}44)$$

式中　n_0 ——理想空载转速。

他励直流电动机转速调节率很小，一般取 2%～8%。

（2）转矩特性。当 $U = U_N$，$I_f = I_{fN}$ 时，$T = f(I_a)$ 的关系称为转矩特性。由电磁转矩公式 $T = C_e \Phi n$ 可知，当每极磁通为额定值 Φ_N 时，电磁转矩与电枢电流成正比。如考虑电枢反应去磁作用，随着电枢电流增大，电磁转矩略微减小，如图 2-39 所示。

（3）效率特性。当 $U = U_N$，$I_f = I_{fN}$ 时，$\eta = f(I_a)$ 的关系称为效率特性。用下式计算

$$\eta = \left(1 - \frac{p_{al}}{P_1}\right) \times 100\% = \left(1 - \frac{P_0 + R_a I_a^2}{U I_a}\right) \times 100\% \quad (2\text{-}45)$$

由式（2-44）可知，空载损耗功率 P_0 不随负载电流变化，当负载电流 I_a 很小时，电动机输入功率大部分消耗在空载损耗功率 P_0 上；当负载电流 I_a 增大时，铜损耗 p_{Cua} 逐渐增大，效率也增大，输入功率大部分消耗在机械负载上；但当负载电流达到一定程度时，铜损耗大大增加，使效率 η 又变小。

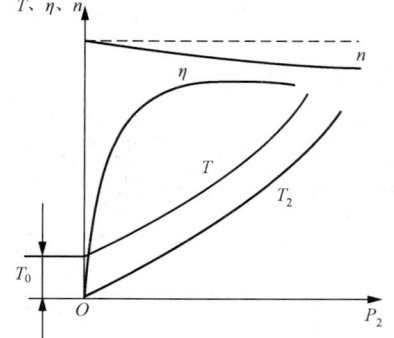

图 2-39 他励直流电动机的工作特性

2. 串励直流电动机的工作特性

(1) 转速特性。串励电动机电枢绕组与励磁绕组相串联，电枢电流等于励磁电流。当负载电流较小时，磁路不饱和，每极气隙磁通与励磁电流（负载电流）按线性变化，可用下式表示

$$\Phi = k_f I_a = k_f I_f \tag{2-46}$$

式中　k_f——比例系数。

式（2-46）代入式（2-43）可得

$$n = \frac{U_a}{C_e \Phi} - \frac{R}{C_e \Phi} I_a = \frac{U_a}{C_e k_f I_f} - \frac{R_a}{C_e k_f} \tag{2-47}$$

式中　R——串励电动机电枢回路总电阻。

从式（2-47）可知，串励直流电动机在负载电流较小时，转速很高，才能产生足够大的电动势与外加电压平衡，当负载电流增加，转速快速下降，当负载电流趋于零时，电动机转速趋于无穷大。所以串励电动机不允许在空载或负载很小时启动或运行。在实际应用，规定串励电动机与生产机械之间不准采用传送带或链条传动，并且负载转矩不得小于额定转矩的 1/4。

国家规定串励电动机不允许空载运行，因此，串励电动机的转速调整定义为

$$\Delta n = \frac{n_{1/4} - n_N}{n_N} \times 100\% \tag{2-48}$$

式中　$n_{1/4}$——$P_2 = \frac{1}{4} P_N$ 时的转速。

(2) 转矩特性。串励电动机的电枢绕组和励磁绕组相串联，电枢电流等于励磁电流，即 $I_a = I_f$。串励电动机的主磁场随负载在较大范围内变化。当负载电流很小时，它的励磁电流也很小，铁芯处于未饱和状态，其每极磁通与电枢电流成正比，即 $\Phi = k I_a$，k 为比例系数。代入转矩公式得

$$T = C_T \Phi I_a = C_T k I_a^2 = \frac{C_T}{k} \Phi^2 \tag{2-49}$$

式（2-49）表明电磁转矩与电枢电流的平方成正比，转矩特性为一抛物线。当负载电流较大时，铁芯已饱和，励磁电流增大，但每极磁通变化不大，因此，电磁转矩大致与负载电流成正比，如图 2-40 所示。这种转矩特性使串励电动机在同样大小的启动电流下产生的启动转矩较他励电动机大。当负载增大时，电动机转速会自动下降。串励电动机常作为牵引电机应用在电力机车上。

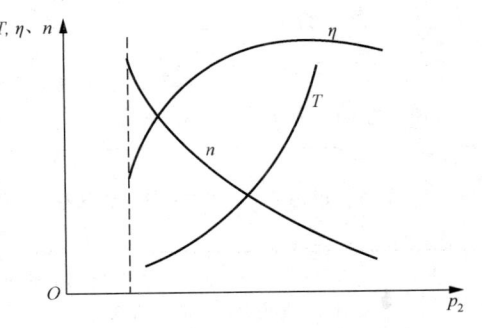

图 2-40　串励直流电动机工作特性

3. 复励电动机的特性

复励电动机的工作特性介于他励和串励电动机之间。如果并励绕组磁动势起主要作用，工作特性就接近于他励（或并励）电动机。但与他励电动机相比，复励电动机有如下优点：

当负载转矩突然增大时，由于串励绕组中电流加大，磁通增大，使电磁转矩很快加大，这说明电动机能迅速适应负载的变化。其次由于串励绕组的存在，即使电枢反应的去磁作用较强时，仍能使电动机具有下降的转速调整特性。从而保证电动机能稳定运行。如果是串励绕组磁动势起主要作用，工作特性接近于串励电动机。但这时因为有并励磁动势存在，电动机空载时不会发生高速的危险。

差复励的电动机因为在运行中有可能发生运行不稳定现象，故很少采用。

图 2-41 所示为直流电动机不同励磁方式的转速调节特性。

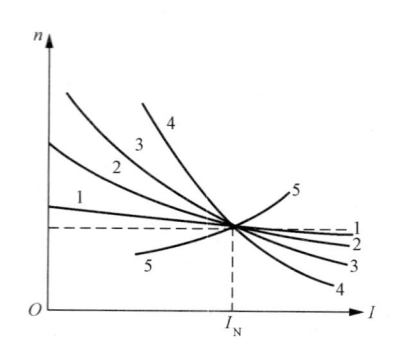

图 2-41 直流电动机不同励磁方式的转速调节特性
1—并励电动机；2—并励为主复励电动机；
3—串励为主复励电动机；4—串励电动机；
5—差复励电动机

2.8 直流电机换向

直流电机运行时，随着电枢的转动，电枢绕组的元件从一条支路经过电刷后进入另一条支路，由于相邻支路中电流方向相反，所以元件中电流随之改变方向，这个过程称为"换向过程"，简称为换向。如果换向不良，将在电刷和换向器之间产生火花。如果火花微热，对电机正常运行没有影响，如果火花超过限度，就会烧坏电刷和换相器，使电机不能正常工作。国家标准 GB 755—2008《旋转电机　定额和性能》按换向器火花的大小分为 5 个等级，见表 2-4。

表 2-4　　　　　　　　　　电动机换向火花等级表

火花等级	电刷下的火花温度	换向器及电刷的状态
1	无火花	换向器上没有黑点及电刷上没有灼痕
$1\frac{1}{4}$	电刷的边缘仅小部分（1/5～1/4 刷边长）有断续的几点点状火花	换向器上没有黑点及电刷上没有灼痕
$1\frac{1}{2}$	电刷边缘有大部分（大于 1/2 边缘）有连续的较稀的颗粒状火花	换向器上有黑痕，但不发展，因汽油擦其表面即可清除痕迹，同时在电刷上有轻微的灼痕
2	电刷边缘大部分或全部有连续的较密的颗粒状火花，开始有断续舌状火花	换向器上有黑痕，用汽油不能擦除，同时电刷上有灼痕，入段时间出现这一级火花，换向器上不出现灼痕，电刷不烧焦或损坏
3	电刷整个边缘有强烈的舌状花火，伴有爆裂声音	换向器上黑痕较严重，用汽油不能清除，同时电刷上有灼伤痕迹，如在这一火花下运行，则换向器上将出现灼痕，同时电刷将被烧焦或损坏

注　电机在确定火花等级时，一般按电刷下的火花程度确认，如所有电刷下的火花均匀，可判定为一级，假如一边高一边低，则按火花较高一边判定。

2.8.1 换向的物理现象

图 2-42 所示为一个单叠绕组，当电刷宽度等于换向片宽度时，为元件 1 的换向过程。电刷不动，换向片逆时针方向转动，开始换向时，电刷与换向片 1 接触，元件 1 属于电刷右边的一条支路，通过电流为 $+i_a$，方向为逆时针如图 2-42（a）所示。当电刷与换向元件 1、2 同时

接触时，元件 1 被电刷短接，如图 2-42 (b) 所示。当电刷与换向片 2 完全接触时，元件 1 进入电刷左边一条支路，流过电流为 $-i_a$，电流方向为顺时针，如图 2-42 (c) 所示。元件 1 中电流经电刷短接改变了方向，即进行所谓的换向，换向过程所经历的时间称为换向周期，用 T_k 表示。元件 1 称为换向元件。

1. 直线换向

假设换向元件里合成电动势 Σe 为零，并忽略元件的电阻 R 和元件与换向片之间的连线电阻 R_k，换向元件中电流大小取决于电刷与换向片 1 的接触电阻 R_{b1} 和电刷与换向片 2 的接触电阻 R_{b2} 的大小。

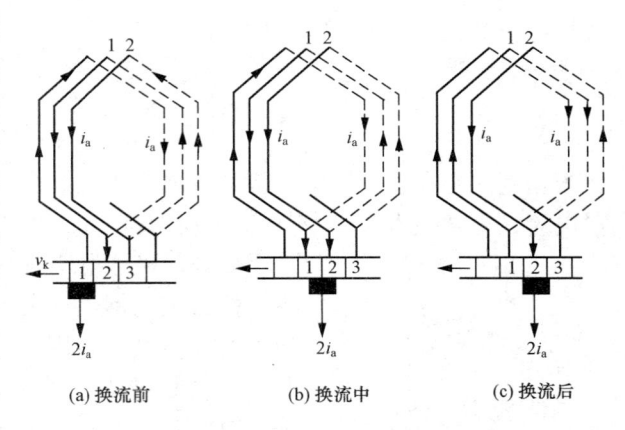

图 2-42 直流电机换向过程图
(a) 换流前　　(b) 换流中　　(c) 换流后

根据基尔霍夫电压定律可以列出元件换向过程中回路电压方程为

$$R_{b1}i_1 - R_{b2}i_2 = 0 \tag{2-50}$$

接触电阻随时间变化，其值与换向片之间的接触电阻成正比，即

$$R_{b1} = R_b \frac{A}{S_1} = R_b \frac{A}{L_b(T_k - t)v_k} \tag{2-51}$$

$$R_{b2} = R_b \frac{A}{S_2} = R_b \frac{A}{L_b t v_k} \tag{2-52}$$

式中　S_1、S_2——电刷与换向片的接触面积；
　　　R_b——电刷与换向片完全接触面积时的电阻；
　　　L_b——电刷轴向长度；
　　　v_k——换向器线速度；
　　　T_k——换向周期；
　　　A——总面积。

在图 2-42 (a) 所示中根据基尔霍夫电流定律可列出电流方程为

$$\left.\begin{array}{l} i = i_1 - i_a \\ i = i_a - i_2 \end{array}\right\} \tag{2-53}$$

由式 (2-53) 可得

$$i = i_a\left(1 - \frac{2t}{T_k}\right) \tag{2-54}$$

由式 (2-54) 可见，换向元件里的电流随时间线性变化，这种换向称为直线换向。直线换向不产生火花，是理想换向。直线换向元件里电流的变化曲线如图 2-43 所示。

2. 延迟换向

实际上换向元件中电动势不为零，在换向过程中，换向元件中电流发生变化，在换向元件中产生自感电动势 e_L，另外电刷宽度通常为 2~3 片换向片宽，同时被电刷短路进行换向的元件不止一个，会产生互感。当相邻

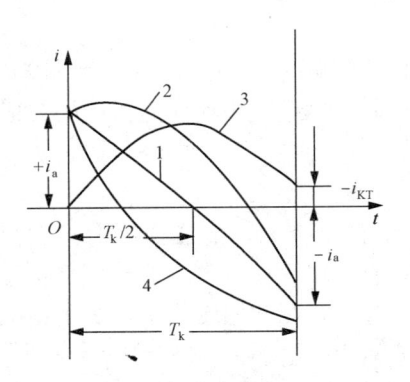

图 2-43 换向电流变化曲线
1—直线换向；2—延迟换向；3—附加电流 i_B；4—超越换向

元件里电流变化时，会在本换向元件中产生互感电动势 e_M，通常把这两种电动势合并称为电抗电动势 e_r，即

$$e_r = e_L + e_M = -(L+M)\frac{di}{dt} = -L_r\frac{di}{dt} \tag{2-55}$$

根据楞次定律，电抗电动势的方向是阻碍换向元件里电流变化的，因此 e_r 的方向与换向前电流 $+i_a$ 方向相同，如图 2-44 所示。

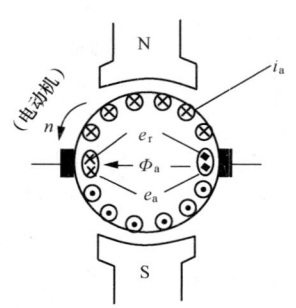

此外，虽然电刷安装在几何中性线处的主磁极磁通密度为零，但由于电枢反应的影响，气隙磁场发生畸变，此处磁场磁通密度并不为零，因此，电枢旋转时，换向元件切割电枢磁通密度产生电动势 e_a，称为旋转电动势。e_a 的方向总是与换向前元件中电流 $+i_a$ 相同，都是阻碍换向的。在 Σe 作用下，换向元件经电刷短接产生环流 i_k，称为附加环流，即

$$i_k = \frac{\Sigma e}{R_{b1}+R_{b2}} = \frac{e_r+e_a}{R_{b1}+R_{b2}} \tag{2-56}$$

图 2-44 换向元件中的电动势

附加电流 i_k 的方向与感应电势 e_r 与 e_a 方向相同，即与 i_a 方向相同，$i_k = f(t)$ 特性如图 2-43 所示特性曲线 3，换向元件中电流 $i = i_a + i_k$，$i = f(t)$ 特性如图 2-43 所示曲线 2。由于附加电流 i_k 的存在，使换向元件的电流改变方向的时间比直线换向延迟，所以称为延迟换向。

当 $t = T_k$ 时，电刷将离开换向片 1，从而使电刷与换向元件构成闭合回路被断开，由 i_k 所建立的磁场能量 $\frac{1}{2}L_a i_k^2$ 就释放出来，当这部分能量足够大时，它将以弧光放电形式转化为热能，因此，在电刷和换向片之间会出现火花，这是电磁性火花产生的原因。

需要说明，除了电磁原因产生火花外，尚有机械方面原因，如换向器偏心、换向片绝缘层突出、电刷与换向片接触不良等，另有化学方面的原因，如换向器表面氧化膜被破坏等。换向不良所产生的火花使电刷及换向器表面损坏，严重时将使电机遭到破坏性损伤，因此必须采取措施克服。

2.8.2 改善换向的方法

换向不良产生火花的原因很多，但最主要的是电磁原因产生的电磁火花，所以，下面主要介绍如何削弱和削除电磁火花。

产生电磁火花的直接原因是附加电流 i_k，为改善换向，必须限制 i_k。由式（2-56）可知，限制 i_k 的方法有两种，一种是增加接触电阻 R_{b1}、R_{b2} 面积；另一种是减小换向元件中的合成电动势 Σe。为此，改善换向一般采用以下几种方法。

1. 选择合适的电刷、增加电刷与换向片之间的接触电阻

直流电机如选择接触电阻大的电刷，有利于换向，但接触压降大，电能损耗大，发热多。同时由于这种电刷允许电流密布较小，电刷接触面积和换向器尺寸及电刷的摩擦都将增大。设计时，综合考虑两方面原因，选择合适的电刷牌号。为此，在使用维修中，欲更换电刷时，必须选用与原来同一型号的电刷，或选择特性与原来相近的电刷。

2. 装设换向磁极

从产生火花的电磁原因出发，减少换向元件的自感电动势和互感电动势及电枢电动势，就可以有效地改善换向。在主磁极的几何中性线处加一换向磁极，如图 2-45 所示。换向元

件切割换向极磁场产生电动势 e_k，为使 e_k 的方向与 e_r 和 e_a 的方向相反，换向磁极的极性应与电枢磁场的极性相反。若 e_k 在数值上与 $e_r + e_a$ 相等，这样，使换向元件中总电动势 $\Sigma e = 0$，使其成为直线换向。换向磁极的励磁绕组与电枢绕组相串联，使换向极磁场也随着电枢磁场的强弱而变化。如果换向磁极产生的磁动势过大，使 $\Sigma e < 0$，则 Σe 方向是帮助换向的，称为超越换向。超越换向的曲线如图 2-43 所示曲线 4。超越换向使前刷边电流密度大，产生较大火花，火花严重时也会影响电机正常运行。

3. 装设补偿绕组

由于电枢反应的影响使主磁极气隙磁场发生畸变，这样就增大了某几个换向片之间的电压。在负载变化剧烈的大型直流电机内，可能出现环火现象，即正负电刷间出现电弧。电机出现环火现象，可以在短时间内损毁电机。

如图 2-46 所示。防止环火的方法是在主磁极装设补偿绕组，抵消电枢反应的影响。补偿绕组与电枢绕组串联，它产生的磁动势与电枢电流成正比，使其磁动势方向与电枢反应磁通势方向相反，保证在任何负载情况下随时能抵消电枢反应磁通势，从而减少了由电枢反应引起气隙磁场的畸变，消除和减少电刷下的电磁火花，从而避免了环火的出现。

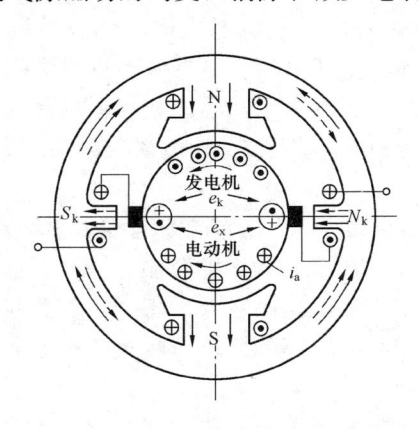

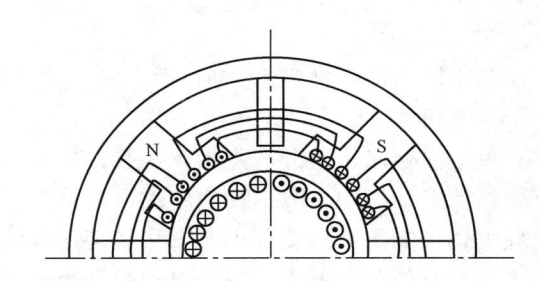

图 2-45 直流电机换向电路与极性　　　　图 2-46 直流电机的补偿绕组

4. 移动电刷位置

在小容量未装设换向磁极的直流电机中，也可以将电刷从几何中性线移开一个适当角度（物理中性线）来改善换向。对发电机，电刷应顺电枢转向移动；对电动机，电刷应逆电枢转向移动。此时，利用主极磁场代替换向极磁场，使换向元件切割主极磁场产生感应电动势去抵消电枢反应电动势和电抗电动势，以达到改善换向的目的。此法的缺点是需要随负载的变化调整电刷移动的角度，在实际应用中，此法只适用于负载变化不大的场合。

小　结

本章主要介绍了直流电机的基本工作原理和结构，电枢绕组、电枢反应、电动势、电磁转矩、换向、直流发电机和直流电动机等内容。

电机是利用电磁作用原理进行能量转换的机械装置。直流电动机的功能是将直流电能转换为机械能拖动机械负载，而直流发电机的功能是将机械能转换成直流电能供给用电负荷。

直流电机具有可逆性，同一台直流电机即可作为发电机运行也可以作为电动机运行，只是电机外部工作条件不同。

直流电机的结构由定子和转子组成，定子部分包括主磁极、换向极、机座和电刷装置等，其主要作用是建立磁场。转子部分包括电枢铁芯、电枢绕组、换向器和转轴等，主要作用是产生电磁转矩和感应电动势。

直流电机的电路包括电枢绕组和励磁绕组两部分。电枢绕组是直流电机能量转换的枢纽，由若干个相同的原件通过换向器的换向片以一定规律连接成闭合绕组。有叠绕组和波绕组等方式。

单叠绕组的连接规律是把上层边位于同一极下的所有元件串联起来构成一条支路，并联支路对数 a 等于极对数 p，而单波绕组则是将上层边处于同极性（即为 N 极或 S 极）下的元件串联在一起组成一条支路，另一个极性下所有元件组成另一条支路。因而单波绕组支路对数 a 等于 1。即 $2p=2$，单波绕组仅有两条支路。电枢绕组的结构特点决定了单叠绕组适用于低电压大电流，而单波绕组适用于高电压小电流的直流电机。

磁场是直流电机进行能量转换的媒介，根据励磁绕组与电枢绕组连接方式不同，电机的励磁方式分为他励、并励、串励和复励。不同励磁方式其相应直流电机运行性能差别也很大。直流电机的磁场是由励磁磁动势和电枢磁动势共同作用产生的，电枢磁动势对励磁磁动势的影响称为电枢反应。电枢反应不仅使磁场发生畸变，而且由于铁芯饱和的影响会产生附加去磁作用。直流电机进行能量转换时，会产生电枢感应电动势 E_a 和电磁转矩 T，$E_a = C_e \Phi n$，$T = C_T \Phi I_a$。

对于电动机 $E_a < U$，E_a 与 I_a 反方向，故称 E_a 为反电动势。T 与 n 同方向称为驱动转矩。而对于发电机 $E_a > U$，E_a 与 I_a 同方向，T 与 n 反方向，故称 T 为制动转矩。

直流电机换向不良会产生火花，改善换向的主要方法是装设换向极。在容量较大或负载变化剧烈的电动机中，电枢反应使磁场严重畸变，可能产生电位差火花与换向火花汇合时会引起环火烧坏电机，防止环火的方法是装设补偿绕组。

直流电机的基本方程式包括电动势平衡方程式、转矩平衡方程式和功率平衡方程式和电流关系等。

发电机：

$$\left. \begin{aligned} & E_a = U + R_a I_a \\ & I_a = I + I_f \text{（并励）} \\ & P_1 = P_e + p_{Fe} + p_{me} + p_{ad} \\ & P_e = P_2 + p_{Cu2} + p_{Cuf} \\ & T_1 = T_e + T_0 \end{aligned} \right\}$$

电动机：

$$\left. \begin{aligned} & U = E_a + R_a I_a \\ & I = I_a + I_f \text{（并励）} \\ & P_1 = P_e + p_{Cua} + p_{Cuf} \\ & P_e = P_2 + p_{Fe} + p_{me} + p_{ad} \\ & T = T_2 + T_0 \end{aligned} \right\}$$

直流发电机运行特性主要有空载特性 $U_0 = f(I_f)$、外特性 $U = f(I)$ 和调节特性 $I_f =$

$f(I)$ 三种。直流电动机的工作特性主要有 $n = f(I_a)$、$T = f(I_a)$ 和 $\eta = f(I_a)$ 三种。

并励直流发电机能够自励建压的条件是电机主磁路必须有剩磁，并励绕组极性正确，励磁回路电阻要小于临界电阻。

思 考 题

2-1 简述直流发电机和直流电动机的基本工作原理。

2-2 在直流电机中为什么电枢导体中的感应电动势为交流，而由电刷引出的电动势确为直流，电刷与换向器的作用是什么？

2-3 简述直流电机的主要结构和部件及作用。

2-4 直流电动机总共有几种励磁方式？各有什么特点？

2-5 一台 p 对极直流电动机，若将电枢绕组由单叠绕组改为单波绕组（导体数不变），问额定电压、额定电流和额定功率如何变化？

2-6 电磁转矩与什么因素有关？如何确定电磁转矩的实际方向？

2-7 何谓电枢反应？电枢反应对气隙磁场有什么影响？

2-8 如何判断一台直流电机运行在发电状态还是运行在电动状态？

2-9 为什么他励直流发电机的外特性是向下倾斜的？

2-10 何为换向，为什么要换向？改善换向的方法有哪些？

2-11 一台发电机改作电动机或转向改变时，换向极绕组是否需要改变接线？

2-12 并励发电机必须满足那些条件才能建立起正常的输出电压。

2-13 单叠绕组与单波绕组的元件连接规律有何不同？同样极对数为 p 的单叠绕组与单波绕组的支路对数为何相差 p 倍？

2-14 何谓发电机外特性？他励发电机和并励发电机的外特性有什么不同？

2-15 何谓电动机的工作特性是什么？比较不同励磁方式对工作特性的影响。

计 算 题

2-1 一台直流电动机，已知 $P_N=13kW$，$U_N=220V$，$n_N=1500r/min$，$\eta_N=0.85$，求额定电流 I_N 及额定负载时的输入功率 P_1。

2-2 一台直流发电机，已知 $P_N=90kW$，$U_N=230V$，$n_N=1450r/min$，$\eta_N=0.89$，求额定电流 I_N 及额定负载时的输入功率 P_1。

2-3 已知直流电机的极对数 $p=2$，虚槽数 $Z_u=s=k=18$，连成单叠绕组。
(1) 计算绕组各节距；
(2) 画出绕组展开图、磁极及电刷的位置；
(3) 求并联支路数。

2-4 已知直流电机的数据 $p=2$，$Z_u=s=k=19$，连成单波绕组。
(1) 计算各节距；
(2) 画出绕组展开图、磁极及电刷位置；
(3) 求并联支路数。

2-5 一台他励直流电动机的额定数据：$P_N=13kW$，$U_N=220V$，$n_N=1000r/min$，$p_{Cu}=500W$，$P_0=395W$。计算额定运行时电动机的 I_N、T_0、U_N、P_e、η、R_a。

2-6 一台并励直流发电机，$P_N=10kW$，$U_N=230V$，$n_N=1000r/min$，励磁回路总电阻 $R_f=215\Omega$，电枢回路总电阻 $R_a=0.49\Omega$。额定负载时 $p_{Fe}=442W$，机械损耗 $P_{me}=104W$，忽略附加损耗。试求：

(1) 励磁电流 I_f 与电枢电流 I_a；

(2) 电磁功率 P_e 和电磁转矩 T；

(3) 电机总损耗 p_{al} 和效率 η。

2-7 一台并励直流电动机，$P_N=96kW$，$U_N=440V$，$n_N=500r/min$，$I_N=255A$，$I_{fN}=5A$，电枢回路总电阻 $R_a=0.078\Omega$。额定负载时 $p_{Fe}=442W$，$p_{me}=104W$，忽略附加损耗。试求：电动机额定运行时的输出转矩、电磁转矩和空载转矩。

2-8 一台串励直流电动机，$U_N=220V$，$I_N=40A$，$n_N=1000r/min$，电枢回路总电阻 $R_a=0.5\Omega$。假定磁路不饱和，当 $I_a=20A$ 时，试求电动机转速和电磁转矩。

第 3 章　电力拖动系统的动力学基础

知识目标

- 知道电力拖动系统的运动方程式。
- 清楚多轴旋转系统的折算。
- 知道等效负载转矩和等效转动惯量。
- 知道升降运动系统的折算。

能力目标

- 掌握平移运动系统与旋转运动系统的相互折算。
- 掌握生产机械的负载转矩特性。

在电力拖动系统中，有的生产机械与工作机构直接同轴连接直接拖动，构成了一个定轴旋转系统，这种系统称为单轴电力拖动系统。在很多场合电机不直接和工作机构相连，而是中间通过一些减速机构，如齿轮箱、皮带轮、蜗轮蜗杆等，这种系统称为多轴电力拖动系统，简称为多轴系统。

如图 3-1 所示为四种常见的典型生产机械的运动形式。图 3-1（a）所示为单轴旋转系统，电动机、传动机构和工作机构等运动部件均以同一转速旋转。图 3-1（b）所示为多轴旋转系统，经过传动机构改变了工作机构的转速，使得各根转轴的转速不同。图 3-1（c）所示为多轴旋转运动加平移运动系统。电动机通过减速机构带动一对小车，使小车在轨道上作平移运动。图 3-1（d）所示为多轴旋转运动加升降运动系统。电动机通过减速机构带动卷筒旋转，并通过卷筒、钢绳、吊具提升或下降重物。

(a) 单轴旋转系统

(b) 多轴旋转系统

(c) 多轴旋转运动加平移运动系统

(d) 多轴旋转运动加升降运动系统

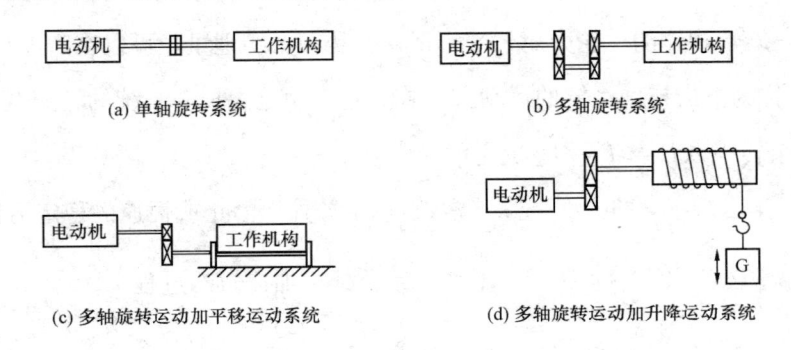

图 3-1　典型生产机械的运动形式

分析电力拖动系统运动规律，最主要的任务就是研究作用在电动机转轴上的负载转矩与电动机转速之间的关系，包括稳态和暂态过程中的关系。首先研究单轴系统，对多轴系统则可通过折算将其等效成一个单轴系统，这样可以用单轴系统的规律来分析多轴系统。

3.1 电力拖动系统的运动方程式

3.1.1 电力拖动系统运动方程式

图 3-2 所示为单轴电力拖动系统示意图，电磁转矩 T 与电动机转速 n 同方向，是驱动性质的转矩，生产机械的工作机构转矩即负载转矩 T_L，$T_L = T_0 + T_2$，其中 T_0 和 T_2 分别为空载转矩与工作机构的转矩。一般情况下，$T_2 \gg T_0$，可认为 $T_2 \approx T_L$。

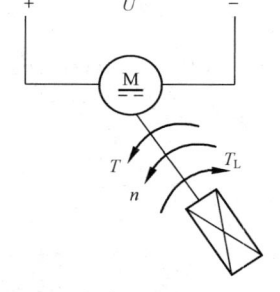

根据力学中刚体转动定律，可写出单轴电力拖动系统的运动方程式为

$$T - T_L = J \frac{d\Omega}{dt} \tag{3-1}$$

式中 J——电动机轴上总转动惯量，kg·m²；
Ω——电动机的角速度，rad/s。

在工程计算中，通常用转速 n 代替机械角速度 Ω，由于

$$\Omega = \frac{2\pi n}{60} \tag{3-2}$$

图 3-2 单轴电力拖动系统示意图

用飞轮惯量或称飞轮力矩 GD^2 代替转动惯量 J 表示系统的机械惯性。J 与 GD^2 关系为

$$J = md^2 = \frac{G}{g}\left(\frac{D}{2}\right)^2 = \frac{GD^2}{4g} \tag{3-3}$$

式中 m——系统转动部分质量，kg；
G——系统转动部分重力，N；
d——系统转动部分转动惯性半径，m；
D——系统转动部分转动惯性直径，m；
g——重力加速度，其值为 9.81m/s²。

将式 (3-2) 和式 (3-3) 代入式 (3-1)，化简后得

$$T - T_L = \frac{GD^2}{375} \frac{dn}{dt} \tag{3-4}$$

式中 GD^2——旋转物体的飞轮力矩，N·m²，它是一个物理量，可以在产品目录中查出。

式 (3-4) 称为电力拖动系统的运动方程式。它表明电力拖动系统的转速变化，$\frac{dn}{dt}$（即加速度）是由剩余转矩 $\Delta T = T - T_L$ 决定的。

当 $T = T_L$，$\Delta T = 0$，$\frac{dn}{dt} = 0$ 或 n（常数），系统处于静止或恒速的稳定运行状态；

当 $T > T_L$，$\Delta T > 0$，$\frac{dn}{dt} > 0$，n 增加，系统处于加速暂态过程中；

当 $T < T_L$，$\Delta T < 0$，$\frac{dn}{dt} < 0$，系统处于减速暂态过程中。

上述方程式中 T、T_L 和 n 的正方向规定如图 3-3 所示。

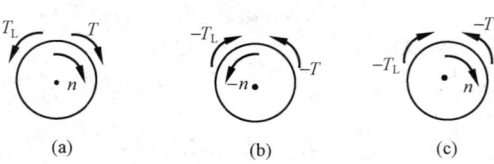

图 3-3 运动方程式中各量正方向的规定

首先规定转速的正方向，如设顺时针方向为正，逆时针为负，电磁转矩正方向与转速的正方向相同；负载转矩正方向与转速的正方向相反。

3.1.2 单轴电力拖动系统的功率平衡方程式

将式（3-1）忽略空载转矩 T_0，并将式两边同乘以机械角速度 Ω，就能得到单轴旋转系统的功率平衡方程式

$$T_2\Omega - T_L\Omega = J\Omega \frac{d\Omega}{dt} \tag{3-5}$$

写成

$$P_2 - P_L = J\Omega \frac{d\Omega}{dt} \tag{3-6}$$

式（3-6）中，$P_2 = T_2\Omega$ 是电动机的输出功率，当 T_2 与 Ω 方向相同时，$T_2\Omega > 0$，表明电动机输出机械功率，工作在电动状态；当 T_2 与 Ω 方向相反时，$T_2\Omega < 0$，表明电动机输出负载机械功率，即输入机械功率，工作在制动状态。

$P_L = T_L\Omega$ 是负载功率，当 T_L 与 Ω 方向相反时，$T_L\Omega > 0$，表明负载从电动机输入机械功率；当 T_L 与 Ω 方向相同时，$T_L\Omega < 0$，表明负载向电动机输出机械功率。

$\Delta P = J\Omega \frac{d\Omega}{dt}$ 是系统的动态功率，当 $P_2 < P_L$，$\Delta P < 0$ 系统处于减速状态，系统的动能在减少；当 $P_2 > P_L$，$\Delta P > 0$ 系统处于加速状态，系统的动能在增加；当 $P_2 = P_L$，$\Delta P = 0$ 系统处于静态过程中。系统动能保持不变，能量守恒。

3.2 多轴旋转系统的折算

多轴电力拖动系统中如果不考虑传动机构的损耗时，工作机构折算前后，其动力学性能保持不变，即机械功率和系统的动能要保持不变。

如图 3-4 所示，是分析等效成单轴系统后的等效负载转矩和转动惯量的折算。

3.2.1 等效负载转矩

设工作机构负载转矩为 T_m，角速度为 Ω_m，传动机构转速比为 j，效率为 η_t。电动机的输出功率为 $\frac{T_m\Omega_m}{\eta_t}$，折算后的输出功率为 $T_L\Omega$，根据等效条件两者应该相等。即

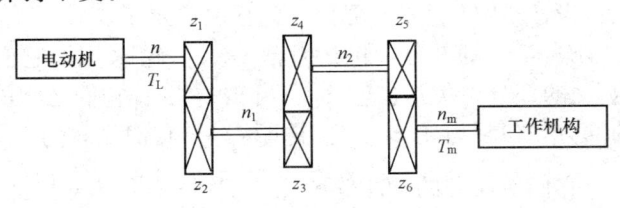

图 3-4 多轴旋转系统的折算

$$T_L\Omega = \frac{T_m\Omega_m}{\eta_t} \tag{3-7}$$

由于传动机构的总转速比 j 为

$$j = \frac{n}{n_m} = \frac{\Omega}{\Omega_m} \tag{3-8}$$

折算后的等效负载转矩为

$$T_{\rm L} = \frac{T_{\rm m}}{\eta_{\rm t} \left(\frac{\Omega}{\Omega_{\rm m}}\right)} = \frac{T_{\rm m}}{\eta_{\rm t} j}$$

式(3-8)中，传动机构的总转速比与各级转速比之间的关系为

$$\left.\begin{array}{l} j = j_1 j_2 j_{\rm m} \\ j_1 = \dfrac{n}{n_1} = \dfrac{\Omega}{\Omega_1} \\ j_2 = \dfrac{n_1}{n_2} = \dfrac{\Omega_1}{\Omega_2} \\ j_{\rm m} = \dfrac{n_2}{n_{\rm m}} = \dfrac{\Omega_2}{\Omega_{\rm m}} \end{array}\right\} \quad (3\text{-}9)$$

常见的几种传动机构转速比计算公式如下：
(1) 传动机构为齿轮时，转速与齿轮齿数成反比，即

$$j = \frac{n_1}{n_2} = \frac{z_1}{z_2} \qquad (3\text{-}10)$$

式中 z_1、z_2 ——齿轮的齿数。

(2) 传动机构为皮带轮传动时，转速与皮带轮的直径成反比，即

$$j = \frac{n_1}{n_2} = \frac{D_2}{D_1} \qquad (3\text{-}11)$$

式中 D_1、D_2 ——皮带轮的直径。

(3) 传动机构为蜗轮蜗杆传动时，转速比等于蜗轮的齿数 z_2 与蜗杆的头数 z_1 之比，即

$$j = \frac{n_1}{n_2} = \frac{z_2}{z_1} \qquad (3\text{-}12)$$

各种传动机构转速比可从机械工程手册中查到。

3.2.2 等效转动惯量

设 $J_{\rm R}$ 为转速 n 的部分，包括电机定子、转子、齿轮 z_1 以及连接轴等部分的转动惯量；J_1 为转速 n_1 的部分，包括齿轮 z_2、齿轮 z_3 以及它们之间的连接轴在内的转动惯量；J_2 为转速 n_2 的部分，包括齿轮 z_4、齿轮 z_5 以及它们之间的连接轴在内的转动惯量；$J_{\rm m}$ 为转速 $n_{\rm m}$ 的部分，包括齿轮 z_6、工作机构以及它们之间的连接部分的转动惯量。

它们所储存的动能等于 $\frac{1}{2}J_{\rm R}\Omega^2 + \frac{1}{2}J_1\Omega_1^2 + \frac{1}{2}J_2\Omega_2^2 + \frac{1}{2}J_{\rm m}\Omega_{\rm m}^2$，折算成等效单轴系统后的等效转动惯量为 J，所储存的动能为 $\frac{1}{2}J\Omega^2$。根据等效的条件两者动能相等，即

$$\frac{1}{2}J\Omega^2 = \frac{1}{2}J_{\rm R}\Omega^2 + \frac{1}{2}J_1\Omega_1^2 + \frac{1}{2}J_2\Omega_2^2 + \frac{1}{2}J_{\rm m}\Omega_{\rm m}^2$$

求得

$$\begin{aligned} J &= J_{\rm R} + \frac{J_1}{\left(\dfrac{\Omega}{\Omega_1}\right)^2} + \frac{J_2}{\left(\dfrac{\Omega}{\Omega_2}\right)^2} + \frac{J_{\rm m}}{\left(\dfrac{\Omega}{\Omega_{\rm m}}\right)^2} \\ &= J_{\rm R} + J_1\left(\frac{\Omega_1}{\Omega}\right)^2 + J_2\left(\frac{\Omega_2}{\Omega}\right)^2 + J_{\rm m}\left(\frac{\Omega_{\rm m}}{\Omega}\right)^2 \\ &= J_{\rm R} + J_1\left(\frac{n_1}{n}\right)^2 + J_2\left(\frac{n_2}{n}\right)^2 + J_{\rm m}\left(\frac{n_{\rm m}}{n}\right)^2 \end{aligned}$$

$$= J_R + \frac{J_1}{j_1^2} + \frac{J_2}{(j_1 j_2)^2} + \frac{J_m}{j^2} \tag{3-13}$$

如果电动机和工作机构之间总共有 n 根轴，则

$$\left.\begin{array}{l} j = j_1 j_2 \cdots j_n j_m \\[4pt] J = J_R + J_1 \left(\dfrac{n_1}{n}\right)^2 + J_2 \left(\dfrac{n_2}{n}\right)^2 + \cdots + J_n \left(\dfrac{n_n}{n}\right)^2 + J_m \left(\dfrac{n_m}{n}\right)^2 \\[6pt] = J_R + \dfrac{J_1}{j_1^2} + \dfrac{J_2}{(j_1 j_2)^2} + \cdots + \dfrac{J_n}{(j_1 j_2 \cdots j_n)^2} + \dfrac{J_m}{j^2} \end{array}\right\} \tag{3-14}$$

将式 (3-14) 中 J 用式 (3-3) $J = GD^2/4g$ 代替，若用飞轮矩和每分钟的转速表示，则飞轮力矩为

$$GD^2 = GD_R^2 + GD_1^2 \cdot \left(\frac{n_1}{n}\right)^2 + GD_2^2 \cdot \left(\frac{n_2}{n}\right)^2 + \cdots + GD_m^2 \cdot \left(\frac{n_m}{n}\right)^2 \tag{3-15}$$

【例 3-1】某车床电力拖动系统如图 3-5 所示，传动机构为齿轮组，经两级减速后拖动车床的主轴。已知 $n = 1440 \text{r/min}$，切削力 $F = 2000\text{N}$，工件直径 $d = 150\text{mm}$，各齿轮的齿数为 $z_1 = 15$，$z_2 = 30$，$z_3 = 30$，$z_4 = 45$，各部分的转动惯量 $J_R = 0.0765 \text{kg} \cdot \text{m}^2$，$J_1 = 0.051 \text{kg} \cdot \text{m}^2$，$J_m = 0.0637 \text{kg} \cdot \text{m}^2$。传动机构的传动效率 $\eta_t = 0.9$。求：

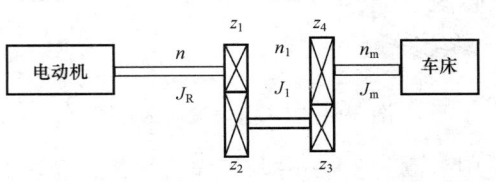

图 3-5 某车床电力拖动系统图

(1) 切削功率 P_m 和切削转矩 T_m。

(2) 折算成单轴系统后的等效 T_L、J_L 和 GD^2。

解：(1)

$$j_1 = \frac{z_2}{z_1} = \frac{30}{15} = 2$$

$$j_m = \frac{z_4}{z_3} = \frac{45}{30} = 1.5$$

$$j = j_1 j_m = 2 \times 1.5 = 3$$

$$n_m = \frac{n}{j} = \frac{1440}{3} = 480 (\text{r/min})$$

切削功率 $\quad P_m = F \cdot \dfrac{\pi d n_m}{60} = 2000 \times \dfrac{3.14 \times 0.15 \times 480}{60} = 7.536 (\text{kW})$

切削转矩 $\quad T_m = \dfrac{60}{2\pi} \cdot \dfrac{P_m}{n_m} = \dfrac{60}{2 \times 3.14} \times \dfrac{7536}{480} = 150 (\text{N} \cdot \text{m})$

(2) 折算成单轴系统后的等效 T_L、J 和 GD^2

$$T_L = \frac{T_m}{\eta_t j} = \frac{150}{3 \times 0.9} = 55.56 (\text{N} \cdot \text{m})$$

$$J = J_R + \frac{J_1}{j_1^2} + \frac{J_m}{j^2} = 0.0765 + \frac{0.051}{2^2} + \frac{0.0637}{3^2}$$

$$= 0.0963 (\text{kg} \cdot \text{m}^2)$$

$$GD^2 = 4gJ = 4 \times 9.81 \times 0.0963 = 3.78 (\text{N} \cdot \text{m}^2)$$

3.3 平移运动系统与旋转运动系统的相互折算

龙门刨床、桥式起重机的起重小车和大车移动机构等都是平移运动的,这种电力拖动系统属于多轴旋转加平移运动系统。需要将这种系统等效成单轴系统。

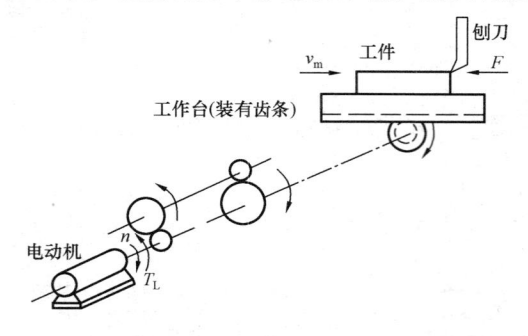

3.3.1 等效负载转矩

图 3-6 所示为刨床电力拖动示意图,通过齿轮与齿条啮合,把旋转运动变换为平移运动,切削时,若传动机构的效率为 η_t,则电动机的实际负载功率为 $\dfrac{P_m}{\eta_t}$,等效单轴系统中电动机的负载功率为 $T_L\Omega$。根据功率守恒的条件,两者相等,即

$$T_L \Omega = \frac{P_m}{\eta_t} = \frac{F_m v_m}{\eta_t} \tag{3-16}$$

图 3-6 刨床电力拖动示意图

式中 v_m ——工件与工作台平移速度,m/s;
 F_m ——平移移动作用力,N;
 P_m ——工作机构的机械功率(切削功率),$P_m = F_m v_m$。

由此得出将平移作用力折算成等效负载转矩为

$$T_L = \frac{F_m v_m}{\eta_t \Omega} = \frac{60}{2\pi} \frac{F_m v_m}{\eta_t n} \tag{3-17}$$

3.3.2 等效转动惯量

设平移运动部件的质量为 m,则平移运动部件的动能为 $\dfrac{1}{2}m v_m^2$。等效到单轴旋转系统的动能为 $\dfrac{1}{2}J_m \Omega^2$。根据能量守恒条件,有

$$\frac{1}{2} J_m \Omega^2 = \frac{1}{2} m v_m^2$$

由此求得将平移运动部件的质量单独折算到单轴旋转系统的等效转动惯量 J_m 为

$$J_m = \frac{m v_m^2}{\Omega^2} \tag{3-18}$$

若用重力 G_m 和转速 n 计算,则

$$J_m = \left(\frac{60}{2\pi}\right)^2 \frac{G_m}{g} \frac{v_m^2}{n^2} = 9.3 \frac{G_m v_m^2}{n^2} \tag{3-19}$$

等效成单轴旋转系统时的总的转动惯量为

$$J = J_R + \frac{J_1}{j_1^2} + \frac{J_2}{(j_1 j_2)^2} + \cdots + \frac{J_n}{(j_1 j_2 \cdots j_n)^2} + J_m \tag{3-20}$$

对于常见的减速系统,如果缺少 $J_1,J_2,\cdots,J_n,J_m$ 的数据,可将电动机的转动惯量适当增加 10%~30% 后作为整个系统的转动惯量来进行估算。

【例 3-2】 有一大型车床,传动机构如图 3-7 所示。已知:刀架重 $G_m = 1500\text{N}$;移动速度 $v_m = 0.3\text{m/s}$;刀架与导轨之间的摩擦系数 $\mu = 0.1$;电动机转速 $n = 500\text{r/min}$;J_M

2.55kg·m²；齿轮1：$z_1 = 20$，$J_{z1} = 0.102$kg·m²；齿轮2：$z_2 = 50$，$J_{z2} = 0.51$kg·m²；齿轮3：$z_3 = 30$，$J_{z3} = 0.255$kg·m²；传动机构：$\eta_t = 0.8$；齿轮4：$z_4 = 60$，$J_{z4} = 0.765$kg·m²；求：电动机轴上的等效平均作用力 T_L 和等效转动惯量 J。

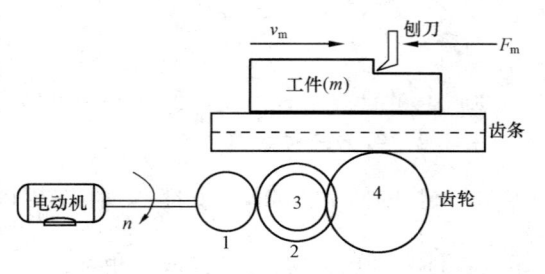

图 3-7 平移运动系统的折算

解：(1) 等效 T_L 平移作用力

$$F_m = \mu G_m = 0.1 \times 1500 = 150(\text{N})$$

$$T_L = \frac{F_m v_m}{\eta_t \Omega} = \frac{60}{2\pi} \frac{F_m v_m}{\eta_t n} = \frac{60}{6.28} \times \frac{150 \times 0.3}{0.8 \times 500} = 1.075(\text{N·m})$$

(2) 等效转动惯量 J

$$j_1 = \frac{z_2}{z_1} = \frac{50}{20} = 2.5; j_2 = \frac{z_4}{z_3} = \frac{60}{30} = 2$$

$$J_R = J_M + J_{z1} = 2.55 + 0.102 = 2.652(\text{kg·m}^2)$$

$$J_1 = J_{z2} + J_{z3} = 0.51 + 0.255 = 0.765(\text{kg·m}^2)$$

$$J_2 = J_{z4} = 0.765(\text{kg·m}^2)$$

$$J_m = 9.3 \frac{G_m v_m^2}{n^2} = 9.3 \times \frac{1500 \times 0.3^2}{500^2} = 0.005\,02(\text{kg·m}^2)$$

$$J = J_R + \frac{J_1}{j_1^2} + \frac{J_2}{(j_1 j_2)^2} + J_m = 2.652 + \frac{0.765}{2.5^2} + \frac{0.765}{2.5^2 \times 2^2} + 0.005\,02 = 2.652(\text{kg·m}^2)$$

3.4 升降运动系统的折算

电梯、矿井卷扬机和起重机的升降工作机构等都是作升降运动的。升降运动系统属于多轴旋转运动加升降运动系统。

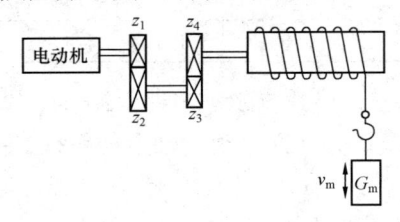

3.4.1 等效负载转矩

如图 3-8 所示，设重物的重力为 G_m，升降速度为 v_m，则工作机构的机械功率为 $P_m = G_m v_m$。若传动机构的效率为 η_t，则电动机的实际负载功率 $P_L = T_L \Omega$。根据传送功率不变的原则，两者应相等，即

$$T_L \Omega = \frac{P_m}{\eta_t} = \frac{G_m v_m}{\eta_t} \tag{3-21}$$

图 3-8 升降运动系统的折算

由此求得

$$T_L = \frac{60}{2\pi} \frac{G_m v_m}{n \eta_t} \tag{3-22}$$

升降运动与平移运动都是直线运动，所以式（3-17）与式（3-22）相同，但是升降运动与平移运动又有所不同，平移运动中平移作用力 F_m 是运动阻力。而升降运动中 G_m 却不一定是阻力，提升重物时，G_m 是运动阻力，电机工作在电动状态 $P_L > P_m$；而下放重物时，G_m 是运动动力，电机工作在制动状态 $P_L < P_m$。如果仍然规定传动效率为

$$\eta_t = \frac{P_m}{P_L} \times 100\% \tag{3-23}$$

则 T_L 的计算公式不变，但在提升重物时，$\eta_t < 1$；而在下放重物时，$\eta_t > 1$。

3.4.2 等效转动惯量

设重物的质量为 m，则升降运动的物体的动能为 $\frac{1}{2}mv_m^2$。等效到单轴旋转系统的动能为 $\frac{1}{2}J_m\Omega^2$。根据等效条件，两者相等，即

$$\frac{1}{2}J_m\Omega^2 = \frac{1}{2}mv_m^2 \tag{3-24}$$

折算到电动机轴上的等效转动惯量为

$$J_m = \frac{mv_m^2}{\Omega^2} \tag{3-25}$$

由于升降运动也是一种平移运动，所以式（3-25）与式（3-18）相同。若用重量 G_m 和转速 n 计算，也可将式（3-25）改写为

$$J_m = \left(\frac{60}{2\pi}\right)^2 \frac{G_m}{g} \frac{v_m^2}{n^2} = 9.3 \frac{G_m v_m^2}{n^2}$$

对整个多轴旋转加升降运动的系统来说，等效成单轴旋转系统时，总的转动惯量为

$$J = J_R + \frac{J_1}{j_1^2} + \frac{J_2}{(j_1 j_2)^2} + \cdots + \frac{J_n}{(j_1 j_2 \cdots j_n)^2} + J_m$$

【例 3-3】某起重机的电力拖动系统如图 3-9 所示。各运动部件的有关数据如下：

编号	a	b	c	d	e	f	g	h
名称	电动机	蜗杆	蜗轮	齿轮	齿轮	卷筒	导轮	重物
齿数		双头	20	10	40			
转动惯量 J（kg·m²）	0.15	0.025	0.40	0.075	8	1.25	1.25	
重力 G（N）								10 000
直径 d（m）						0.1	0.1	

传动效率 $\eta_t = 0.8$，提升速度 $v_m = 9.42\text{m/s}$。试求电动机的转速 n_a 以及折算到电动机轴上的等效 T_L 和 J。

解：(1) 电动机的转速 n_a。

卷筒和导轮的转速

$$n_f = n_g = \frac{v_m}{\pi d_g} = \frac{9.42}{3.14 \times 0.1} = 30(\text{r/min})$$

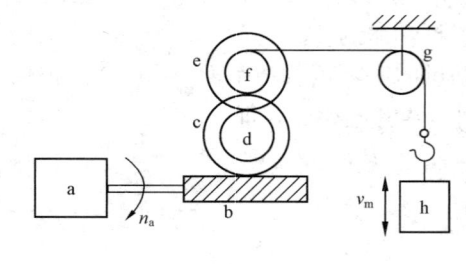

图 3-9 例 3-3 的系统

转速比

$$j_1 = \frac{z_c}{z_b} = \frac{20}{2} = 10; \quad j_2 = \frac{z_e}{z_d} = \frac{40}{10} = 4$$

转速 n_a

$$n_a = n_b = j_1 j_2 n_f = 10 \times 4 \times 30 = 1200(\text{r/min})$$

(2) 求等效负载转矩 T_L

$$T_{\mathrm{L}} = \frac{60}{2\pi} \frac{G_{\mathrm{m}} v_{\mathrm{m}}}{n\eta_{\mathrm{t}}} = \frac{60}{2 \times 3.14} \times \frac{10\,000 \times (9.42/60)}{0.8 \times 1200} = 15.625(\mathrm{N \cdot m})$$

(3) 求等效转动惯量 J

$$J_{\mathrm{R}} = J_{\mathrm{a}} + J_{\mathrm{b}} = 0.15 + 0.025 = 0.175(\mathrm{kg \cdot m^2})$$

$$J_1 = J_{\mathrm{c}} + J_{\mathrm{d}} = 0.4 + 0.075 = 0.475(\mathrm{kg \cdot m^2})$$

$$J_2 = J_{\mathrm{e}} + J_{\mathrm{f}} + J_{\mathrm{g}} = 8 + 1.25 + 1.25 = 10.5(\mathrm{kg \cdot m^2})$$

$$J_{\mathrm{m}} = 9.3 \frac{G_{\mathrm{m}} v_{\mathrm{m}}^2}{n^2} = 9.3 \times \frac{10\,000 \times (9.42/60)^2}{1200^2} = 0.001\,59(\mathrm{kg \cdot m^2})$$

$$J = J_{\mathrm{R}} + \frac{J_1}{j_1^2} + \frac{J_2}{(j_1 j_2)^2} + J_{\mathrm{m}}$$

$$= 0.175 + \frac{0.475}{10^2} + \frac{10.5}{(10 \times 4)^2} + 0.001\,59 = 0.187\,9(\mathrm{kg \cdot m^2})$$

3.5 生产机械的负载转矩特性

生产机械的工作机构的负载转矩与转速之间的关系 $T_{\mathrm{L}} = f(n)$，称为负载的转矩特性。

大多数生产机械的负载转矩可归纳恒转矩负载、恒功率负载转矩特性和通风机类负载的转矩特性三种类型。

3.5.1 恒转矩负载的转矩特性

恒转矩负载是指生产机械的工作机构负载转矩的大小为一定值与转速无关，根据负载转矩的方向是否与转速有关，又可分为反抗性恒转矩负载和位能性恒转矩负载。

(1) 反抗性恒转矩负载的转矩特性。该类负载转矩 T_{L} 大小恒定不变，而负载转矩的方向总是与转速 n 的方向相反，是制动性质的转矩。显然，反抗性恒转矩负载特性曲线在第Ⅰ和第Ⅲ象限内，如图 3-10 所示。

(2) 位能性恒转矩负载的转矩特性。该类负载转矩 T_{L} 具有固定的方向，不随转速 n 的改变而改变。如起重类型负载，不论重物是提升（n 为正）或下放（n 为负），负载转矩的方向不变。因此，位能性恒转矩负载特性应在第Ⅰ象限与第Ⅳ象限内，如图 3-11 所示。

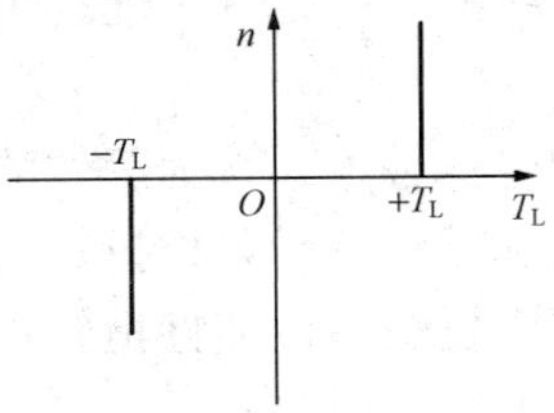

图 3-10 反抗性恒转矩负载的转矩特性

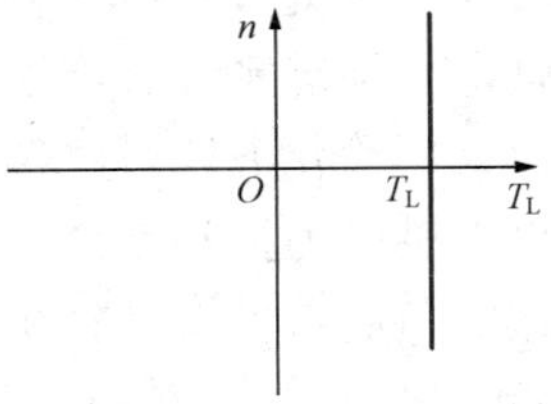

图 3-11 位能性恒转矩负载的转矩特性

3.5.2 恒功率负载的转矩特性

该类负载的负载功率 $P_{\mathrm{L}} = T_{\mathrm{L}} \Omega = a$，即 $T_{\mathrm{L}} n = a$（a 为常数），即负载转矩 T_{L} 与转速 n 成反比。恒功率负载转矩特性曲线是一条双曲线，如图 3-12 所示。

某些生产工艺过程，要求有恒功率负载特性。如车床切削粗加工时需要较大的进刀量和较低的转速，而精加工时需要较小的进刀量和较高的转速，又如轧钢机轧制钢板时，小工件需要高转速低转矩,大工件需要低转速高转矩。这些工艺要求的负载都是恒功率负载特性。

3.5.3 通风机类负载的转矩特性

此类负载有通风机、水泵、液压泵等。它们的特点是负载转矩与转速的平方成正比,即 $T_L = Kn^2$,K 是比例常数。其负载转矩特性曲线在第Ⅰ象限,如图 3-13 所示。

图 3-12 恒功率负载转矩特性　　图 3-13 通风机类负载转矩特性

图 3-13 中曲线 2 是考虑到通风机轴承上还有一定的摩擦转矩 T_{L0},因而实际通风机的负载转矩特性应为 $T_L = T_{L0} + Kn^2$。

小　结

电力拖动系统是用电动机带动生产机械(负载)完成一定工艺要求的系统,其运行状态与不同电动机的机械特性和负载转矩特性相关。单轴电力拖动系统是由电动机、联轴器(传动机构)和负载三位同轴组成。

描述单轴电力拖动系统的运动方程为

$$T - T_L = \Delta T = \frac{GD^2}{375} \frac{dn}{dt}$$

当 $\Delta T > 0$ 则 $\frac{dn}{dt} > 0$ 系统处于加速状态,转速 n 增加,当 $\Delta T = 0$,则 $\frac{dn}{dt} = 0$,则系统处于匀速状态或停止状态。

实际上电力拖动系统根据不同生产工艺要求,需要不同的合适的转速,由此采用减速装置组成传动机构,称为多轴电力拖动系统。原则上多轴系统的每一根轴都能列出一个运动方程。求解多轴电力拖动系统,需要联立求解微分方程组。

在工程上采用简化方法,将传动装置和负载均折算到电机轴上,视为等效的单轴电力拖动系统,所以多轴电力拖动系统中,主要是将转速、转矩和转动惯量怎样折算到电机侧。

生产机械的负载特性有恒转矩负载特性(反抗性恒转矩负载,位能性恒转矩负载)、恒功率负载特性、风机型负载特性和通风机负载特性三类。

电力拖动系统稳定运行的条件在 $T = T_L$ 处有

$$\frac{dT}{dn} < \frac{dT_L}{dn}$$

思　考　题

3-1　写出电力拖动系统的运动方程式,并说明该方程中转矩正负号的确定方法。

3-2 生产机械的负载转矩特性常见的有哪几类？何谓反抗性负载？何谓位能性负载？

计 算 题

3-1 某单轴旋转系统，电动机转子的转动惯量 $J_R = 80\text{kg} \cdot \text{m}^2$，生产机械转动部分的转动惯量 $J_m = 12\text{kg} \cdot \text{m}^2$，连接部分的转动惯量忽略不计。启动瞬间电动机的电磁转矩 $T = 300\text{N} \cdot \text{m}$，负载转矩 $T_L = 250\text{N} \cdot \text{m}$。求启动瞬间系统的角加速度。

3-2 一个由皮带轮拖动的多轴传动系统，电动机的皮带轮直径 $D_1 = 0.5\text{m}$，工作机械的皮带轮直径 $D_2 = 2\text{m}$，电动机及其皮带轮的转动惯量 $J = 2\text{kg} \cdot \text{m}^2$，工作机构及其皮带轮的转动惯量 $J_m = 5\text{kg} \cdot \text{m}^2$，负载转矩 $T_m = 250\text{N} \cdot \text{m}$，皮带的转动惯量忽略不计，传动效率 $\eta_t = 0.75$。求该系统的运动方程式。

3-3 某多轴旋转系统如图 3-4 所示。各部分的转动惯量为 $J_R = 3\text{kg} \cdot \text{m}^2$，$J_1 = 1.2\text{kg} \cdot \text{m}^2$，$J_2 = 1\text{kg} \cdot \text{m}^2$，$J_m = 12\text{kg} \cdot \text{m}^2$，各齿轮的齿数 $z_1 = 20$，$z_2 = 80$，$z_3 = 20$，$z_4 = 90$，$z_5 = 20$，$z_6 = 100$，工作机构的转矩 $T_m = 8100\text{N} \cdot \text{m}$，各部分的传动效率 $\eta_{t1} = \eta_{t2} = \eta_{t3} = 96.5\%$，求等效单轴系统的等效负载转矩 T_L 和转动惯量 J_L。

3-4 刨床电力拖动系统如图 3-7 所示，电动机的转速 $n = 400\text{r/min}$，各种转速转动部分的转动惯量 $J_R = 3\text{kg} \cdot \text{m}^2$，$J_1 = 1.2\text{kg} \cdot \text{m}^2$，$J_2 = 1\text{kg} \cdot \text{m}^2$，传动效率 $\eta_t = 80\%$。转速比 $j_1 = 4$，$j_2 = 5$。切削力 $F_m = 2000\text{N}$，切削速度 $v_m = 0.2\text{m/s}$。工作台重 $G_1 = 1200\text{N}$，工件重力 $G_m = 800\text{N}$，求该系统等效成单轴系统时电动机的负载转矩和系统的转动惯量。

3-5 某升降机构如图 3-8 所示，电动机的转速 $n = 950\text{r/min}$，传动机构的转速比 $j_1 = 3$，$j_2 = 4$，提升重物时的传动效率 $\eta_t = 85\%$，下放重物时的传动效率 $\eta_t' = 1.2$。各转轴上的转动惯量为 $J_R = 3\text{kg} \cdot \text{m}^2$，$J_1 = 1.2\text{kg} \cdot \text{m}^2$，$J_2 = 10\text{kg} \cdot \text{m}^2$，重物重力 $G_1 = 5000\text{N}$，提升和下放重物的速度 $v_m = 0.3\text{m/s}$。折算到电动机轴上试求：

（1）提升重物时的等效负载转矩；
（2）下放重物时的等效负载转矩；
（3）重物单独的转动惯量；
（4）总转动惯量。

第4章 直流电动机的电力拖动

知识目标
- 知道他励直流电动机的机械特性。
- 了解他励直流电动机的起动、调速和制动。

能力目标
- 掌握直流电动机运行在各种状态下的电势平衡、转矩平衡和功率平衡关系。

4.1 他励直流电动机的机械特性

他励直流电动机的机械特性是指电动机在电枢电压、励磁电流、电枢回路电阻为常数的条件下,即电动机处于稳定运行时,电动机的转速 n 与电磁转矩 T 之间的关系:$n=f(T)$ 或电动机转速 n 与电枢电流 I_a 的关系曲线 $n=f(I_a)$,后者也称为转速的调节特性。

根据运动方程式分析,当电动机恒速运行时,电磁转矩 $T=T_2=T_L+T_0$,在一般情况下,空载转矩 T_0 较小,在工程计算中可忽略,则电磁转矩 T 等于负载转矩 T_L。

4.1.1 机械特性方程

由直流电机的基本方程求出

$$n = \frac{U_a}{C_e\Phi} - \frac{R_a}{C_e\Phi}I_a = n_0 - \Delta n \tag{4-1}$$

将 $T=C_T\Phi I_a$ 代入式(4-1)中,可得

$$n = \frac{U_a}{C_e\Phi} - \frac{R_a}{C_eC_T\Phi^2}T = n_0 - \Delta n = n_0 - \beta T \tag{4-2}$$

式(4-2)中 Δn 为电动机带负载后所产生的转速降,$\Delta n = \beta T$,β 称为机械特性的斜率,$\alpha = 1/\beta$ 称为机械特性的硬度,β 越小、α 越大、Δn 越小,机械特性越硬。

当电源电压 U 为常数,电枢电阻 R_a 为常数,励磁电流 I_f 为常数,若忽略电枢反应影响,则磁通 Φ 也为常数。

当电动机堵转时,转速 $n=0$,则电枢电动势 $E_a=0$,这时电枢电流为堵转电流 $I_k=U_a/R_a$,由 I_k 所产生的电磁转矩称为堵转转矩,其值为 $T_k=C_T\Phi I_k$。

图 4-1 他励直流电动机机械特性曲线

堵转时,电动机的机械特性可表示为

$$n = \frac{U_a}{C_e\Phi} - \frac{R_a}{C_e\Phi}I_a = \frac{U_a}{C_e\Phi}\left(1 - \frac{R_a}{U_a}I_a\right) = n_0\left(1 - \frac{I_a}{I_k}\right) \tag{4-3}$$

他励直流电动机机械特性如图 4-1 所示,是一条向下倾斜的直线。特性曲线与纵轴交点为 $T=0$ 时转速 n_0,n_0 称为理想空载转速,可用下式计算

$$n_0 = \frac{U_a}{C_e\Phi} \tag{4-4}$$

实际上,电机旋转时无论带不带负载总存在一个与电枢转向相反的制动性质的空载转矩 T_0,将 T_0 代入式(4-2)中可得实际空载转速 n_0',即

$$n_0' = n_0 - \beta T_0 = n_0 - \Delta n_0 \tag{4-5}$$

4.1.2 固有机械特性和人为机械特性

当电枢两端加额定电压,气隙每极磁通为额定值,电枢回路没有串电阻时,即 $U_a = U_N$,$R = R_a$,$\Phi = \Phi_N$,满足上述条件的机械特性称为固有机械特性,其表达式为

$$n = \frac{U_N}{C_e\Phi_N} - \frac{R_a}{C_e C_T \Phi_N^2}T = n_0 - \Delta n = n_0 - \beta T \tag{4-6}$$

固有机械特性如图 4-2 所示 $R=R_a$ 曲线,由于 R_a 很小,特性曲线斜率 β 很小,说明固有机械特性较硬。

1. 电枢回路串电阻的人为机械特性

当电枢两端加额定电压 $U_a = U_N$,气隙每极磁通为额定值 $\Phi = \Phi_N$,电枢回路串电阻 R_s 时,机械特性表达式为

$$n = \frac{U_N}{C_e\Phi_N} - \frac{R_a + R_s}{C_e C_T \Phi_N^2}T \tag{4-7}$$

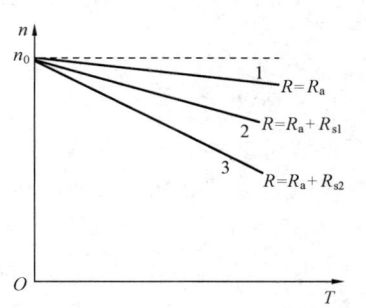

图 4-2 他励直流电动机串电阻的人为机械特性曲线

串电阻的人为机械特性曲线如图 4-2 所示曲线 2 和 3。与固有机械特性相比理想空载转速 n_0 不变,但斜率 β 随着所串电阻 R_s 增大而增大,所以人为机械特性变软。

改变 R_s 大小,可以得到一族通过 n_0 并有不同斜率的人为特性曲线族。

2. 降低电枢电压时的人为特性

保持 $\Phi = \Phi_N$,$R = R_a$ 不变,只改变电枢电压 U_a 时的人为特性,其表达式为

$$n = \frac{U}{C_e\Phi_N} - \frac{R_a}{C_e C_T \Phi_N^2}T \tag{4-8}$$

由式(4-8)可知,改变电枢电压,理想空载转速 $n_0 = \frac{U}{C_e\Phi_N}$ 也随之改变,但斜率 β 不变,与固有机械特性斜率相等。当电源电压为不同值时,人为机械特性与固有机械特性曲线平行,如图 4-3 所示。

3. 减弱励磁磁通时的人为机械特性

减弱励磁磁通可以在励磁回路内串接电阻或降低励磁电压 U_f,此时 $U_a = U_N$,$R = R_a$。特性方程为

$$n = \frac{U_N}{C_e\Phi} - \frac{R_a}{C_e C_T \Phi^2}T \tag{4-9}$$

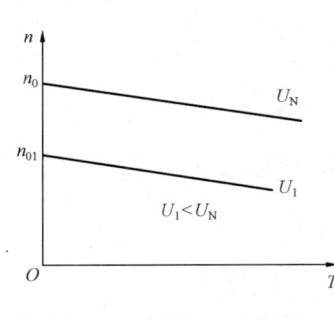

图 4-3 降低电枢电压的人为机械特性曲线

当 Φ 为不同值时的机械特性如图 4-4 所示,减弱磁通时,不仅人为机械特性的理想转速 n_0 升高,机械特性曲线斜率 β 也增大。

【例 4-1】 一台他励直流电动机,铭牌数据:$P_N = 22\text{kW}$,$U_N = 220\text{V}$,$I_N = 115\text{A}$,$n_N = 1500\text{r/min}$。已知 $R_a = 0.1\Omega$,该电动机拖动额定负载运行,要求把转速降到 1000r/min,不

计电动机的空载转矩，试求：

（1）若采用电枢回路串电阻调速，应串入多大电阻？

（2）若采用降低电源电压调速，应把电源电压降低到多少？

（3）上述两种情况下，拖动系统输入电功率和输出的机械功率。

（4）采用弱磁调速 $\Phi = 0.8\Phi_N$ 时，如果不使电动机超过额定电枢电流，则电动机能输出的最大的转矩与功率是多少？

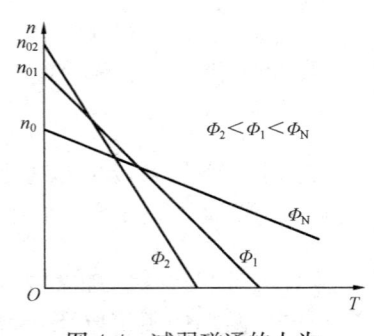

图 4-4 减弱磁通的人为机械特性曲线

解：（1）采用电枢串电阻调速时，需要串入的电阻值

$$C_e\Phi_N = \frac{U_N - I_N R_a}{n_N} = \frac{220 - 115 \times 0.1}{1500} = 0.139$$

$$n_0 = \frac{U_N}{C_e\Phi_N} = \frac{220}{0.139} = 1582.7(\text{r/min})$$

$$\Delta n_N = n_0 - n_N = 1582.7 - 1500 = 82.7(\text{r/min})$$

在人为机械特性上运行时的转速降

$$\Delta n = n_0 - n_N = 1582.7 - 1000 = 582.7(\text{r/min})$$

$T = T_N$ 时，因为 $\dfrac{\Delta n}{\Delta n_N} = \dfrac{R_a + R_s}{R_a}$，所以

$$R_s = \left(\frac{\Delta n}{\Delta n_N} - 1\right)R_a = \left(\frac{582.7}{82.7} - 1\right) \times 0.1 = 0.604(\Omega)$$

（2）降低电源电压的计算。

降压后的理想空载转速

$$n_{01} = n + \Delta n_N = 1000 + 82.7 = 1082.7(\text{r/min})$$

降压后的电源电压

$$U_1 = \frac{n_{01}}{n_0}U_N = \frac{1082.7}{1582.7} \times 220 = 150.5(\text{V})$$

（3）降速后系统输出功率与输入功率的计算。

输出转矩

$$T_2 = T_N = 9.55\frac{P_N}{n_N} = 9.55 \times \frac{22 \times 10^3}{1500} = 140.1(\text{N} \cdot \text{m})$$

输出功率

$$P_2 = T_2\Omega = T_2\frac{2\pi n}{60} = 140.1 \times \frac{1000}{9.55} = 14.67(\text{kW})$$

电枢串电阻调速时，系统输入的电功率

$$P_1 = U_N I_N = 220 \times 115 = 25.3(\text{kW})$$

降低电源电压调速时，系统输入的电功率

$$P_1 = U_1 I_N = 150.5 \times 115 = 17.31(\text{kW})$$

（4）弱磁调速时的输出转矩与功率

$\Phi = 0.8\Phi_N$，$I_a = I_N$ 时，允许输出的转矩

$$T_2 = C_T \Phi I_N = 9.55 \times C_e 0.8 \Phi_N I_N = 9.55 \times 0.8 \times 0.139 \times 115 = 122(\text{N} \cdot \text{m})$$

电动机的转速

$$n' = n'_0 - \Delta n' = \frac{n_0}{0.8} - \frac{R_a I_N}{0.8 C_e \Phi_N} = \frac{1582.7}{0.8} - \frac{0.1 \times 115}{0.8 \times 0.139} = 1875(\text{r/min})$$

电动机输出功率

$$P_2 = T_2 \Omega = T_2 \frac{2\pi n}{60} = 122 \times \frac{1875}{9.55} = 23.95(\text{kW})$$

$$\frac{P_2}{P_N} = \frac{23.95}{22} = 1.088$$

4.1.3 电力拖动系统稳定运行条件

在某一转速下运行的电力拖动系统，由于受到外界某种扰动，如负载变化或电网电压波动等，导致拖动系统的转速发生变化，而离开原来的平衡状态，如果系统能在新的条件下达到新的平衡状态，或者当扰动消失后系统回到原来的转速下继续运行，则系统是稳定的。如果外界扰动消失，系统转速或是无限制上升，或是一直下降至零，则称该系统是不稳定的。

在分析电力拖动系统运行时，把电动机的机械特性和负载转矩特性二者画在同一坐标图上。如图 4-5 所示，曲线 1 是他励直流电动机的机械特性曲线，曲线 2 是恒转矩负载转矩特性曲线，两曲线的交于 A 点，此时 $T = T_L = T_A$，由运动方程式分析可知，系统能稳定运行，因为在 A 点满足稳定运行的条件。A 点称为工作点或运行点。

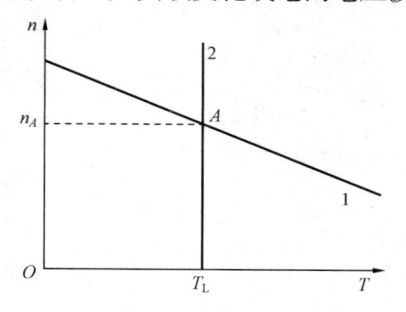

图 4-5 电力拖动系统稳定运行工作点

分析系统受到干扰时情况，如负载变化或电枢电压波动等，将使原来转矩平衡关系破坏，电动机转速将发生变化，如果系统能过渡到新的工作点上稳定运行且扰动消失后系统回到原来的工作点稳定运行，则系统是稳定的，否则系统是不稳定的。

下面分析扰动过程，如图 4-6 所示。设外界扰动如电网电压升高，电动机的机械特性由曲线 1 的 A 点过渡到曲线 3 的 B 点，扰动瞬间，转速不变，则电动机的电磁转矩增大到 T_B，转矩平衡关系被破坏，根据运动方程式分析 $\frac{dn}{dt} > 0$，因此电机转速增加，电机反电势增加，使电枢电流减小，电磁转矩减小，即由 B 点沿曲线 3 上升到 C 点，在 C 点电磁转矩减小到与负载相等，达到新的平衡，即 $T_C = T_L$，$\frac{dn}{dt} = 0$，系统以转速 $n = n_C$ 稳定运行。

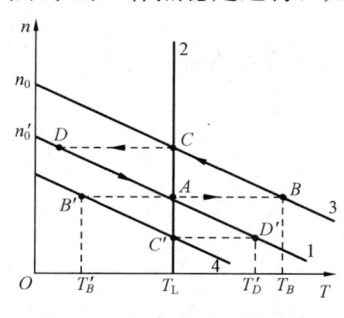

图 4-6 他励直流电动机拖动系统扰动过程分析

当扰动消失，电压恢复则电动机机械特性恢复到曲线 1，电动机的运行状态由 C 点过渡到 D 点，然后由 D 点下降到 A 点稳定运行。

同理如果扰动使电网电压降低，电动机机械特性由曲线 1 的 A 点过渡到曲线 4 的 B' 点，由于 $T_B' < T_L$，$\frac{dn}{dt} < 0$，电动机 n 下降，电机反电势下降，使电枢电流增大，电磁转矩增

大,由 B' 点下降到 C' 点,此时 $T_C' = T_L$,$\frac{dn}{dt} = 0$,系统达到了新的平衡,在 $n = n_C'$ 处稳定运行。

当扰动消失,电压恢复则电动机机械特性恢复到曲线 1,系统工作状态由曲线 4 的 C' 点过渡到曲线 1 的 D' 点,由于 $T_D' > T_L$,则电动机转速升高,电机反电势增大,使电枢电流减小,电磁转矩减小,直至电磁转矩减小到 $T_A = T_L$,即由曲线 1 的 D' 点恢复到 A 点,在 A 点 $\frac{dn}{dt} = 0$,重新达到平衡状态,系统恢复稳定运行 $n = n_A$。

由上述分析可知 A 点为稳定运行点

下面分析一种不稳定运行的情况,如图 4-7 所示。

设外界扰动如电网电压突然升高,相应电动机的机械特性曲线由曲线 1 变为曲线 3,系统动能不变,瞬间电动机转速不突变,工作点从曲线 1 的 A 点过渡到曲线 3 的 B 点,在 B 点 $T_B < T_L$,$\frac{dn}{dt} < 0$,电机转速下降,电机处于减速状态直至停止转动 $n = 0$。

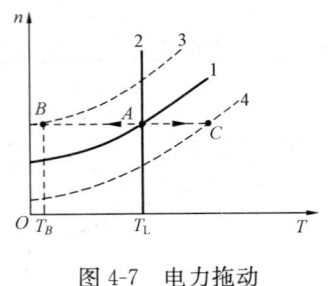

图 4-7 电力拖动系统不稳定系统

若电网电压突然下降,相应电动机的机械特性曲线由曲线 1 变为曲线 4,电动机转速不突变,工作点从曲线 1 的 A 点过渡到曲线 4 的 C 点,瞬间转速不变,在 C 点由于 $T_C > T_L$,$\frac{dn}{dt} > 0$,则电机转速升高,电机处于加速状态直至转速上升很高(飞车)。由上述分析可知,此系统是不稳定的。

综上所述,电力拖动系统中工作点是在电动机的机械特性与负载转矩特性交点上,但并不是所有的交点都是稳定运行点。电磁转矩等于负载转矩仅是稳定运行的一个必要条件,而不是充分条件。充分条件是在扰动时,拖动系统能够改变转速达到一个新的转速,并在此转速下稳定运行。而当扰动消失时又能恢复到原来的工作点稳定运行。充分条件可以用 $\frac{dT}{dn} < \frac{dT_L}{dn}$ 表述。从电动机机械特性上看具有下降特性的是稳定的,上翘特性则是不稳定的。

电力拖动系统稳定运行的条件是 $T = T_L$ 处,$\frac{dT}{dn} < \frac{dT_L}{dn}$。

4.2 他励直流电动机的启动

由于直流电动机带动生产机械启动,而生产机械要根据生产工艺的特点,对启动过程有不同的要求,直流电动机启动要满足这些要求。对于任何一台电动机在启动时都要满足下列两个基本要求:

(1) 电动机的初始启动电流不能过大,一般要求 $I_{st} \leqslant 2I_N$。

(2) 启动过程中电动机的启动转矩应足够大,应满足 $T_{st} > T_L$。

电动机的启动是指电动机接通电源后,由静止状态加速到稳定运行状态的过程。电动机启动瞬间转速 n 为零的电磁转矩称为启动转矩,启动瞬间的电枢电流称为启动电流,分别用 T_{st} 和 I_{st} 表示。启动转矩为

$$T_{st} = C_T \Phi I_{st} \tag{4-10}$$

他励直流电动机在启动瞬间，转速 $n=0$，电动势 $E=0$，启动电流为

$$I_{st} = \frac{U_a - E_a}{R_a} = \frac{U_a}{R_a} \tag{4-11}$$

如果在额定电压下直接启动，由于 R_a 很小，I_{st} 很大，一般可达到电枢电流额定值的 10～20 倍。I_{st} 会引起电网电压下降，影响电网上其他用户的正常用电；对电机本身来说，I_{st} 换向是不允许的，在换向器及电刷之间产生强烈的火花，甚至会烧坏换向器及电刷；同时过大的电磁力和冲击转矩会损坏电枢绕组和传动机构。因此除了额定功率在数百瓦以下的微型直流电动机，因电枢绕组导线细，电枢电阻很大，转动惯量小，可以直接启动外，一般的直流电动机不允许采用直接启动方式。

从上述分析可知，必须将启动电流限制在允许的范围之内，由式（4-11）可知，启动方法有两个，即降低电枢电压和增加电枢回路电阻。

4.2.1 降低电枢电压启动

采用这种降压启动方法需要有一个可以改变电压的直流电源专供直流电动机电枢电路使用。可以利用直流发电机、晶闸管可控整流电源或直流斩波电源等。启动时，加上励磁电压 U_f，保持励磁电流为额定值不变，电枢电压 U_a 从零开始逐渐上升到额定值。

降低启动方法优点是启动平稳，启动过程中能量损耗小，易于实现自动化。缺点是初期投资大。

如图 4-8（a）所示为他励直流电动机降压启动机械特性，启动电压从最小电压 U_{min} 开始启动后，随着电动机转速上升反电势逐渐增大，再逐渐升高电源电压使电动机启动电流和启动转矩保持在一定数值范围内，从而保证电动机按需要的加速度升速。如图 4-8（b）所示，表示电枢电流在启动过程中变化情况，在实际启动过程中有超调和振荡变化情况。

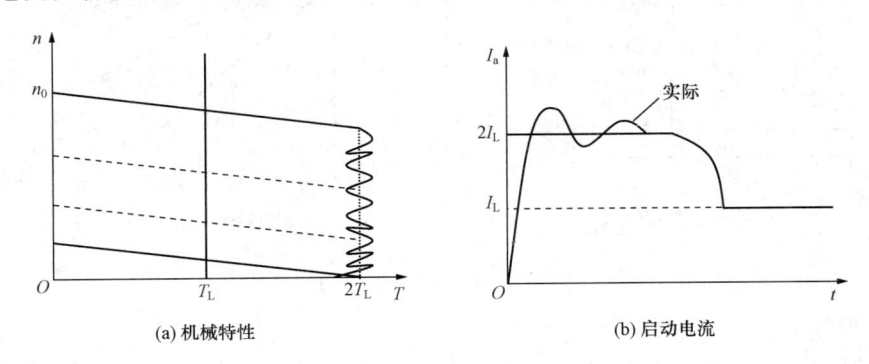

(a) 机械特性　　(b) 启动电流

图 4-8　他励直流电动机降压启动

启动时最小电压为

$$U_{min} = I_{st.max} R_a = \lambda_m I_N R_a$$

式中　λ_m——直流电动机的过载倍数，取 1.8～2.5。

4.2.2 电枢电路串电阻启动

电枢电路串电阻启动，由于其启动设备简单、经济可靠，同时可以做到平滑快速启动，因而得到广泛应用。但对于不同类型和规格的电机，对启动电阻的级数要求不同。

1. 无级启动

额定功率较小的电动机可采用在电枢电路内串联启动变阻器的无级启动的方法启动。启动前先把启动变阻器调到最大值,加上励磁电压 U_f,保持励磁电流为额定值不变。再接通电枢电源,电动机开始启动。随着转速的升高,逐渐减小启动变阻器的电阻,直到全部切除。

启动电阻 R_{st} 可用下式计算

$$R_{st} = \frac{U_a}{I_{st}} - R_a \tag{4-12}$$

式(4-12)中 R_a 可通过实测或通过电机铭牌提供的额定值进行估算,在忽略 T_0 时,$P_2 = P_e = EI_a$,因此在额定状态下运行时有

$$R_a = \frac{U_{aN} - P_N/I_{aN}}{I_{aN}} \tag{4-13}$$

由于上式是在忽略空载转矩 T_0 的情况下得到的,因此,用上式估算的 R_a 值比实际值偏大。

2. 有级启动

额定功率较大的电动机一般采用有级启动的方法以保证启动过程中既有比较大的启动转矩,又使启动电流不会超过允许值。

现以串两级电阻启动为例说明启动的物理过程。启动的原理电路和机械特性如图 4-9 所示。

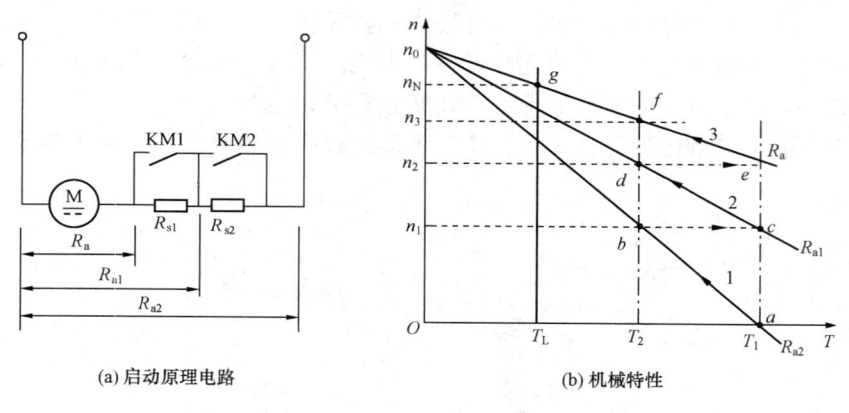

(a) 启动原理电路

(b) 机械特性

图 4-9 串两级电阻启动

启动步骤如下:

(1) 串联启动电阻 R_{s1} 和 R_{s2} 启动。当电动机已有磁场时,给电枢电路加电源电压 U_{aN}。启动前接触器触点 KM1、KM2 均断开,电枢电路串入启动电阻 $R_{s1} + R_{s2}$,这时电枢回路总电阻为 $R_{a2} = R_a + R_{s1} + R_{s2}$。这时对应于由电阻所确定的人为机械特性如图 4-9(b) 中的曲线 1 所示。

由于启动转矩 T_1 远大于负载转矩 T_L,电动机拖动生产机械开始启动,工作点沿人为特性曲线 1 由 a 点向 b 点移动。

(2) 当工作点到达 b 点,电磁转矩 T 等于切换转矩 T_2 时,接触器触点 KM2 闭合,切除启动电阻 R_{s2},电枢电路总电阻变为

$$R_{a1} = R_a + R_{s1}$$

这时电动机的人为机械特性用曲线 2 表示。切除 R_{s2} 瞬间，转速不突变，工作点由曲线 1 的 b 点平行移动到曲线 2 上的 c 点，这时电磁转矩 $T=T_1$，电动机继续加速，工作点沿曲线 2 由 c 点移向 d 点。

(3) 当工作点到达曲线 2 的 d 点时，电磁转矩 T 又等于切换转矩 T_2 时，接触器触点 KM1 闭合，切除启动电阻 R_{s1}，电枢电路总电阻为 R_a，启动电阻全部切除，电动机机械特性为固有机械特性。工作点由人为特性曲线 2 上的 d 点平行移动到固有机械特性曲线 3 上的 e 点。这时电磁转矩 $T=T_1$，电动机继续加速，工作点由固有特性曲线 e 点上升经 f 点，最后稳定在 g 点，$T_g = T_L$，达到转矩平衡，整个启动过程结束。

图 4-10 所示为串三级电阻启动的电机原理电路图及其机械特性。

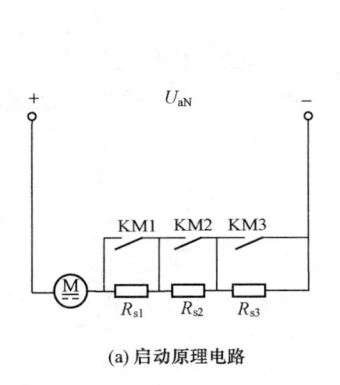

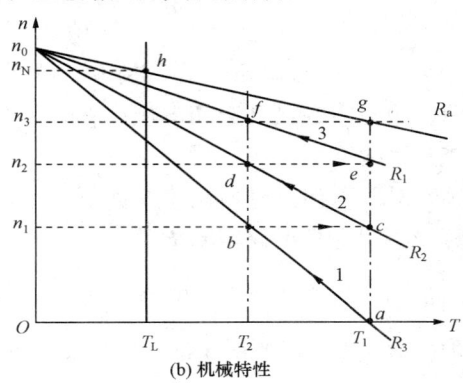

图 4-10 串三级电阻启动

现以图 4-10（b）为例计算所串电阻的值，设图中 b、d、f 点不同转速下电枢电动势分别为 E_{a1}、E_{a2}、E_{a3}。各点电压平衡方程如下

$$\left. \begin{aligned} b\ 点 &: R_3 I_2 = U_{aN} - E_{a1} \\ c\ 点 &: R_2 I_1 = U_{aN} - E_{a1} \\ d\ 点 &: R_2 I_2 = U_{aN} - E_{a2} \\ e\ 点 &: R_1 I_1 = U_{aN} - E_{a2} \\ f\ 点 &: R_1 I_2 = U_{aN} - E_{a3} \\ g\ 点 &: R_a I_1 = U_{aN} - E_{a3} \end{aligned} \right\} \tag{4-14}$$

比较式（4-14）可得

$$\frac{I_1}{I_2} = \frac{R_3}{R_2} = \frac{R_2}{R_1} = \frac{R_1}{R_a} = \beta \tag{4-15}$$

启动电流 I_1 和切换电流 I_2 之比称为起切电流比，用 β 表示，各级电阻可按下式计算。

$$\left. \begin{aligned} R_1 &= \beta R_a \\ R_2 &= \beta R_1 = \beta^2 R_a \\ R_3 &= \beta R_2 = \beta^3 R_a \end{aligned} \right\} \tag{4-16}$$

由上式可以推论，当启动电阻为 m 级时，其总电阻为

$$R_m = \beta R_{m-1} = \beta^m R_a \tag{4-17}$$

由式（4-16）和式（4-17）可推得各级串联的电阻计算公式为

$$\left.\begin{aligned} R_{s1} &= (\beta-1)R_a \\ R_{s2} &= (\beta-1)\beta R_a = \beta R_{s1} \\ R_{s3} &= (\beta-1)\beta^2 R_a = \beta R_{s2} \\ &\cdots \\ R_{sm} &= (\beta-1)\beta^{m-1} R_a = \beta R_{sm-1} \end{aligned}\right\} \quad (4\text{-}18)$$

m 级启动电枢电路总电阻 $R_m = \beta R_{m-1} = \beta^m R_a$，可用下式计算

$$R_m = \beta^m R_a = \frac{U_N}{I_1}$$

于是电流比 β 可写成

$$\beta = \sqrt[m]{\frac{R_m}{R_a}} \quad (m \text{ 为整数}) \tag{4-19}$$

利用式 (4-19)，在已知 m、U_N、R_a 和 I_1 条件下可求出 β，再根据 (4-18) 式求出各级串联的电阻值。也可以在已知起切电流比 β 的条件下，利用式 (4-19) 求出启动级数 m，必要时修改 β 使 m 为整数。

综上所述，计算各级启动电阻步骤如下：

(1) 估算或测出电枢回路电阻 R_a

$$R_a \approx \frac{1}{2} \times \frac{U_N - P_N/I_{aN}}{I_{aN}} \tag{4-20}$$

(2) 根据过载倍数 λ_m 选取最大转矩 T_1 对应的最大电流 I_1

$$\left.\begin{aligned} I_1 &= \lambda_m I_{aN} \\ T_1 &= \lambda_m T_N \end{aligned}\right\} \tag{4-21}$$

式中 λ_m 取 1.5~2.0。切换转矩 $T_2 = (1.1~1.2)T_L$，若 T_L 未知，可用 T_N 代替，对应切换电流 $I_2 = (1.1~1.2)I_L$，I_L 是对应于 T_L 的稳定电枢电流，若未知可用 I_{aN} 代替。

(3) 计算启切电流比 β，即

$$\beta = \frac{I_1}{I_2}$$

(4) 选取启动级数 m。m 计算公式为

$$m = \frac{\lg\left(\dfrac{R_{am}}{R_a}\right)}{\lg\beta} = \frac{\lg\left(\dfrac{U_{aN}}{I_1 R_a}\right)}{\lg\beta}$$

若求得 m 不是整数，可取相近整数。

(5) 计算转矩 $T_2 = T_1/\beta$，校验 $T_2 \geq (1.1~1.2)T_L$；如果不满足，应另选 T_1 或 m 值并重新计算，直到满足该条件为止。

(6) 计算各级启动电阻

$$R_{si} = (\beta^i - \beta^{i-1})R_a \quad (i = 1, 2, \cdots, m)$$

【例 4-2】他励直流电动机铭牌数据如下：$P_N = 10\text{kW}$，$U_N = 220\text{V}$，$n_N = 1500\text{r/min}$，$I_N = 52.6\text{A}$。设负载转矩 $T_L = 0.8T_N$，启动级数 $m = 3$，过载倍数 $\lambda_m = 2$，求各级启动电阻值。

解：(1) 估算 R_a

$$R_a = \frac{1}{2} \frac{U_N I_N - P_N}{I_a^2} = \frac{220 \times 52.6 - 10\,000}{2 \times 52.6^2} = 0.284(\Omega)$$

(2) 确定最大启动电流

$$I_1 = \lambda_m I_{aN} = 2 \times 52.6 = 105.2(A)$$

(3) 计算启切电流比 β

$$R_m = \frac{U_{aN}}{I_1} = \frac{240}{105.2} = 2.281(\Omega)$$

$$\beta = \sqrt[m]{\frac{R_m}{R_a}} = \sqrt[3]{\frac{2.281}{0.284}} = 2$$

(4) 求切换电流 I_2

$$I_2 = \frac{I_1}{\beta} = \frac{105.2}{2} = 52.6\,A > 0.8 I_N = 0.8 \times 52.6 = 42.08(A)$$

(5) 计算各级启动电阻

$$R_{s1} = (\beta - 1) R_a = (2-1)0.284 = 0.284(\Omega)$$

$$R_{s2} = (\beta - 1)\beta R_a = \beta R_{s1} = 2 \times 0.284 = 0.568(\Omega)$$

$$R_{s3} = (\beta - 1)\beta^2 R_a = \beta R_{s2} = 2 \times 0.568 = 1.136(\Omega)$$

4.3 他励直流电动机的制动

他励直流电动机的运转状态分为即电动运转状态和制动运转状态两种。当电磁转矩 T 和电动机 n 方向相同时称为电动运行状态,此时电网向电动机输入电能,并变为机械能以带动负载;当 T 和 n 方向相反时称为制动运行状态,此时电动机变成发电机吸收机械能并转化为电能反馈给电网。

制动的目的是使电力拖动系统停车或使转速降低,对于位能性负载的工作机构,利用制动可获得稳定的下降速度。

欲使电力拖动系统停车可采用电枢电路断电的自由停车方法,但时间长,停车慢,也可采用电磁制动器,如"抱闸"机械停车方法,但磨损大。最好的方法是采用电气制动方法。他励直流电动机的电气制动方法有能耗制动、反接制动和回馈制动 3 种方式,分别介绍如下:

4.3.1 能耗制动

他励直流电动机原来处于正向电动状态下运行,若突然将电枢电源断开,并且立即加到限流电阻 R_k 上,如图 4-11 所示。开始制动时,由于机械惯性而转速不变,从而感应电动势 E_a 也不变,在电枢电路中 E_a 产生电枢电流 I_a,其方向与电动状态时相反。由于主磁场 Φ 方向未变,因此电磁转矩也改变方向,与转速 n 方向相反,即 T 为制动转矩,使系统减速。

此时,电动机从电动状态转变为发电机状态,将系统的动能转变为电能,消耗在电枢电路的电阻上,因此称为能耗制动。

能耗制动时 $U_a = 0$,$R = R_a + R_b$,代入式(4-7)可得能耗制动的机械特性

图 4-11 他励直流电动机的能耗制动

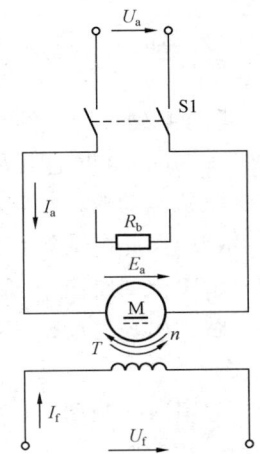

$$n = -\frac{R_a+R_b}{C_e C_T \Phi^2} T \qquad (4\text{-}22)$$

由式（4-22）可见，当 n 为正时，T 为负值，$n=0$ 时，$T=0$，可见机械特性位于第 Ⅱ 象限。制动前运行在固有机械特性 a 点，制动后工作点平移到能耗制动特性 b 点上，因为制动转矩为负，在制动转矩作用下，电动机减速，工作点沿特性下降，制动转矩减小，直到 $n=0$，电动机停车。

制动电阻越小机械特性越平，$|-T_d|$ 的绝对值越大，制动越快，但制动电阻 R_b 不能太小，否则 I_d 及 T_d 将超过允许值。制动电阻 R_b 可用下式计算

$$R_b = \frac{E_a}{I_a} - R_a = \frac{E_a}{\lambda_m I_N} - R_a \qquad (4\text{-}23)$$

式中　λ_m——过载倍数，一般 $\lambda_m=2$。

图 4-13 所示为直流电动机带位能负载时机械特性曲线，制动开始从固有机械特性 a 点平移到能耗制动特性 b 点上，在（$-T_b-T_0$）作用下，电动机减速，工作点沿特性下降，制动转矩减小，直到转速为零，在位能负载拖动下使电机反转，产生感应电势 E_a，产生电磁转矩 $T<T_L$，转速反方向，转速上升到 $-n_c$，此时 $T_c=T_L$，电机在 $-n_c$ 下稳定运行。吊车慢速下放重物可以采用这一方法。

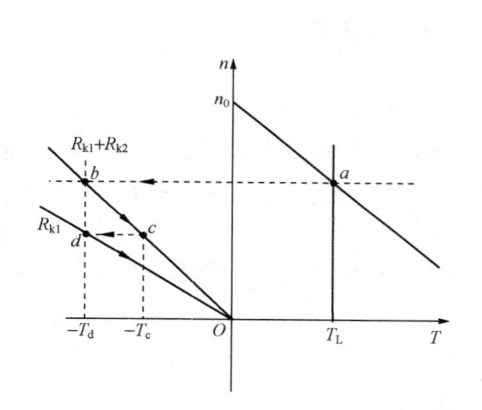

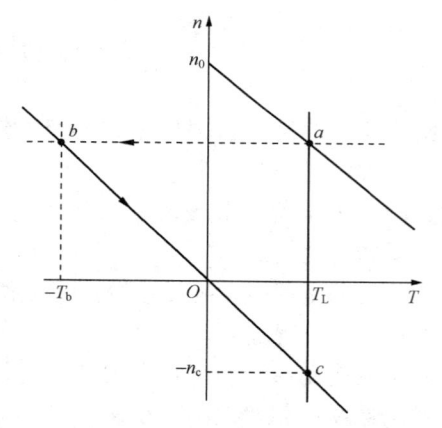

图 4-12　二级能耗制动机械特性曲线　　图 4-13　直流电动机带位能负载时机械特性曲线

【例 4-3】 一台直流他励电动机额定数据为：$P_N=10\text{kW}$，$U_N=220\text{V}$，$I_N=53\text{A}$，$n_N=1000\text{r/min}$，电枢电阻 $R_a=0.3\Omega$，试求：

（1）电动机在额定状态下进行能耗制动，求电枢回路应串的制动限流电阻值；

（2）用此电动机拖动起重机，在能耗制动状态下以 300r/min 的转速下放额定负载的重物，求电枢回路应串多大的制动限流电阻。

解：（1）电动机在额定状态下的电动势为

$$E_{aN} = U_N - R_a I_N = 220 - 0.3 \times 53 = 204.1(\text{V})$$

应串入的制动限流电阻为

$$R_b = \frac{E_{aN}}{2I_N} - R_a = \frac{204.1}{2 \times 53} - 0.3 = 1.625(\Omega)$$

（2）因为他励磁通不变，则

$$C_e\Phi_N = \frac{E_{aN}}{n_N} = \frac{204.1}{1000} = 0.2041$$

下放重物时，转速 $n=-300\text{r/min}$，由能耗制动的机械特性

$$n = -\frac{R_a + R_b}{C_e\Phi_N}I_N$$

代入数值为
$$-300 = -\frac{0.3 + R_b}{0.2041} \times 53$$

解得
$$R_b = 0.855\Omega$$

4.3.2 他励直流电动机的反接制动

他励直流电动机的反接制动特点是 U_a 与 E_a 方向相同，共同作用在电枢电路上产生电枢电流，由动能转换的电功率 $E_a I_a$ 和电源输入的电功率 $U_a I_a$ 一起消耗在电枢电路里。

反接制动有两种方法即倒拉反接制动与电压反接制动。

1. 倒拉反接制动

倒拉反接制动用于位能性负载下放重物。如图 4-14 所示，当直流电动机拖动位能性负载转矩 T_L，正向电动运行在 a 点，突然在电枢回路中串入了很大的电阻 R_b，此时电动机由于系统动能不变，保持转速不变，从 a 点平行移动到 b 点，顺着串电阻人为特性向下移动，转速下降到 $n=0$，此时电机电磁转矩 $T_c < T_L$，电机被位能负载拖向反转，直至 d 点后，稳定运行在 $-n_d$ 转速上。此时，电磁转矩仍为正，而转速改变方向，即反电势改变方向，与电枢电压同方向，所以又称为电动势反接制动。

倒拉反接制动时，从电网输入的电功率和位能负载的机械功率都转换成电磁功率，二者均消耗在电枢电路电阻上，可见，倒拉反接制动能耗很大。这种制动方式通常用在起重机低速下放重物。

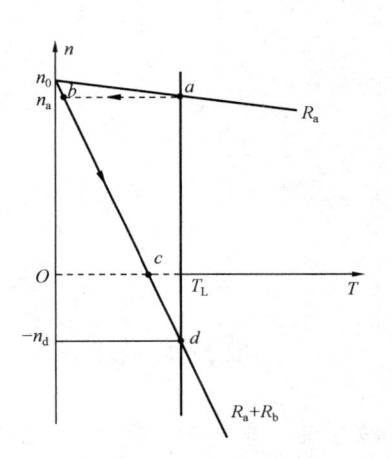

图 4-14 直流电动机的倒拉反接制动运行机械特性曲线

【**例 4-4**】如 [例 4-3] 中的电动机运行在倒拉反接制动状态，仍以 300r/min 的速度下放额定负载的重物。试求电枢回路应串入多大的电阻，电网输入的功率 P_1，从轴上输入的功率 P_2 及电枢回路消耗的功率。

解：将已知数据代入机械特性，得

$$n = \frac{U_N}{C_e\Phi_N} - \frac{R_a + R_b}{C_e\Phi_N}I_N$$

$$-300 = \frac{220}{0.2041} - \frac{0.3 + R_b}{0.2041} \times 53$$

解得
$$R_b = 5\Omega$$

从电网输入的功率为
$$P_1 = U_N I_N = 220 \times 53 = 11\,660\text{W} = 11.66(\text{kW})$$

从轴上输入的功率近似等于电磁功率，即
$$P_2 = P_e = E_a I_N = C_e\Phi_N n I_N = 0.2041 \times 300 \times 53 = 3245.2\text{W} = 3.245(\text{kW})$$

电枢回路消耗的功率为

$$p_{Cua} = (R_a + R_b)I_N^2 = (0.3+5) \times 53^2 = 14.89 \text{(kW)}$$

可见，从电网输入的电功率和由位能负载的机械功率都转换成电磁功率均消耗在电枢电路电阻上转换为转子的铜损耗。

$$p_{Cua} = P_1 + P_2 = 11.66 + 3.245 = 14.91 \text{(kW)}$$

2. 电压反接制动

电压反接制动是当电动机在正向电动运行状态下，突然将电枢绕组两端电源极性反接，同时在电枢回路串较大的限流电阻 R_b。此时电枢电流改变方向，电磁转矩也改变方向，与转速 n 方向相反成为制动转矩，使电动机迅速减速至停转。

分析位能性负载电压反接制动的过程如图 4-15 所示。电动机开始正向电动运行在固有机械特性曲线 a 点上，电枢电压反接瞬间由于机械惯性大，转速保持不变，工作点平行移到反接制动的人为机械特性曲线的 b 点，电磁转矩为 $-T_b$，在制动转矩作用下电机减速，电枢电势减小，电枢电流数值减小，制动转矩数值减小直至转速 $n=0$，工作点由 b 点移动到 c 点，电磁转矩为 $-T_c$。

电枢电压反接制动过程中，消耗能量很大，电源提供的能量和系统的动能都转变为电能消耗在电枢回路的电阻上。由于反接制动时电枢电流 $I_a = \dfrac{U_N + E_a}{R_a}$ 很大，因而产生制动转矩很大，制动效果好，制动时间短。但是过大的电枢电流和强烈的制动转矩会引起电源电压波动和拖动系统受到极大的机械冲击。因此，在反接制动时必须在电枢电路串入较大的限流电阻 R_b，使最大制动电流在允许范围内，一般 $I_{amax} \leq 2.5 I_N$。

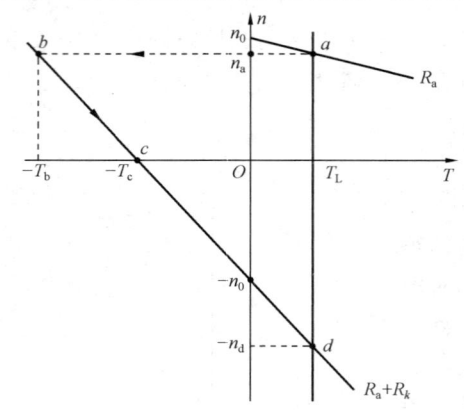

图 4-15 电压反接的反接制动机械特性曲线

电压反接制动的机械特性为人为机械特性，用下式表示

$$\begin{aligned} n &= -\frac{U_N}{C_e \Phi_N} - \frac{R_a + R_b}{C_e \Phi_N} I_a \\ &= -\frac{U_N}{C_e \Phi_N} - \frac{R_a + R_b}{C_e C_T \Phi_N^2} T = -n_0 - \beta T \end{aligned} \tag{4-24}$$

特性曲线通过 $-n_0$，斜率 $\beta = \dfrac{R_a + R_b}{C_e C_T \Phi_N^2}$。

如图 4-16 所示直线 bc 段为反接制动。当电动机从原工作 a 点沿水平方向跃变到反接制动特性曲线上的 b 点，并随转速 n 下降，沿直线 bc 下降。当转速 $n=0$，$T \neq 0$，如果是反抗性负载，当 $|-T_c| \leq |-T_L|$ 时，电动机停止不动；当 $|-T_c| > |-T_L|$ 时，在反向转矩作用下，电动机将反向启动，以 $-n_d$ 转速稳定运行在反向电动状态 d 点。若制动目的仅是为了停车，则在这种情况下，当电动机转速接近于零时，必须断开电源。

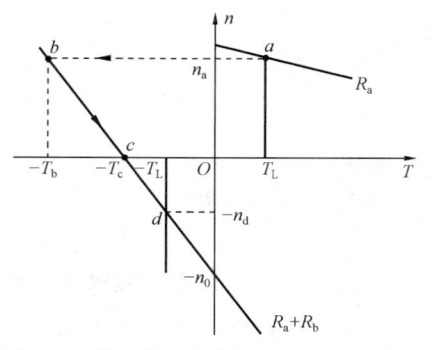

图 4-16 带反抗性恒转矩负载的机械特性

3. 回馈制动

如图 4-15 所示，对于位能性负载拖动的电动机，在上述电压反接制动到转速 $n=0$ 时，如不切断电源，直流电动机反向启动进入反向电动状态。当转速上升到同步转速 $-n_0$ 时，继续使位能负载拖向大于 $|-n_0|$ 的转速，直至与负载特性曲线交与 d 点，以稳定于 $-n_d$。在 $-n_0$ 与 d 点区域直流电动机转速 n 与转矩 T 反向，称为回馈制动。由此可知，电机回馈制动条件是除了电机转速 n 与转矩 T 方向相反外，还得实际转速的绝对值要高于理想空载转速的绝对值，即 $|-n|>|-n_0|$。

当电动机回馈制动时，电动机的转速 n 超过理想空载 n_0，则感应电动势 E_a 将大于电源电压 U_a，电机处于发电机状态，将机械能转换为电能回馈给电网。回馈制动时，由于电枢电流改变方向而使电磁转矩成为制动转矩，限制电机转速过分升高。回馈制动通常应用于起重装置高速下放重物。

为了获得位能负载较低的平稳下放速度，一般在回馈制动时将电枢内串联的限流电阻 R_b 切除。

回馈制动也可能出现在降低电枢电压过程中，当突然降低电枢电压时，由于机械惯性转速不变，电枢电势不变，可能会发生 $E_a>U$ 的情况，使电枢电流改变方向，电磁转矩改变方向与转向相反成为制动转矩，出现回馈制动状态。

如图 4-17 所示，电动机原工作在固有机械特性 U_N 的 a 点，处于正向电动状态。如果改变电压为 U_1，则工作点由 a 平行过渡到人为机械特性 U_1 的 b 点，电动机进入回馈制动状态。在从 n_N 降到 n_{01} 期间 $E_a>U$，I_a 与正向电动状态方向相反，I_a 与 T 为负值，而 n 为正值，故机械特性在第二象限的区段为回馈制动状态。当减速到 n_{01} 时不再降低电压，则转速继续下降，工作点过渡到 c 点，$T=T_L$，达到转矩平衡，电动机在 c 点稳定运行，故 U_1 特性曲线在第 1 象限恢复为电动状态。如转速下降到 n_{01} 后，继续不断降低电枢电压可以使电动机保持在回馈制动状态，迅速减速。

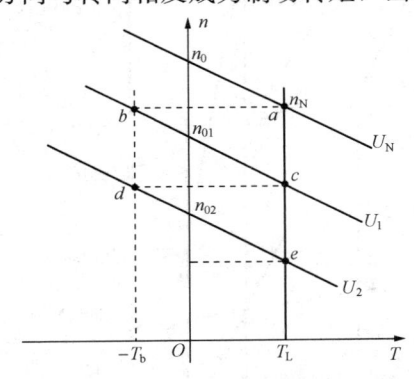

图 4-17 他励直流电动机降低电压、降速过程中回馈制动

在回馈制动过程中，有功率 $U_a I_a$ 反馈给电网，因此与能耗制动及反接制动相比，从电能消耗上看回馈制动是比较经济的。

【例 4-5】 一台他励直流电动机的数据如下：$P_N=29$kW，$U_N=440$V，$I_N=76.2$A，$R_a=0.393\Omega$，$n_N=1050$r/min。求：

(1) 电动机带动一个位能负载，在固有特性上作回馈制动下放，$I_a=60$A，求电动机反向下放转速。

(2) 电动机带动位能负载，作反接制动下放，$I_a=50$A，转速 $n=-600$r/min 时，求串接在电枢电路中的电阻值、电网输入的功率、从轴上输入的功率及电枢电路电阻上消耗的功率。

解： (1) $C_e \Phi_N = \dfrac{U_N - I_N R_a}{n_N} = \dfrac{440 - 76.2 \times 0.393}{1050} = 0.39$

电动机反向下放转速

$$n = \frac{-U_N - I_a R_a}{C_e \Phi_N} = \frac{-440 - 60 \times 0.393}{0.39} = -1189(\text{r/min})$$

（2）电枢电路总电阻

$$R = R_a + R_b = \frac{U_N - C_e \Phi_N n}{I_a} = \frac{440 - 0.39(-600)}{50} = 13.48(\Omega)$$

电枢串接电阻

$$R_b = R - R_a = 13.48 - 0.393 = 13.077(\Omega)$$

电网输入功率

$$P_1 = U_N I_a = 440 \times 50 = 22\,000\text{W} = 22(\text{kW})$$

电枢电路电阻上消耗的功率

$$\Delta P = I_a^2 R = 50^2 \times 13.48 = 33\,700\text{W} = 33.7(\text{kW})$$

轴上功率（为负值，表示从轴上输入功率）

$$P_2 = E_a I_a = (U_N - I_a R)I_a = (440 - 50 \times 13.48) \times 50 = -11\,700\text{W} = -11.7(\text{kW})$$

综上所述，分析了他励直流电动机的各种稳定运行状态。如图 4-18 所示，在第 Ⅰ、Ⅲ 象限内，电磁转矩与转速同方向，属于电动状态；在第 Ⅱ、Ⅳ 象限，电转转矩与转速反方向，属于制动状态。

电动机在工作点以外特性上运行，系统处与加速或减速的暂态过程中。当电动机在工作点上运行时，$T = T_L$，$\frac{dn}{dt} = 0$，电动机稳定运行。

设电动机原运行在机械特性的某一点上，处于稳定运行状态。如人为的改变电动机的参数，电动机的机械特性发生改变，在改变电动机参数瞬间，转速不能突变，电动机从原来工作点保持转速不变过渡到新特性上。

在新特性上的电磁转矩与负载转矩不相等，因此，电动机运行在暂态过程中，最后运行点将沿着新特性变化，与负载转矩特性相交，得到新的工作点，在新的稳定状态下，电动机运行或处于静止状态。

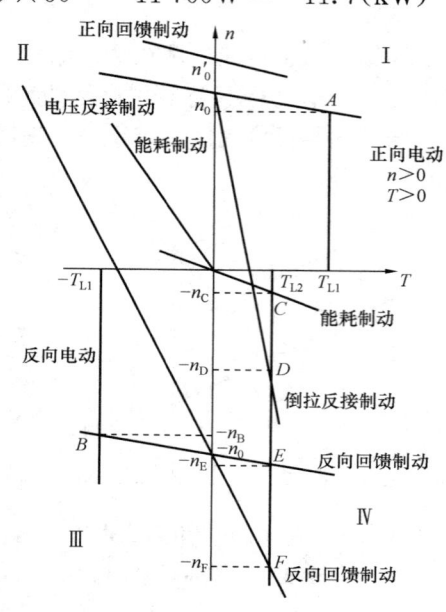

图 4-18 他励直流电动机的各种运行状态

4.4 他励直流电动机的调速

在生产实际中，许多生产机械根据工艺要求需要调节转速。如轧钢机在轧制不同品种和不同厚度的钢材时要求有不同的工作速度。这种为满足生产需要根据生产机械的工艺要求而人为调节电动机的转速简称为调速。

调速可以采用机械方法、电气方法或二者配合调速。本节只介绍他励直流电动机的电气调速方法和调速性能。

在调速过程中，如果电动机转速可以平滑地加以调节，称为无级调速（或连续调速）。

其特点为转速变化均匀,适应性强而且容易实现调速自动化,因此在工业装置中被广泛采用。

如果电动机转速不能连续调节,只有有限的几级,这种调速方法称为有级调速,它适合于只要求有几种转速的生产机械,如普通车床、桥式起重机等。

从机械特性看,电动机拖动负载运行,其转速由机械特性和负载特性的交点,即工作点决定。当负载不变,工作点由电动机机械特性确定,因此改变电动机的参数机械特性发生改变,可以改变电动机的转速。

在调节电动机转速时,通常取电动机的额定转速为基本转速,称为基速。当向高于基速的方向调速时称为向上调速;相反向低于基速方向调速称为向下调速。某些场合,既要向上调速,又要向下调速,这称为双向调速。

他励直流电动机的机械特性方程式为

$$n = \frac{U}{C_e \Phi_N} - \frac{R_a + R_s}{C_e C_T \Phi_N^2} T \tag{4-25}$$

由式(4-25)可知,改变电动机电枢回路外串电阻 R_s、外加电压 U 和每极磁通 Φ_N 中的任何一个参数,都可以改变电动机的机械特性,实现调速。

下面介绍这三种调速方法。为评价各种调速方法的优缺点,对调速方法提出了一定的技术经济指标,通常称为调速指标。

4.4.1 调速指标

为生产机械选择调速方法,必须做好技术经济比较。调速方法有两大指标,即技术与经济指标。调速的技术指标主要有调速范围、静差率、平滑性和调速时允许输出。

1. 调速范围 D

调速范围指电动机在额定负载下调节转速时,它的最高转速和最低转速之比,即

$$D = \frac{n_{max}}{n_{min}} \tag{4-26}$$

如图 4-19 所示,最高转速 n_{max} 主要受电动机的机械强度和换向条件限制。最低转速 n_{min} 主要受生产机械对转速的相对稳定性要求限制。如果电动机实际运行时的静态负载转矩不是额定值,调速范围应按实际值计算。

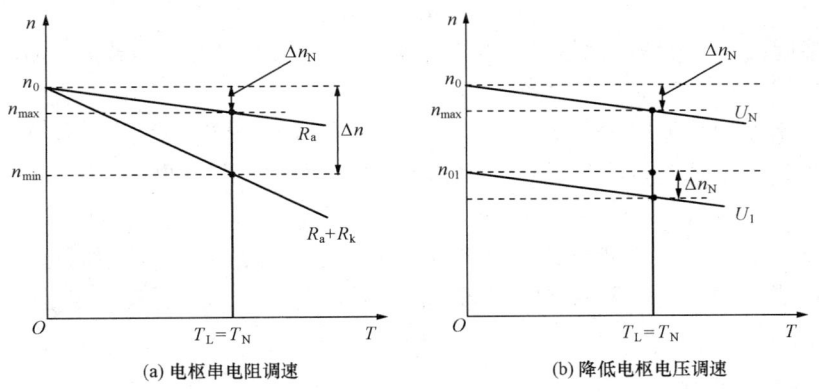

(a) 电枢串电阻调速   (b) 降低电枢电压调速

图 4-19 调速范围及静差率

2. 静差率 δ

静差率定义为电动机由空载变到带额定负载时所产生的转速降落与理想空载转速之比，即

$$\delta = \frac{n_0 - n}{n_0} \times 100\% \tag{4-27}$$

电动机的机械特性越硬，则静差率越小，转速相对稳定性就越高。

由式（4-27）可知，静差率取决于理想空载转速及额定负载下的转速降。在调速时，若 n_0 不变，机械特性越软，在额定负载下的转速降就越大，因此静差率也就越高，如图 4-19 (a) 所示。他励直流电动机固有机械特性和电枢串电阻的人为机械特性在 $T = T_N$ 时，它们的静差率不同，前者静差率小，后者静差率大。因此，在电枢串电阻调速时，外串电阻越大，转速就越低，在 $T = T_N$ 时静差率也越大。如果生产机械要求静差率不能超过某一最大值 δ_{max}，那么电动机在 $T = T_N$ 时的最低转速 n_{min} 也就确定了。于是满足静差率要求的调整范围也就相应确定了。

如果在调速过程中，理想空载转速改变而机械特性的斜率不变，例如他励直流电动机改变电枢电压调速即降压调速，由于人为机械特性与固有机械特性平行，额定转速降相等，因此理想空载转速越低，则静差率就越大，相对稳定性就越差。当电枢最低电压时的机械特性在此时的转速就是调速的最低转速，于是调整范围也就确定了，如图 4-19（b）所示。

综上所述，可以得出调速范围和静差率相互制约。当采用某种调整方法时，允许的静差率大，可能得到较大的调速范围，反之如果要求静差率小，调速范围就不能太大。当静差率一定时，采用不同的调速方法得到的调速范围也不同。由此可见，对需要调速的生产机械同时给出静差率和调速范围两项指标，才能辩证地合理地选择调速方法。

各种生产机械对静差率和调速范围有不同要求，如车床主轴要求 $\delta \leqslant 30\%$，$D = 10 \sim 40$；龙门刨床 $\delta \leqslant 10\%$，$D = 10 \sim 40$；造纸机 $\delta \leqslant 0.1\%$，$D = 3 \sim 10$。

3. 平滑性

在一定的调速范围内，调速的级数越多则认为调速越平滑。平滑的程度用平滑系数 φ 表示，它是相邻两级转速或线速度之比，即

$$\varphi = \frac{n_i}{n_{i-1}} = \frac{v_i}{v_{i-1}} \tag{4-28}$$

φ 值越接近于 1，则平滑性越好。当 $\varphi = 1$ 时称为无级调速，即转速是连续可调的。此时平滑性最好。

机床的平滑系数一般取 1.26、1.41、1.58 等，对某一台机床而言应是一个固定值。

电动机调速方法不同，因而得到级数的多少与平滑性的程度也是不同的。

4. 调速时允许输出

允许输出是指电动机得到充分利用的情况下，在调速过程中轴上所能输出的功率和转矩。对于不同类型的电动机采用不同的调速方法时，允许输出的功率与转矩随转速变化的规律不同。

5. 调速的经济指标

调速的经济指标表明了调速经济性好坏，该指标取决于调速系统的设备投资及运行费用，而运行费用很大程度上取决于调速过程中的损耗。它常用设备的效率 η 表示。

$$\eta = \frac{P_2}{P_2 + \Delta P} \tag{4-29}$$

式中 P_2——电动机轴上功率；

ΔP——调速时损耗的功率。

各种调速方法的经济指标极为不同。他励直流电动机的电枢串电阻调速的经济指标就很低，因电枢电流大，串接电阻体积大，所需投资多，运行时产生大量损耗，效率低。而弱磁调速方法则很经济，因励磁电流小，所以励磁电路的功率仅为电枢电路的1%～5%。

总之，在满足一定技术指标下，确定调速方案时应力求对设备投资少，电能损耗小，而且维修方便。

【例 4-6】 一直流调速系统采用改变电枢电压调速，已知电动机额定转速 $n_N = 900\text{r/min}$，高速机械特性的理想空载转速 $n_0 = 1000\text{r/min}$；低速机械特性的理想空载转速 $n'_0 = 200\text{r/min}$，在额定负载下低速机械特性的转速 $n_{min} = 100\text{r/min}$。试求：

（1）电动机在额定负载下运行的调速范围 D 和静差率 δ。

（2）如要生产工艺要求静差率 $\delta \leqslant 20\%$，则此时额定负载下能达到的调速范围是多少？这能否满足原有要求？

解：（1）计算调速范围和静差率

$$D = \frac{n_{max}}{n_{min}} = \frac{900}{100} = 9$$

$$\delta = \frac{n_0 - n_N}{n_0} \times 100\% = \frac{200 - 100}{200} \times 100\% = 50\%$$

（2）计算满足 $\delta \leqslant 20\%$ 时调速范围

$$D' = \frac{n_{max}\delta}{\Delta n_N(1-\delta)} = \frac{900 \times 0.2}{100 \times (1-0.8)} = 2.25$$

显然 $D' = 2.25$ 不能满足原调速范围 $D = 9$ 的要求。

4.4.2 降低电枢电压调速

下面介绍两种降低电枢端电压的调速方法。

1. 电枢回路串联电阻调速

他励直流电动机保持电源电压和气隙磁通为额定值，在电枢回路串入不同阻值的电阻，由于 n_0 不变，可以得到一族串电阻的人为机械特性曲线族，外串电阻值越大，机械特性斜率越大，在相同负载下电动机的转速也越低。

如图 4-20 所示，设电动机拖动系统在原有固有机械特性 A 点稳定运行，转速为 n_A。当电枢电阻由 R_a 增加到 $R_a + R_{c1}$ 时，转速 n_A 及电枢电动势 E_a 不能突变，运行点由 A 点过渡到 A' 点，转矩 T_N 下降为 T'_A，此时 $T = T'_A < T_L$，$\frac{dn}{dt} < 0$ 系统减速，随着 n 及 E_a 下降，I_a 及 T 不断增加，当 $n=n_B$ 时，$T = T_B = T_L$，$\frac{dn}{dt} = 0$ 达到新的转矩平衡，电动机稳定运行在 B 点，调速过程结束。在额定负载下，电枢串电阻调速的最高转速为额定转速，

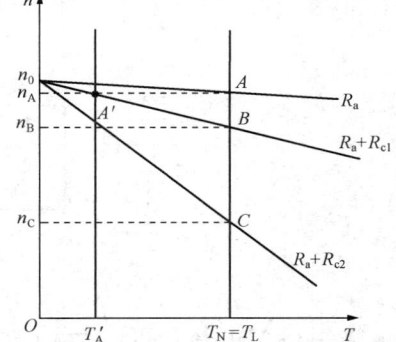

图 4-20 电枢回路串联
电阻调速机械特性

所以其调速方向是由基速向下。

电枢串电阻调速，如果负载转矩不变，那么电动机在不同转速下稳定运行时电枢电流都相等，即

$$I_a = \frac{T}{C_T \Phi_N} = \frac{T_L}{C_T \Phi_N} \tag{4-30}$$

当 $T_L = T_N$，则 $I_a = T_N$。

串电枢电阻调速，外串电阻消耗的功率为 $I_a^2 R_c$，使调速效率降低。当电动机负载转矩 $T_L = T_N$，$I_a = I_N$，$P_1 = U_N I_N = $ 常数。忽略空载损耗 P_0，则输出功率 $P_2 = P_e = E_a I_a$，这时调速系统的效率为

$$\eta = \frac{P_2}{P_1} \times 100\% = \frac{U_N I_N}{E_a I_a} \times 100\% = \frac{n}{n_0} \times 100\% \tag{4-31}$$

从式（4-31）可见，调速系统的效率随着转速降低正比下降。当把转速调到 $0.5\,n_0$ 时，输入功率将有一半损耗在 $R_a + R_c$ 上，所以这是一种不经济的调速方法。

串电枢电阻调速串入电阻越大，而理想空载转速不变，因此在低速时，负载变化不大，而引起转速较大的变化，转速的相对稳定性较差，即静差率较高；额定负载时调速范围一般小于 2，并且调速的平滑性差。

这种调速方法的优点是方法简单，控制设备不复杂。一般用于串励或复励直流电动机拖动的电车，炼钢车间的浇铸吊车等生产机械上。

2. 降低电枢电压调速

直流电动机的工作电压不能大于额定电压 U_N，因此电枢电压只能向小于额定电压方向改变。降低电压后的人为机械特性与固有机械特性平行，硬度不变，在容许的静差率的范围内，n_{min} 可以较小，最高转速则等于额定转速（$n_{max} = n_N$），调速范围 $D = 2.5 \sim 12$。

降压调速需要有专用的可调直流电源，以前是用一台直流他励发电机向一台直流电动机供电，组成发电机—电动机组（G-M 系统）如图 4-21 所示。

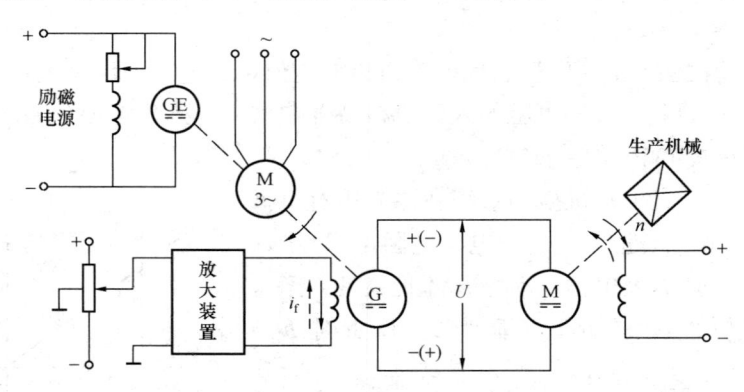

图 4-21 发电机—电动机组

采用 G-M 系统，可以大大提高电动机调速性能和启动性能。虽然设备投资大，但在调速要求较高的生产机械中仍然得到广泛应用。目前用得最多可调直流电源是用晶闸管整流装置构成的。如图 4-22 所示。

降低电源电压的调速系统的机械特性方程式为

$$n = \frac{U_0}{C_e \Phi_N} - \frac{R_a + R_0}{C_e C_T \Phi_N^2} T$$

式中　　U_0——整流电压；

　　　　R_0——整流装置内阻。

对 G-M 系统来说，U_0 是发电机的感应电动势（即 $U_0 = E_G$），R_0 即为发电机电阻。

改变发电机 U_0 可得一组平行的特性，如图 4-23 所示。n_0 与 U_0 成正比，并具有相同的斜率 $\beta = (R_a + R_0)/C_e C_T \Phi_N^2$，若采用反馈控制，特性的硬度可再提高，从而获得调速范围广，平滑性高的性能。

这种调速方法的主要缺点是设备投资大，在 G-M 系统中能量经交流电动机、直流发电机及直流电动机三次变换，能量损耗大，机组效率不高。

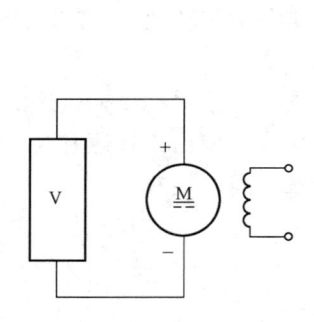

图 4-22　晶闸管整流器供电的直流调速系统示意图

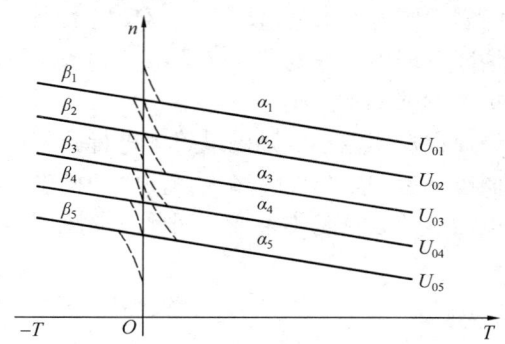

图 4-23　降低电源电压调速系统的机械特性

4.4.3　弱磁调速

如图 4-24 所示，小容量电源供电系统，可在励磁电路中串联可调电阻 R_Q，减小励磁电流，减弱磁通。容量大的可用晶闸管整流装置向励磁绕组供电。

图 4-25 所示为弱磁调速机械特性曲线，曲线 1 为电动机固有特性，曲线 2 为减弱磁通的人为特性曲线。调速前电动机工作在固有机械特性 a 点上稳定运行，电动机磁通为 Φ_1，转速为 n_1，转矩为 T_a，对应电枢电流为 I_{a1}。弱磁时，考虑到电磁惯性小于机械惯性，因此当磁通由 Φ_1 减至 Φ_2 时，转速来不及变化，电动机由 a 点沿水平方向向 c 点移动，电动机的电枢电动势随 Φ_1 减小而减小，因电枢电阻很小，由 $I_a = \dfrac{U - E_a}{R_a}$ 可知，将引起电枢电流急剧增大，由于电枢电流的增加量大于磁通的减少量，所以电磁转矩 $T = C_T \Phi I_a$ 在磁通减少瞬间是增大的，在 c 点，$T_c > T_L$，所以 $\dfrac{dn}{dt} > 0$，电动机转

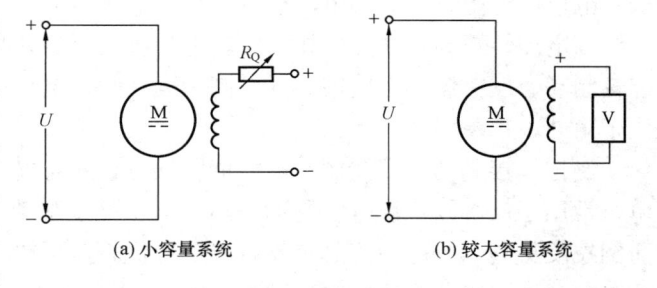

(a) 小容量系统　　　　(b) 较大容量系统

图 4-24　弱磁调速励磁回路电源供电系统

速上升。随着转速 n 增加，E_a 增大，I_a 减少，T 减小，直到 b 点，$T_b = T_L$，$\dfrac{dn}{dt} = 0$，电机在 b 点稳定运行。

对恒转矩负载，调速前后电动机电磁转矩相等，因为 $\Phi_2 < \Phi_1$，所以调速后的稳定电枢电流 $I_{a2} > I_{a1}$，当忽略电枢反应的影响和电枢电阻压降 $I_a R_a$ 的变化时，可以近似认为磁通与转速成反比，即

$$\frac{n_1}{n_2} = \frac{\Phi_2}{\Phi_1}$$

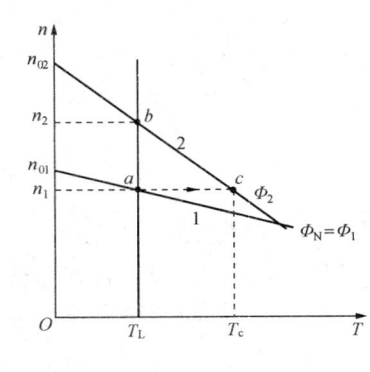

图 4-25 弱磁调速机械特性曲线

弱磁调速，转速是往上调的，以电动机的额定转速 n_N 为最低转速，而最高转速 n_{max} 受到电动机本身换向条件和机械强度的限制，同时若磁通过弱，电枢反应去磁作用显著，将使电动机运行的稳定性受到破坏，一般情况下弱磁调速的 $D \leq 2$。由于调速范围不大，常和额定转速以下的降压调速配合应用，以扩大调整范围。

弱磁调速在功率较小的励磁电路中进行调节，控制方便，能量损耗小，调速的平滑性较好。虽然弱磁调速因电枢电流增大，使电动机输入功率也增大，但由于转速升高，输出功率也增大，电动机的效率基本不变。因此，弱磁调速的经济性比较好。

小 结

直流电动机的机械特性是指稳态运行时转速和电磁转矩的关系，反映了稳态转速随电磁转矩变化的规律。当电动机电压和磁通为额定值且电枢回路不串电阻时称为固有机械特性，而改变电动机的电气参数后得到的机械特性称为人为机械特性。

电动机的调速、启动、制动都是通过改变电机参数、通过人为机械特性完成的。直流电机电枢电阻很小，直接启动时电流很大，这是不允许的。为了限制启动电流，可以采用降压、电枢串电阻方法启动电动机。

当电磁转矩与转速方向相反时，电动机处于制动状态。直流电动机有三种制动方法，即能耗制动、反接制动和回馈制动。制动运行时，电动机将机械能转换为电能，机械特性曲线位于第Ⅱ、Ⅳ象限。

倒拉反接制动和回馈制动，机械特性方程式与电动状态相同。能耗制动经济、安全、简单，常用于反抗性负载电气制动停车。电压反接制动应用于频繁正、反转的电力拖动系统，而倒拉反接制动只应用于起重设备以及较低转速可放重物场合。回馈制动简单可靠，适用于位能负载稳定高速下放的闭合。

当负载一定，改变电动机的电枢电压、电枢电阻或磁通，都可以调速。降压调速稳定性好，平滑性也好，适用于调速要求高场合；串电阻调速相对稳定性差但平滑性能好，适用于对调速性能要求不高的场合；弱磁调速相对稳定性较好，平滑性也好，适用于恒功负载的场合。

他励直流电动机电力拖动由于内因和外因作用，会出现一个稳态到另一个稳态的过渡过程，又称为稳态特性。单考虑机械惯性的过渡过程为一阶动态过程，可以采用三要素法求

解，定性地给出动态曲线。

能耗制动是将系统机械能（动能）转化为电能消耗在转子电路、电阻上。反接制动是将从电源输入的电能和系统的机械能和动能共同消耗在转子电路电阻上；而回馈制动是将系统的机械能（动能）转化为电能回馈为电网，因此是最经济的方法。但回馈制动的转速较高要大于同步转速 n_1。

思 考 题

4-1 何为电动机的固有机械特性和人为机械特性？
4-2 常见生产机械的负载转矩特性有哪几种？
4-3 电力拖动系统稳定运行的条件是什么？一般要求电动机的机械特性向下倾斜还是向上翘？
4-4 一般他励直流电动机为什么不能直接启动？采用什么启动方法较好？
4-5 他励直流电动机启动前励磁绕组断线，在下面两种情况下会产生怎样的后果？
(1) 空载启动。
(2) 带额定负载启动 $T_L = T_N$。
4-6 他励直流电动机有几种调速方法？各有什么特点？
4-7 何为恒转矩调速方式和恒功率调速方式，他励直流电动机的 3 种调速方法各属于哪种调速方式？
4-8 调速的技术指标有哪几种，是怎样定义的？
4-9 电动机在电动状态和制动状态下运行的机械特性位于哪个象限？
4-10 能耗制动过程和能耗制动运行有何异同点？
4-11 电压反接制动与倒拉反接制动有何区别？
4-12 串励直流电动机为什么没有回馈制动状态？
4-13 分析下列各种情况下，采用电动机惯例的一台他励直流电动机运行在什么状态？
(1) $P_1 > 0$，$P_e > 0$。
(2) $P_1 > 0$，$P_e < 0$。
(3) $U_N I_a < 0$，$E_a I_a < 0$。
(4) $U = 0$，$n < 0$。
(5) $U = U_N$，$I_a < 0$。
(6) $E_a < 0$，$E_a I_a > 0$。
(7) $T > 0$，$n < 0$，$U = U_N$。
(8) $n < 0$，$U = -U_N$，$I_a > 0$。
(9) $E_a > U_N$，$n > 0$。
(10) $T\Omega < 0$，$P_1 = 0$，$E_a < 0$。

计 算 题

4-1 一台 Z_4 系列电动机，$U_N = 440\text{V}$，$I_N = 190\text{A}$，$n_N = 1500\text{r/min}$，$R_a = 0.24\Omega$，求

该电动机的理想空载转速和固有机械特性的斜率和硬度。

4-2 求题 4-1 中他励直流电动机在下述三种情况下的理想空载转速及人为机械特性的斜率和硬度。

(1) 将电枢电路电阻增加 20%；

(2) 将电枢电压降低 20%；

(3) 将磁通减少 20%。

4-3 一台他励直流电动机，$P_N = 7.5\text{kW}$，$U_N = 440\text{V}$，$I_N = 20.4\text{A}$，$n_N = 2980\text{r/min}$。采用电枢电路串电阻启动，启动级数定义为 2 级，求各级启动电阻。

4-4 一台他励电动机，铭牌数据为：$P_N = 16\text{kW}$，$U_N = 220\text{V}$，$I_N = 84\text{A}$，$n_N = 700\text{r/min}$，$R_a = 0.175\Omega$。假设需要二级启动，最大启动电流 $I_{s\cdot max} = 2.5I_N$，满载启动，求各段启动电阻值。

4-5 一台他励电动机，铭牌数据为：$P_N = 13\text{kW}$，$U_N = 220\text{V}$，$I_N = 67.7\text{A}$，$n_N = 1500\text{r/min}$，$R_a = 0.224\Omega$。采用电枢串电阻调速，要求 $\delta_{max} = 30\%$，求：

(1) 电动机拖动额定负载时的最低转速。

(2) 调速范围。

(3) 电枢需串入的电阻值。

(4) 当 $T_L = T_N$，由电磁转矩把重物吊在空中不动，问此时电枢电路应串入多大的电阻？

4-6 一台他励电动机，铭牌数据为：$P_N = 29\text{kW}$，$U_N = 440\text{V}$，$I_N = 76\text{A}$，$n_N = 1000\text{r/min}$，$R_a = 0.377\Omega$，$I_{s\cdot max} = 1.8I_N$，$T_L = 0.8T_N$。电动机原工作在固有机械特性曲线上，如把电源电压突然降到 400V，试求：

(1) 降压瞬间电动机产生的电磁转矩。

(2) 降压后的人为机械特性。

(3) 电动机最后稳定转速。

4-7 一台他励电动机额定数据为：$P_N = 40\text{kW}$，$U_N = 220\text{V}$，$I_N = 210\text{A}$，$n_N = 1000\text{r/min}$，$R_a = 0.07\Omega$，试求：

(1) 在额定情况下进行能耗制动，欲使制动电流 $I_{s\cdot max} = 2I_N$，电枢应串入多大的制动电阻？

(2) 求出人为机械特性方程。

(3) 如电枢无外接电阻，制动电流多大？

4-8 用题 4-7 电动机数据，试求：

(1) 电动机拖动位能性负载在提升重物情况下工作，如电枢串入电阻 $R_s = 2R_N$，进行倒拉反接制动，求倒拉反接制动时的稳定转速。

(2) 作电源反接制动，反接瞬间电磁转矩 $T = 2T_N$，电枢电路需串入多大的电阻？（忽略 T_0 不计）

4-9 用题 4-7 电动机数据，试求：

(1) 电动机带 1/2 额定负载在固有机械特性上进行回馈制动，问在哪一点稳定？

(2) 电动机带同样位能性负载，欲使电动机在 $n_N = 1200\text{r/min}$ 时稳定运行，问回馈制动时电枢电路应串入多大的电阻？

4-10　一台他励直流电动机额定数据为：$P_N = 29\text{kW}$，$U_N = 440\text{V}$，$I_N = 76.2\text{A}$，$n_N = 1050\text{r/min}$，$R_a = 0.393\Omega$，试求：

（1）电动机在反向回馈制动运行下放重物，设 $I_a = 60\text{A}$，电枢回路不串电阻，电动机的转速与负载转矩各是多少？回馈给电源的电功率多大？

（2）若采用能耗制动下放同一重物，要求电动机转速 $n = -300\text{r/min}$，电枢回路应串多大的电阻？该电阻上消耗的电功率是多大？

第 5 章 变 压 器

知识目标

- 知道变压器的工作原理、基本结构、用途和分类。
- 知道变压器的参数测定和标幺值。
- 了解其他变压器（包括自耦变压器、电压互感器、电流互感器、电焊变压器）。
- 知道三绕组变压器。

能力目标

- 掌握变压器的运行特性。
- 熟悉三相变压器和自耦变压器的工作原理及其分析方法。
- 掌握三相变压器的磁路系统、联结组别和并联运行。
- 掌握变压器运行的分析方法即基本方程式、等效电路和相量图。

5.1 变压器基本知识

变压器是一种静止的电气设备，其主要用途是将交流电压按照使用要求升高或降低，它利用电磁感应作用将一种电压、电流的电能转换为同频率的另一种电压、电流的电能。

5.1.1 变压器的用途和分类

变压器是电力系统中一种重要的电气设备。在电力系统中，输送一定的电能时，输电线路电压越高，线路的电流和电能损耗就越小。由于发电厂发出的电压受发电机绝缘限制不可能很高，一般为 6.3～27kV，而发电厂通常建在动力资源较丰富的地区，要把发电机发出的大功率电能经济地输送到很远的用户区去，就必须采用高压输电，因此，必须采用升压变压器把电压升高，例如 220、330kV 或 500kV 等。而在用户区又必须通过降压变压器把电压逐步降低，供用户安全方便的使用。通常大型动力设备采用 6kV、10kV，小型动力设备和照明为 360/220V。

从发电厂发出的电能输出送到用户整个过程，通常需要多次变压，变压器的安装容量为发电机总装容量的 5～8 倍，因此变压器是电力系统中重要的元件之一，用于电力系统中升、降压的变压器称为电力变压器。

在其他需要的特种电源的工业企业中，变压器应用也很广泛，如供电给整流设备的整流变压器，供电给电炉的电炉变压器，供电给实验设备的工频实验变压器、调压器、移相器，测量设备用的仪用变压器，控制设备用的控制变压器，矿山用的矿用变压器等，还有其他特种变压器，如冲击变压器、电抗器、隔离变压器、电焊变压器、X 光变压器、无线电变压器、移相器及互感器等。

变压器按结构形式分类时，可分为单相变压器和三相变压器，按冷却介质分类可分为干式变压器、油浸变压器和充气变压器等；按冷却方式分类有自然冷却式、风冷式、强迫油循环水冷式、强迫油循环风冷式；按绕组分类有自耦变压器、双绕组变压器以及三绕组变压器等；按调压方式分类可分为有载调压和无载调压变压器；按中性点绝缘水平分类时，可分为全绝缘变压器和半绝缘变压器；按铁芯形式分类时，可分为心式、壳式。

5.1.2 变压器的工作原理

变压器主要部件是一个铁芯和套在铁芯上的两个线圈，这两个线圈具有不同的匝数且相互绝缘。如图 5-1 所示。

接入电源的线圈称为一次绕组，其电压、电流及电动势相量分别为 $\dot U_1$、$\dot I_1$、$\dot E_1$，一次绕组匝数为 N_1。与负载相连的线圈称为二次绕组，其电压、电流及电动势相量分别为 $\dot U_2$、$\dot I_2$、$\dot E_2$，二次绕组匝数为 N_2。交链两个绕组的磁通称为主磁通。根据电工惯例，各电磁量正方向如图 5-1 所示。在不计一、二次绕组电阻，并认为两个绕组耦合系数为 1，即无漏磁通。

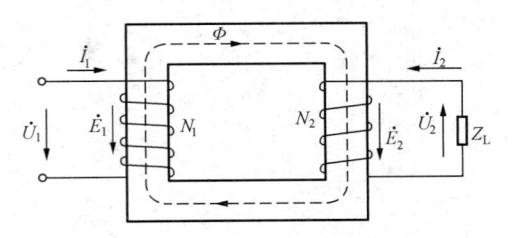

图 5-1 变压器的工作原理

根据电磁感应定律，可写出电压、电动势的两个绕组的电压、电动势的瞬时值

$$\left.\begin{array}{l} u_1 \approx -e_1 = -N_1 \dfrac{\mathrm{d}\varPhi}{\mathrm{d}t} \\ u_2 \approx -e_2 = -N_2 \dfrac{\mathrm{d}\varPhi}{\mathrm{d}t} \end{array}\right\} \tag{5-1}$$

从式（5-1）中可得出一、二次绕组的电压和电动势瞬时值与匝数的关系为

$$\left|\dfrac{u_1}{u_2}\right| \approx \dfrac{e_1}{e_2} = \dfrac{N_1}{N_2} = k \tag{5-2}$$

式中 k——变压器电压变比，也称为匝数比。

式（5-2）可用有效值表示为

$$k = \dfrac{E_1}{E_2} \approx \dfrac{U_1}{U_2} \tag{5-3}$$

式（5-3）表明，变压器一、二次绕组的电压比等于一、二次绕组的匝数比。$k>1$ 是降压变压器，$k<1$ 是升压变压器。这就是变压原理。

5.1.3 变压器的基本结构

变压器的主要结构由铁芯和绕组两个基本部分组成，此外还有油箱、绝缘套管等。图 5-2 所示是油浸式电力变压器。

1. 铁芯

变压器的铁芯由铁柱和铁轭两部分组成。铁柱上装有绕组，铁轭则作为闭合磁路之用。

为了减少铁芯中的磁滞和涡流损耗，铁芯一般用含硅量较高，厚度为 0.35mm，表面涂有绝缘漆的热轧或冷轧硅钢片叠装而成。

铁芯的基本形式有心式和壳式两种。壳式结构是铁轭包围绕组的顶面、底面和侧面，如图 5-3 所示。

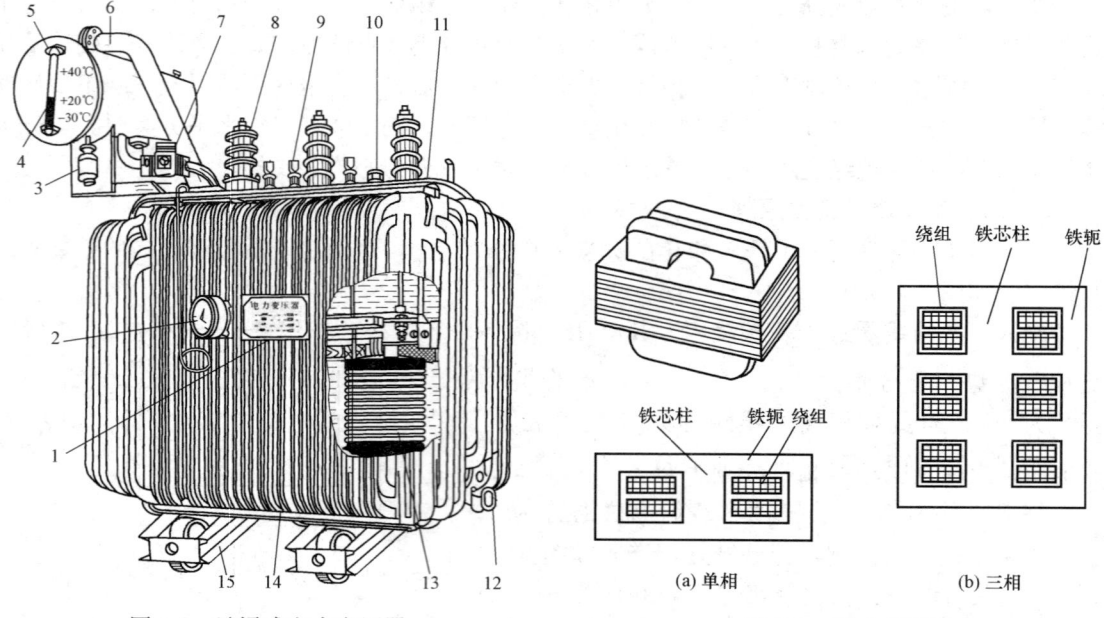

图 5-2　油浸式电力变压器

1—铭牌；2—信号式温度计；3—吸湿器；4—油表；
5—储油柜；6—安全气道；7—气体继电器；8—高压套管；
9—低压套管；10—分接开关；11—油箱；12—放油阀门；
13—器身；14—接地板；15—小车

图 5-3　壳式变压器
(a) 单相　　(b) 三相

壳式结构的机械强度较高，但制造工艺复杂，用材料较多，通常用于低压、大电流的变压器或小容量的单相电源变压器。心式结构比较简单，绕组的装配及绝缘也较容易。国产电力变压器均采用心式结构，如图 5-4 所示。

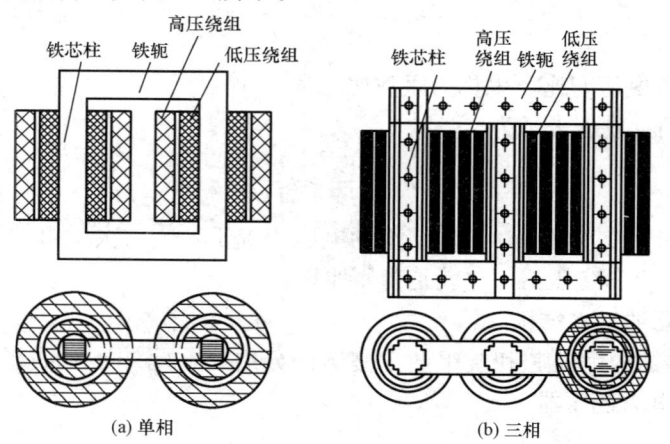

(a) 单相　　(b) 三相

图 5-4　心式变压器

变压器的铁芯一般先将硅钢片截成条形，然后进行选装而成。在选片时，为减少接缝间隙以减少励磁电流，一般采用交错的叠装方式，即将上、下层的接缝错开，如图 5-5 所示。

选装好的铁芯其铁轭用槽钢（或焊接夹件）及螺杆固定。铁芯柱则用环氧无纬玻璃丝带

(a) 热轧钢片 (b) 冷轧钢片

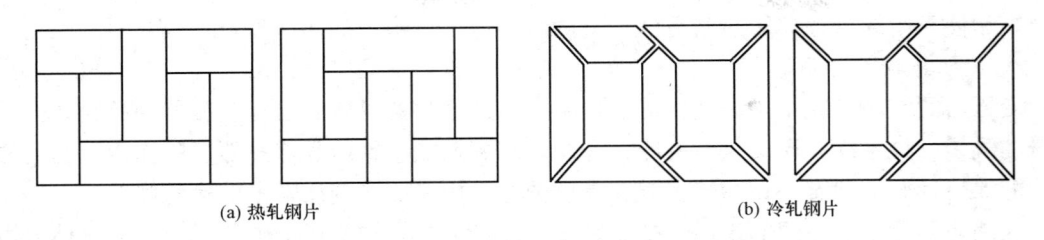

图 5-5 叠片式铁芯交错的叠装方式

绑扎。铁芯柱的截面在小型变压器中采用方形。在容量较大的变压器中为充分利用线圈的内圆空间而采用阶梯形截面，如图 5-6 所示。当铁芯柱直径 $d>380$ mm 时，中间还留出油道以改善铁芯内部的散热条件。

铁轭的截面有矩形及阶梯形，如图 5-7 所示。铁轭的截面一般比芯柱截面大 5%～10%，以减少空载电流和空载损耗。

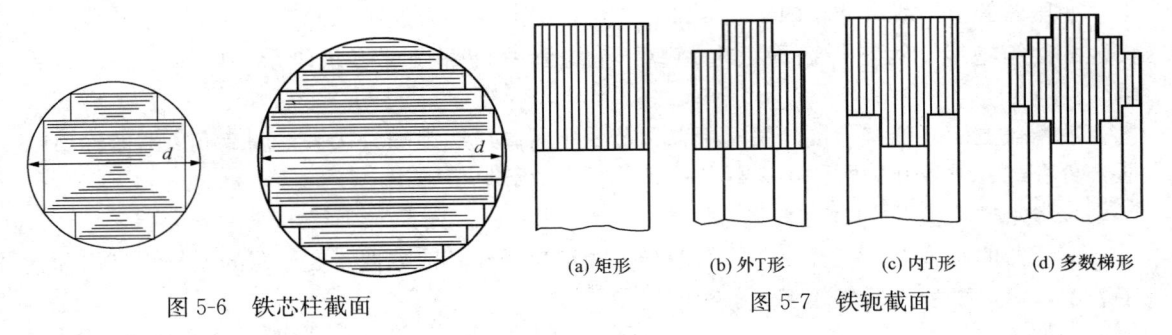

(a) 矩形 (b) 外T形 (c) 内T形 (d) 多数梯形

图 5-6 铁芯柱截面

图 5-7 铁轭截面

2. 绕组

绕组用绝缘铜线或铝线绕制作成，接入电能的一端称为一次绕组，输出电能的一端称为二次绕组。一次、二次绕组中电压高的一端称为高压绕组，低的一端称为低压绕组。高压绕组的匝数多，导线细；低压绕组的匝数少，导线粗。

从高、低压绕组相对位置来看，变压器绕组可以分为同心式和交叠式两类。同心式绕组的特点是高、低压绕组同心的套在铁柱上，为了便于绝缘处理，低压绕组的内侧靠近铁芯，高压绕组在外侧远离铁芯，如图 5-8（a）所示，交叠式绕组的特点是高低压绕组互相交替地

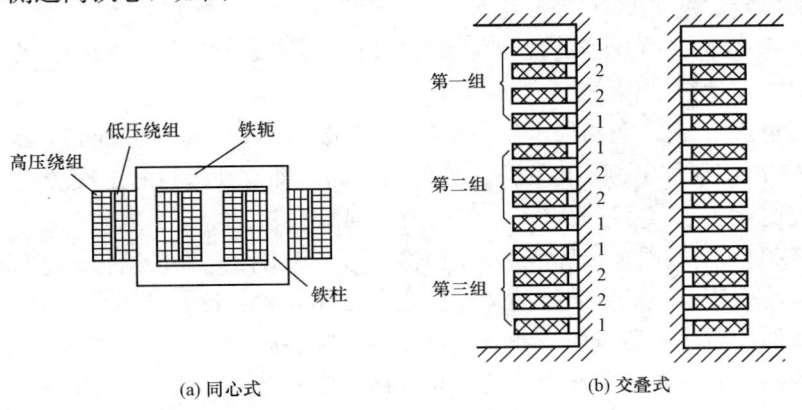

(a) 同心式 (b) 交叠式

图 5-8 变压器绕组放置

1—低压绕组；2—高压绕组

放置，为便于绝缘处理，紧靠铁轭的上下两组为低压绕组，如图5-8（b）所示。

3. 其他结构部件

变压器的铁芯和绕组称为变压器的器身。制造好的器身置于装有变压器油的箱体内。变压器油既是一种绝缘介质又是一种冷却介质，起到散热、绝缘和保护器身的作用。为使变压器油能保持良好的状态，在油箱上方装有储油柜，用来监测变压器油的运行状况。

在油箱和储油柜中间的连通管中还装有气体继电器，当变压器油箱内故障时气体继电器动作发出信号以便运行人员处理。

在大型变压器的油箱盖上装有安全气道，气道出口用薄玻璃板密封。当变压器内部有故障且气体继电器拒动时，气体可以从安全气道排出，避免造成重大事故。

油箱的结构与变压器的容量、发热情况密切相关。通常变压器油箱壁上焊有散热油管，以增加散热面积。大容量变压器把油管做成散热器，并采用带有风扇冷却的散热器，称为油浸风冷式。对于50 000kVA及以上的大容量的变压器，采用强迫油循环的冷却方式。

变压器的引出线从油箱内部引到油箱外部，必须穿过瓷质绝缘套管，以使带电的导线与接地的油箱绝缘。为增强表面放电距离，绝缘套管外部做成多级伞形，电压越高，级数越多。

油箱盖上面还装有分接开关，用以调节变压器高压绕组的分接头，调节变压器的输出电压，分有载、无载开关两种，有载分接开关可带负载调节输出电压。

4. 变压器的型号和额定数据

变压器的铭牌上标注着变压器的型号、额定数据和其他数据。变压器的型号用字母和数字表示，字母表示类型，数字表示额定值。

例如：

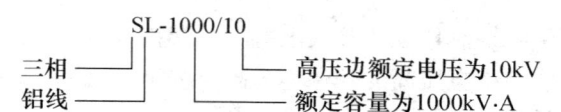

```
          SL-1000/10
三相 ─┘ │     │ └─ 高压边额定电压为10kV
铝线 ───┘     └─── 额定容量为1000kV·A
```

SL为该变压器的基本型号，这表示是一台三相自冷油浸双绕组铝线变压器。变压器的额定值是正确使用变压器的依据，在额定状态下运行，可使该变压器长期安全有效的工作，额定值标注在变压器的铭牌上。

变压器的额定数据主要有：

(1) 额定容量S_N是变压器的视在功率，单位VA或kVA。对于双绕组变压器，一次绕组与二次绕组的设计容量相等。

(2) 额定电压U_{1N}、U_{2N}指线电压，单位为V或kV。U_{1N}是电源加到一次绕组上的额定电压，U_{2N}是一次绕组加上额定电压后二次绕组开路，即空载运行时二次绕组的额定电压。

(3) 额定电流I_{1N}、I_{2N}指线电流，单位为A或kA。

(4) 额定频率f_N我国规定标准工业用电频率为50Hz。此外，铭牌上还标注有相数、效率、温升、短路电压（或短路阻抗的）标幺值、使用条件、冷却方式、接线图及联结组别、总质量、变压器油质量及器身质量和外形尺寸等附属数据。

变压器的高压侧一般都引几个分接头与分接开关相连接。调节分接开关，可以改变高压绕组的匝数，即改变变压器的匝数比，维持二次侧输出电压稳定。

变压器的额定容量、额定电压与额定电流之间的关系可以用下式表示。

对于单相变压器有
$$S_N = U_{1N}I_{1N} = U_{2N}I_{2N}$$
对于三相双绕组变压器有
$$S_N = \sqrt{3}U_{1N}I_{1N} = \sqrt{3}U_{2N}I_{2N}$$

【例 5-1】 一台三相双绕组电力变压器额定容量 $S_N=100\text{kVA}$。额定电压为 $U_{1N}/U_{2N}=6000/400\text{V}$，则其额定电流为多少？

解：
$$I_{1N} = \frac{S_N}{\sqrt{3}U_{1N}} = \frac{100\times 10^3}{\sqrt{3}\times 6000} = 9.62(\text{A})$$
$$I_{2N} = \frac{S_N}{\sqrt{3}U_{2N}} = \frac{100\times 10^3}{\sqrt{3}\times 400} = 144.3(\text{A})$$

电力系统正常运行时，三相电压是对称的，即大小相等，相位互差 120°。三相电力变压器每一相的参数大小也是相同的。变压器一次侧接上三相对称电压，若二次侧带上三相对称负载（即三相负载阻抗 Z_L 相等），这时三相变压器一次侧和二次侧的电压都是对称的，当然电流也是对称的。变压器的这种运行状态称为对称运行状态。

分析对称运行状态下的三相变压器各相中电流、电压及其他各种电磁量，只需分析其中一相的情况，便可以得出其他两相的情况。即单相变压器运行分析的结果完全适用于三相变压器对称运行的情况。因此，以后对于三相变压器不论其电路接线方式和磁路系统如何，只需把各个物理量及变压器参数取为一相的值，就可以完全使用单相变压器分析的结论。本章只分析变压器稳态运行的情况。

5.2 变压器的运行分析

5.2.1 单相变压器的空载运行

三相变压器对称运行可以用单相变压器的分析方法，这里介绍的单相变压器运行分析原理也适用三相变压器。图 5-9（a）所示是一台单相变压器空载运行的示意图，U1U2 为一次绕组，接额定电压的交流电源上，其匝数为 N_1，u1u2 为二次绕组，开路，匝数为 N_2。

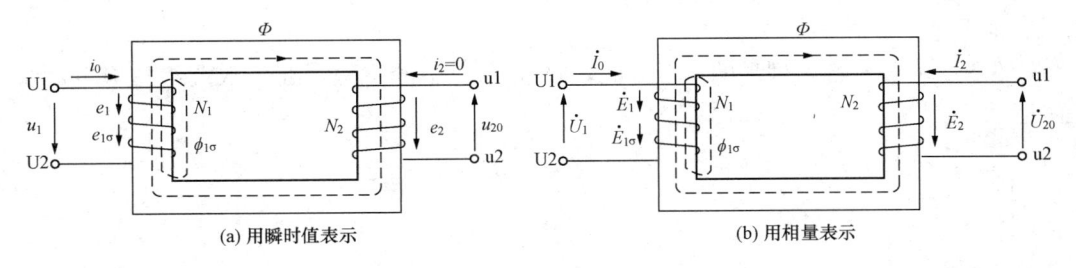

图 5-9 单相变压器空载运行示意图

1. 变压器各电磁量正方向

变压器运行时各电磁量都是交变的，为了研究清楚它们之间的相位关系，必须事先规定好各量的正方向。选取正方向有一定的习惯，称为惯例。对于分析变压器的运行常用的电工惯例如图 5-9（a）所示。

变压器运行时，如果电压 u_1 和电流 i_0 同时为正或同时为负，即其间相位差 $\varphi_1 < 90°$，

则有功功率 $P_0 = u_1 i_0 \cos\varphi_1$ 为正值,说明变压器从电源吸收有功功率;若 $\varphi_1 > 90°$,$P_0 = u_1 i_0 \cos\varphi_1$ 为负值,说明变压器从电源吸收负的有功功率,即发出有功功率。图 5-9 中规定 u_1、i_0 的正方向称为"电动机惯例"。

电压 u_2 和电流 i_2 的正方向规定。如果 u_2、i_2 同时为正或同时为负,有功功率都是从二次绕组发出,称为"发电机惯例"。如果 u_2、i_2 一正一负,则发出负的有功功率,即吸收有功功率。

对于无功功率。同样是电流 i_0 滞后电压 u_1 90°,对电动机惯例称为吸收滞后性的无功功率;对于发电机惯例,称为发出滞后性的无功功率。

磁通 Φ 的正方向与产生它的电流 i 的正方向符合右手螺旋定则,感应电动势 e 的正方向与产生它的磁通的正方向也符合右手螺旋定则。

2. 主磁通和漏磁通

变压器是一个带铁芯的互感电路,因铁芯磁路的非线性,这里一般不采用电路中互感电路的分析方法,而是把磁通分为主磁通和漏磁通进行研究。

在图 5-9(b)中,这里各量用相量表示,一次绕组接到电压 $\dot{U}_1$ 随时间按正弦变化的交流电源上,产生变压器空载电流,也称为励磁电流 $\dot{I}_0$。$\dot{I}_0 N_1$ 称为空载磁动势,也称为励磁磁动势,用 $\dot{F}_0 = N_1 \dot{I}_0$ 表示。为便于分析,直接研究磁路中的磁通。同时交链一、二次绕组的磁通称为主磁通 $\dot{\Phi}$,其幅值用 $\dot{\Phi}_m$ 表示,只交链一次绕组本身的磁通称为漏磁通 $\dot{\Phi}_\delta$。在空载时,只有一次绕组的漏磁通。主磁通的路径是铁芯采用导磁率很高的硅钢片造成,磁阻很小,而漏磁通路径分布十分复杂,磁阻很大。在空载运行时,主磁通占总磁通的绝大部分,漏磁通很小,仅占 0.1%~0.2%。在不考虑铁芯饱和时,由空载磁动势 $\dot{F}_0$ 产生的主磁通 $\dot{\Phi}$ 以电源电压 $\dot{U}_1$ 的频率随时间按正弦规律变化,用瞬时值表示为

$$\phi = \Phi_m \sin\omega t \tag{5-4}$$

漏磁通为

$$\phi_\delta = \Phi_{\delta m} \sin\omega t \tag{5-5}$$

式中 ω——角频率,$\omega = 2\pi f$。

3. 主磁通感应的电动势

按照图 5-9(a)各物理量的参考方向,式(5-4)中的主磁通在一次绕组感应电动势瞬时值为

$$\begin{aligned} e_1 &= -N_1 \frac{d\Phi}{dt} = -\omega N_1 \Phi_m \cos\omega t \\ &= \omega N_1 \Phi_m \sin\left(\omega t - \frac{\pi}{2}\right) \\ &= E_{1m} \sin\left(\omega t - \frac{\pi}{2}\right) \end{aligned} \tag{5-6}$$

同理,主磁通在二次绕组中感应电动势瞬时值为

$$\begin{aligned} e_2 &= -N_2 \frac{d\Phi}{dt} = -\omega N_2 \Phi_m \cos\omega t \\ &= \omega N_1 \Phi_m \sin\left(\omega t - \frac{\pi}{2}\right) \end{aligned}$$

$$= E_{2m} \sin\left(\omega t - \frac{\pi}{2}\right)$$

式中 $E_{1m} = \omega N_1 \Phi_m$，$E_{2m} = \omega N_2 \Phi_m$，分别是一、二次绕组感应电动势的幅值。

用相量形式表示电动势的有效值为

$$\dot{E}_1 = \frac{\dot{E}_{1m}}{\sqrt{2}} = -j\frac{\omega N_1}{\sqrt{2}}\dot{\Phi}_m = -j\frac{2\pi}{\sqrt{2}}fN_1\dot{\Phi}_m = -j4.44fN_1\dot{\Phi}_m \tag{5-7}$$

$$\dot{E}_2 = \frac{\dot{E}_{2m}}{\sqrt{2}} = -j\frac{\omega N_2}{\sqrt{2}}\dot{\Phi}_m = -j\frac{2\pi}{\sqrt{2}}fN_2\dot{I}_m = -j4.44fN_2\dot{\Phi}_m \tag{5-8}$$

式中 $\dot{\Phi}$——磁通，Wb；

$\dot{E}_1$、$\dot{E}_2$——电动势，V。

从式（5-7）或（5-8）可知，电动势 E_1 或 E_2 的大小与磁通交变频率、绕组匝数以及磁通幅值成正比。当变压器接到固定频率的电网时，由于频率、匝数都为定值，电动势有效值 $\dot{E}_1$ 和 $\dot{E}_2$ 大小仅取决于主磁通幅值 $\dot{\Phi}_m$ 的大小。

4. 漏磁通感应电动势

由式（5-5）可得出一次绕组漏磁通感应电动势瞬时值为

$$e_\delta = -N_1\frac{d\Phi_\delta}{dt} = -\omega N_1\Phi_\delta\cos\omega t$$

$$= \omega N_1\Phi_\delta \sin\left(\omega t - \frac{\pi}{2}\right)$$

$$= E_{\delta m}\sin\left(\omega t - \frac{\pi}{2}\right) \tag{5-9}$$

式中 $E_{\delta m} = \omega N_1\Phi_{\delta m}$ 为漏磁通电动势幅值，用相量表示为

$$\dot{E}_{\delta m} = -j\frac{\omega N_1}{\sqrt{2}}\dot{\Phi}_{\delta m} = -j\frac{2\pi}{\sqrt{2}}fN_1\dot{\Phi}_{\delta m} = -j4.44fN_1\Phi_{\delta m} \tag{5-10}$$

式（5-10）也可以用电抗压降形式来表示，Φ_δ 与 I_0 关系可以用反映漏磁用的电感系数 L_δ 表示，即

$$L_\delta = \frac{N_1\Phi_\delta}{\sqrt{2}I_0} \tag{5-11}$$

将式（5-11）代入（5-10）得

$$\dot{E}_\delta = -j\dot{I}_0\omega L_\delta = -j\dot{I}_0 X_1 \tag{5-12}$$

式中 $X_1 = \omega L_\delta$，是对应于漏磁通一次绕组的漏电抗，对于已制成的变压器它是一个常数，不随负载的大小而变化。这是由于漏磁通主要通过非磁性介质，它的磁导率 μ_0 是一个常数，因此，漏磁通 Φ_δ，磁路磁导 λ_δ 也是一个不变的值，所以漏电感系数及相应的漏抗也是常数。

这样，在考虑一次绕组漏抗和电阻后，变压器空载运行的电动势平衡关系为

$$\dot{U}_1 = -\dot{E}_1 - \dot{E}_\delta + \dot{I}R_1 = -\dot{E}_1 + j\dot{I}_0X_1 + \dot{I}_0R_1$$

$$= -\dot{E}_1 + \dot{I}_0 Z_1 \tag{5-13}$$

$$\dot{U}_{20} = \dot{E}_2 \tag{5-14}$$

式中 $Z_1 = R_1 + jX_1$

式（5-13）表明，变压器空载运行时，其电源电压 $\dot{U}_1$ 被一次绕组的反电动势 $\dot{E}_1$ 和阻抗

压降 $\dot{I}_0 Z_1$ 所平衡。

5. 空载电流

由于硅钢片磁化特性的非线性，使铁芯中磁通 Φ 与励磁电流 i_0 呈非线性关系，即 $\Phi = f(i_0)$，如图 5-10 所示。设计变压器时为充分利用铁磁材料，使额定运行时的主磁通幅值 Φ_m 工作在 $\Phi = f(i_0)$ 的曲线 B 点，对应的励磁电流为 I_{0m}。由于铁芯饱和的影响，可见励磁电流呈尖峰波，即非正弦波，可以分解为基波及 3，5，7，…—系列奇次高次谐波。图 5-11 中 i_{0r} 为基波励磁性质，i_{0r} 与 Φ 同相位，超前 e_1 相位 90°是一个纯无功分量，它是用来建立磁场的。图中 i_{03} 为 3 次谐波电流，它是非正弦波的主要部分。

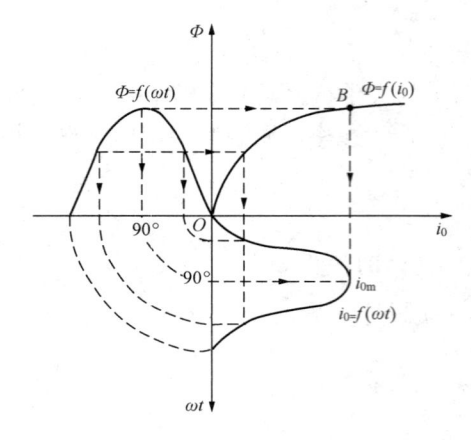

图 5-10 不考虑磁滞的励磁电流波形

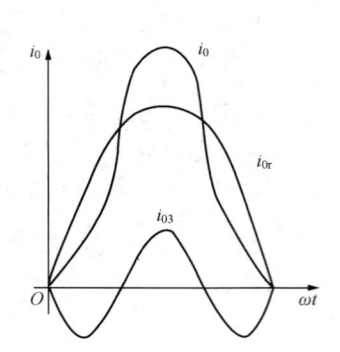

图 5-11 尖峰波励磁电流分解为基波及三次谐波电流

当考虑到铁芯损耗时，空载电流还应包含一个很小的有功分量，用 i_{0a} 表示，它是由铁芯磁滞和涡流损耗产生的。此时，空载电流 $\dot{I}_0$ 将超前 $\dot{\Phi}$ 一个角度 α，称为铁损角。空载电流可用下式表示

$$\dot{I}_0 = \dot{I}_{0a} + \dot{I}_{0r} \tag{5-15}$$

式中　$\dot{I}_{0a}$——空载电流的有功分量，超前主磁通 90°，与 $\dot{E}_1$ 反相；

　　　$\dot{I}_{0r}$——空载电流的无功分量（或称为磁化电流）通常 $I_{0a} < 10\% I_0$，故 $I_0 \approx I_{0r}$。它与主磁通 Φ 同相。故空载电流也称为变压器的励磁电流。

变压器空载运行时，电源应输入的空载功率 P_0，包括铁损耗和一次绕组的铜损耗。是有功功率，用有功分量电流 $\dot{I}_{0a}$ 表示，$\dot{I}_{0a}$ 应与 $\dot{U}_1$ 同相，考虑到 $\dot{U}_1 = -\dot{E}_1$，可认为 $\dot{I}_{0a}$ 与 $-\dot{E}_1$ 同相位。

6. 空载运行的相量图

变压器的相量图如图 5-12 所示，其作图步骤如下：

(1) 以 $\dot{\Phi}_m$ 为参考相量，画在水平线上。

(2) 画电动势 $\dot{E}_1$、$\dot{E}_2$ 滞后于 $\dot{\Phi}_m 90°$，并画出 $-\dot{E}_1$。

(3) 画出 $\dot{I}_{0r}$ 与 $\dot{\Phi}_m$ 同相位，$\dot{I}_{0a}$ 与 $-\dot{E}_1$ 同相位，由式（5-15）画出 $\dot{I}_0$，空载电流 $\dot{I}_0$ 超

前 $\dot{\Phi}_m$ 电气角度为 α，α 称为铁损角。

（4）由式（5-13）画出电源电压 $\dot{U}_1$，$\dot{U}_1$ 超前 $\dot{I}_0$ 电气角度为 φ_0，称为变压器空载运行时的功率因数，由于 $\varphi_0 \approx 90°$，所以空载时功率因数很低，一般 $\cos\varphi_0 = 0.1 \sim 0.2$。表明从电源吸收很大的滞后性的无功功率，以建立变压器的磁场。空载时从电源吸收的有功功率 $P_0 = U_0 I_0 \cos\varphi_0 = p_{Fe(铁损耗)}$ 加上一次绕组的铜损耗 $p_{Cu \cdot 1}$，由于 $p_{Cu \cdot 1} = I_0^2 R_1$ 很小，所以 $P_0 \approx p_{Fe}$，空载功率主要是铁损耗。铁损耗 $p_{Fe} \propto B_m^2 f^{1.3}$。

7. 变压器空载运行时的等效电路

将电动势 $\dot{E}_1$ 用阻抗压降表示如下式

$$-\dot{E}_1 = \dot{I}_0 Z_m = \dot{I}_0 (R_m + jX_m) \quad (5-16)$$
$$Z_m = R_m + jX_m$$

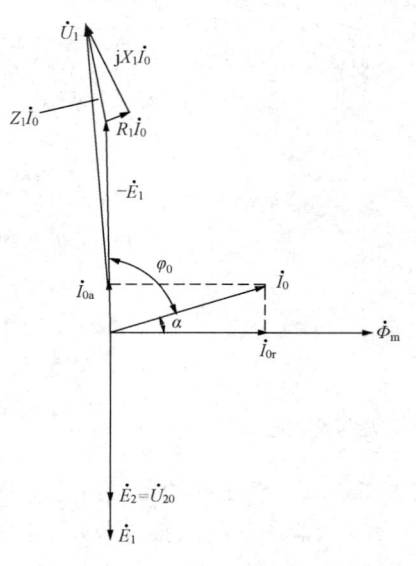

图 5-12 变压器空载运行时的相量图

式中　Z_m——励磁阻抗；
　　　R_m——励磁电阻，反映铁芯损耗的等效电阻，$p_{Fe} = I_0^2 R_m$；
　　　X_m——励磁电抗，是反应主磁通作用的铁芯电抗。

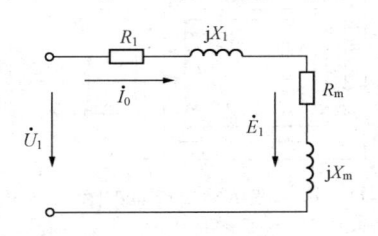

图 5-13 变压器空载时的等效电路

由于铁磁材料的磁化曲线是非线性的，磁导率 μ_0 值随铁芯饱和程度增加而减小，故励磁电抗将随铁芯饱和程度增加而减小。因此，严格说 X_m 和 R_m 均不是常量，但在变压器正常运行时，电源电压在允许范围内变化，幅值变化不大，因此铁芯中主磁通变化范围也不大，即铁芯饱和程度变化不大，磁导率 μ_0 也变化不大，故可以近似认为励磁阻抗为常量进行分析。因为变压器的主磁通比漏磁通大很多，所以励磁电抗要比漏电抗大很多。

将式（5-16）代入式（5-13）可得到下式

$$\begin{aligned}\dot{U}_1 &= -\dot{E}_1 + \dot{I}_0 Z_1 \\ &= \dot{I}_0 Z_m + \dot{I}_0 Z_1 = \dot{I}_0 (Z_m + Z_1) = \dot{I}_0 (R_1 + jX_1 + R_m + jX_m)\end{aligned} \quad (5-17)$$

从式（5-17）可知，空载变压器可以看成两个电抗线圈串联的电路。其中一个是空心线圈电路，阻抗 $Z_1 = R_1 + jX_1$；另一个是铁芯线圈电路，其阻抗 $Z_m = R_m + jX_m$。用以反映变压器的铁损耗和主磁通的作用，经过这样变换后把磁路问题转化为电路形式来表示，这就是变压器的等效电路，变压器的空载等效电路如图 5-13 所示。

【例 5-2】 有一台 180kVA 的三相变压器，$U_{1N}/U_{2N} = 10000V/400V$，Yyn0 联结，铁芯截面 $S_{Fe} = 160 cm^2$，铁芯中最大磁通密度 $B_m = 1.445T$，试求：

（1）一次绕组和二次绕组匝数。

（2）按电力变压器标准要求，二次电压能在额定值上、下调节 ±5%，希望在高压绕组抽头以调节低压绕组侧的电压，问应如何抽头？

解：（1）$\Phi_m = B_m S_{Fe} = 1.445 \times 160 \times 10^{-4} = 231 \times 10^{-4}$（Wb）

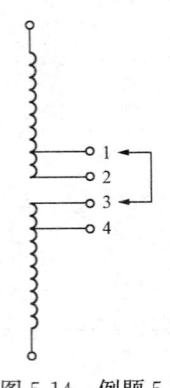

$$N_1 = \frac{U_{N1}}{\sqrt{3} \times 4.44 f \Phi_m} = \frac{10\,000}{\sqrt{3} \times 4.44 \times 50 \times 231 \times 10^{-4}} = 1125$$

$$k = \frac{U_{1N}}{U_{2N}} = \frac{10\,000}{400} = 25$$

$$N_2 = \frac{N_1}{k} = \frac{1125}{25} = 45$$

（2）高压绕组抽头匝数

$$N_1' = 1125 \pm 1125 \times 5\% = 1125 \pm 56 = 1181 \sim 1069$$

如图 5-14 所示，通过分接开关，把 1、3 相连接为正常工作位置（即额定匝数为 1125 匝）；1、4 相连接，对应于 $N_1' = 1069$ 匝，此时二次侧电压增 5%；2、3 相连接，对应于 $N_1' = 1181$ 匝，此时二次侧电压降低 5%。

图 5-14 例题 5-2 高压绕组抽头

5.2.2 变压器的负载运行

变压器一次绕组接电源，二次绕组接负载，称为变压器负载运行，负载阻抗 $Z_L = R_L + jX_L$，其中 R_L 为负载电阻；X_L 为负载电抗。一次绕组电流由 $\dot{I}_0$ 增加到 $\dot{I}_1$，二次绕组电流 $\dot{I}_2$，变压器负载运行原理图如图 5-15 所示。

变压器带负载时，负载上电压方程为

$$\dot{U}_2 = \dot{I}_2 (R_L + jX_L) = \dot{I}_2 Z_L$$

式中 $\dot{I}_2$——二次绕组电流，又称为负载电流。

1. 磁势平衡方程

变压器负载运行时，一、二次绕组有电流通过，均产生磁动势。按照磁路的安培环路定律，负载时铁芯中主磁通 Φ 是由这两个磁动势共同产生的，即

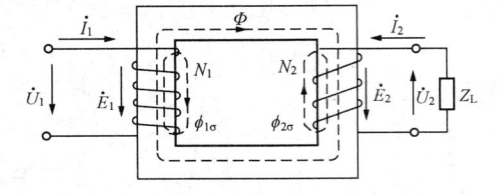

图 5-15 变压器负载运行原理图

$$\dot{F}_1 + \dot{F}_2 = \dot{F}_0 \tag{5-18}$$

式中 $\dot{F}_2 = \dot{I}_2 N_2$ 为二次绕组产生的磁动势，$\dot{F}_1 = \dot{I}_1 N_1$ 为一次绕组磁动势，$\dot{F}_0$ 的数值取决于铁芯中主磁通幅值 Φ_m 的数值，而 Φ_m 大小又由一次绕组中电动势 $\dot{E}_1$ 决定。下面分析 $\dot{E}_1$ 的变化，带负载运行时，一次电流由 $\dot{I}_0$ 转化为 $\dot{I}_1$，一次回路电压方程为

$$\dot{U}_1 = -\dot{E}_1 + \dot{I}_1 Z_1 \tag{5-19}$$

式中 $\dot{U}_1$ 是电源电压，设大小不变，Z_1 是一次绕组的漏阻抗，也是常数。可以认为变压器带负载运行时，励磁磁动势与空载时相同，即 $\dot{F}_0 = \dot{I}_0 N_1$，式（5-18）两边除以 N_1 可得

$$\dot{I}_1 + \frac{N_2}{N_1} \dot{I}_2 = \dot{I}_0$$

可得

$$\dot{I}_1 = \dot{I}_0 + \left(-\frac{N_2}{N_1} \dot{I}_2\right) = \dot{I}_0 + \left(-\frac{\dot{I}_2}{k}\right) \tag{5-20}$$

式（5-20）表明，变压器负载运行时，一次电流 $\dot{I}_1$ 有两个分量，一个是励磁电流 $\dot{I}_0$，用以建立变压器的主磁通，另一个是负载分量 $-\dot{I}_2/k$，用以抵消二次绕组磁动势的去磁作用。

由式（5-20）可知，当 $\dot{I}_0 \ll \dot{I}_1$，可认为一、二次绕组的电流关系为 $\dot{I}_1 \approx -\dfrac{\dot{I}_2}{k}$，对于降压变压器，有 $\dot{I}_2 > \dot{I}_1$；对于升压变压器有 $\dot{I}_2 < \dot{I}_1$。

二次绕组产生的磁动势 $\dot{F}_2 = \dot{I}_2 N_2$ 除作用于主磁通外，还在二次绕组产生漏磁通 $\dot{\Phi}_{2\sigma}$，$\Phi_{2\sigma}$ 在二次绕组中产生感应电动势 $\dot{E}_{2\sigma}$。参照式（5-10）可得出

$$\dot{E}_{2\sigma} = -j4.44 f N_2 \dot{\Phi}_{2\sigma m} \tag{5-21}$$

写成压降形式

$$\dot{E}_{2\sigma} = -j\omega L_{2\sigma} \dot{I}_2 = -jX_2 \dot{I}_2 \tag{5-22}$$

式（5-22）中 $X_2 = \omega L_{2\sigma}$ 为二次绕组漏电抗，X_2 为常数，数值很小。由图 5-15 可列出二次绕组回路电压方程为

$$\dot{U}_2 = \dot{E}_2 + \dot{E}_{2\sigma} - \dot{I}_2 R_2 = \dot{E}_2 - \dot{I}_2(R_2 + jX_2) = \dot{E}_2 - \dot{I}_2 Z_2 \tag{5-23}$$

式（5-23）中，$Z_2 = R_2 + jX_2$ 称为二次绕组的漏阻抗。

2. 变压器的基本方程式

综合前面推导各电磁量关系可以得出变压器稳定运行的基本方程式

$$\left. \begin{array}{l} \dot{U}_1 = -\dot{E}_1 + \dot{I}_1 Z_1 \\[4pt] \dot{U}_2 = \dot{E}_2 - \dot{I}_2 Z_2 \\[4pt] \dfrac{\dot{E}_1}{\dot{E}_2} = k \\[6pt] \dot{I}_1 + \dfrac{\dot{I}_2}{k} = \dot{I}_0 \\[6pt] \dot{I}_0 = \dfrac{-\dot{E}_1}{Z_m} \\[6pt] \dot{U}_2 = \dot{I}_2 Z_L \end{array} \right\} \tag{5-24}$$

5.2.3 变压器的等效电路及相量图

以上分析了变压器空载运行和负载运行，虽然以单相变压器进行分析，但分析结果也适用于三相变压器。变压器的基本方程式反映了变压器内部的电磁关系，利用这组联合方程式可以计算变压器运行性能。但是计算过程比较繁琐，因此，在分析变压器运行时还采用等效电路和相量图，作为变压器运行分析的三种工具，使运行分析简化。

1. 绕组折算

由式（5-24）可画出变压器负载运行的等效电路，如图 5-16 所示。

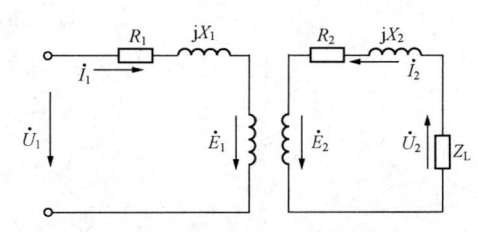

图 5-16 变压器负载运行的等效电路

从图 5-16 可知，由于一次绕组和二次绕组之间是用主磁通联系在一起的，一次电路和二次电路并无直接电路连接，分析计算不方便。设想如果二次绕组电动势和一次绕组电动势相等即 $\dot{E}_1 = \dot{E}_2$，则一次电路和二次电路就可以连接在一起了。因此可用一个等效的一次绕组和二次绕组匝数相等

($N_1 = N_2'$) 的变压器，代替原来的一次匝数和二次匝数不相等的变压器，并保持磁动势和功率不变，这种代替是等效的。这样一次电路和二次电路就可以直接连在一起了，称为等效电路。这种方法称为二次绕组向一次绕组折算。因匝数不同，绕组折算后的电压、电流、电动势和阻抗与折算前的有所不同，折算后的物理量用原有符号加"'"表示。下面分析，假设一次侧为高压绕组，二次侧为低压绕组，将低压绕组向高压绕组折算。

（1）折算后的二次绕组电压 U_2' 和电动势 E_2'。根据折算后二次绕组和一次绕组匝数相同，即 $N_2' = N_1$，而电动势与匝数成正比，则

$$\frac{E_2'}{E_2} = \frac{N_2'}{N_2} = \frac{N_1}{N_2} = k$$

故
$$E_2' = kE_2 \tag{5-25}$$

同理，二次端电压的折算值为

$$U_2' = kU_2 \tag{5-26}$$

（2）折算后二次绕组电流 I_2'。根据折算前后二次绕组磁动势不变，可得

$$N_2' \dot{I}_2' = N_2 \dot{I}_2$$

$$\dot{I}_2' = \frac{N_2}{N_2'} \dot{I}_2 = \frac{N_2}{N_1} \dot{I}_2 = \frac{\dot{I}_2}{k} \tag{5-27}$$

折算后二次绕组的漏阻抗和负载阻抗根据折算前后二次绕组本身消耗的有功功率和无功功率保持不变，可得

$$\left. \begin{array}{l} R_2' \dot{I}_2'^2 = R_2 \dot{I}_2^2 \\ X_2' \dot{I}_2'^2 = X_2 \dot{I}_2^2 \end{array} \right\} \tag{5-28}$$

故
$$\left. \begin{array}{l} R_2' = k^2 R_2 \\ X_2' = k^2 X_2 \\ Z_2' = k^2 (R_2 + jX_2) = k^2 Z_2 \end{array} \right\} \tag{5-29}$$

同理可得
$$Z_L' = k^2 Z_L \tag{5-30}$$

综上所述，变压器二次侧物理量折算到一次侧的方法是电动势和电压乘以 k，电流除以 k，而阻抗乘以 k^2。折算以后，变压器负载运行的基本方程式为

$$\left. \begin{array}{l} \dot{I}_1 + \dot{I}_2' = \dot{I}_0 \\ \dot{U}_1 = -\dot{E}_1 + \dot{I}_1 Z_1 \\ \dot{U}_2' = \dot{E}_2' - \dot{I}_2' Z_2 \\ \dot{E}_1 = \dot{E}_2' = -\dot{I}_0 Z_m \\ \dot{U}_2' = \dot{I}_2' Z_L' \end{array} \right\} \tag{5-31}$$

2. 等效电路

变压器折算的等效电路如图 5-17 所示。

第 5 章 变 压 器

由于 $\dot{E}'_2 = \dot{E}_1$，因此变压器一次电路和二次电路可以合并，直接连在一起，得到如图 5-18 所示的等效电路，其中变压器本身参数部分形如 "T" 字母，故称为 T 形等效电路。

T 形等效电路正确反映了变压器内部的电磁关系，但它是一个复联电路，进行复数运算比较繁琐。考虑到变压器运行实际情况，一般正常运行时，$I_N \gg I_0$，$Z_m \gg Z_1$，因而 $I_0 Z_1$ 漏阻抗压降很小，可以忽略不计；同时，负载变化时 $E_1 = E'_2$ 的变化也很小，因此，可认为 $\dot{I}_0$ 不随负载变化而改变。这样就可以把励磁支路前移到电源端去，得到变压器的近似等效电路，如图 5-19 所示。

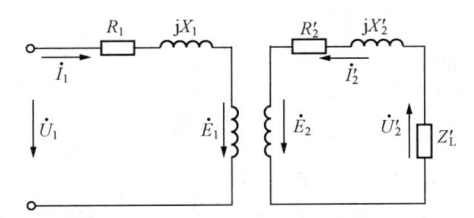

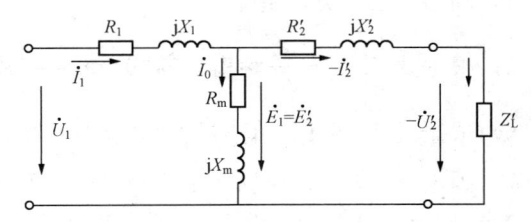

图 5-17 折算后的变压器等效电路（$N'_2 = N_1$）　　图 5-18 变压器 T 形等效电路

当变压器满载运行或接近满载运行时，空载电流可以忽略不计，把变压器 T 形等效电路中励磁支路去掉可以得到简化的等效电路，如图 5-19 所示。

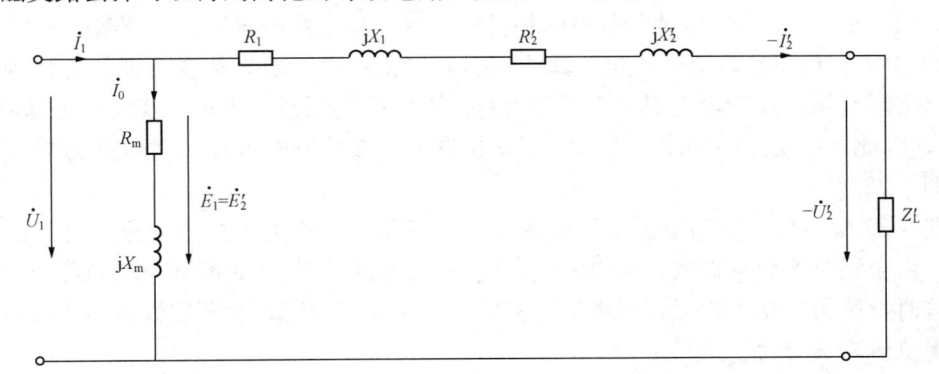

图 5-19 变压器近似等效电路

图 5-20 中

$$\left.\begin{array}{l} R_k = R_1 + R'_2 \\ X_k = X_1 + X'_2 \\ Z_k = Z_1 + Z'_2 = R_k + jX_k \end{array}\right\} \quad (5-32)$$

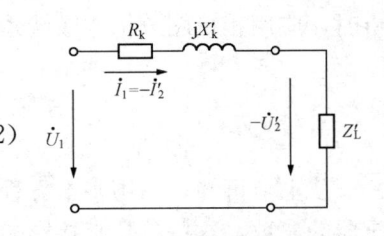

式中　R_k——短路电阻；
　　　X_k——短路电抗；
　　　Z_k——短路阻抗。

图 5-20 变压器简化等效电路

3. 变压器负载时的相量图

变压器负载运行时的电磁关系可以用基本方程、等效电路和相量图表示。相量图根据基本方程式画出，其特点是比较直观地反映变压器中各物理量的大小和相位关系。图 5-21 给出了电感性负载下折算后的相量图。相量图的画法视所给定的已知条件而定。假设已知变压器的负载情况和参数，即已知 $\dot{U}'_2$、$\dot{I}'_2$、$\cos\varphi_2$、k、R_1、X_1、R'_2、X'_2、R_m、X_m 等。

下面以图 5-21（a）所示说明变压器带感性负载时相量图的画法。

（1）选择 $\dot{U}'_2$ 为参考相量，画在距水平向右大约 150°的位置上。

（2）根据感性负载，$\dot{I}'_2$ 滞后 $\dot{U}'_2$ 一个 φ_2 角。

（3）根据式 $\dot{E}'_2 = \dot{U}'_2 + \dot{I}'_2 R'_2 + j\dot{I}'_2 X'_2$ 作出 $\dot{E}_1 = \dot{E}'_2$。

（4）画出主磁通 $\dot{\Phi}_m$ 超前 $\dot{E}_1 = \dot{E}'_2$ 90°。

（5）根据式 $\dot{I}_0 = -\dfrac{\dot{E}_1}{Z_m}$ 画出 $\dot{I}_0$ 超前 $\dot{\Phi}_m$ 一个铁损角 α。

（6）根据式 $\dot{I}_1 = \dot{I}_0 + (-\dot{I}'_2)$ 作出相量 $\dot{I}_1$。

（7）画出（$-\dot{E}_1$），根据式 $\dot{U}_1 = -\dot{E}_1 + \dot{I}_1 R_1 + j\dot{I}_1 X_1$ 作出相量 $\dot{U}_1$。

完成一个相量图，画相量图步骤可以不同，但是画相量图的过程中，每一步骤或每画一个相量都是依据变压器的基本方程式进行的。

从图 5-21 看出，$\dot{U}_1$ 与 $\dot{I}_1$ 的夹角 φ_1，称为变压器负载运行时的功率因数角，$\cos\varphi_1$ 为变压器的功率因数。$\cos\varphi_1$ 取决于 $\cos\varphi_2$，由于 $I_0 \ll I_1$，$I_1 Z_1 \ll U_1$，$I_2 Z_2 \ll U_2$，因此 $\cos\varphi_1 \approx \cos\varphi_2$。

图 5-21（b）为变压器容性负载时的相量图，可以画出变压器纯阻性负载的相量图。

图 5-21 中相量图是理论分析和计算的依据，它比较直观地表达变压器的各物理量电磁关系。但实际应用较复杂，也很困难，因为对已制成的变压器，很难用实验的方法将 X_1 和 X_2 分开，因此，在实际应用时，常采用简化相量图，它是根据图 5-20 简化等效电路来绘制的，如图 5-22 所示。

从图 5-22 中可见，短路阻抗压降形成了一个三角形，称为阻抗三角形，对于已制成的变压器，由于短路参数是常数，所以阻抗三角形形状是固定的，它的大小与负载成正比，在额定负载时，称为短路三角形，可由短路实验求出。需要说明，为了定性分析方便，相量图中短路阻抗压降被夸大了。

综上所述，变压器负载运行的基本方程式、等效电路和相量图，三者都能各自独立地表示变压器运行时的各个电磁量之间的关系。在定量计算时，用等效电路比较方便，在定性分析时，应用相量图分析比较清楚，在理论研究分析时，用基本方程式较方便。

5.3 变压器的参数测定和标幺值

从上节可知，当用基本方程式、等效电路或相量图分析变压器运行性能时，必须知道变压器的参数，这些参数直接影响变压器的运行性能。在设计变压器时可根据所使用材料及结构尺寸计算出来，而对于已制成的变压器，可用实验的方法测量出来。本节介绍测定变压器的参数的试验方法。

5.3.1 变压器的空载试验

空载试验的目的是通过测量空载电流 $\dot{I}_0$、一次电压 U_1 和二次电压 U_{20} 及空载损耗 P_0，计算出变比 k、励磁阻抗 Z_m 等。单相变压器空载实验接线如图 5-23 所示。

(a) 感性负载时相量图　　　　　　　(b) 容性负载时相量图

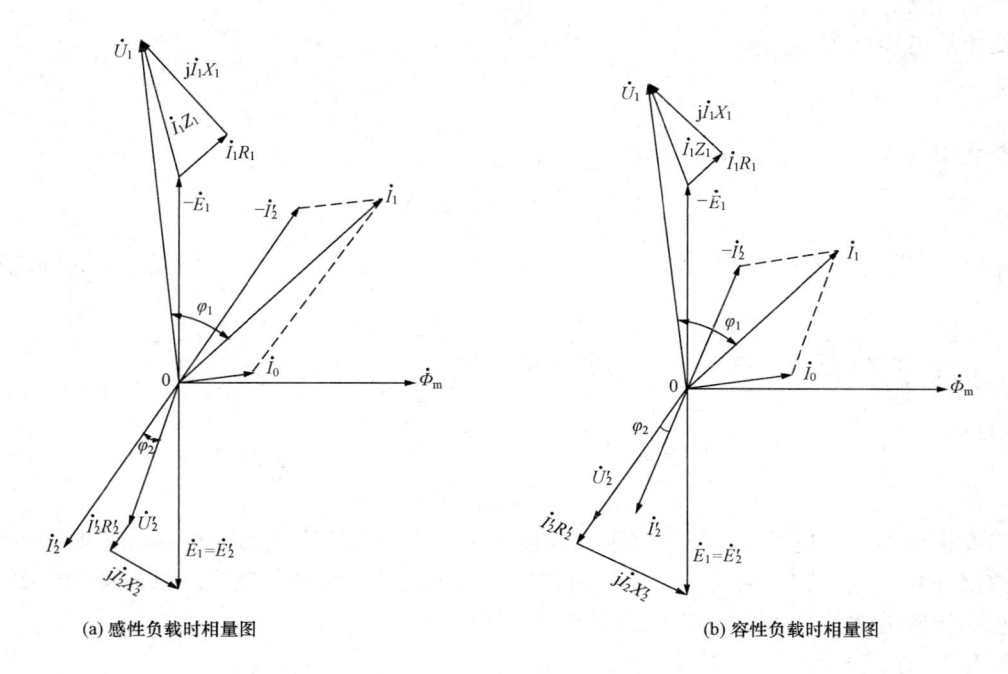

图 5-21　变压器负载相量图

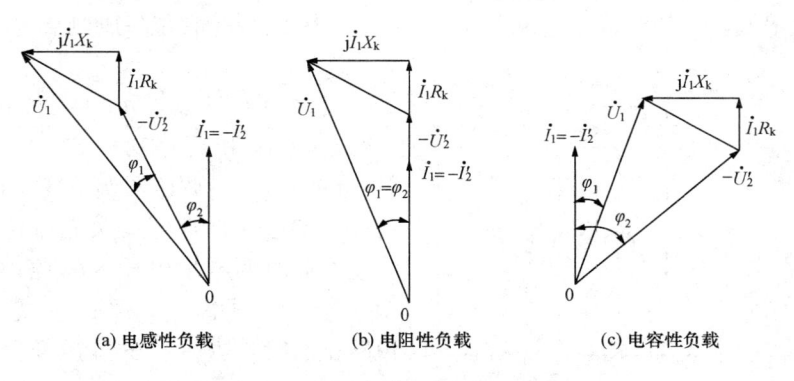

(a) 电感性负载　　　(b) 电阻性负载　　　(c) 电容性负载

图 5-22　变压器负载运行时简化相量图

空载试验可以在任何一侧做，为了试验安全和读数方便，通常在低压侧做空载试验。试验时，将高压侧开路，在低压侧加上工频额定电压，测出 U_1、I_0、U_{20} 及空载输入功率 P_0。由于试验时外加电压为额定值 U_{1N}，感应电动势和铁芯中磁通密度也达到正常运行时的数值，此时铁芯损耗 p_{Fe} 相当于正常运行时数值，变压器空载运行时输入功率 P_0 包括铁芯损耗 p_{Fe} 与空载时的铜损耗 p_{Cu1} 之和，由于 $p_{Cu1}=I_0^2R_1 \ll p_{Fe}$，可以忽略铜损，认为 $P_0 \approx p_{Fe}$。根据测量结果，可以计算下列参数：

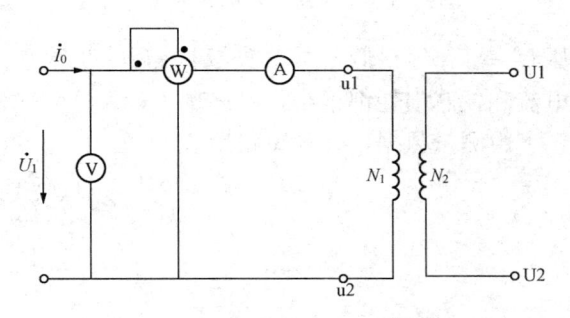

图 5-23　变压器空载试验接线图

变压器电压比为

$$k = \frac{U_1}{U_{20}} \tag{5-33}$$

空载阻抗为

$$|Z_0| = \frac{U_1}{I_0}, R_0 = \frac{P_0}{I_0^2} \tag{5-34}$$

式中 $|Z_0| = |Z_1 + Z_m|$，$R_0 = R_1 + R_m$。由于 $R_1 \ll R_m$，$|Z_1| \ll |Z_m|$，因此可认为励磁电阻为

$$R_m \approx R_0 = \frac{P_0}{I_0^2} \tag{5-35}$$

励磁阻抗

$$|Z_m| \approx |Z_0| = \frac{U_1}{I_0} \tag{5-36}$$

励磁电抗

$$X_m = \sqrt{|Z_m|^2 - R_m^2} \tag{5-37}$$

需要指出，励磁电抗 X_m 与磁路饱和程度有关，它随电压变化而改变，故应取额定电压下的数据计算励磁参数。由于空载试验是在低压侧进行的，故测得数据是低压侧的数据，如果要求高压侧的数值，需要乘以 k^2 折算到高压侧。

5.3.2 短路试验

单相变压器短路试验接线图如图 5-24 所示。短路试验时电流从零逐渐加大到额定电流，对应短路电压很低，一般为额定电压的 4%～10%，因此，一般在高压侧接电源电压，低压侧短路。

通过短路试验，可以测得短路电压 U_k、短路电流 I_k 和短路功率 P_k，计算出短路参数。试验时，用调压器调节变压器一次侧电压由零开始增加，直到一次电流达到额定值 I_{1N} 为止，此时的测量电压为短路电压 U_k，输入功率为短路功率 P_k，并记录试验时室温 θ℃。短路试验时，当一次电流达到额定值 I_{1N}，二次电流也接近于额定值 I_{2N}。这时绕组中的铜损耗相当于额定负载时的铜损耗，这时短路电压 $U_k = I_{1N} Z_k$ 很低，所以铁芯中主磁通也很小，仅为额定工作时主磁通的百分之几，使励磁电流和铁芯损耗都很小，可忽略不计。这时输入功率 P_k 近似等于绕组铜损耗 $P_{Cu} = I_{1N}^2 R_k$。

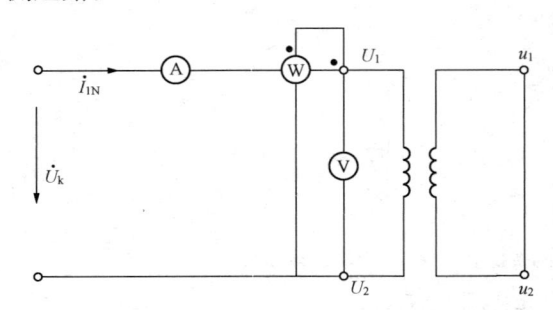

图 5-24 变压器短路试验接线图

由测量数据，计算短路参数为

$$\left.\begin{aligned} |Z_k| &= \frac{U_k}{I_{1N}} \\ R_k &= \frac{P_k}{I_{1N}^2} \\ X_k &= \sqrt{|Z_k|^2 - R_k^2} \end{aligned}\right\} \tag{5-38}$$

式中 Z_k 为短路阻抗，R_k 为短路电阻，X_k 为短路阻抗。对于大型变压器的 T 形等效电路，可认为：$R_1 = R_2' = \frac{1}{2} R_k$，$X_1 = X_2' = \frac{X_k}{2}$。

按国家标准规定，油浸变压器的短路电阻应换算到75℃时的数值。
对于铝线变压器

$$R_{k75℃} = R_k \frac{228+75}{228+\theta} \tag{5-39}$$

对于铜线变压器

$$R_{k75℃} = R_k \frac{234.5+75}{234.5+\theta} \tag{5-40}$$

式中 θ 试验时的室温，℃。
在75℃时短路阻抗为

$$|Z_{k75℃}| = \sqrt{R_{k75℃}^2 + X_k^2} \tag{5-41}$$

短路功率 P_k 和短路电压 U_k 也应换算到75℃时数值

$$\left. \begin{array}{l} P_{k75℃} = I_{1N}^2 R_{k75℃} \\ U_{k75℃} = I_{1N} Z_{k75℃} \end{array} \right\} \tag{5-42}$$

以上阻抗的欧姆值可换算成标幺值表示。在变压器铭牌上常用阻抗电压的标幺值表示。

5.3.3 标幺值

在工程计算中，各种物理量如电压、电流、阻抗、功率等不用实际值计算，而采用实际值与某一选定的同单位的基准值之比的形式，称为标幺值。用标幺值计算简单，而且能反映出物理特性。标幺值定义如下

$$标幺值 = \frac{实际值（任意单位）}{基值（与实际值同单位）}$$

各物理量的标幺值用在其右上角加"*"号表示。如选取额定值作基值，则称为额定标幺值，如

$$S_1^* = \frac{S_1}{S_N}, \quad S_2^* = \frac{S_2}{S_N}, \quad U_1^* = \frac{U_1}{U_{1N}}, \quad U_2^* = \frac{U_2}{U_{2N}}, \quad I_1^* = \frac{I_1}{I_{1N}}, \quad I_2^* = \frac{I_2}{I_{2N}}$$

$$|Z_1|^* = \frac{|Z_1|}{U_{1N}/I_{1N}}, \quad |Z_2|^* = \frac{|Z_2|}{U_{2N}/I_{2N}}$$

式中 $|Z_{1N}| = \frac{U_{1N}}{I_{1N}}$，$|Z_{2N}| = \frac{U_{2N}}{I_{2N}}$ 为变压器一次侧额定阻抗和二次侧额定阻抗。

阻抗电压的标幺值为

$$U_k^* = \frac{U_k}{U_{1N}} = \frac{|Z_k|I_{1N}}{U_{1N}} = \frac{|Z_k|}{|Z_{1N}|} = |Z_k|^* \tag{5-43}$$

上式说明阻抗电压的标幺值等于短路阻抗的标幺值。

使用标幺值的优点：

（1）采用标幺值表示电压、电流时，便于直观表示变压器运行情况，如两台变压器，一台 $U_1^* = 1.0, I_1^* = 1.0$，另一台 $U_1^* = 1.0, I_1^* = 0.5$，便可知一台工作在额定状态，称为满载运行，另一台则工作在半载状态，称为欠载运行。

（2）三相变压器电压和电流，在Y联结和△联结时，其线值与相值相差 $\sqrt{3}$ 倍，如果用标幺值表示，线值与相值的基值也相差 $\sqrt{3}$ 倍，因此，线值的标幺值和相值的标幺值相等。使计算简化。

（3）用标幺值表示，二次侧参数不必折算，使计算简便，例如阻抗的标幺值

$$|Z_1|^* = \frac{|Z_1|}{|Z_{1N}|} = \frac{|Z_1|}{U_{1N}/I_{1N}} = \frac{I_{1N}|Z_1|}{U_{1N}} = \frac{\frac{1}{k}I_{2N}|k^2 Z_1'|}{kU_{2N}} = \frac{|Z_1'|}{U_{2N}/I_{2N}} = \frac{|Z_1'|}{|Z_{2N}|} = |Z_1'|^*$$

上式表明，变压器阻抗用标幺值表示，不必考虑向哪一侧折算，对每一个参数，其标幺值只有一个数值。

（4）不论变压器的容量大小和电压高低，用标幺值表示时，所有电力变压器的性能数据变化范围很小，这就便于对不同容量变压器进行分析和比较。例如空载电流 I_0^* 约为 0.02～0.10；$|Z_{k75℃}|^*$ 约为 0.04～0.14。

标幺值是一个相对值的概念，应用它可以使计算简化。各种发电机、电抗器、变压器等参数都采用标幺值表示。

【例 5-3】 一台三相变压器，$S_N = 750\text{kVA}$，$U_{1N}/U_{2N} = 10\,000\text{V}/231\text{V}$，$I_{1N}/I_{2N} = 43.3\text{A}/1874\text{A}$。Yd 联结。室温为 20℃，绕组为铜线绕组。在低压侧进行空载试验，测得 $U_{1N} = 231\text{V}$，$U_{2N} = 10\,000\text{V}$，$I_0 = 103.8\text{A}$，$P_0 = 3800\text{W}$；在高压侧作短路试验，测得 $U_{1k} = 440\text{V}$，$I_{1k} = 43.3\text{A}$，$P_k = 10\,900\text{W}$。求折算到高压侧的空载参数 $|Z_m|$，R_m，X_m。

解：（1）求空载参数

$$|Z_m| = \frac{U_1}{I_0} = \frac{231}{103.8/\sqrt{3}} = 3.85(\Omega)$$

$$R_m = \frac{P_0}{3I_0^2} = \frac{3800}{3 \times (103.8/\sqrt{3})^2} = 0.35(\Omega)$$

$$X_m = \sqrt{|Z_m|^2 - R_m^2} = \sqrt{3.85^2 - 0.35^2} = 3.83(\Omega)$$

$$k = \frac{U_2}{U_1} = \frac{10\,000/\sqrt{3}}{231} = 25$$

折算到高压侧

$$|Z_m| = 25^2 \times 3.85 = 2406(\Omega)$$

$$R_m = 25^2 \times 0.35 = 219(\Omega)$$

$$X_m = 25^2 \times 3.83 = 2394(\Omega)$$

（2）求短路参数

$$|Z_k| = \frac{U_{1k}}{\sqrt{3}I_{1k}} = \frac{440}{\sqrt{3} \times 43.3} = 5.87(\Omega)$$

$$R_k = \frac{P_k}{3I_{1k}^2} = \frac{10\,900}{3 \times 43.3^2} = 1.94(\Omega)$$

$$X_k = \sqrt{|Z_k|^2 - R_k^2} = \sqrt{5.87^2 - 1.94^2} = 5.54(\Omega)$$

折算到 75℃

$$R_k = \frac{234.5 + 75}{234.5 + 20} \times 1.94 = 2.36(\Omega)$$

$$|Z_k| = \sqrt{2.36^2 + 5.54^2} = 6.02(\Omega)$$

（3）求标幺值

$$|Z_{1N}| = \frac{U_{1N}}{\sqrt{3}I_{1N}} = \frac{10\,000}{\sqrt{3} \times 43.3} = 133.3(\Omega)$$

$$|Z_{2N}| = \frac{U_{2N}}{\sqrt{3}I_{2N}} = \frac{231}{\sqrt{3} \times 1874} = 0.071\ 17(\Omega)$$

空载参数

$$R_m^* = \frac{R_m}{|Z_{2N}|} = \frac{0.35}{0.071\ 17} = 4.918$$

$$Z_m^* = \frac{|Z_m|}{|Z_{2N}|} = \frac{3.85}{0.071\ 17} = 54.1$$

$$X_m^* = \sqrt{54.1^2 - 4.918^2} = 53.88$$

短路参数

$$R_{k75℃}^* = \frac{2.36}{133.3} = 0.017\ 8$$

$$X_k^* = \frac{5.54}{133.3} = 0.041\ 6$$

$$Z_{k75℃}^* = \frac{6.02}{133.3} = 0.045$$

一、二次绕组漏电阻

$$R_{1.75℃}^* \approx R_{2.75℃}^* = \frac{1}{2}R_{k75℃}^* = 0.008\ 9$$

一、二次绕组漏抗

$$X_1^* \approx X_2^* = \frac{1}{2}X_k^* = 0.020\ 8$$

5.4 变压器的运行特性

变压器的运行特性主要有外特性和效率特性,下面分别讨论。

5.4.1 外特性

变压器保持一次电压 U_1 和负载功率因数 $\cos\varphi_2$ 不变的条件下,二次端电压 U_2 与电流 I_2 之间的关系 $U_2 = f(I_2)$,称为变压器的外特性。由式(5-25)可知,负载变化引起 I_2 变化时,变压器内部阻抗压降变化,使 U_2 发生变化。图 5-25 所示为不同性质负载时,变压器的外特性曲线。

从图 5-25 可知变压器二次电压大小不仅与负载电流大小有关,而且还与负载的功率因数有关,$\cos\varphi_2$ 越低,U_2 下降越多。U_2 随 I_2 变化的程度可用电压调整率来表示。它是变压器运行性能的主要指标之一。它反映了变压器供电电压的稳定性。电压调整率定义为变压器一次绕组接额定电压 U_{1N},二次负载功率因数 $\cos\varphi_2$ 不变条件下,变压器从空载到满载时,二次绕组电压变化的数值($U_{2N}-U_2$)与额定电压 U_{2N} 比值的百分数,即

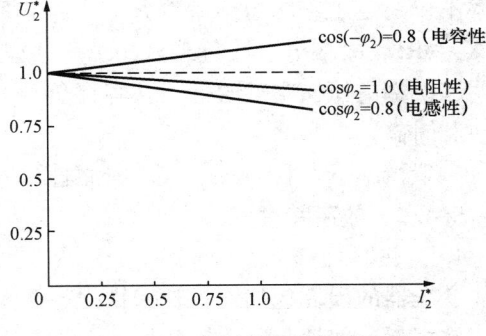

图 5-25 变压器的外特性曲线

$$\Delta U = \frac{U_{2N} - U_2}{U_{2N}} \times 100\% \tag{5-44}$$

如折算至一次侧上式可改写为

$$\Delta U = \frac{U_{1N} - U'_2}{U_{1N}} \times 100\% \tag{5-45}$$

电压调整率也可以用变压器简化相量图求出，如图5-26所示。延长$\overline{OC}$，以O为圆心，$\overline{OA}$为半径画弧，交于$\overline{OC}$延长线P点。

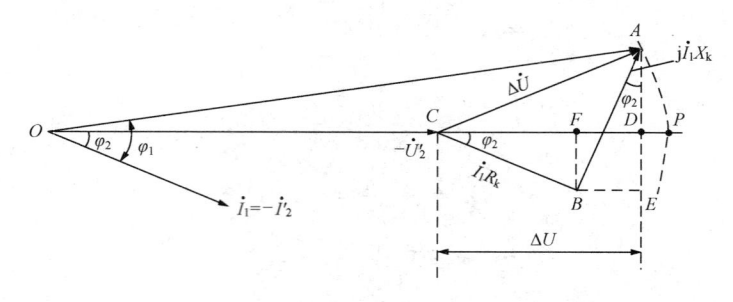

图5-26 用感性负载简化相量图求ΔU

作$\overline{BF} \perp \overline{OC}$，$\overline{AE} // \overline{BF}$，并交于$\overline{OP}$于$D$点，取$\overline{DE} = \overline{BF}$，则$U_{1N} - U'_2 = \overline{OP} - \overline{OC} = \overline{CF} + \overline{FD} + \overline{DP}$，因为$\overline{DP}$很小，可忽略不计，又因为$\overline{FD} = \overline{BE}$，故$U_{1N} - U'_2 = \overline{CF} + \overline{BE} = I_1 R_k \cos\varphi_2 + I_1 X_k \sin\varphi_2$

$$\begin{aligned}\Delta U &= \frac{U_{1N} - U'_2}{U_{1N}} \times 100\% \\ &= \frac{I_1 R_k \cos\varphi_2 + I_1 X_k \sin\varphi_2}{U_{1N}} \times 100\% \\ &= \frac{I_1^* I_{1N} R_k \cos\varphi_2 + I_1^* I_{1N} X_k \sin\varphi_2}{U_{1N}} \times 100\% \\ &= \beta(R_k^* \cos\varphi_2 + X_k^* \sin\varphi_2) \times 100\% \end{aligned} \tag{5-46}$$

式中$\beta = I_1^* = \frac{I_1}{I_{1N}} = \frac{I_2}{I_{2N}} = \frac{S}{S_N}$称为负载系数，反映负载的大小。式（5-46）表明电压调整率不仅决定于它的短路参数R_k、X_k和负载的大小，还与负载的功率因数及性质有关。由于$X_k \geqslant R_k$，故在电阻性负载（$\cos\varphi_2 = 1$），ΔU很小，在感性负载$\varphi_2 > 0$，ΔU较大为正值，说明二次端电压比空载时低；在容性负载$\varphi_2 < 0$，ΔU为负值，说明容性负载的二次端电压比空载时高。

一般情况下，在$\cos\varphi_2 = 0.8$（感性）时，额定负载的电压调整率约为$4\% \sim 5.5\%$。

5.4.2 效率特性

1. 变压器的损耗

变压器的损耗包括铜损耗和铁损耗两大类，每一类中又包括基本损耗和附加损耗两种。由于铁损耗近似地与U_1^2成正比，因此，当电源电压U_1一定时，铁损耗基本上可认为不变，故称为"不变损耗"。由于变压器空载时，空载电流和绕组电阻都很小，因此空载时铜损耗很小，可忽略不计，所以空载损耗近似等于铁损耗，即

$$P_0 = p_{Cu1} + p_{Fe} \approx p_{Fe} = 常数$$

由于变压器短路试验时，短路电压 $U_k = I_{1N}Z_k$ 很低，所以铁芯中磁通密度很低，因此铁损耗很小可忽略不计，所以短路损耗可近似看作铜损耗，即

$$P_k = p_{Cu} + p_{Fe} \approx p_{Cu} = I_2^2 R_k$$

在某一负载时的铜损耗

$$p_{Cu} = I_2^2 R_k = \left(\frac{I_2}{I_{2N}}\right)^2 I_{2N}^2 R_k = \beta^2 I_{2N}^2 R_k = \beta^2 P_{kN}$$

式中 $\beta = \dfrac{I_2}{I_{2N}}$ 为负载系数。铜损耗的大小与负载电流的平方成正比，故称为"可变损耗"。因此，变压器总损耗可用下式表示

$$p_{al} = p_{Fe} + p_{Cu} = P_0 + \beta^2 P_{kN} \tag{5-47}$$

2. 变压器的效率

变压器的效率定义为输出功率 P_2 与输入功率 P_1 之比，用百分数表示，即

$$\eta = \frac{P_2}{P_1} \times 100\% \tag{5-48}$$

通过空载试验和短路试验，测出变压器的空载损耗功率 P_0 和额定短路损耗 P_{kN}，用下式计算

$$\eta = \left(1 - \frac{p_{al}}{P_2 + p_{al}}\right) \times 100\% = \left(1 - \frac{P_0 + \beta^2 P_{kN}}{P_2 + P_0 + \beta^2 P_{kN}}\right) \times 100\% \tag{5-49}$$

由于变压器电压调整率很小，负载时 U_2 变化不大，可认为 $U_2 \approx U_{2N}$，于是

$$P_2 = U_{2N} I_2 \cos\varphi_2 = \beta U_{2N} I_{2N} \cos\varphi_2 = \beta S_N \cos\varphi_2 \tag{5-50}$$

将式（5-50）代入（5-49）可得

$$\eta = \left(1 - \frac{P_0 + \beta^2 P_{kN}}{\beta S_N \cos\varphi_2 + P_0 + \beta^2 P_{kN}}\right) \times 100\% \tag{5-51}$$

对于已制成变压器，P_0 和 P_{kN} 是常数，所以效率与负载的大小和功率因数有关。

在负载和功率因数 $\cos\varphi_2 = a$（a 为常数）时，效率随负载电流变化的曲线 $\eta = f(\beta)$ 称为效率曲线，如图 5-27 所示。

对式（5-50）对 β 求导数，并令 $\dfrac{d\eta}{d\beta} = 0$，求出产生最大效率 η_m 的条件是 $P_0 = \beta^2 P_{kN}$，即

$$P_0 = \beta^2 P_{kN} \quad \text{或} \quad p_{Fe} = p_{Cu}$$

产生最大效率时的负载系数 β_{max} 为

$$\beta_{max} = \sqrt{\frac{P_0}{P_k}}$$

电力变压器的最大负载系数 β_{max} 一般在 0.4~0.6。电力变压器是一种静止电器，没有机械损耗，所以它的效率比旋转电机高，一般中小型电力变压器效率在 95% 以上，大型电力变压器效率可达 99% 以上。式（5-51）也适用三相变压器，只是将式中 P_0、P_{kN}、S_N 均以三相值代入即可。

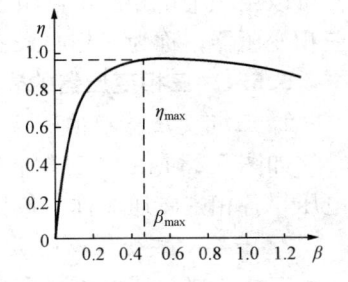

图 5-27 效率特性

【例 5-4】三相变压器数据为：$S_N = 1000\text{kVA}$，$U_{1N}/U_{2N} = 10\,000/6300\text{V}$ 绕组采用 Yd 联结，已知空载损耗功率 $P_0 = 4.9\text{kW}$，短路损耗 $P_{kN} = 15\text{kW}$。求：

(1) 当该变压器额定负载时，且 $\cos\varphi_2 = 0.8$ 滞后时的效率。

(2) 当该变压器额定负载时,当 $\cos\varphi_2=1.0$ 滞后时的效率。

(3) 当 $\cos\varphi_2=1.0$ 时的最高效率。

解:(1) 额定负载时 $\beta=1$,$\cos\varphi_2=0.8$,所以效率为

$$\eta = \left(1 - \frac{P_0 + P_{kN}}{S_N \cos\varphi_2 + P_0 + P_{kN}}\right) \times 100\%$$

$$= \left(1 - \frac{4.9 \times 10^3 + 15 \times 10^3}{10^6 \times 0.8 + 4.9 \times 10^3 + 15 \times 10^3}\right) \times 100\%$$

$$= 97.57\%$$

(2) 额定负载时 $\beta=1$,$\cos\varphi_2=1.0$,所以效率为

$$\eta = \left(1 - \frac{P_0 + P_{kN}}{S_N \cos\varphi_2 + P_0 + P_{kN}}\right) \times 100\%$$

$$= \left(1 - \frac{4.9 \times 10^3 + 15 \times 10^3}{10^6 \times 1.0 + 4.9 \times 10^3 + 15 \times 10^3}\right) \times 100\%$$

$$= 98.05\%$$

(3) 最高效率时负载系数为

$$\beta_{max} = \sqrt{\frac{P_0}{P_{kN}}} = \sqrt{\frac{4.9}{15}} = 0.5715$$

最高效率为

$$\eta_{max} = \left(1 - \frac{P_0 + \beta_{max}^2 P_{kN}}{\beta_{max} S_N \cos\varphi_2 + P_0 + \beta_{max}^2 P_{kN}}\right) \times 100\%$$

$$= \left(1 - \frac{2 \times 4.9 \times 10^3}{0.5715 \times 10^6 + 2 \times 4.9 \times 10^3}\right) \times 100\% = 98.31\%$$

5.5 三相变压器

电力系统均采用三相制,变换三相电压需要用三相变压器,按变换方式不同,三相变压器可以用三个单相变压器组成,称为三相变压器组,另一种由铁轭把三个铁芯柱连在一起的三相变压器,称为三相心式变压器。

5.5.1 三相变压器的磁路系统

1. 三相变压器组的磁路系统

如图 5-28 所示,三相在电路上互相连接,而在磁路上互相独立。当一次侧加对称三相电压,各相主磁通对称,各相空载电流也对称。

2. 三相心式变压器的磁路系统

三相心式变压器磁路系统如图 5-29 所示。这种磁路特点是三相磁路互相关联。任一相主磁通却要通过其他两相磁路作为自己的闭合回路。在外加对称三相电压时,三相主磁通是对称的,三个铁芯的磁通之和 $\Sigma \dot{\Phi} = \dot{\Phi}_U + \dot{\Phi}_V + \dot{\Phi}_W = 0$。

由图 5-29 可知,三相磁路长度不相等,V 相短,U、W 两相较长,三相磁路不相等,外施对称电压时,三相空载电流不相等,V 相最小,U、W 两相大,但由于空载电流很小,它的不对称对变压器负载运行影响较小,可忽略不计。

比较上述两种类型磁路系统,在相同容量下,三相心式变压器比三相变压器组具有节省

材料、效率高、防护方便、安装占地少等优点。但三相变压器组中每一个单相变压器比三相心式变压器的体积小、重量轻、搬运方便，另外还可以减少备用容量，所以为一些超高压、特大容量的三相变压器，当制造及运输困难时，可以采用三相变压器组使用。

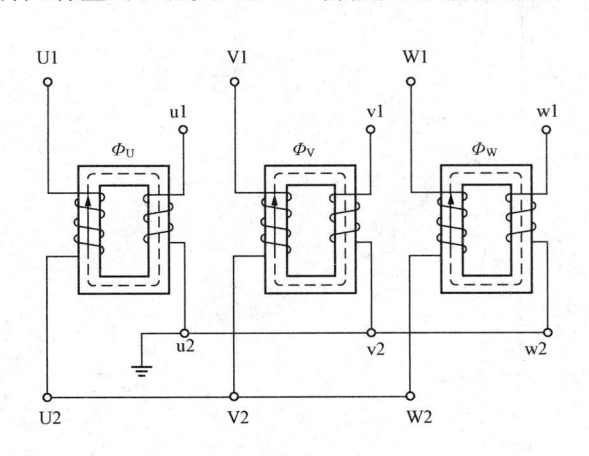

图 5-28　三相变压器组（Yyn0）　　　　图 5-29　三相心式变压器（Yyn0）

5.5.2　三相变压器组的联结组别

变压器能够改变电压、电流、阻抗，还能改变相位。在晶闸管整流电路中整流变压器，不仅要满足变比的要求还要知道整流变压器一、二次绕组电压相位的变化，即知道变压器的联结组别，才能保证触发脉冲的同步。对于多台变压器并联运行，其联结组别必须相同。

1. 单相变压器组的标志方式

（1）单相变压器的极性。变压器的主磁通和一次、二次绕组的感应电动势都是交变的，无固定极性，在任何瞬间，一次绕组的某一个端点为正（高电位），二次绕组有一个端点也正（高电位），这两个端点具有正极性。用符号"·"表示。

同极端可以是对应端，如图 5-30（a）所示；也可以是非对应端，如图 5-30（b）所示。当一次、二次绕组绕向相同时，同极性端为对应端；当一次、二次绕组绕向相反时，同极性端为非对应端。

如图 5-30 中，绕在同一铁芯柱上的两个绕组 U1U2 和 u1u2 有两种绕法，一种是绕向相同，另一种是绕向相反。设 U1 与 u1 是绕组首端，U2 与 u2 是绕组末端。主磁通变化时，在两绕组中分别产生感应电动势。选择电动势参考方向由绕组首端指向末端。绕向不同，高低压绕组中感应电动势的相位不同。

（2）单相变压器组的标志方式。单相变压器有两种不同的标志方法。一种是将一次、二次绕组的同极性端标为首端（或末端），如图 5-30（a）所示；另一种标法是将一次、二次绕组异极性端标为首端（或末端），如图 5-30（b）所示。

如图 5-30（a）中，两绕组绕向相同，电动势 $\dot{E}_U$ 和 $\dot{E}_u$ 相位相同，两个首端 U1、u1 和两个末端 U2、u2 都是同极性端，两端打"·"做标记，称为同名端。这是将一次、二次绕组的同极性端标为首端（或末端）。图 5-30（b）中，两绕组方向相反，电动势 $\dot{E}_U$ 和 $\dot{E}_u$ 相位相反，两个首端 U1、u1 和两个末端 U2、u2 都是异性端，即 U1、u2 和 U2、u1 为同极性端。这是将一次、二次绕组的异极性端标为首端（或末端）。

(a) 同极性标注为首端或末端

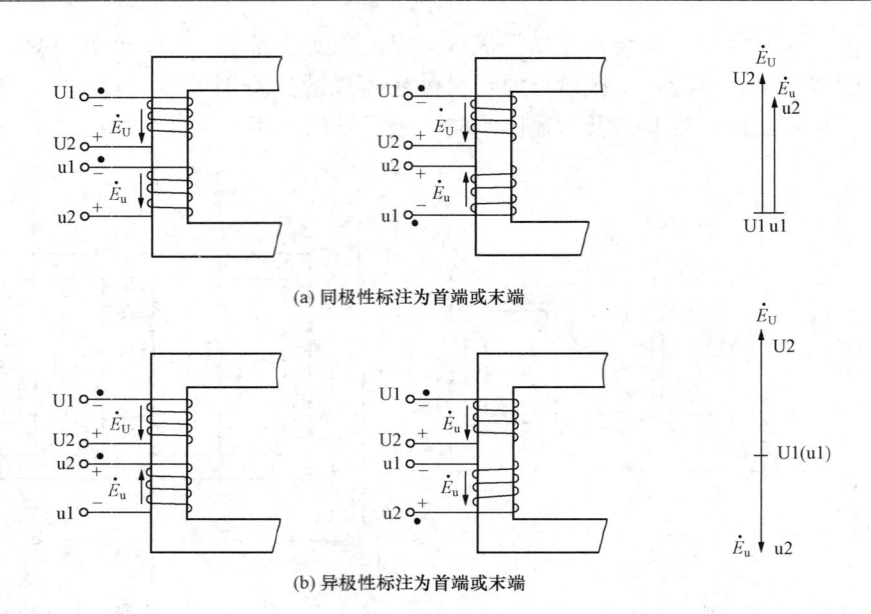

(b) 异极性标注为首端或末端

图 5-30 单相变压器不同标志和绕向时，一次、二次绕组感应电动势之间相位关系

上述分析可见，同一铁芯柱上两绕组的电动势相位关系相同或相反，但是三相变压器的高、低压绕组的线电动势将因为连接方式不同出现不同的相位差，理论分析表明，它们之间的相位差都是 30°的整数倍，可以用时钟表示法表述不同的相位关系。时钟表示法就是将高压绕组线电动势（例如 $\dot{E}_{UV}$）作为钟表的分针（长针）指向钟面上的"12"；低压绕组对应的线电动势（例如 $\dot{E}_{uv}$）做钟表的时针（短针）。它们所指示的钟点数即为联结组号，记在联结方式的后面。例如 Yy0，联结方式为 Yy；联结组号为 0，表示钟表指示在 12 点，长短针都在 "12" 位置。说明高低压绕组对应线电动势相位差为零。例如 Yd11，表示联结方式为 Yd；联结组号为 11。针表指示在 11 点，即长针在 12，短针指在 11。表明高压绕组的线电动势超前低压绕组线电动势 11×30°=330°。

2. 标准联结组

三相变压器的联结组有 24 种，为避免制造和使用时不便，国家标准规定以 Yyn0，Yd11、YNd11、Yy0、YNy0 五种为标准联结组。显然，高低压绕组都为星形联结，连接组号为 0，若高压绕组星形联结，低压绕组为三角形联结时，联结组号为 11。

变压器联结组别不同，对主磁通的波形有影响。当主磁通为正弦波时，励磁电流为非正弦波，含有高次谐波分量，以三次谐波影响最大，而三次谐波在时间上是同相的，星形联结如无中性线，则三次谐波电流无法通过，从而影响主磁通的波形。

若接成三角形，三次谐波电流可以在三角形绕组内形成环流，不会对主磁通波形造成影响，因此在电力系统中，Yy 和 Yyn 联结方式，只适用容量较小的三相心式变压器。

3. 标准联结组应用范围

Yyn0 主要作为容量较小的配电变压器，其二次绕组有中线引出，作为三相四线制供电，可用于照明或动力负载供电。高压侧额定电压不超过 35kV，低压侧一般为 400V（单相 230V）。Yd11 主要用于容量较大，二次额定电压超过 400V 线路中，高压侧额定电压一般不超过 35kV，最大容量为 5600kVA。YNd11 主要用于 110kV 以上的高压输电线中，其高压侧通过中性点接地。Yy0 主要应用于给三相动力负载供电的配电变压器的接线方式。YNy0 主要用于一次侧中性点需要接地的变压器的接线方式。

4. 联结组的判断方法

当已知三相变压器绕组联结同极性端，确定变压器联结组标号的方法是分别画出高压绕组和低压绕组的电动势相量位形图，从图中高压侧线电动势 $\dot{E}_{UV}$ 与低压侧线电动势 $\dot{E}_{uv}$ 的相位关系，便可确定其联结组标号。下面举两个例子说明。

(1) Yy 联结。

1) Yyn0 联结。如图 5-31（a）所示为三相变压器 Yy 联结时接线图，图中将一、二次绕组首端指定为同名端，这时一、二次侧对应相电势为同相位，同时一、二次侧线电势 $\dot{E}_{UV}$ 与 $\dot{E}_{uv}$ 也同相位。如图 5-31（b）所示，若把 $\dot{E}_{UV}$ 指向钟面 12，则 $\dot{E}_{uv}$ 也指向 12，是零点，故其组号为"0"，即 Yy0。

2) Yy6 联结。如图 5-32（a）所示，将一、二次绕组非同名端作为首端，这时一、二次侧相电动势反向，则线电动势 $\dot{E}_{UV}$ 与 $\dot{E}_{uv}$ 相位差 180°，因而得到 Yy6 联结组。其位形图如图 5-32（b）所示。

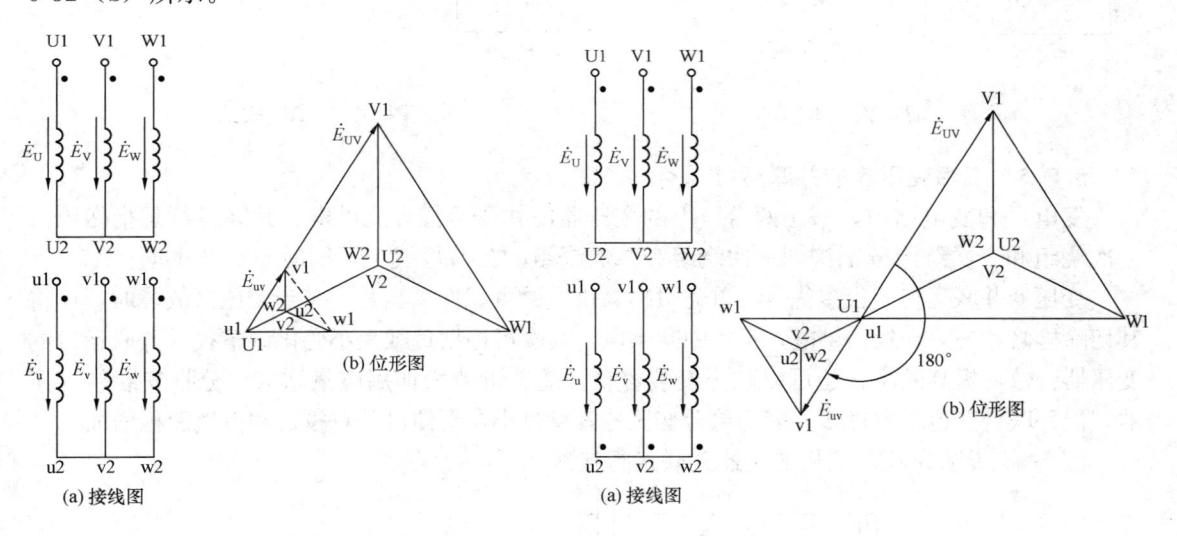

图 5-31 Yyn0 联结组

图 5-32 Yy6 联结组

(2) Yd 联结。

1) Yd11 联结。如图 5-33（a）所示三相变压器 Yd11 接线图，将一、二次绕组同名端标为首端。二次绕组按 u1→v2→v1→w2→w1→u2→u1 的顺序依次连接成三角形。这时一、二次侧对应相电动势同相位，但线电动势 $\dot{E}_{UV}$ 与 $\dot{E}_{uv}$ 相位差为 330°，如图 5-33（b）所示，当 $\dot{E}_{UV}$ 指向钟面 12，则 $\dot{E}_{uv}$ 指向 11，故其联结组号为 11，用 Yd11 表示。

2) Yd1 联结。如图 5-34（a）所示三相变压器 Yd1 接线图，若将二次绕组三角形改为 u1→w2→w1→v2→v1→u2，这时一、二次绕组对应相的电动势也同相，但线电动势 $\dot{E}_{UV}$ 与 $\dot{E}_{uv}$ 相位差 30°，如图 5-34（b）所示，故其联结组号为 1，用 Yd1 表示。

不论 Yy 联结组还是 Yd 联结组，如果一次绕组的三相标记不变，把二次绕组的三相标记 u、v、w 按相序不变，改为 w、u、v，则二次侧各线电动势相量分别转过 120°，相当于转过 4 个钟点，若改标记为 v、w、u 则相当转过 8 个钟点，因而对 Yy 组而言，可得 0、4、8、6、10、2 等 6 个偶数号，对 Yd 联结而言，可得 11、3、7、5、9、1 等 6 个奇数组号。这样有 12 个组号，再考虑改变一、二次绕组的极性，共可得到 24 个组号。

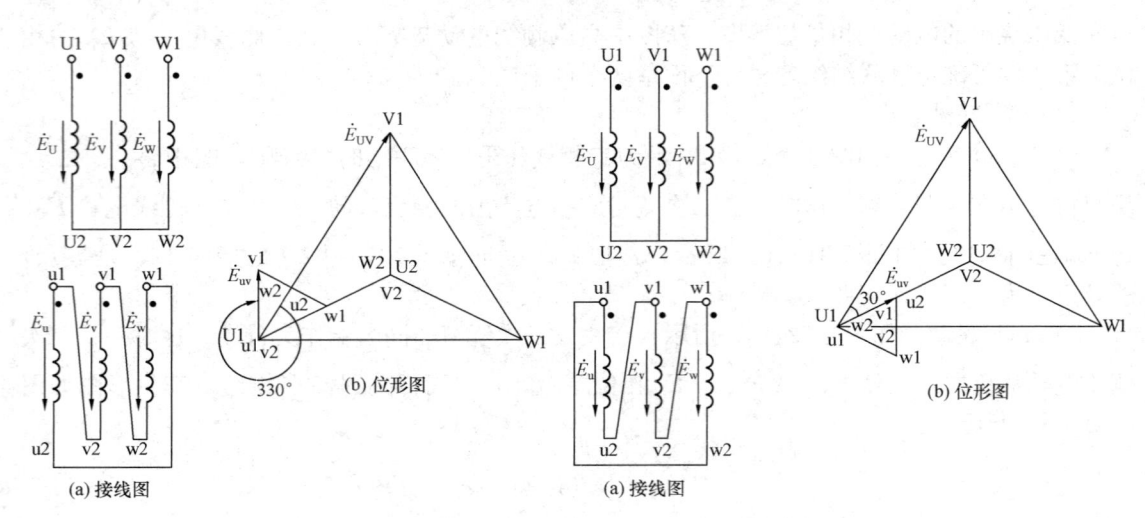

图 5-33　Yd11 联结

图 5-34　Yd1 联结

5.5.3　三相变压器的并联运行

发电厂和变电站中，采用两台以上的变压器以并联运行方式供电。并联运行是指变压器一次绕组和二次绕组分别接到一次绕组和二次绕组的公共母线上，同时对负载供电。

变压器并联运行有很多优点，首先可提高供电的可靠性，当其中一台变压器故障时，可将其切除检修，另一台投入供电，不致中断供电。其次可根据负载大小变化调整投入并联运行的变压器台数，提高效率，还可以减小安装容量。随着负荷增加用电量增大，分批安装新变压器，但并联台数也不宜过多，因为单台变压器容量过小，会使设备总投资和占地面积增加。

图 5-35 所示为两台三相变压器并联运行接线图。

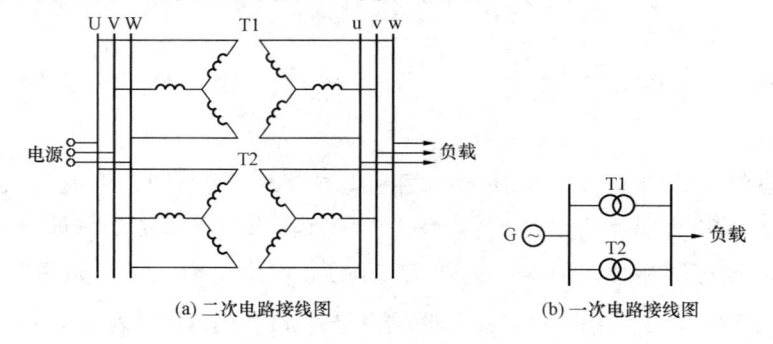

图 5-35　两台变压器并联运行

1. 变压器理想并联运行的条件

变压器理想并联运行情况是：

（1）空载时，每台变压器二次侧电流都为零，与单独空载运行时一样，且各台变压器之间无环流。

(2) 负载时，各台变压器分担的负载电流应与它们的容量成正比。

为满足理想运行情况，并联运行变压器应满足以下条件：

(1) 并联运行变压器，它们的一、二次侧额定电压相同，即变压比 k 相等。

(2) 联结组别相同。

(3) 短路阻抗标幺值相等。

下面对上述三个条件进行分析

(1) 对于变压比 k 不相同很明显，在变压器的二次侧，将产生环流。为保证空载环流不超过额定电流 10%，通常规定并联运行时变压器的变比差与变比的几何平均值之比小于 1%，即

$$\Delta k = \frac{k_\mathrm{I} - k_\mathrm{II}}{\sqrt{k_\mathrm{I} k_\mathrm{II}}} < 1\%$$

(2) 对于联结组别不同，如变压器 T1 联结组别为 Yy0，变压器 T2 联结组别为 Yd11，并联时，二次侧线电压相位差如图 5-36 所示，图中 $U_{2N \cdot \mathrm{I}} = U_{2N \cdot \mathrm{II}} = U_{2N}$，其电压差为

$$\Delta U = |\dot{U}_{2N \cdot \mathrm{I}} - \dot{U}_{2N \cdot \mathrm{II}}| = 2U_{2N} \sin \frac{30°}{2} = 0.518 U_{2N}$$

用标幺值表示为 $\Delta U^* = 51.8\%$

(3) 变压器短路阻抗标幺值不相等时并联运行分析。设两台变压器并联运行，电压比相等，联结组别相同，短路阻抗的标幺值不相等，其等效电路如图 5-37 所示。

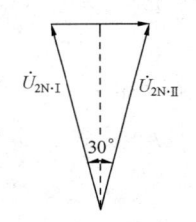

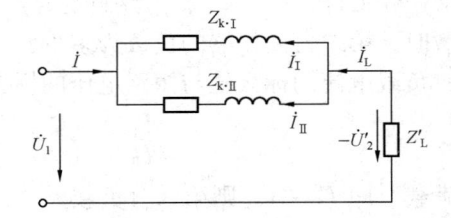

图 5-36 Yy0 与 Yd11 并联二次侧电压相量图　　图 5-37 并联运行简化等效电路

由图 5-37 可知

$$Z_{k \cdot \mathrm{I}} \dot{I}_\mathrm{I} = Z_{k \cdot \mathrm{II}} \dot{I}_\mathrm{II} \tag{5-52}$$

$$\frac{\dot{I}_\mathrm{I}}{\dot{I}_\mathrm{II}} = \frac{Z_{k \cdot \mathrm{II}}}{Z_{k \cdot \mathrm{I}}} = \frac{|Z_{k \cdot \mathrm{II}}|}{|Z_{k \cdot \mathrm{I}}|} \angle (\varphi_{k \cdot \mathrm{II}} - \varphi_{k \cdot \mathrm{I}}) \tag{5-53}$$

由上式可知，各台变压器承担负载与它们的短路阻抗的模成反比，由于两台变压器视在功率之比为

$$\frac{S_\mathrm{I}}{S_\mathrm{II}} = \frac{U_2' I_\mathrm{I}}{U_2' I_\mathrm{II}} = \frac{I_\mathrm{I}}{I_\mathrm{II}} = \frac{Z_{k \cdot \mathrm{II}}}{Z_{k \cdot \mathrm{I}}} \tag{5-54}$$

由于变压器铭牌上给出的是阻抗电压的标幺值，将式 (5-53) 上述各量除以相应的额定值，并根据 $Z_k^* = U_k^*$，代入式 (5-53) 可得

$$\frac{S_\mathrm{I}^*}{S_\mathrm{II}^*} = \frac{I_\mathrm{I}^*}{I_\mathrm{II}^*} = \frac{1}{Z_{k \cdot \mathrm{I}}^*} : \frac{1}{Z_{k \cdot \mathrm{II}}^*} = \frac{1}{U_{k \cdot \mathrm{I}}^*} : \frac{1}{U_{k \cdot \mathrm{II}}^*} \tag{5-55}$$

式（5-55）表明变压器负载电流的标幺值与其短路时阻抗标幺值成反比，即变压器分担的容量与阻抗电压标幺值成反比。当变压器阻抗标幺值相等，即变压器阻抗电压的标幺值相等时，各台变压器分担的负载与它们的容量成正比。

当 $|Z_{k\cdot I}^*| = |Z_{k\cdot II}^*|$，即 $U_{k\cdot I}^* = U_{k\cdot II}^*$ 时

$$S_I^* : S_{II}^* = I_I^* : I_{II}^* = 1$$

$$\frac{S_I}{S_{N\cdot I}} : \frac{S_{II}}{S_{N\cdot II}} = \frac{I_I}{I_{N\cdot I}} : \frac{I_{II}}{I_{N\cdot II}} = 1$$

因而

$$\left. \begin{array}{l} S_I : S_{II} = S_{N\cdot I} : S_{N\cdot II} \\ I_I : I_{II} = I_{N\cdot I} : I_{N\cdot II} \end{array} \right\} \tag{5-56}$$

当各变压器短路阻抗角相等时，各变压器电流相位相同，总负载为各台变压器承担负载的算术和。当 $\varphi_I = \varphi_{II}$，由式（5-52）可知，I_I 与 I_{II} 相位相同，因此总负载电流和总视在功率分别为

$$\left. \begin{array}{l} I_L = I_I + I_{II} \\ S = S_I + S_{II} \end{array} \right\}$$

可见，在短路阻抗的标幺值相等（短路阻抗模的标幺值相等，阻抗角也相等）时，各变压器的负载分配最理想。不过实际变压器短路阻抗角相差不大，可以忽略其影响。以上分析说明，短路阻抗模的标幺值如相差太大不宜并联运行，一般相差不超过 10%。

【例 5-5】 两台三相变压器，其联结组别、额定电压和电压比均相同，第一台额定容量为 3200kVA，$U_{k\cdot I}^* = 7\%$；第二台额定容量为 5600kVA，$U_{k\cdot II}^* = 7.5\%$，试求：第一台变压器满载时，第二台变压器的负载为多少？

解： 负载电流的标幺值与短路电压的标幺值成反比，故

$$\frac{I_I^*}{I_{II}^*} = \frac{U_{k\cdot II}^*}{U_{k\cdot I}^*} = \frac{7.5\%}{7\%} = 1.07$$

第一台满载，即 $I_I^* = 1$，则第二台负载为

$$I_{II}^* = \frac{1}{1.07} = 0.935$$

第二台变压器输出容量 $S_{II} = I_{II}^* S_{N\cdot II} = 0.935 \times 5600 = 5236 \text{(kVA)}$

总输出容量为 $S = S_I + S_{II} = 3200 + 5236 = 8436 \text{(kVA)}$

并联组的利用率为 $\dfrac{S}{S_N} = \dfrac{8436}{3200 + 5600} \times 100\% = 95.9\%$

5.6 其他变压器

在电力系统中和其他用电场合，除前面介绍的普通双绕组变压器以外，还广泛使用一些用于不同场合的有特殊要求的变压器，尽管它的品种和规格不同，但基本理论都是相同的，下面介绍几种常用的变压器。

5.6.1 自耦变压器

普通双绕组变压器一、二次绕组之间仅有磁的耦合，并没有电的联系。自耦变压器只有一个绕组，一次、二次绕组中有一部分是公共绕组。自耦变压器有单相和三相两种，现以单

相自耦变压器为例分析其工作原理，所得结论为三相自耦变压器的每一相也是适用的。

自耦变压器可以看成普通变压器的一种特殊连接，如图 5-38 所示，将一台双绕组变压器的高压绕组和低压绕组串联，一个作为串联绕组，仅作为一次绕组或仅作为二次绕组的部分称为串联绕组。另一个作为公共绕组，仅作为一次绕组或仅作为二次绕组。

(a) 降压自耦变压器　　(b) 升压自耦变压器

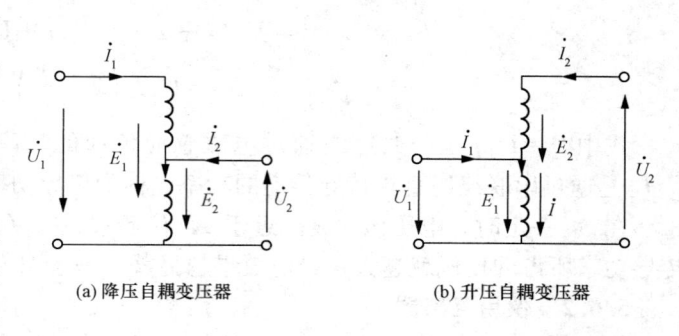

图 5-38　自耦变压器的原理图

如图 5-38（a）所示，串联绕组加上公共绕组作为一次绕组，公共绕组兼作二次绕组，则为降压自耦变压器。如图 5-38（b）中，串联绕组加上公共绕组作为二次绕组，公共绕组兼作一次绕组，则构成升压自耦变压器。

自耦变压器一、二次绕组电动势平衡方程式与普通双绕组变压器相同，忽略漏阻抗电压降，则电压比为

$$\frac{U_1}{U_2} \approx \frac{E_1}{E_2} = \frac{N_1}{N_2} = k \tag{5-57}$$

式中　N_1 和 N_2——一、二次绕组的匝数。

自耦变压器的磁通势平衡方程与普通双绕组变压器相同，即

$$N_1 \dot{I}_1 + N_2 \dot{I}_2 = N_1 \dot{I}_0 \tag{5-58}$$

忽略空载电流 $\dot{I}_0$，则

$$N_1 \dot{I}_1 + N_2 \dot{I}_2 = 0$$

$$\frac{I_1}{I_2} = \frac{N_2}{N_1} = \frac{1}{k}$$

$$\dot{I}_1 = -\frac{\dot{I}_2}{k} \tag{5-59}$$

公共绕组里的电流 $\dot{I} = \dot{I}_1 + \dot{I}_2 = \dot{I}_2 \left(1 - \frac{1}{k}\right)$

忽略 $\dot{I}_0$ 后，$\dot{I}_1$ 和 $\dot{I}_2$ 相位相反，故在数值上

$$I = |I_1 - I_2| = I_2 \left(1 - \frac{1}{k}\right) \tag{5-60}$$

在降压变压器中 $I_1 < I_2$，在升压变压器中 $I_1 > I_2$，由于 I、I_1、I_2 不等，公共绕组和串联绕组可采用不同截面的材料绕制，从而节省了导线材料，所以自耦变压器具有重量轻、价格低、效率高的优点。自耦变压器的容量和双绕组变压器的容量计算方法相同，即 $S_N = U_{1N} I_{1N} = U_{2N} I_{2N}$ 部分是感应功率，另一部分是传导功率在降压变压器中

$$S_2 = U_2 I_2 = U_2 (I + I_1) = U_2 I + U_2 I_1 = S_i + S_t \tag{5-61}$$

$$S_i = U_2 I = U_2 I_2 \left(1 - \frac{1}{k}\right) = S_2 \left(1 - \frac{1}{k}\right) \tag{5-62}$$

在升压变压器中

$$S_1 = U_1 I_1 = U_1(I + I_2) = U_1 I + U_1 I_2 = S_i + S_t \tag{5-63}$$

$$S_i = U_1 I_2 \left(1 - \frac{1}{k}\right) \tag{5-64}$$

式中 $S_i = U_1 I$ 是公共绕组通过电磁感应传递的功率称为感应功率，$S_t = U_1 I_2$ 或 $S_t = U_2 I_1$ 是通过串联绕组直接传导传递的功率，称为传导功率。

在 S_N 一定时，电压比 k 越接近于 1，I_1 越接近于 I_2，则 I 越小，感应功率也越小，则传导功率所占的比例就越大，经济效果越显著，一般取 $k=1.5\sim2$。

5.6.2 仪用互感器

仪用互感器是一种特殊变压器，用于测量电力系统中高电压和大电流。仪用互感器包括电流互感器（TA）和电压互感器（TV）。

互感器的作用：

(1) 将电力系统中一次回路的高电压和大电流变换为二次回路的标准电压（100V）和小电流（5A 或 1A），使测量仪表和保护装置标准化和小型化。

(2) 将测量仪表和继电保护装置与高压电路隔离，防止高压直接引入仪表和继电器，防止仪表、继电器故障影响高压电路，保证工作人员和设备安全。

1. 电流互感器（TA）

如图 5-39 所示为电磁式电流互感器的结构图，主要由铁芯和一次绕组 N1 和二次绕组 N2 构成。其工作原理同普通双绕组变压器一样，其特点是一次匝数很少，一次绕组流过主电路负荷电流并与二次绕组电流大小无关，由主电路负载决定。二次绕组所接仪表和继电器的电流线圈阻抗很小，所以在正常情况下，相当于在变压器短路状态下运行。

由图 5-38 可列出磁动势平衡方程为

$$N_1 \dot{I}_1 - N_2 \dot{I}_2 = N_1 \dot{I}_m$$

$$\dot{I}_1 - \dot{I}'_2 = \dot{I}_m$$

忽略励磁电流 $\dot{I}_m$，可得

$$\dot{I}_1 = \dot{I}'_2 = \frac{N_2}{N_1} \dot{I}_2 = k_i \dot{I}_2 \tag{5-65}$$

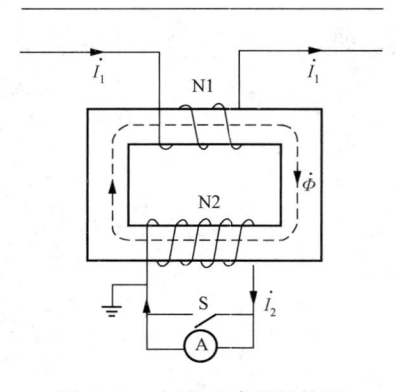

图 5-39 电流互感器结构图

式中 $k_i = \frac{I_1}{I_2} = \frac{N_2}{N_1}$ 称为电流变比，当铁芯未饱和时，可认为是常数。这样，测量 I_2 的电流表可按 $k_i I_2$ 来刻度，从表上直接读出被测量电流。通常，二次绕组额定电流取 5A 或 1A。

由于互感器总有一定的励磁电流，再考虑到铁芯饱和的影响，将 k 视为常数会存在误差。电流互感器的误差包括电流误差和相位误差。电流误差，用相对误差表示为

$$\Delta I = \frac{k_i I_2 - I_1}{I_1} \times 100\% \tag{5-66}$$

根据误差的大小，电流互感器的准确度等级分为：0.2、0.5、1.0、3.0、10.0。如 0.5 级的 TA 表示在额定电流时，误差不超过 $\pm 0.5\%$。对各级允许误差（电流误差与相位误差）见国家有关技术标准。

电流互感器使用注意事项

（1）电流互感器工作时其二次侧不允许开路。当二次绕组开路，$I_2=0$，励磁磁动势由正常时很小的 $I_m N_1$ 骤增为 $I_1 N_1$，由于二次绕组感应电动势与磁通变化率 $\dfrac{d\Phi}{dt}$ 成正比，加之二次绕组匝数 N_2 很多，故在二次绕组中感应数值很高的尖峰波电动势数值可达数千伏甚至上万伏，损坏互感器和设备的绝缘，危及工作人员安全。由于磁通猛增，使铁芯严重饱和，铁损增大引起铁芯和线圈过热而烧毁互感器。还可能在铁芯中产生很大剩磁使互感器特性变坏，增大误差。

如果要在正常运行的电流互感器要拆除仪表、继电器时，应首先将二次绕组可靠地短接，如图 5-39 中将开关 S 闭合后才能拆除。

（2）电流互感器二次侧有一端必须接地。一端接地是为了防止一、二次绕组绝缘击穿时，一次侧高压窜入到二次侧，危及人身和设备安全。

（3）电流互感器在连接时，要注意其端子极性。

（4）二次侧回路串入阻抗值不应超过有关技术标准规定值。要保证在规定的准确度级下工作，误差在允许范围内，二次侧所接负载阻抗必须在允许范围值之内。

2. 电压互感器（TV）

电磁式电压互感器的工作原理与一般电力变压器一样，其特点是容量较小，二次侧所接测量仪表和继电器的电压线圈阻抗值很大，相当于工作在空载状态下的小容量降压变压器。图 5-40 所示为电压互感器原理图。

一次侧被测电压 $\dot{U}_1$，二次侧电压 $\dot{U}_2$，电压比 k_u 为

$$k_u = \frac{E_1}{E_2} = \frac{N_1}{N_2} \approx \frac{U_1}{U_2}$$

$$U_1 = k_u U_2 \qquad (5\text{-}67)$$

式（5-67）表明测量 U_2 的电压表可按 kU_2 来刻度，从表上直接读出被测电压 U_1。通常，二次绕组的额定电压取 100V。

电压互感器由于存在漏阻抗压降，负载电流越大，漏阻抗压降越大，再考虑到励磁电流的影响，所以电压

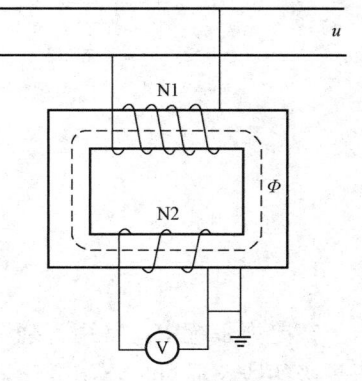

图 5-40 电压互感器原理图

互感器存在误差，包括电压误差和相位误差。按照误差大小，电压互感器分为准确度等级为 0.2、0.5、1.0、3.0 几个等级。每个等级允许误差见有关技术标准。

电压互感器使用注意事项：

（1）电压互感器工作时二次绕组不允许短路，如发生短路，由于变压器短路阻抗很小将产生很大短路电流烧坏互感器。所以电压互感器一、二次绕组要装设熔断器保护。

（2）电压互感器二次侧绕组要一端接地。防止高压窜入二次绕组危及人身和设备安全。

（3）电压互感器连接时，要注意其端子极性。

（4）电压互感器的准确度等级与容量有关，通常额定容量对应于最高准确度级的容量。即电压互感器负载不能太大，否则准确度级降低。

3. 电焊变压器

交流电焊机在生产上应用很广泛，它实际上是一台漏阻抗很大的降压变压器，工作原理

同普通的电力变压器,但工作性能则有很大不同。

为保证电焊质量和电弧燃烧的稳定性,对电焊变压器有以下几点要求:

(1) 具有 60~75V 空载电压以保证容易起弧,考虑操作安全,电压一般不超过 85V。

(2) 电焊变压器应具有迅速下降的外特性,如图 5-41 所示,在额定负载时输出电压为 30~40V。

(3) 短路电流不应太大,也不应太小。短路电流太大会使焊条过热,金属颗粒飞溅,工件易烧穿;短路电流太小,引弧条件差,电源处于短路时间长。一般短路电流不超过额定电流两倍,工作中电流比较稳定。

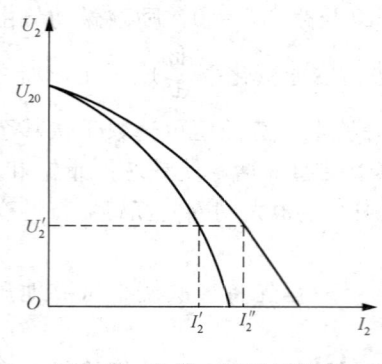

图 5-41 电焊变压器外特性

为了满足上述要求,电焊变压器应有较大的漏抗和可调电抗,在结构上可采用串联可变电抗器和磁分路动铁式的电焊变压器,如图 5-42 所示。

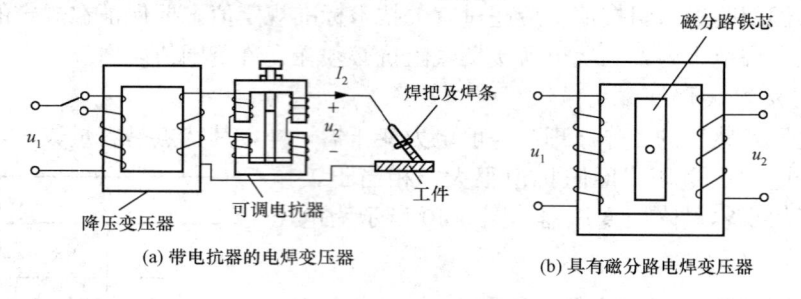

(a) 带电抗器的电焊变压器　　(b) 具有磁分路电焊变压器

图 5-42 电焊变压器的原理接线图

5.7 三绕组变压器

在电力系统中,常用三绕组变压器二次侧连接不同电压等级的电网,或者由两条不同电压等级的线路通过三绕组变压器共同供电。在工厂和民用设施中,还常用单相三绕组变压器提供两种不同电压等级的电压。

三绕组变压器原理图如图 5-43 所示,每相有三个绕组和三个电压等级。三绕组变压器,每相有高压、中压和低压绕组,同心地绕在同一个铁芯柱上,其绕组排列方式如图 5-44 所示。如图 5-43 所示三绕组变压器,一次绕组接电源,两个二次绕组向外提供不同等级电压。

利用空载电势平衡方程可得出三绕组变压器的电压比为

$$\left. \begin{array}{l} \dfrac{U_1}{U_2} \approx \dfrac{E_1}{E_2} = \dfrac{N_1}{N_2} = k_{12} \\[6pt] \dfrac{U_1}{U_3} \approx \dfrac{E_1}{E_3} = \dfrac{N_1}{N_3} = k_{13} \\[6pt] \dfrac{U_2}{U_3} \approx \dfrac{E_2}{E_3} = \dfrac{N_2}{N_3} = k_{23} \end{array} \right\} \quad (5\text{-}68)$$

第 5 章 变 压 器

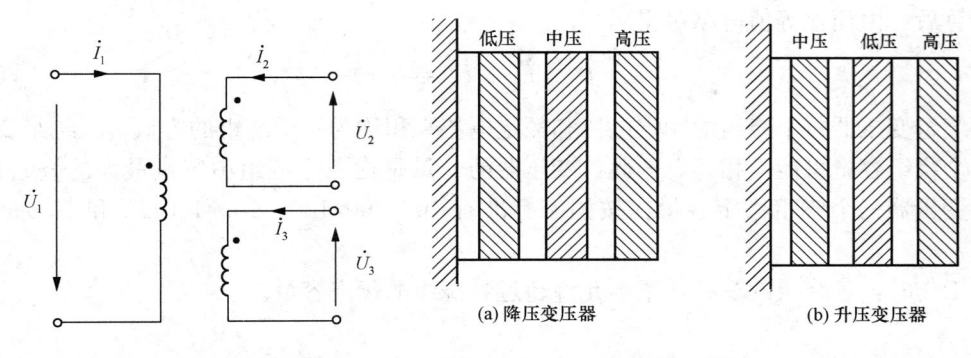

图 5-43 三绕组变压器原理图　　图 5-44 三绕组变压器绕组的布置方法

负载时，用简化等效电路分析，将两个二次绕组折算到一次侧可得

$$\left.\begin{array}{l} U'_2 = k_{12} U_2 \\ U'_3 = k_{13} U_3 \\ I'_2 = \dfrac{I_2}{k_{12}} \\ I'_3 = \dfrac{I_3}{k_{13}} \end{array}\right\} \tag{5-69}$$

画出简化等效电路如图 5-45 所示，图中 X_1、X'_2 和 X'_3 称为等效电抗，它与普通双绕组变压器中的漏电抗有所不同，这是因为三绕组变压器存在自漏磁通和互漏磁通，因此有互感的两绕组之间的等效电感包括各自的自感 L_1、L_2 和互感 M，所以等效电感为

$$L = L_1 + L_2 \pm 2M \tag{5-70}$$

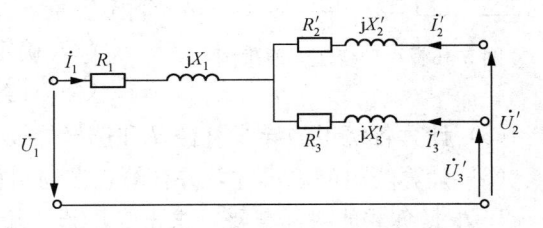

图 5-45 三绕组变压器的简化等效电路

由于互感磁通影响，等效电感可能为正，也可能为负。
由简化等效电路可得负载运行时三绕组变压器的电压平衡方程式为

$$\left.\begin{array}{l} \dot{U}_1 + \dot{U}'_2 = Z_1 \dot{I}_1 - Z'_2 \dot{I}'_2 \\ \dot{U}_1 + \dot{U}'_3 = Z_1 \dot{I}_1 - Z'_3 \dot{I}'_3 \end{array}\right\} \tag{5-71}$$

$$\left.\begin{array}{l} Z_1 = R_1 + jX_1 \\ Z'_2 = R'_2 + jX'_2 \\ Z'_3 = R'_3 + jX'_3 \end{array}\right\} \tag{5-72}$$

三绕组变压器负载运行的电流关系由磁动势平衡方程式可得

$$N_1 \dot{I}_1 + N_2 \dot{I}_2 + N_3 \dot{I}_3 = N_1 \dot{I}_m \tag{5-73}$$

折算后，由简化等值电路可得

$$\dot{I}_1 + \dot{I}_2' + \dot{I}_3' = 0 \tag{5-74}$$

三绕组变压器每个绕组的额定电压和额定电流乘积称为每个绕组的容量，三绕组变压器中，三个绕组容量可能不相等，因此，变压器的容量是指三个绕组中容量最大的绕组容量。三绕组变压器三个绕组额定容量比按国家标准有 100/100/100、100/100/50 和 100/50/100 三种。

在工作时，各绕组的视在功率不允许超过各绕组的额定容量。

5.8 小型单相变压器的电磁计算

工频小容量（小于 1000VA）的单相变压器的实际中应用较多，如电源变压器、控制变压器等，一般小容量变压器一次侧有一个绕组、一个电流、一个电压，而二次侧则可能有多个绕组、多个电流、多个电压。如图 5-46 所示。

5.8.1 小型单相变压器的电磁计算

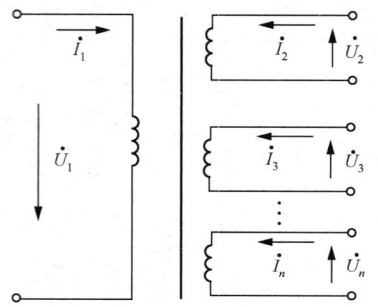

电磁计算内容：

(1) 计算变压器的输出视在功率 S_2。

(2) 计算变压器的输入视在功率 S_1 及输入电流 I_1 和额定容量 S_N。

图 5-46 小型变压器原理图

(3) 确定变压器铁芯面积 S_{Fe} 及选用硅钢片尺寸。

(4) 计算各绕组的匝数 N。

(5) 计算各绕组的导线直径 d 和选择导线。

(6) 计算绕组的总尺寸，并核算铁芯窗口面积。

1. 根据负载的实际需要，求出变压器的输出视在功率 S_2

$$S_2 = U_2 I_2 + U_3 I_3 + \cdots + U_n I_n \tag{5-75}$$

式中　U_2、U_3、$\cdots$、U_n——二次侧各绕组电压，V；

　　　I_2、I_3、$\cdots$、I_n——二次侧各绕组电流，A。

2. 变压器输入视在功率 S_1 及输入电流 I_1 和额定容量 S

$$S_1 = \frac{S_2}{\eta} \tag{5-76}$$

式中　η——变压器的效率。变压器的效率与变压器的输出容量有关，可参考表 5-1 中的经验数据。

输入电流为

$$I_1 = (1.1 \sim 1.2) \frac{S_1}{U_1} \tag{5-77}$$

式中　U_1——变压器的一次电压；

1.1～1.2——考虑变压器空载电流的经验系数，容量越小，其值越大。

变压器的额定容量一般取一、二次容量之和的平均值，即

$$S = \frac{S_1 + S_2}{2} \tag{5-78}$$

表 5-1　　　　　　　变压器效率与变压器输出容量的经验数据

输出容量（VA）	<20	30~50	50~100	100~500	>500
效率（%）	60~70	70~80	80~85	85~90	90~92

3. 确定变压器铁芯面积 S_{Fe} 及选用硅钢片尺寸

小型单相变压器铁芯多采用壳式，铁芯的几何尺寸如图 5-47 所示。它的中柱截面积 S_{Fe} 与变压器功率有关，一般可按下列经验公式决定

$$S_{Fe} = K\sqrt{S} \tag{5-79}$$

式中　K——经验系数。一般 $K=1.1\sim2.0$。

由于硅钢片之间的绝缘和间隙，实际铁芯面积略大于计算值，应为

$$S'_{Fe} = \frac{K\sqrt{S}}{K_e} = \frac{S_{Fe}}{K_e} \tag{5-80}$$

式中　K_e——叠片系数，它与硅钢片的厚度有关，一般厚 0.35mm 热轧硅钢片的 $K_e \approx 0.89$；冷轧硅钢片的 $K_e \approx 0.92$。对于厚 0.5mm 的热轧硅钢片，其 $K_e \approx 0.94$。

根据计算出的 S'_{Fe} 求硅钢片中间舌宽 a。可从表 5-2 查出 S_{Fe} 对应的舌宽 a。

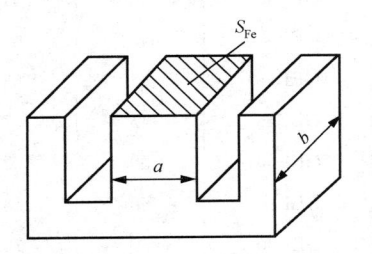

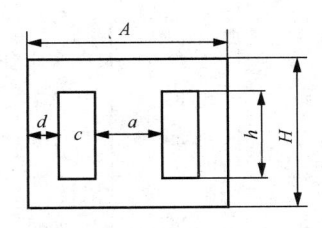

图 5-47　小型变压器硅钢片尺寸

铁芯叠厚 b 的计算

$$b = \frac{S'_{Fe} \times 100}{a} \tag{5-81}$$

铁芯厚度 b 与舌宽 a 之比，应在 1.2~2，否则应重新选取铁芯中柱截面积 S_{Fe}。

4. 计算每个绕组的匝数

由 $E = 4.44fN\Phi_m = 4.44fNB_mS_{Fe}$ 可导出每伏所需要的匝数 N 为

$$N_0 = \frac{N}{E} = \frac{10^4}{4.44fB_mS_{Fe}} \tag{5-82}$$

式中　B_m——铁芯柱磁密最大值。一般冷轧硅钢片取 1.2~1.4T；热轧硅钢片取 1~1.2T；一般电机用热轧钢片 $D_{21}D_{22}$，B_m 取 0.5~0.7T。

这样，每个绕组匝数分别为

$$N_1 = U_1N_0,\ N_2 = 1.05U_2N_0,\ N_3 = 1.05U_3N_0,\cdots \tag{5-83}$$

式中　1.05——考虑二次绕组内部的阻抗压降而增加的匝数系数。

表 5-2　　　　　　　　　　　壳式变压器各种铁芯规格

硅钢片型号	硅钢片中间舌宽 (mm)	叠片厚度 (mm)	铁芯中柱截面积 (cm²)	硅钢片型号	硅钢片中间舌宽 (mm)	叠片厚度 (mm)	铁芯中柱截面积 (cm²)
	a	b	S_{Fe}		a	b	S_{Fe}
GEI-10	10	12.5	1.25	GEI-26	26	42	10.9
GEI-10	10	16	1.6	GEI-30	30	40	12
GEI-10	10	17	1.7	GEI-30	30	42	12.6
GEI-12	12	15	1.8	GEI-30	30	46	13.8
GEI-12	12	18	2.16	GEI-35	35	43	15
GEI-12	12	21	2.52	GEI-35	35	46	16.1
GEI-14	14	20	2.8	GEI-35	35	49	17.2
GEI-16	16	19	3.04	GEI-35	35	51	17.9
GEI-16	16	23	3.68	GEI-40	40	48	19.2
GEI-16	16	28	4.48	GEI-40	40	50	20
GEI-19	19	23	4.38	GEI-40	40	53	21.2
GEI-19	19	28	5.32	GEI-40	40	56	22.4
GEI-19	19	31	5.9	GEI-40	40	64	25.6
GEI-19	19	35	6.65	GEI-45	45	60	27
GEI-19	19	38	7.2	GEI-45	45	63	28.4
GEI-22	22	35	7.7	GEI-45	45	67	30.2
GEI-22	22	39	8.6	GEI-50	50	62	31
GEI-22	22	41	9.02	GEI-50	50	66	33
GEI-26	26	36	9.36	GEI-50	50	70	35
GEI-26	26	38	9.9	GEI-50	50	80	40

5. 计算各绕组导线直径 d

导线直径可按下列公式计算

$$I = \frac{\pi}{4}d^2 j = Sj \tag{5-84}$$

式中　I——绕组电流，A；

　　　S——导线截面积，mm²；

　　　d——导线直径，mm；

　　　j——电流密度，A/mm²。

则

$$d = \sqrt{\frac{4I}{\pi j}} = 1.13\sqrt{\frac{I}{j}} \tag{5-85}$$

式 (5-85) 中电流密度一般选用 $j = 2 \sim 3 \text{A/mm}^2$，短时工作的变压器可取 $j = 4 \sim 5 \text{A/mm}^2$。

根据计算的直径 d 查圆导线规格表，见表 5-3、表 5-4 选出标称直径接近而稍大的标准漆包线。

一次绕组导线的直径为 $d_1 = 1.13\sqrt{\dfrac{I_1}{j}}$

二次绕组导线的直径为 $d_2 = 1.13\sqrt{\dfrac{I_2}{j}}$，$d_3 = 1.13\sqrt{\dfrac{I_3}{j}}$，…。

表 5-3　　　　　　　　　　　　　圆导线规格

裸线直径 d(mm)	截面积 S(mm²)	裸线直径 d(mm)	截面积 S(mm²)	裸线直径 d(mm)	截面积 S(mm²)	裸线直径 d(mm)	截面积 S(mm²)
0.06	0.002 83	0.27	0.057 3	0.69	0.374	1.35	1.431
0.07	0.003 85	0.29	0.066 1	0.72	0.407	1.40	1.539
0.08	0.005 03	0.31	0.075 5	0.74	0.430	1.45	1.651
0.09	0.006 36	0.33	0.085 5	0.77	0.466	1.50	1.767
0.10	0.007 85	0.35	0.096 2	0.80	0.503	1.56	1.911
0.11	0.009 50	0.38	0.113 1	0.83	0.541	1.62	2.06
0.12	0.011 31	0.41	0.132 0	0.86	0.581	1.68	2.22
0.13	0.013 3	0.44	0.152 1	0.90	0.636	1.74	2.38
0.14	0.015 4	0.47	0.173 5	0.93	0.679	1.81	2.57
0.15	0.017 67	0.49	0.188 6	0.96	0.724	1.88	2.78
0.16	0.020 1	0.51	0.204	1.00	0.785	1.95	2.99
0.17	0.022 7	0.53	0.221	1.04	0.849	2.02	3.20
0.18	0.025 5	0.55	0.238	1.08	0.916	2.10	3.46
0.19	0.028 4	0.57	0.255	1.12	0.985	2.26	4.01
0.20	0.031 4	0.59	0.273	1.16	1.057	2.44	4.68
0.21	0.034 6	0.62	0.302	1.20	1.131	—	—
0.23	0.041 5	0.64	0.322	1.25	1.227	—	—
0.25	0.049 1	0.67	0.353	1.30	1.327	—	—

表 5-4　　　　　　　　　　　　　圆截面漆包线　　　　　　　　　　　　单位：mm

导线品种裸线直径	高强度聚酯漆包线 QZ	硅有机单玻璃丝包线	硅有机双玻璃丝包线
0.06~0.14	0.03	—	—
0.15~0.21	0.04	—	—
0.23~0.33	0.05	—	—
0.35~0.49	0.06	—	—
0.51~0.62	0.07	—	—
0.64~0.72	0.08	0.20	0.25
0.74~0.96	0.09	0.22	0.25
1.0~1.74	0.11	0.22	0.27
1.81~2.02	0.12	0.24	0.28
2.1~2.44	0.13	—	—

6. 计算绕组总的尺寸、校核铁芯窗口面积

如图 5-48 所示，变压器线圈绕在框架上，根据已知的绕组的匝数、线径、绝缘厚度等计算出的绕组总厚度 B 应小于铁芯窗口宽度 c，否则，应重新计算或重选铁芯才行。

铁芯选定后，窗口高度 h 可查表 5-5，其框架长度也等于 h。线圈在框两端共有 10% 不绕线。因此，框架的有效长度为

$$h' = 0.9(h-2) \tag{5-86}$$

计算各绕组每层可绕线匝数 N_n 为

$$N_n = \frac{0.9(h-2)}{K_p d'_n} \tag{5-87}$$

式中 K_p——排绕组系数。按线径粗细，一般选在 1.05~1.15；

d'_n——包括绝缘厚度的导线直径。

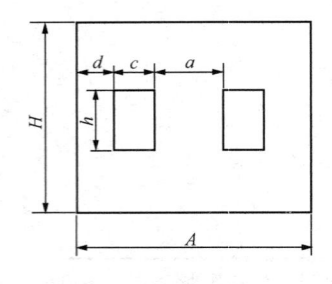

图 5-48 铁芯窗口示意图

表 5-5 小型变压器用硅钢片尺寸

硅钢片型号	铁芯尺寸 (mm)						窗口面积 (cm²)
	A	H	h	c	a	d	
GE-10 GI-10	36	31	18	6.5	10	6.5	1.17
GE-12 GI-12	44	38	22	8	12	8	1.76
GE-14 GI-14	50	43	25	9	14	9	2.25
GE-16 GI-16	56	48	28	10	16	10	2.8
GE-19 GI-19	67	57.5	33.5	12	19	12	4.02
GE-22 GI-22	78	67	39	14	22	14	5.46
GE-26 GI-26	94	81	47	17	26	17	7.99
GE-30 GI-30	106	91	53	19	30	19	10.07
GE-35 GI-35	123	105.5	61.5	22	35	22	13.53
GE-40 GI-40	144	124	72	26	40	26	18.72

每组绕组需绕的层数 m 为

$$m = \frac{N}{N_n} \tag{5-88}$$

式中　N——各绕组匝数；

　　　N_n——各绕组每层所绕的匝数。

那么，一次绕组的总厚度 B_1 为

$$B_1 = m_1(d'_1 + \delta_1) + r_1 \tag{5-89}$$

式中　δ_1——层间绝缘厚度。导线直径在 0.2mm 以下的，采用每一层厚为 $0.02\sim0.04$mm 的白玻璃纸；在 0.2mm 以上的，采用厚为 $0.05\sim0.08$mm 的电缆纸或电话纸；再粗的导线，可采用厚为 0.12mm 的电缆纸；

　　　r_1——绕组间绝缘厚度，是一、二次绕组间的绝缘层。当电压在 500V 以下时，可用厚为 0.12mm 的电缆纸或用 $2\sim3$ 层白玻璃纸夹一层聚酯薄膜。

同样计算出各二次绕组的厚度 B_2、B_3、…

$B_2 = m_2 d'_2 + (m_2 - 1)\delta_2 + r_2$

$B_3 = m_3 d'_3 + (m_3 - 1)\delta_3 + r_3$

…

所有绕组的总厚度为

$$B = (B_0 + B_1 + B_2 + B_3 + \cdots)(1.1\sim1.2) \tag{5-90}$$

式中　B_0——绕组框架的厚度，mm；

$1.1\sim1.2$——叠绕系数。

$B < c$（窗宽）时，即可进行绕组的绕制。否则要重选铁芯，重新计算。

【例 5-6】试计算一台单相电源变压器，规格要求如图 5-49 所示。

解：计算步骤如下。

(1) 计算变压器输出视在功率 S_2。图中 N_2 绕组供全波整流用，且用 π 形滤波器，因此实际输出视在功率应为绕组视在功率的 $0.7\sim0.8$ 左右。即

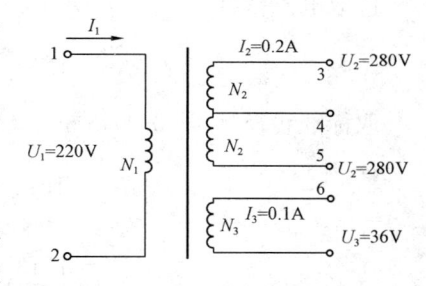

图 5-49　单相电源变压器

$$S_2 = K_B(2U_2 I_2) + U_3 I_3$$
$$= 0.77 \times (2 \times 280 \times 0.2) + 36 \times 0.1 \approx 90(\text{VA})$$

式中 取 $K_B = 0.77$。

(2) 计算变压器的输入视在功率 S_1、输入电流 I_1 和额定容量 S。

输入视在功率 S_1 为　　$S_1 = \dfrac{S_2}{\eta} = \dfrac{90}{0.9} = 100(\text{VA})$

式中取 $\eta = 0.9$。

输入电流 I_1 为

$$I_1 = (1.1\sim1.2)\dfrac{S_1}{U_1} = 1.1 \times \dfrac{100}{220} = 0.5(\text{A})$$

额定容量 S_N 为　　$S_N = \dfrac{S_1 + S_2}{2} = \dfrac{90 + 100}{2} = 95(\text{VA})$

(3) 计算铁芯中柱截面积 S_{Fe} 及选用硅钢片尺寸选用热轧硅钢片，$K_e \approx 0.89$，K 取 1.25。

$$S_{Fe} = K\sqrt{S} = 1.25\sqrt{95} = 12.2(\text{cm}^2)$$

$$S'_{Fe} = \frac{S_{Fe}}{K_e} = \frac{12.2}{0.89} = 13.7(\text{cm}^2)$$

由表 5-2 查出铁芯舌宽 $a = 30\text{mm}$

$$b = \frac{S'_{Fe} \times 100}{a} = \frac{13.7 \times 100}{30} = 45.7(\text{mm})$$

$$\frac{b}{a} = \frac{45.7}{30} = 1.52$$

此值在 1~2，可用。

(4) 计算每个绕组的匝数 N。

$f = 50\text{Hz}$，取 $B_m = 1\text{T}$，则每伏匝数为

$$N_0 = \frac{4.5 \times 10}{B_m S_{Fe}} = \frac{4.5 \times 10}{1 \times 12.2} = 3.69$$

一次匝数　　$N_1 = U_1 N_0 = 220 \times 3.69 = 812$

二次匝数　　$N_2 = 1.05 U_2 N_0 = 1.05 \times 280 \times 3.69 = 1085$

$\qquad\qquad N_3 = 1.05 U_3 N_0 = 1.05 \times 36 \times 3.69 = 140$

(5) 计算导线直径 d。

选取电流密度　　$j = 3\text{A/mm}^2$，则

$$d_1 = 1.13\sqrt{\frac{I_1}{j}} = 1.13\sqrt{\frac{0.5}{3}} = 0.46(\text{mm})$$

取标准线径 $d_1 = 0.47\text{mm}$

$$d_2 = 1.13\sqrt{\frac{I_2}{j}} = 1.13\sqrt{\frac{0.2}{3}} = 0.29(\text{mm})$$

$$d_3 = 1.13\sqrt{\frac{I_3}{j}} = 1.13\sqrt{\frac{0.1}{3}} = 0.21(\text{mm})$$

查 QZ 型漆包线带漆膜后的直径为

$d'_1 = 0.51\text{mm}$，$d'_2 = 0.33\text{mm}$，$d'_3 = 0.24\text{mm}$

(6) 计算绕组总尺寸并校核铁芯窗口面积。

铁芯窗口的有效高度 h 由表 5-5 查得为 53mm，因此

$$h' = 0.9(h-2) = 0.9 \times (53-2) = 45.9(\text{mm})$$

一次绕组每层匝数为 $N_{n1} = \dfrac{0.9(h-2)}{K_p d'_n} = \dfrac{0.9(53-2)}{1.05 \times 0.51} = 86$

二次绕组每层匝数为 $\qquad N_{n2} = \dfrac{0.9(53-2)}{1.05 \times 0.33} = 133$

$$N_{n3} = \frac{0.9(53-2)}{1.05 \times 0.24} = 182$$

式中取 $K_p = 1.05$

各绕组应绕的层数为 $\qquad m = \dfrac{N}{N_n}$

将数据代入后 $\qquad m_1 = \dfrac{N_1}{N_{n1}} = \dfrac{812}{86} = 9.44\quad$ 取 10 层

$$m_2 = \frac{2N_2}{N_{n2}} = \frac{2 \times 1085}{143} = 15.17 \quad \text{取 18 层}$$

$$m_3 = \frac{N_3}{N_{n3}} = \frac{140}{182} = 0.77 \quad \text{取 1 层}$$

骨架用厚 1mm 纸板制作，外包两层厚 0.05mm 的电话纸及两层厚 0.05mm 的聚酯薄膜，即 $B_0=1.2$mm。绕组之间绝缘取厚 0.12mm 的电缆纸和厚 0.05mm 的聚酯薄膜各两层，即 $r=0.34$mm，绕组层间绝缘取 0.05mm 的电话纸一层，即 $\delta=0.05$mm。

一次绕组总厚度为
$$B_1 = m_1(d'_1 + \delta_1) + r_1 = 10 \times (0.51 + 0.05) + 0.34 = 5.94 \text{(mm)}$$

二次绕组的厚度为
$$B_2 = m_2 d'_2 + (m_2 - 1)\delta_2 + r_2 = 16 \times 0.33 + (16 - 1) \times 0.05 + 0.34 = 6.37 \text{(mm)}$$
$$B_3 = m_3 d'_3 + (m_3 - 1)\delta_3 + r_3 = 1 \times 0.24 + (1 - 1) \times 0.05 + 0.34 = 0.58 \text{(mm)}$$

绕组总厚度 B 为
$$B = (B_0 + B_1 + B_2 + B_3) \times 1.1 = (1.2 + 5.94 + 6.37 + 0.58) \times 1.1 = 15.5 \text{(mm)}$$

由表 5-5 可知，GE-30 铁芯窗口宽度为 $c = 19$mm，$B < c$，故计算结果可用。

5.8.2 小型单相变压器电磁计算的计算机算法

根据上述算法，我们编写出以下 C 语言程序来完成小型变压器的设计，为了满足设计的一般通用型要求，例题中的数据按照二次侧有三个绕组来处理，即该程序最多可以设计有三个二次侧绕组的情况。

源程序：

```c
#include"math.h"
#include"stdio.h"
#include"string.h"
main( )
{   int U1,U2,U3,U4,a;
    float I1,I2,I3,I4,KB1,KB2,KB3,KB4,Kp;
    float S,S1,S2,SFe,SFee,N0,p,q;
    float eata,KC,KB,Ke,K=1.1,Bm,deta,r;
    float b,c,d1,d2,d3,d4,d11,d21,d31,d41,h;
    int f=50,d11,d22,d33,d44;
    float N11,N21,N31,N41,m11,m21,m31,m41;
    float Nn11,Nn21,Nn31,Nn41,B0,B1,B2,B3,B4,B;
    int   Nn1,Nn2,Nn3,Nn4,N1,N2,N3,N4,m1,m2,m3,m4;
int choice;
int i,j,k;
char xinghao[7];
float Z;
struct corespe
{char cspe[7];
int a1;
float b1;
```

```
   float CSFe;
}cspect[] = {"GEI_10",10,12.5,1.25,"GEI_10",10,16,1.6,"GEI_10",10,17,1.7,"GEI_12",12,15,1.8,"
GEI_12",12,18,2.16,"GEI_12",12,21,2.52,"GEI_14",14,20,2.8,"GEI_16",16,19,3.04,"GEI_16",16,23,
4.38,"GEI_16",16,28,4.48,"GEI_19",19,23,4.38,"GEI_19",19,28,5.32,"GEI_19",19,31,5.9,"GEI_19",
19,35,6.65,"GEI_19",19,38,7.2,"GEI_22",22,35,7.7,"GEI_22",22,39,8.6,"GEI_22",22,41,9.02,"GEI_
26",26,36,9.36,"GEI_26",26,38,9.9,"GEI_26",26,42,10.9,"GEI_30",30,40,12,"GEI_30",30,42,12.6,"
GEI_30",30,46,13.8,"GEI_35",35,43,15,"GEI_35",35,46,16.1,"GEI_35",35,49,17.2,"GEI_35",35,51,
17.9,"GEI_40",40,48,19.2,"GEI_40",40,50,20,"GEI_40",40,53,21.2,"GEI_40",40,56,22,4};
   struct corespe *p1;
   p1 = &cspect[0];
   struct corespe1
   {char cspe1[7];
   int al1;
   float bl1;
   float CSFe1;
}cspect1[] = {{"GEI_40",40,64,25.6},{"GEI_45",45,60,27},{"GEI_45",45,63,28.4},{"GEI_45",45,
67,30.2},{"GEI_50",50,62,31},{"GEI_50",50,66,33},{"GEI_50",50,70,35},{"GEI_50",50,80,40}};
   struct corespe1 *p5;
   p5 = &cspect1[0];
   struct linespe
   {float dl;
    float area;
}line[] = {{0.06,0.00283},{0.07,0.00385},{0.08,0.00503},{0.09,0.00636},{0.10,0.00785},{0.11,
0.00950},{0.12,0.01131},{0.13,0.0133},{0.14,0.0154},{0.15,0.01767},{0.16,0.0201},{0.17,
0.0227},{0.18,0.0225},{0.19,0.0284},{0.20,0.0314},{0.21,0.0346},{0.23,0.0415},{0.25,0.0491},
{0.27,0.0573},{0.29,0.0661},{0.31,0.0755},{0.33,0.0855},{0.35,0.0962},{0.38,0.1131},{0.41,
0.1320},{0.44,0.1521},{0.47,0.1735},{0.49,0.1886},{0.51,0.204},{0.53,0.221},{0.55,0.238},
{0.57,0.255},{0.59,0.273},{0.62,0.302},{0.64,0.322},{0.67,0.353},{0.69,0.374},{0.72,0.407},
{0.74,0.430},{0.77,0.466},{0.80,0.503},{0.83,0.541},{0.86,0.581},{0.90,0.636},{0.93,0.679},
{0.96,0.724},{1.00,0.785},{1.04,0.849},{1.08,0.916},{1.12,0.985},{1.16,1.057},{1.20,1.131},
{1.25,1.227},{1.30,1.327},{1.35,1.431},{1.40,1.539},{1.45,1.651},{1.50,1.767},{1.56,1.911},
{1.62,2.06},{1.68,2.22},{1.74,2.38},{1.81,2.57},{1.88,2.78},{1.95,2.99},{2.02,3.20},{2.10,
3.46},{2.26,4.01},{2.44,4.68}};
   struct linespe *p2;
   p2 = &line[0];
   struct chicun
   {char xh[7];
   int A;
   float H;
   float hl;
   float cl;
   int a;
   float d;
```

```c
    float AREA;
}chicunxz[] = {{"GEI_10",36,31,18,6.5,10,6.5,1.17},{"GEI_12",44,38,22,8,12,8,1.76},{"GEI_14",
50,43,25,9,14,9,2.25},{"GEI_16",56,48,28,10,16,10,2.8},{"GEI_19",67,57.5,33.5,12,19,12,4.02},
{"GEI_22",78,67,39,14,22,14,5.46},{"GEI_26",94,81,47,17,26,17,7.99},{"GEI_30",106,91,53,19,30,
19,10.07},{"GEI_35",123,105.5,61.5,22,35,22,13.53},{"GEI_40",144,124,72,26,40,26,18.72}};
    struct chicun *p3;
    p3 = &chicunxz[0];
    struct waipi
    {float biaochengd;
     float waipid;
    }waipizj[] = {0.06,0.085,0.07,0.095,0.08,0.105,0.09,0.115,0.1,0.125,0.11,0.135,0.12,0.145,
0.13,0.155,0.14,0.165,0.15,0.18,0.16,0.19,0.17,0.2,0.18,0.21,0.19,0.22,0.2,0.23,0.21,0.24,
0.23,0.27,0.25,0.29,0.27,0.31,0.29,0.33,0.31,0.35,0.33,0.37,0.35,0.39,0.38,0.42,0.41,0.45,
0.44,0.48,0.47,0.51,0.49,0.530,0.51,0.560,0.53,0.580,0.55,0.600,0.57,0.620,0.59,0.640,0.62,
0.670,0.64,0.690,0.67,0.720,0.69,0.740};
    struct waipi *p4;
    p4 = &waipizj[0];
    printf("请输入已知条件(电压单位V电流单位A):U1= ,U2= ,U3= ,U4= ,I2= ,I3= ,I4= \n");
    scanf("%d%d%d%d%f%f%f",&U1,&U2,&U3,&U4,&I2,&I3,&I4);
    printf("请选择KB系数:\n");
    printf("KB2=   ,KB3=   ,KB4=   \n");
    scanf("%f%f%f",&KB2,&KB3,&KB4);
    S2 = KB2*U2*I2 + KB3*U3*I3 + KB4*U4*I4;
    S2 = ((int)S2/10 + 1)*10;
    printf("S2 = %.0fV.A\n",S2);
    printf("请选择效率eata:0<=eata<=0.92\n");
    printf("eata = ");
    scanf("%f",&eata);
    S1 = S2/eata;
    printf("S1 = %.0fV.A\n",S1);
    I1 = K*S1/U1;
    S = (S1 + S2)/2;
    printf("I1 = %.1fA\n",I1);
    printf("S = %.0fV.A\n",S);
    printf("请选择铁芯材料,1—热轧0.35mm;2—冷轧0.35mm;3—热轧0.5mm\n");
    printf("choice = ");
    scanf("%d",&choice);
    if(choice == 1)
       Ke = 0.89;
      else if(choice == 2)
         Ke = 0.92;
         else if(choice == 3)
            Ke = 0.94;
```

```
                else printf("你是不是选择错误了,选择范围(1-3)!! \n");
    printf("请设定参数 K:\n");
    printf("K = ");
    scanf(" %f",&K);
    SFe = K * sqrt(S);
printf("SFe = %.1f 平方厘米\n",SFe);
    SFee = SFe/Ke;
    printf("SFee = %.1f 平方厘米\n",SFee);
for(i = 0;i<32;i++)
    {if(((p1 + i) ->CSFe<SFee)&&((p1 + i + 1) ->CSFe> = SFee))
    {a = (p1 + i + 1) ->al;
    strcpy(xinghao,(p1 + i + 1) ->cspe);
     printf("选择的型号是 %s\n",xinghao);
     break;
    }
    }
for(i = 0;i<8;i++)
    {if(((p5 + i) ->CSFe1<SFee)&&((p5 + i + 1) ->CSFe1> = SFee))
    {a = (p5 + i + 1) ->al1;
    strcpy(xinghao,(p5 + i + 1) ->cspe1);
     printf("选择的型号是 %s\n",xinghao);
     break;
    }
    if(i = = 8)
    printf("没有合适的型号可供选择! \n");}
POS1:b = SFee * 100/a;
    Z = b/a;
    if(Z>1.2&&Z<2)
        printf("a = %dmm,b = %.1fmm\n",a,b);
    else{a = (p1 + (++i) + 1) ->al;
        xinghao[7] = (p1 + (++i) + 1) ->cspe[7];
        goto POS1;}
printf("请选择 Bm 值:\n 冷轧 1.2 至 1.4T;热轧 1 至 1.2T;一般电机热轧 0.5 至 0.7T\n");
printf("Bm = ");
scanf(" %f",&Bm);
N0 = 10 * 10 * 10 * 10/(4.44 * f * Bm * SFe);
printf("N0 = %f\n",N0);
N1l = U1 * N0;
N1 = (int)N1l + 1;
N2l = 1.05 * U2 * N0;
N2 = (int)N2l + 1;
N3l = 1.05 * U3 * N0;
N3 = (int)N3l + 1;
```

```
N4l = 1.05 * U4 * N0;
N4 = (int)N4l + 1;
printf("N1 = %d 匝,N2 = %d 匝,N3 = %d 匝,N4 = %d 匝\n",N1,N2,N3,N4);
printf("请选取电路密度,j= A/mm2\n");
scanf("%d",&j);
d1 = sqrt(I1/j) * 1.13;
d2 = sqrt(I2/j) * 1.13;
d3 = sqrt(I3/j) * 1.13;
d4 = sqrt(I4/j) * 1.13;
printf("裸线直径为:d1 = %.2fmm,d2 = %.2fmm,d3 = %.2fmm,d4 = %.2fmm\n",d1,d2,d3,d4);
d11 = (int)((d1 + 0.005) * 100);
d22 = (int)((d2 + 0.005) * 100);
d33 = (int)((d3 + 0.005) * 100);
d44 = (int)((d4 + 0.005) * 100);
for(i = 0;i<37;i++)
{q = (p4 + i) ->biaochengd;
p = (float)d11/100;
 if(p = = q||p<q)
{d1l = (p4 + i) ->waipid;
 break;}
}
if(i = = 37)
printf("本程序表中数据没有合适 d1l 的!");
for(i = 0;i<37;i++)
{q = (p4 + i) ->biaochengd;
p = (float)d22/100;
 if(p = = q||p<q)
{d2l = (p4 + i) ->waipid;
 break;}
}
if(i = = 37)
printf("本程序表中数据没有合适 d2l 的!");
for(i = 0;i<37;i++)
{q = (p4 + i) ->biaochengd;
p = (float)d33/100;
 if(p = = q||p<q)
{d3l = (p4 + i) ->waipid;
 break;}
}
if(i = = 37)
printf("本程序表中数据没有合适 d3l 的!");
for(i = 0;i<37;i++)
{q = (p4 + i) ->biaochengd;
```

```
p=(float)d44/100;
 if(p= =q||p<q)
{d4l=(p4+i)->waipid;
 break;}
}
if(i= =37)
printf("本程序表中数据没有合适d4l的!");
printf("查QZ型漆包线带漆膜后的直径为:\n");
printf("d1l=%.2fmm,d2l=%.2fmm,d3l=%.2fmm,d4l=%.2fmm\n",d1l,d2l,d3l,d4l);
for(i=0;i<10;i++)
{if(strcmp(xinghao,(p3+i)->xh)= =0)
{h=(p3+i)->hl;
c=(p3+i)->cl;
break;}
}
if(i= =10)printf("表格中没有对应型号的数据,获取数据错误!");
printf("查表得h=%.1fcm\n",h);
printf("请选择排绕组系数:Kp在1.05至1.15之间\nKp=");
scanf("%f",&Kp);
Nn1l=0.9*(h-2)/(Kp*d1l);
Nn1=(int)Nn1l+1;
Nn2l=0.9*(h-2)/(Kp*d2l);
Nn2=(int)Nn2l+1;
Nn3l=0.9*(h-2)/(Kp*d3l);
Nn3=(int)Nn3l+1;
Nn4l=0.9*(h-2)/(Kp*d4l);
Nn4=(int)Nn4l+1;
m1l=N1/Nn1;
m1=(int)m1l+1;
m2l=N2/Nn2;
m2=(int)m2l+1;
m3l=N3/Nn3;
m3=(int)m3l+1;
m4l=N4/Nn4;
m4=(int)m4l+1;
printf("一次绕组每层匝数Nn1=%d匝\n二次绕组每层匝数Nn2=%d匝\n三次绕组每层匝数Nn3=%d匝\n四次绕组每层匝数Nn4=%d匝\n",Nn1,Nn2,Nn3,Nn4);
printf("各绕组应绕的层数为:m1=%d层  m2=%d层  m3=%d层 m4=%d层\n",m1,m2,m3,m4);
printf("请选择层间绝缘厚度deta=   和绕组间绝缘厚度r=:,B0=:(单位mm)\n");
scanf("%f%f%f",&deta,&r,&B0);
B1=m1*(d1l+deta)+r;
B2=m2*d2l+(m2-1)*deta+r;
B3=m3*d3l+(m3-1)*deta+r;
```

```
B4 = m4 * d4l + (m4 - 1) * deta + r;
printf("B1 = %.2fmm,B2 = %.2fmm,B3 = %.2fmm,B4 = %.2fmm\n",B1,B2,B3,B4);
B = B0 + B1 + B2 + B3 + B4;
printf("绕组总厚度B = %.1fmm\n",B);
if(B<c)
printf("经查表知,%s铁芯窗口宽度为c = %.1fmm,B<c,故计算结果可用。\n",xinghao,c);
}
```

在 VC6 中编译并运行程序，可得如下结果：

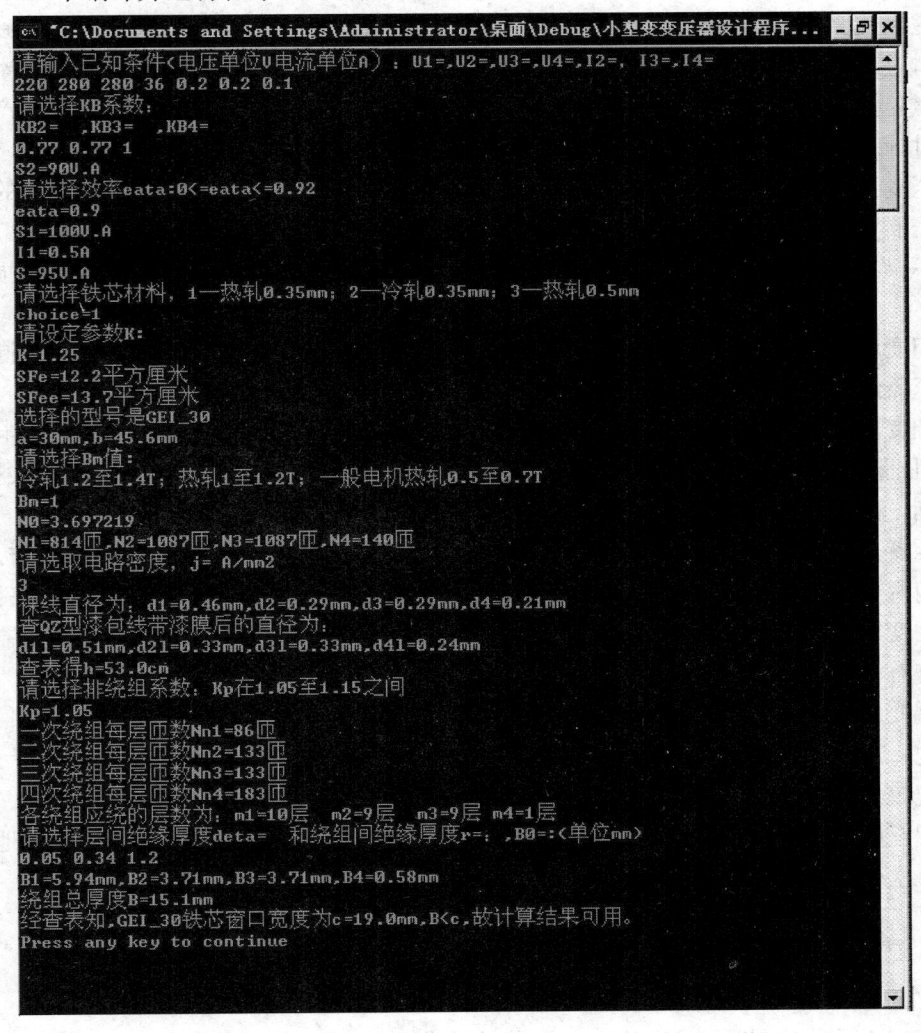

```
请输入己知条件(电压单位V电流单位A)：U1=,U2=,U3=,U4=,I2=,I3=,I4=
220 280 280 36 0.2 0.2 0.1
请选择KB系数:
KB2= ,KB3= ,KB4=
0.77 0.77 1
S2=90V.A
请选择效率eata:0<=eata<=0.92
eata=0.9
S1=100V.A
I1=0.5A
S=95V.A
请选择铁芯材料, 1—热轧0.35mm; 2—冷轧0.35mm; 3—热轧0.5mm
choice=1
请设定参数K:
K=1.25
SFe=12.2平方厘米
SFee=13.7平方厘米
选择的型号是GEI_30
a=30mm,b=45.6mm
请选择Bm值：
冷轧1.2至1.4T；热轧1至1.2T；一般电机热轧0.5至0.7T
Bm=1
N0=3.697219
N1=814匝,N2=1087匝,N3=1087匝,N4=140匝
请选取电路密度,j= A/mm2
3
裸线直径为：d1=0.46mm,d2=0.29mm,d3=0.29mm,d4=0.21mm
查QZ型漆包线带漆膜后的直径为：
d1l=0.51mm,d2l=0.33mm,d3l=0.33mm,d4l=0.24mm
查表得h=53.0cm
请选择排绕组系数,Kp在1.05至1.15之间
Kp=1.05
一次绕组每层匝数Nn1=86匝
二次绕组每层匝数Nn2=133匝
三次绕组每层匝数Nn3=133匝
四次绕组每层匝数Nn4=183匝
各绕组应的层数为：m1=10层  m2=9层  m3=9层 m4=1层
请选择层间绝缘厚度deta=  和绕组间绝缘厚度r=: ,B0=:(单位mm)
0.05 0.34 1.2
B1=5.94mm,B2=3.71mm,B3=3.71mm,B4=0.58mm
绕组总厚度B=15.1mm
经查表知,GEI_30铁芯窗口宽度为c=19.0mm,B<c,故计算结果可用。
Press any key to continue
```

小 结

变压器是一种变换交流电能的静止电气设备，它利用一次、二次绕组的匝数不同，通过电磁感应作用，把一种电压等级的交流电能转变为同频率的另一种电压等级的交流电能。起到改变交流电的电压、电流和阻抗的作用。

在分析变压器内部电磁关系时，按磁通分布和作用不同分为主磁通和漏磁通。主磁通交链一次、二次绕组，在一次、二次绕组中感应电动势起着传递能量的媒介作用，而漏磁通通过空气间隙等非铁磁性介质闭合只交链自身的绕组，只起电抗压降的作用。

分析变压器内部电磁关系有基本方程式、等效电路和相量图三种方法。基本方程式是一种数学表达式，它概述了电动势和磁动势平衡的两个基本电磁关系。负载变化对一次侧影响是通过二次磁动势 F_2 来实现的。等效电路从基本方程式出发，用物理概念以电路形式模拟实际变压器，而相量图是基本方程式的一种图形表示，反映了各电磁量的大小和时间相位关系，三者是统一的。在定量计算中用等效电路方法求解，在定性分析中常用相量图。

励磁阻抗 Z_m 和漏电抗 x_1、x_2 是变压器的重要参数，每一种电抗对应磁场中的磁通，励磁电抗对应于主磁通，受磁路饱和影响，所以不是常数，而漏电抗对应于漏磁通基本上为常数。励磁阻抗和漏阻抗参数可通过空载实验和短路试验方法求出，或通过厂家提供产品技术数据通过计算得到。

电压变化率 ΔU 和效率是衡量变压器运行性能的两个主要指标。电压变化率达的大小反映了变压器负载运行时二次侧电压的稳定性，而效率则表明变压器运行的经济性。ΔU 和 η 的大小不仅与变压器的参数有关还与负载的大小和性质有关。变压器在铜损等于铁损时效率最高。

三相变压器分为三相组式变压器和三相心式变压器。三相组式变压器是由三个同型号的单相变压器组成，因此每相磁路是独立的，三相心式变压器各相磁路是相关联的。

三相变压器两侧电压的相位关系通常用时钟法来表示，即所谓的联结组别。影响变压器的联结组别除有绕组绕向和首末端标志外还决定于三相绕组的连接方式。变压器共有 12 种联结组别，国家标准规定有 5 种标准联结组。

变压器并联运行的条件是：①变比相等；②组别相同；③短路电压（短路阻抗标幺值）相等。前两个条件保证变压器空载运行时变压器绕组之间不会出现环流，后一个条件保证并联运行的变压器的容量得到充分利用。必须严格要求满足条件②，否则会烧坏变压器。其他条件允许有一定偏差。

自耦变压器一次、二次绕组间不仅有磁的耦合而且还有电的直接联系，和同容量普通变压器相比，自耦变压器具有省材料、损耗小、体积小等优点。其缺点是短路电抗标幺值小、短路电流较大。

仪用互感器是测量用的变压器使用时要注意误差的影响和注意将二次侧绕组接地。电流互感器二次侧不允许开路，电压互感器二次侧不允许短路，否则会烧坏互感器。

思 考 题

5-1 变压器的铁芯作用是什么？为什么要用 0.35mm 厚、表面涂有绝缘漆的硅钢片叠成？

5-2 如误将变压器一次绕组接到额定电压的直流电源上会发生什么情况？

5-3 一台 380/220V 的单相变压器，如误将 380V 交流电源电压接到低压绕组上，会发生什么情况？

5-4 如将一台设计频率为 60Hz 的变压器接在 50Hz 的交流电源上，其他条件不变，问：主磁通、空载电流、铁芯损耗和励磁电抗、漏电抗如何变化？

5-5　试说明变压器励磁阻抗和漏阻抗的物理意义。

5-6　为什么变压器空载损耗功率近似等于铁芯损耗，而铁芯损耗又称为不变损耗？短路损耗近似等于铜损耗，而铜损耗又称为可变损耗。

5-7　什么称为标幺值？使用标幺值计算有什么优点？

5-8　试证明变压器阻抗电压的标幺值等于短路阻抗的标幺值。

5-9　试证明变压器两侧的阻抗用标幺值表示是相等的。

5-10　变压器的电压调整率与哪些因素有关？变压器的效率与哪些因素有关？

5-11　三相变压器并联运行的条件是什么？试分析任一条件不满足时的运行结果。

5-12　自耦变压器的功率是如何传递的？为什么它的设计容量小于额定容量？

5-13　使用电流互感器和电压互感器应注意哪些事项？

5-14　一台变比为 220/110V 的单相变压器，在出厂之前做"极性"实验，如图 5-50 所示。在 $U1U2$ 端加 220V 电压，$U2u2$ 连在一起，用电压表测量 $U1u1$ 见电压，当 $U1u1$ 为同名端时，电压表读数为多少？当 $U1u1$ 为非同名端时，电压表读数为多少？

5-15　画出三相变压器联结组别为 Yy2、Yy6、Dy3、yd9 的接线图及位形图。

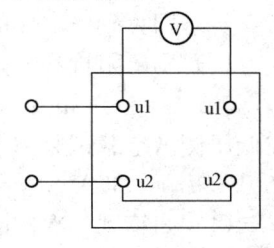

图 5-50　题 5-14 变压器同名端测试

5-16　试画出图 5-51 所示各三相变压器的电动势位形图并判断联结组别。

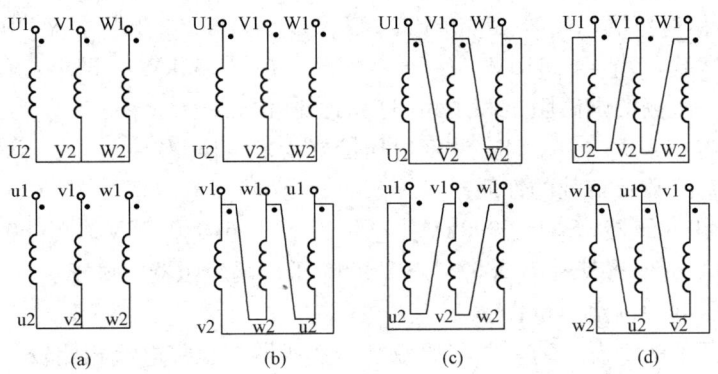

图 5-51　题 5-16 三相变压器连接组别接线图

计 算 题

5-1　一台单相变压器，一次绕组加 10 000V 电压，空载时，二次绕组电压 230V，满载时，二次电流为 217A。求电压比和满载时一次绕组电流。

5-2　一台三相变压器，每相高、低压绕组匝数比 $N_1/N_2 = 10$，分别求变压器在 Yy、Yd、Dy、Dd 联结时，空载线电压的比值。

5-3　一台三相变压器，$S_N = 5000\text{kVA}$，$U_{1N}/U_{2N} = 66/10.5\text{kV}$，Yd 联结，试求：

(1) 额定电流 I_{1N}、I_{1N}；

(2) 相电流 I_{1P}、I_{1P};

(3) 线电流 I_{1L}、I_{1L}。

5-4 一台三相变压器，$S_N = 5600\text{kVA}$，$U_{1N}/U_{2N} = 10/6.3\text{kV}$，Yd 联结，室温 25℃。在低压侧做空载试验，$U_{2N} = 6300\text{V}$，$I_{20} = 7.4\text{A}$，$p_0 = 6.8\text{kW}$；在高压侧做短路试验，$U_{1k} = 550\text{V}$，$I_{1k} = 323\text{A}$，$P_k = 18\text{kW}$。试求：

(1) 归算到一次侧的励磁阻抗和短路阻抗的实际值；

(2) 励磁阻抗和短路阻抗的标幺值。

5-5 一台单相变压器，$S_N = 200\text{kVA}$，$U_{1N}/U_{2N} = 10/0.38\text{kV}$，室温 25℃。在低压侧做空载试验，$U_{2N} = 380\text{V}$，$I_{20} = 39.5\text{A}$，$P_0 = 1100\text{W}$；在高压侧做短路试验，$U_{1k} = 450\text{V}$，$I_{1k} = 20\text{A}$，$P_k = 4100\text{W}$。试求：

(1) 归算到一次侧的励磁阻抗和短路阻抗的实际值；

(2) 励磁阻抗和短路阻抗的标幺值。

5-6 一台三相变压器，$S_N = 750\text{kVA}$，$U_{1N}/U_{2N} = 10/0.4\text{kV}$，Yd 联结，室温 25℃。在低压侧做空载试验，$U_{2N} = 400\text{V}$，$I_{20} = 65\text{A}$，$P_0 = 3.7\text{kW}$；在高压侧做短路试验，$U_{1k} = 450\text{V}$，$I_{1k} = 35\text{A}$，$P_k = 7.5\text{kW}$。试求：

(1) 归算到一次侧的励磁阻抗和短路阻抗的实际值。

(2) 在额定负载时，分别计算 $\cos\varphi_2 = 0.8$、$\cos\varphi_2 = 1$、$\cos(-\varphi_2) = 0.8$ 时三种情况下的电压调整率和效率；

(3) 求短路阻抗的标幺值 R_k^*、X_k^*、Z_k^*。

5-7 一台三相变压器，$S_N = 5600\text{kVA}$，$U_{1N}/U_{2N} = 35/6.3\text{kV}$，Yd 联结，室温 25℃。在高压侧作短路试验，$U_{1k} = 2610\text{V}$，$I_{1k} = 92.3\text{A}$，$P_k = 53\text{kW}$。试求：

(1) 归算到一次侧的励磁阻抗和短路阻抗的实际值；

(2) 当 $U_1 = U_{1N}$，$I_2 = I_{2N}$ 时，测定电压恰好为额定值 $U_2 = U_{2N}$。不考虑温度的影响，求此时的负载功率因数及负载的性质。

5-8 一台三相变压器，$S_N = 5600\text{kVA}$，$U_{1N}/U_{2N} = 6.6/3.3\text{kV}$，Yyn0 联结的双绕组变压器，$Z_k^* = 0.105$。现将其改为 9.9/3.3kV 的降压自耦变压器，试求：

(1) 自耦变压器的额定容量；

(2) 额定电压下的稳态电流，并与原双绕组变压器的稳定电流相比较。

5-9 两台变压器并联运行，额定容量和阻抗标幺值为 $S_{1N} = 20000\text{kVA}$、$Z_{1k}^* = 0.08$；$S_{2N} = 10\,000\text{kVA}$、$Z_{1k}^* = 0.06$。如总负载电流为 $I_L = 200\text{A}$，试求两台变压器的一次侧电流各为多少？

5-10 某变电站有 Yyn0 联结的三台变压器并联运行，各自数据如下：

第Ⅰ台，$S_{\text{I}\cdot N} = 3200\text{kVA}$，$U_{1N}/U_{2N} = 35/6.3\text{kV}$，$u_k^* = 6.9\%$；

第Ⅱ台，$S_{\text{II}\cdot N} = 5600\text{kVA}$，$U_{1N}/U_{2N} = 35/6.3\text{kV}$，$u_k^* = 7.5\%$；

第Ⅲ台，$S_{\text{III}\cdot N} = 3200\text{kVA}$，$U_{1N}/U_{2N} = 35/6.3\text{kV}$，$u_k^* = 7.6\%$。

试计算：

(1) 总输出容量为 10000kVA 时，各台变压器分担的负载容量；

(2) 不允许任何一台过载时的最大输出容量及并联组的利用率。

5-11 一台普通双绕组变压器，$S_N = 3\text{kVA}$，$U_{1N}/U_{2N} = 230/115\text{V}$，现将其接成自耦变

压器。求下述两种接法下变压器容量及满载时的感应功率和传导功率。

(1) 改接成 345/115V 的降压自耦变压器。

(2) 改接成 230/345V 的降压自耦变压器。

5-12 现利用一台额定电压为 6000/100V 的电压互感器 TV 和一台额定电流为 100/5A 的电流互感器 TA 测量某电路的电压和电流。TV 测得二次电压 80V，TA 测得二次电流 4A，试问被测电路的电压和电流为多少？

5-13 SCL-1600/10 型（铝线）三相变压器，Dyn 联结。$S_N = 1600 \text{kVA}$，$U_{1N}/U_{2N} = 10/0.4 \text{kV}$，$I_{1N}/I_{2N} = 92.5/2312 \text{A}$。在低压侧做空载试验，测得 $U_{1L} = 400 \text{V}$，$I_{0L} = 104 \text{A}$，$P_0 = 3950 \text{W}$。在高压侧做短路实验，测得 $U_{kL} = 600 \text{V}$，$I_{1L} = 92.5 \text{A}$，$P_k = 13300 \text{W}$。实验时室温 20℃。求折算到高压侧 75℃时的 R_m、X_m、$|Z_m|$ 和 R_k、X_k、$|Z_k|$。

电机与拖动基础

第 6 章　交流电机的基本理论

知识目标

- 知道同步电机的工作原理。
- 知道异步电机的工作原理。
- 交流电机绕组及感应电动势。

能力目标

- 熟悉交流电机的绕组。
- 掌握交流绕组磁动势和电动势的分析方法。

使用交流电能或者产生交流电能的旋转电机称为交流电机。交流电机包括同步电机和异步电机两大类。转速与所接电源的频率存在一种严格不变关系的称为同步电机，而异步电机的转速与所接电源的频率并不存在这种关系，所以称为异步电机。

同步电机和异步电机在励磁方式和运行特性等方面有很大差异，但电机内部发生的电磁现象和机电能量转换原理基本上是相同的，可归并到一起研究。

本章介绍交流电机的电枢绕组、电动势及磁动势。

6.1　交流电机工作原理

6.1.1　同步电机的工作原理

下面以同步发电机说明同步电机的工作原理。

如图 6-1 所示，同步电机由定子和转子两部分构成，定转子间有气隙，定子上嵌放一组三相对称绕组 U1U2、V1V2、W1W2，每相绕组匝数相等，在空间位置互差 120°电角度，为简便，图中每相绕组仅用一个线圈表示。转子磁极上装有励磁绕组，由直流电源供电。正确选择磁极形状使气隙磁通密度沿定子内圆按正弦分布，如图 6-2 所示。

当转子顺时针方向恒速旋转时，在气隙中形成一个正弦旋转磁场，磁场幅值不变，其所在空间位置随转子旋转而旋转，形成旋转磁场。旋转磁场不断切割定子每相绕组，并在其中感应出正弦电动势，电动势大小由 $e = Blv$ 确定，方向按右手定则确定。如图 6-3 所示，由于三相绕组对称，在空间互差 120°电角度，当旋转磁场依次切割 U 相、V 相和 W 相绕组时，所产生的感应电动势也对称，即各相电动势幅值大小相等，时间相位差 120°。

把定子三相绕组 U2V2W2 三个线端接在一起，在 U1V1W1 三

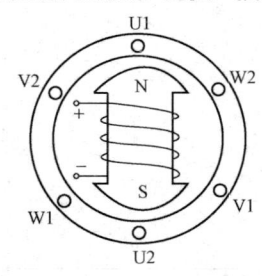

图 6-1　同步发电机结构模型

个出线端之间可得三相对称交变电动势 e_u、e_v、e_w。当发电机三个出线端接上三相对称负载,产生三相对称交流电流,发电机输出电能。三相交流电流会在气隙中产生一个同转子同转速的旋转磁场,它与励磁绕组在气隙中产生的旋转磁场合成为气隙磁场。三相交流电流与气隙旋转磁场相互作用产生电磁转矩,在发电机状态下,该转矩方向与转子转向相反,为维持转矩平衡,原动机必须不断提供给转子机械转矩,才能维持电机转速不变,这样发电机完成了由机械能转换为电能。如图 6-3 所示,三相电动势相序 UVW,方向取决于转子的转向。当转子旋转一周机械角度为 $\theta = 360°$,而电气角度为 $p\theta = p \cdot 360°$,即感应电动势变化了 p 个周期。设转子每分钟转速为 n_1,则感应电动势的频率为

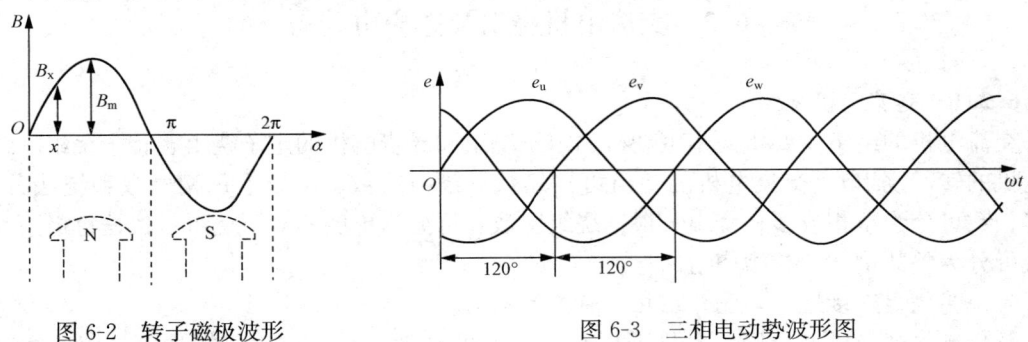

图 6-2 转子磁极波形

图 6-3 三相电动势波形图

$$f = \frac{pn_1}{60} \tag{6-1}$$

从式(6-1)可知,同步发电机转速 n_1 和电网频率 f 之间有一定关系,即当电网电源频率 f 一定时,电机的转速 $n_1 = 60f/p$ 为常数,这是同步电机的特点。

6.1.2 异步电机的工作原理

下面以异步电动机为例说明异步电机的工作原理。异步电机结构如图 6-4 所示,其定子结构由定子铁芯和三相交流绕组构成。转子有转子铁芯和转子绕组构成。转子绕组是一个闭合的交流绕组,通常转子铁芯槽内有导体,导体两端用短路环连接,形成一个闭合绕组。

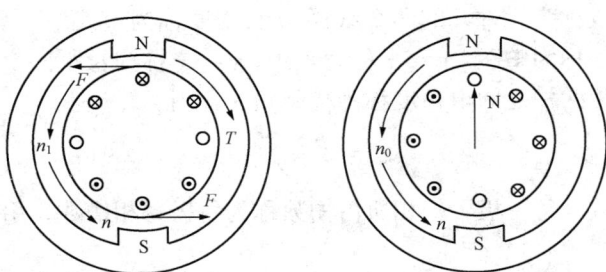

(a) 转子电流有功分量产生电磁转矩   (b) 转子电流的无功分量产生去磁作用

图 6-4 异步电动机的工作原理

当定子绕组通过三相对称交流电流时,在定子、转子间气隙建立以同步转速 n_1 旋转的旋转磁场,转向由通入三相交流电流的相序确定。设旋转磁场逆时针旋转,磁力线切割转子导体并在其中产生感应电动势,于是转子导体产生交变电流。感应电流分为有功分量和无功分量。如图 6-4(a)所示,转子电流有功分量产生电磁转矩;如图 6-4(b)所示,转子电

流无功分量产生去磁作用。由电磁力定律可知，转子导体电流与旋转磁场相互作用，作用力方向由左手定则确定，所有导体受到电磁力作用形成逆时针方向的电磁转矩，使转子与旋转磁场同方向旋转。如转子轴上带有机械负载，则电磁转矩克服机械负载转矩做功，电动机输出机械功率，实现了由电能到机械能的转换。

由于转子导体必须与旋转磁场有相对运动，转子转速 n 与旋转磁场速度 n_1 之间必须有转速差 Δn，才能在转子绕组中产生感应电动势和感应电流，从而形成电磁转矩。由于有转速差 Δn，所以称为异步电机，也称为感应电机。

6.2 交流电机绕组及感应电动势

6.2.1 交流电机绕组

交流电机的绕组主要指同步电动机的定子绕组和异步电机的定子绕组、转子绕组（绕线式电机的转子绕组）。交流电机的绕组可按相数、绕组层数、每极下每相槽数和绕法分类。根据相数可分为单相或多相绕组；根据绕组层数，可分为单层和双层绕组；根据每极下每相槽数可分为整数槽和分数槽绕组。

为说明绕组连接规律，先介绍几个有关的术语。

(1) 电角度与机械角度。电机圆周在几何上可分为 360°，称为机械角度。若磁场在空间按正弦分布，导体每转过一对磁极，电势变化一个周期，故称为一对磁极对应的电角度为 360°电角度。对于极对数为 p 的电机，两者之间关系为电角度等于 p 乘以机械角度。

(2) 极距和节距。相邻磁极轴线之间沿定子内周跨过的距离为极距 τ，可用下式计算

$$\tau = \frac{\pi D}{2p}$$

τ 可以用槽数表示，即

$$\tau = \frac{Z}{2p} \tag{6-2}$$

电机槽内线圈（或称为元件）的两个线圈边的宽度称为节距 y，一般用两个线圈边所跨槽数表示，如 $y=\tau$ 称为整距，$y<\tau$ 称为短距，$y>\tau$ 称为长距。

(3) 槽距角。相邻两槽之间电角度称为槽距角 α，则

$$\alpha = \frac{p \times 360°}{Z} \tag{6-3}$$

(4) 每极每相槽数。每一极下每相所占槽数称为每极每相槽数，用 q 表示，如定子相数为 m，则

$$q = \frac{Z}{2pm} \tag{6-4}$$

$q=1$，称为集中绕组；$q \neq 1$ 称为分布绕组；q 为整数称为整数槽绕组，q 为分数称为分数绕组，通常采用整数槽分布绕组。

(5) 相带。电机每极面下每相绕组占有的范围称为相带，一般用电角度表示。一种方法是在每个极面下均占有相等范围，每个相带占有 180°/3=60°电角度；另一种方法是把每对极所对应的槽分为三等份，使每相带占 360°/3=120°电角度。一般均采用 60°相带。

三相绕组分为单层绕组和双层绕组。如果一个槽内只放一个圈边,这种绕组称为单层绕组;单层绕组有叠绕组、波绕组和同心式绕组之分。如果一个槽内放两个分属两个线圈的圈边,这种绕组称为双层绕组。

1. 三相单层绕组

(1) 单层叠绕组。绕组是由线圈构成的,线圈又称为元件。如图 6-5 所示为线圈示意图和三相单层叠绕组的展开图。

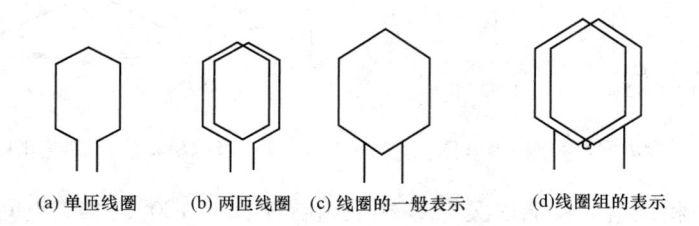

(a) 单匝线圈　(b) 两匝线圈　(c) 线圈的一般表示　(d) 线圈组的表示

图 6-5　线圈示意图和三相单层叠绕组的展开图

下面以电机槽数 $Z=12$,$p=1$,并联支路数 $a=1$ 为例说明三相单层叠绕组的连接规律。

绕组参数计算:

极距　　　　　$\tau = \dfrac{Z}{2p} = \dfrac{12}{2 \times 1} = 6$

槽距角　　　　$\alpha = \dfrac{p \times 360°}{Z} = \dfrac{1 \times 360°}{12} = 30°$

每极每相槽数　$q = \dfrac{Z}{2pm} = \dfrac{12}{2 \times 1 \times 3} = 2$

取整距绕组 $y = \tau = 6$,绘制绕组展开图方法如下:

如图 6-6 所示。假设把电机定子沿轴向剖开,展开成一个平面,在上画出 12 条等距直线代表定子槽及槽中线圈有效边,编上槽号,标出 N 极和 S 极。根据 $y=6$ 将第一个线圈的左圈边放在第 1 号槽内,则它的右圈边在 7 号槽内。第二个线圈的左边放在第 2 号槽内,右圈边放在 8 号槽内。根据 $q=2$ 将两个线圈串联构成 U 相绕组,同时将第 3、4 线圈串联构成 W 相绕组,5、6 线圈构成 V 相绕组。三相绕组三个首端 U1V1W1 之间互差 120°。U1 从第 1 个槽引出,V1 滞后 U1 120°,由于槽距角为 30°,则 V1 和 U1 相差 4 个槽,所以应从第 5 号槽引出 V1,从第 10 号槽引出 W1。

三相绕组连接用下式表示,括号内数字代表线圈边及所在的槽号。

U1—(1—7)—(2—8)—U2
V1—(5—11)—(6—12)—V2
W1—(10—3)—(10—4)—W2

(2) 单层链式绕组。从图 6-6 单层叠绕组展开图可以看出,线圈端部互相交叉,为了缩短端部连线,节省用铜或者便于嵌线、散热,在实际应用中,常将绕组改进成单层链式绕组。以上述 U 相绕组为例,将 U 相绕组的 2-7,8-1 号线圈边连成 2 个节距相等的线圈。按电动势相加原则头尾-尾头连接。构成 U 相绕组,其展开图如图 6-7 所示。

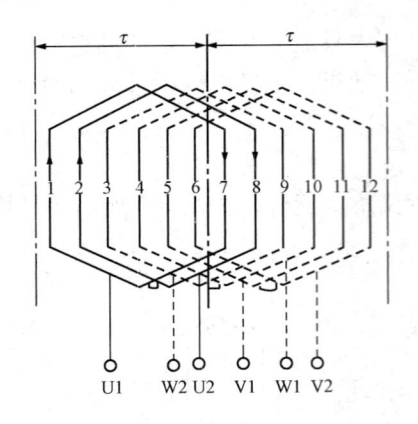

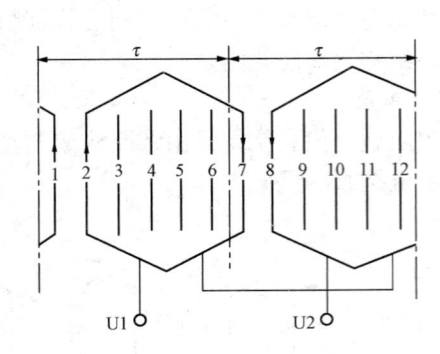

图 6-6 三相单层叠绕组展开图　　图 6-7 两极电机单层链式绕组 U 相展开图

同样，V、W 相绕组的首端依次与 U 相绕组首端相差 120°和 240°空间电气角度。可以画出 V、W 相绕组展开图。可见，链式绕组的每个线圈节距相等，并且制造方便，线圈端部连线较短，省铜。

图 6-8 所示为 4 极电机，定子槽数 24，单层链式绕组 U 相展开图。

单层绕组
$$2p=4，Z_1=24，q=\frac{Z_1}{2pm}=\frac{24}{2\times2\times3}=2$$
$$\alpha=\frac{p\times360°}{Z_1}=\frac{2\times360°}{24}=30°$$

图 6-8 4 极电机单层链式绕组 U 相展开图

(3) 单层同心式绕组。三相单层绕组为减少端部接线，节省铜线，或为了嵌线工艺方便，常采用同心式绕组、链式绕组或交叉式绕组。这几种绕组与上述三相单层绕组比较起来，每相绕组所占槽、串联元件都没有变化，只是各元件边连接的先后次序改变了，因此总电动势没有变化。

链式绕组主要用于 $q=2$ 的 4、6、8 极小型三相异步电动机。对于 $q=3,p\geqslant2$ 的单层绕组常改进成交叉式绕组；对于 $q=4,6,8$ 等偶数的 2 极小型三相异步电动机，常采用单层同心式绕组。同心式绕组可以减小短接部分长度和重叠现象，有利于散热。

以上述 4 极 24 槽单层绕组为例，做 U 相绕组展开图。将 U 相绕组的 4-13、1-16 号线圈边连成两个小线圈，3-14、2-15 号线圈边连成两个大线圈。按电动势相加原则头尾尾头连接。构成 U 相绕组，其展开图如图 6-9（a）所示。也可以按图 6-9（b）连接，由 4 个同心线圈组成 U 相绕组。

第 6 章 交流电机的基本理论

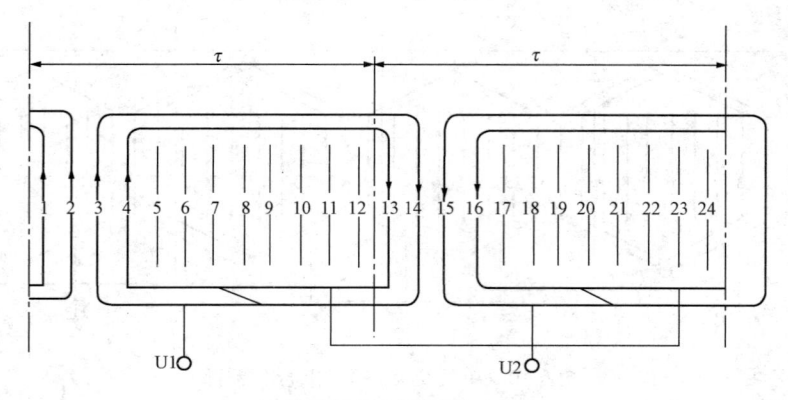

(a) 每相两个同心绕组串联

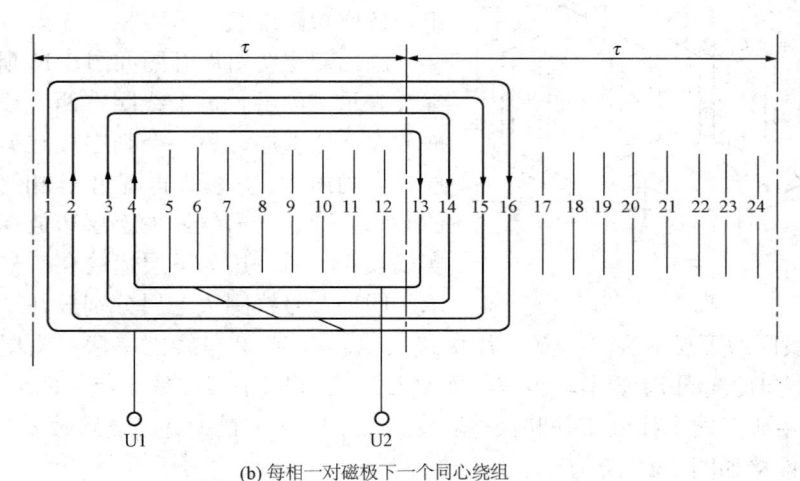

(b) 每相一对磁极下一个同心绕组

图 6-9 单层同心式绕组展开图图

(4) 单层交叉式绕组。设一台 4 极异步电动机，定子槽数 $Z_1=36$。

极距 $$\tau = \frac{Z}{2p} = \frac{36}{2\times 2} = 9$$

每极每相槽数 $$q = \frac{Z}{2pm} = \frac{36}{2\times 2\times 3} = 3$$

槽距角 $$\alpha = \frac{p\times 360°}{Z} = \frac{2\times 360°}{36} = 20°$$

采用 60°相带，绘出单层交叉式 U 相绕组展开图如图 6-10 所示。

2. 三相双层叠绕组

假设电机槽数 $Z=12$，$p=1$，$m=3$，$y=5$ 则

槽距角 $$\alpha = \frac{p\times 360°}{Z} = \frac{1\times 360°}{12} = 30°$$

极距 $$\tau = \frac{Z}{2p} = \frac{12}{2\times 1} = 6$$

每极每相槽数 $$q = \frac{Z}{2pm} = \frac{12}{2\times 1\times 3} = 2$$

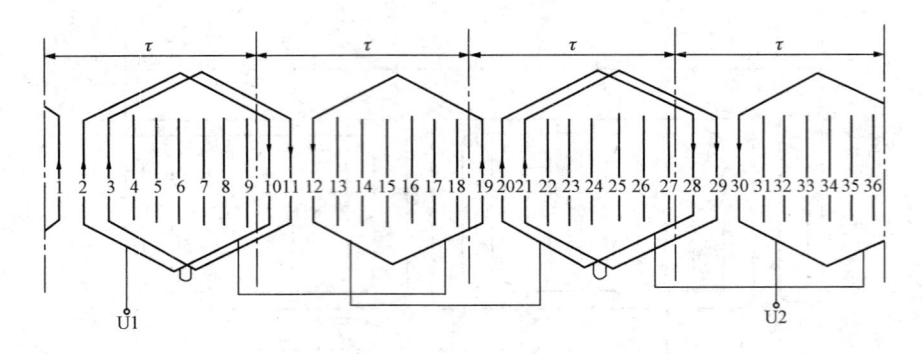

图 6-10　单层交叉式 U 相绕组展开图

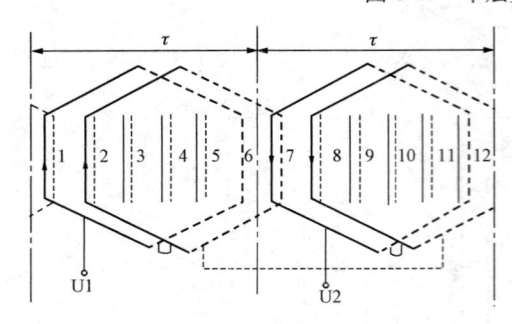

图 6-11　三相双层叠绕组

为改善电动势波形和节省材料，采用短距绕组，按取短距绕组，节距 $y=5$。

画出双层绕组展开图如图 6-11 所示。这里用虚线表示槽内层，每个线圈有两个线圈边，一个嵌放在某槽上层，另一个则嵌放在另一个槽的下层。先画出 N、S 极，再画出 U 相绕组展开图如图 6-11 所示。1 号线圈的上层边放在 1 号槽中用实线表示，另一边为下层边放在 6 号槽用虚线表示。同理 2 号线圈边上层分别放在 2 号槽，用实线表示，2 号线圈边下层放在 7 号槽，用虚线表示。将 1、2 号线圈串联（头尾相连接）组成线圈组 U1。同理线圈 7、8 串联组成线圈组 U2。U 相共有 2 个线圈组。两个线圈组串联，并联支路数 $a=1$，两个线圈组并联，并联支路数 $a=2$。最大并联支路数 $a=p=2$。

各相绕组连接如图 6-12 所示：

U 相绕组连接

（1）串联 $a=1$，U、V 和 W 相连接如下：

（2）并联 $a=2$，U 相、V 相和 W 相连接如下：

下面以一台三相 4 极、36 槽异步电机为例，绘制双层叠绕组展开图如图 6-13 所示。

电机槽数　　　　　　　　　$Z=36$，$p=2$，$m=3$。

槽距角　　　　　　　$\alpha=\dfrac{p\times 360°}{Z}=\dfrac{2\times 360°}{36}=20°$

极距　　　　　　　　$\tau=\dfrac{Z}{2p}=\dfrac{36}{4\times 1}=9$

每极每相槽数　　　　$q=\dfrac{Z}{2pm}=\dfrac{36}{2\times 2\times 3}=3$

为改善电动势波形和节省材料，采用短距绕组，按 $y=8$ 绘制双层叠绕组展开如图 6-13 所示。绘制 U 相展开图，1 号线圈的上层边放在 1 号槽中用实线表示，另一边为下层边放在 9 号槽用虚线表示。同理 2、3 号线圈边上层分别放在 2、3 号槽，用实线表示；2、3 号线圈边下层分别放在 10、11 号槽，用虚线表示。将 1、2、3 号线圈串联（头尾相连接）组成线圈组 U1。同理线圈 10、11、12 串联组成线圈组 U2，线圈 19、20、21 串联组成线圈组 U3，线圈 28、29、30 串联组成线圈组 U4。U 相共有 4 个线圈组。4 个线圈组串联，并联支路数

$a=1$；2个线圈组串联后并联，并联支路数 $a=2$；4个线圈组并联，并联支路数 $a=4$。

双层叠绕组的最多并联支路数等于 $2p$。

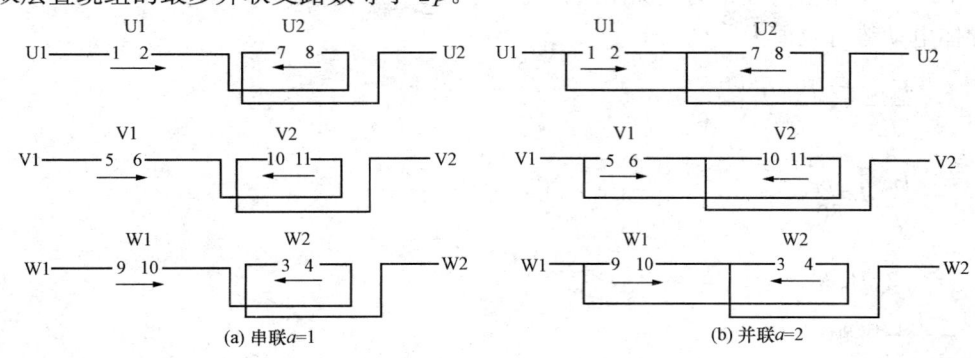

(a) 串联 $a=1$

(b) 并联 $a=2$

图 6-12　三相双层叠绕组并联支路连接方式

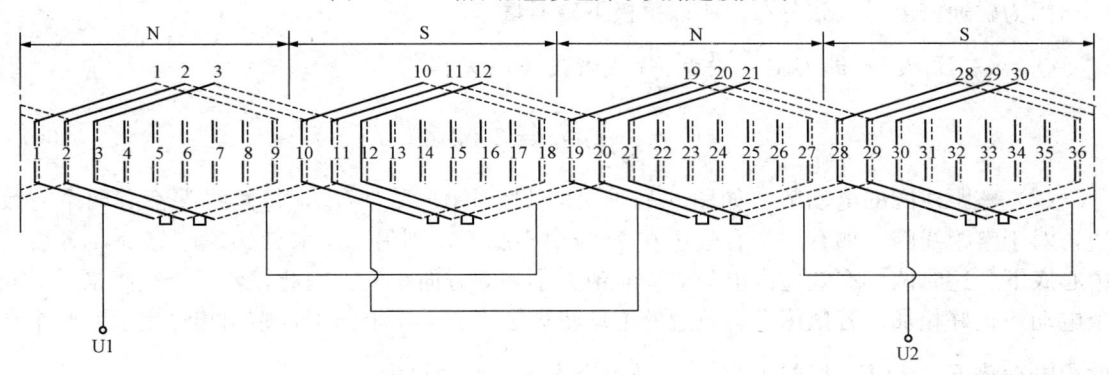

图 6-13　双层叠绕组 U 相展开图

不同并联支路时连接方式如图 6-14 所示。

叠绕组的优点是短距时能节省端部用铜及得到较多的并联支路，缺点是由于极相组间连接线较长，在极相组较多时浪费铜材。主要用在 10kW 以上的中小型同步电机和异步电机的定子绕组中。

6.2.2　交流绕组的电动势

交流电机中有一旋转磁场，在定子绕组中感应电动势。首先分析导体电动势、线圈电动势，最后分析相绕组的电动势。

1. 线圈的感应电动势

(1) 导体电动势。当磁场在空间做正弦分布，并以恒定转速 n_1 旋转时切割导体。导体感应电动势也为正弦分布，其最大值为

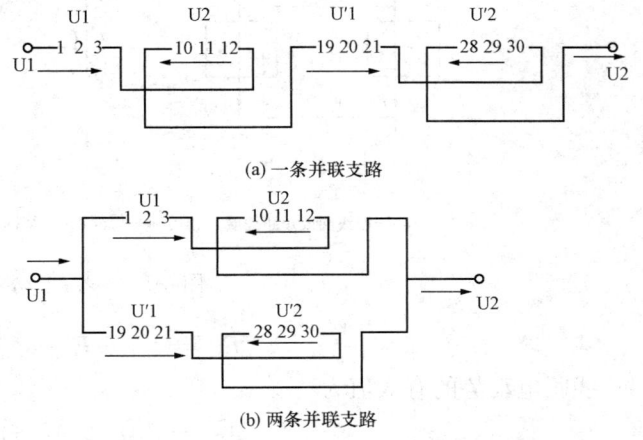

(a) 一条并联支路

(b) 两条并联支路

图 6-14　不同并联支路叠绕组连接方式

$$E_{\rm c1m} = B_{\rm m1}lv \tag{6-5}$$

式中　$B_{\rm m1}$——作正弦分布的气隙磁通密度的幅值。

导体电动势有效值为

$$E_{\rm c1} = \frac{E_{\rm c1m}}{\sqrt{2}} = \frac{B_{\rm m1}lv}{\sqrt{2}}$$

$$= \frac{B_{\rm m1}}{\sqrt{2}}l\frac{2p\tau}{60}n_1$$

$$= \sqrt{2}fB_{\rm m}l\tau \tag{6-6}$$

式中　τ——极距；
　　　f——电动势频率。

因为磁通密度做正弦分布，所以每极下磁通量

$$\Phi_1 = \frac{2}{\pi}B_{\rm m1}l\tau \quad 即\ B_{\rm m1} = \frac{\pi}{2}\Phi_1\frac{1}{l\tau}\ 代入式（6-6）得$$

$$E_{\rm c1} = \frac{\pi}{\sqrt{2}}f\Phi_1 = 2.22f\Phi_1 \tag{6-7}$$

（2）整距线圈的电动势。如图 6-15 所示，设线圈匝数为 $N_{\rm c}$，每匝线圈都有两个有效边，对于整距线圈，如有一个有效边在 N 极中心底下，则另一个有效边就刚好处在 S 极的中心底下。这时两个有效边内电动势瞬时值大小相等方向相反。因此，就一个线匝来说，两个电动势正好相加。若把每个有效边的电动势规定正方向从上向下，则用相量表示时两个有效边电动势 $\dot{E}'_{\rm c1}$ 和 $\dot{E}_{\rm c1}$ 相差 180°，于是每个线匝的电动势为

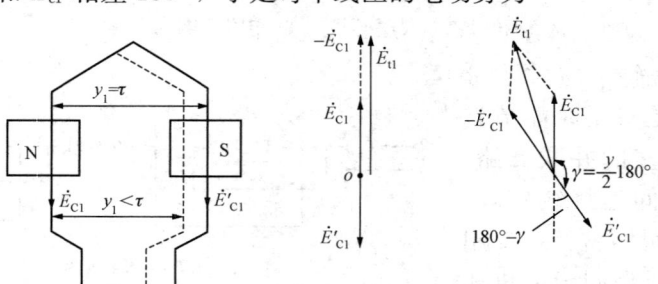

(a) 全距线圈或短距线圈　　(b) 全距线圈电动弯相量图　　(c) 短距线圈电动弯相量图

图 6-15　线圈电动势

$$\dot{E}_{\rm t1} = \dot{E}_{\rm c1} - \dot{E}'_{\rm c1} = 2\dot{E}_{\rm c1}$$

线匝电动势的有效值为

$$E_{\rm t1} = 2E_{\rm c1} = 4.44f\Phi_1$$

整距线圈的电动势有效值为

$$E_{y_1(y_1=\tau)} = N_{\rm C}E_{\rm t1} = 2N_{\rm C}E_{\rm c1} = 4.44fN_{\rm C}\Phi_1 \tag{6-8}$$

（3）短距线圈的电动势。如线圈节距 $y_1 < \tau$，如图 6-15（a）中虚线所示，则电动势 $\dot{E}_{\rm c1}$ 和 $\dot{E}'_{\rm c1}$ 相位差不是 180°，而且相差 γ 角，γ 是线圈节距 y_1 所对应的电角度，即

$$\gamma = \frac{y_1}{\tau} \times 180° \tag{6-9}$$

如图 6-15（c）所示，匝间电动势为

$$\dot{E}_{t1(y<\tau)} = \dot{E}_{c1} - \dot{E}'_{c1} = \dot{E}_{c1} + (-\dot{E}'_{c1})$$

$$\dot{E}_{t1(y_1<\tau)} = 2E_{c1}\cos\frac{180°-\gamma}{2} = 2E_{c1}\sin\frac{\gamma}{2} = 2E_{c1}k_{y_1}$$

$$k_{y_1} = \sin\frac{\gamma}{2} = \sin\frac{y}{\tau}90° \tag{6-10}$$

式中 k_{y_1}——短距系数，整距绕组 $k_{y_1} = 1$，短距绕组 $k_{y_1} < 1$。

这样可得出短距线圈电动势为

$$E_{y_1(y_1<\tau)} = E_{y_1(y=\tau)}k_{y_1} = 4.44fN_c\phi_1 k_{y_1} \tag{6-11}$$

（4）线圈组电动势。每相绕组由若干个线圈组成，每个线圈组由 q 个线圈串联而成，每个线圈电动势大小相等，相位依次相差一个槽距角 α。例如 $q=3$ 分布绕组的电动势向量图如图 6-16（a）所示，将它画成图 6-16（b）所示，q 个线圈组成一个正多边形的一部分，画出外接圆，从几何关系可求得线圈电动势为

$$E_{y_1} = 2R\sin\frac{\alpha}{2} \tag{6-12}$$

线圈组电动势为

$$E_{q_1} = 2R\sin\frac{q\alpha}{2} \tag{6-13}$$

两式相除得

$$\frac{E_{y_1}}{E_{q_1}} = \frac{\sin\frac{\alpha}{2}}{\sin\frac{q\alpha}{2}}$$

$$E_{q_1} = \frac{\sin\frac{q\alpha}{2}}{\sin\frac{\alpha}{2}}E_{y_1} = \frac{\sin\frac{q\alpha}{2}}{q\sin\frac{\alpha}{2}}qE_{y_1} = k_{q_1}qE_{y_1} \tag{6-14}$$

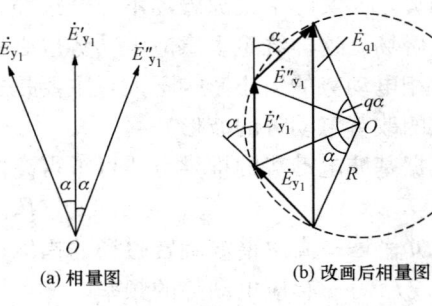

图 6-16 分布绕组电动势相量图
(a) 相量图　(b) 改画后相量图

式中 k_{q_1}——分布系数。

$$k_{q_1} = \frac{\sin\frac{q\alpha}{2}}{q\sin\frac{\alpha}{2}} \tag{6-15}$$

集中绕组的分布系数 $k_{q_1} = 1$，分布绕组的分布系数 $k_{q_1} < 1$。

将式（6-11）代入式（6-14）得线圈组电动势为

$$E_{q_1} = 4.44fN_c k_{y_1}k_{q_1}q\Phi_1 = 4.44fN_c qk_{w_1}\Phi_1 \tag{6-16}$$

式中 k_{w1}——基波绕组系数，$k_{w_1} = k_{y_1}k_{q_1}$。

2. 相电动势

每相绕组的电动势等于每一条并联支路的电动势。每条支路中所有串联的线圈的电动势大小相等相位相同，因此可以直接相加。

对于双层绕组，每条支路串联的线圈数为 $\frac{2p}{a}$，对于单层绕组每条支路串联的线圈数为 $\frac{p}{a}$，所以每相绕组的电动势为

双层绕组 $\qquad E_{P1} = 4.44 fq N_c \frac{2p}{a} \Phi_1 k_{w1}$ （6-17）

单层绕组 $\qquad E_P = 4.44 fq N_c \frac{p}{a} \Phi_1 k_{w1}$ （6-18）

式（6-17）和（6-18）可用下式表示

$$E_{P1} = 4.44 f N \Phi_1 k_{w1} \tag{6-19}$$

式中 N——每条支路串联匝数，双层绕组 $N = \frac{2p}{a} q N_c$，单层绕组 $N = \frac{p}{a} q N_c$。

式（6-19）与变压器绕组中感应电动势计算公式相似，仅多了个绕组系数 k_{w1}。这是因为变压器的主磁通同时交链绕组每个线圈。每个线圈的电动势大小相等、相位相同，因此可把变压器绕组看成一个集中绕组，所以 $k_{w1} = 1$。

3. 短距绕组、分布绕组对电动势波形的影响

以上讨论的相电动势是在假定气隙磁场按正弦分布的基础上进行的，也就是讨论的是基波电动势，而实际上气隙磁场不完全按照正弦分布。除了基波以外，同时还含有一系列的高次谐波磁场。这样绕组里感应电动势也必然含有一系列的高次谐波。一般情况下，这些高次谐波对相电动势的大小影响不大，主要是影响电动势的波形。而采用短距绕组和分布绕组可以有效的改善电动势的波形。

根据基波电动势的推导方法可推得高次谐波电动势表达式

$$E_{P_v} = 4.44 f_v N k_{yv} k_{qv} \Phi_{mv} = 4.44 f_v N k_{wv} \Phi_{mv} \tag{6-20}$$

式中 Φ_{mv}——高次谐波旋转磁场的幅值；

f_v——感应电动势的频率。

由于 v 次谐波的旋转磁场的磁极对数 p_v 与基波磁极对数 p_1 的关系为 $p_v = v p_1$。所以 v 次谐波电动势的频率与基波电动势频率之间的关系为 $f_v = v f_1$。

式（6-20）中 k_{wv} 为 v 次谐波的绕组系数，即 $k_{wv} = k_{yv} k_{qv}$

$$k_{yv} = \sin \frac{v\gamma}{2} = \sin v \frac{y}{\tau} 90° \tag{6-21}$$

$$k_{qv} = \frac{\sin q \frac{v\alpha}{2}}{q \sin \frac{v\alpha}{2}} \tag{6-22}$$

式中 k_{yv}、k_{qv}—— v 次谐波的短距系数和分布系数。

要消除 v 次谐波电动势只要令 $k_{yv} = 0$，得 $y_1 = \frac{v-1}{v} \tau$，其节距只要缩短 v 次谐波的一个极距即可。如图 6-17 所示，取 $y_1 = \frac{4}{5} \tau$ 时，消除五次谐波的原理图。

对三相绕组，常采用星形或三角形联结。线电动势中都不存在 3 次或 3 的倍数次谐波。因此，在选择节距时主要考虑削弱 5 次和 7 次谐波的电动势。通常选 $y_1 = \frac{5}{6} \tau$ 便可以使 5 次

和 7 次谐波得到最大限度的削弱，而对基波电动势影响不大。

如采用 $y_1 = \frac{5}{6}\tau$ 时短距绕组的绕组因数为

$$k_{y1} = \sin\left(\frac{y}{\tau} \times 90°\right) = \sin\left(\frac{5}{6} \times 90°\right) = \sin 75° = 0.966$$

$$k_{y5} = \sin\left(5 \times \frac{y}{\tau} \times 90°\right) = \sin\left(5 \times \frac{5}{6} \times 90°\right) = \sin(5 \times 75°) = 0.259$$

$$k_{y7} = \sin\left(7 \times \frac{y}{\tau} \times 90°\right) = \sin\left(7 \times \frac{5}{6} \times 90°\right) = \sin(7 \times 75°) = 0.259$$

对于更高次谐波，由于幅值不大，可忽略不计。

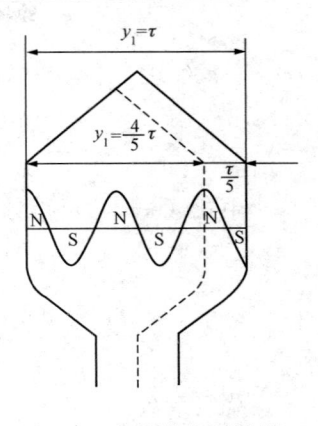

图 6-17 短距绕组消除谐波电动势原理图

利用分布绕组，同样可以起到削弱高次谐波的作用，其原理如图 6-18 所示。由分布系数计算公式(6-10)和(6-22)可计算出当 $\alpha = 30°$，$q = 2$ 时，$k_{q1} = 0.966$，$k_{q5} = 0.259$，$k_{q7} = 0.259$。而当 $\alpha = 12°$，$q = 5$ 时，$k_{q1} = 0.957$，$k_{q5} = 0.2$，$k_{q7} = 0.149$。可见，当每极每相槽数 q 增加，基波电动势减小不多，而高次谐波电动势显著下降。但随着 q 增加，电动机槽数增多，制造成本提高，当 $q > 6$，高次谐波分布系数下降已不明显了。所以一般交流电机 q 值取 2~6，小型电机 q 值取 2~4。

【例 6-1】 一台频率为 50Hz 的三相异步电动机，定子为双层短距分布绕组。已知定子槽数 $Z = 48$，极对数 $p = 2$，线圈的节距 $y_1 = \frac{5}{6}\tau$。每个线圈匝数 $N_c = 20$，并联支路数 $a = 2$，每极气隙基波磁通势 $\Phi_1 = 6.5 \times 10^{-3}$ Wb。试求：

(1) 导体电动势 E_{c1}；
(2) 单匝线圈电动势 E_{t1}；
(3) 线圈电动势 E_{y1}；
(4) 线圈组电动势 E_{q1}；
(5) 相电动势 E_{P1}。

图 6-18 分布绕组电动势合成波形

解：（1）由式（6-7）可得导体电动势

$$E_{c1} = 2.22 f \Phi_1 = 2.22 \times 50 \times 6.5 \times 10^{-3} \approx 0.72 \text{(V)}$$

（2）极距

$$\tau = \frac{Z}{2p} = \frac{48}{2 \times 2} = 12 \text{ 槽}$$

节距

$$y_1 = \frac{5}{6}\tau = \frac{5}{6} \times 12 = 10 \text{ 槽}$$

短距系数

$$k_{y1} = \sin \frac{y_1}{\tau} 90° = \sin \frac{10}{12} \times 90° = 0.966$$

由式（6-9）可得 $E_{t1} = 2 E_{c1} k_{y1} = 2 \times 0.72 \times 0.966 = 1.39$ (V)

（3）由式（6-10）可得

$$E_{y1} = 4.44 f N_c \Phi_1 k_{y1} = 4.44 \times 50 \times 20 \times 6.5 \times 10^{-3} \times 0.966 = 29.88 \text{(V)}$$

（4）每极每相槽数和槽距角分别为

$$q = \frac{Z}{2pm} = \frac{48}{2 \times 2 \times 3} = 4$$

$$\alpha = \frac{p \times 360°}{Z} = \frac{2 \times 360°}{48} = 15°$$

由式（6-15）可得分布系数

$$k_{q1} = \frac{\sin \frac{q\alpha}{2}}{q\sin \frac{\alpha}{2}} = \frac{\sin \frac{4 \times 15°}{2}}{4\sin \frac{15°}{2}} = 0.958$$

绕组系数

$$k_w = k_{y1}k_{q1} = 0.966 \times 0.958 = 0.925$$

由式（6-16）可得线圈组电动势

$$E_{q1} = 4.44fN_c q k_{w1}\Phi_1 = 4.44 \times 50 \times 20 \times 4 \times 0.925 \times 6.5 \times 10^{-3} = 106.78(V)$$

（5）每相串联匝数

$$N = \frac{2pqN_c}{a} = \frac{2 \times 2 \times 4 \times 20}{2} = 160 \text{ 匝}$$

由式（6-19）可得

$$E_{P1} = 4.44fNk_{w1}\Phi_1 = 4.44 \times 50 \times 160 \times 0.925 \times 6.5 \times 10^{-3} = 213.56(V)$$

6.3 交流绕组的磁动势

当电机交流绕组通过交流电流时产生磁动势。磁动势是指绕组里的全电流或安匝数。

为简单起见，分析磁动势时先从一个线圈产生的磁动势介绍。再分析单相绕组、两相绕组和三相绕组产生的磁动势。

6.3.1 整距线圈的磁动势

交流绕组整距线圈 U1U2 通过正弦交流电流时，产生磁动势，由磁动势产生磁通如图 6-19（a）中虚线所示。依据安培环路定律可知闭合磁路的磁动势等于该磁路所交链的全电流。电机的气隙是均匀的，如果略去铁芯磁路中的磁阻，则线圈的磁动势 iN_c 全部降落在两个气隙上，每个气隙上的磁动势为 $\frac{1}{2}iN_c$。

把直角坐标系放在电机定子内表面上，横坐标用空间角度 $\alpha = \frac{\pi}{\tau}x$ 表示，坐标原点选在线圈 U1U2 的轴线上。纵坐标表示磁通势的大小，用 f_y 表示。如图 6-19（b）所示。规定电流从线圈 U2 端流进 U1 端流出作为正方向，磁动势从定子指向转子为正方向。显然，整距线圈所产生的磁动势在空间分布曲线如一矩形波。幅值为 $\frac{1}{2}IN_c$，周期为 2τ。

已知线圈的电流为 $i = \sqrt{2}I\cos\omega t$，则磁动势矩形波幅

$$f_y(x,t) = \frac{\sqrt{2}}{2}N_c I\cos\omega t = F_{ym}\cos\omega t \tag{6-23}$$

它是随时间做余弦变化，当电流为最大值时，矩形波高度也为最大值，即

第 6 章 交流电机的基本理论

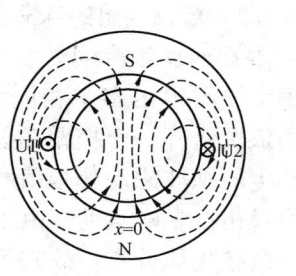

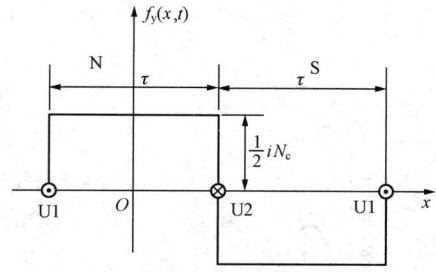

(a) 两极电机磁动势分布

(b) 磁动势分布曲线

图 6-19 整距线圈产生的磁动势

$$F_{ym} = \frac{\sqrt{2}}{2}N_c I \qquad (6\text{-}24)$$

当电流改变方向时，磁动势也随之改变方向。如图 6-20 所示。这种空间位置固定，而大小和极性随电流交变的磁动势称为脉振磁动势。其脉振的频率就是线圈中交变电流的频率。

上述分析是针对一对磁极情况进行的，在多极电机中，如果只取一对极内的磁动势进行分析，则与两极电机的磁动势分析结果相同。

通常用傅里叶级数对矩形波进行分解，可得到如图 6-21 所示的一系列谐波。因为磁动势分布即对称于横轴又对称于纵轴。所以谐波中无偶次项，也无正弦项，这样按照傅里叶级数展开的磁动势为

$$f_y(x,t) = [F_{y1}\cos\frac{\pi}{2}x - F_{y3}\cos\frac{3\pi}{2}x + \cdots$$

$$+ F_{y\upsilon}\cos\frac{\upsilon\pi}{2}x\sin\frac{\upsilon\pi}{2}]\cos\omega t \qquad (6\text{-}25)$$

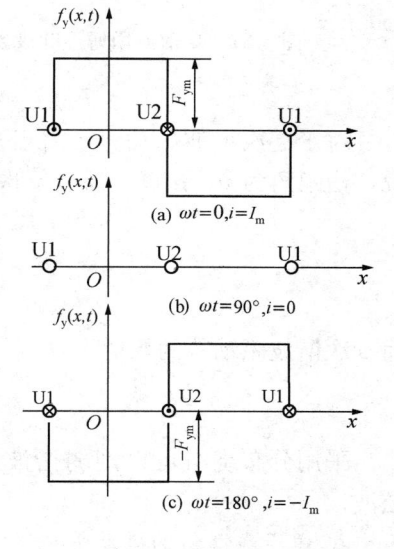

(a) $\omega t=0, i=I_m$

(b) $\omega t=90°, i=0$

(c) $\omega t=180°, i=-I_m$

图 6-20 不同瞬间的脉振磁动势

式中 $3,5,\upsilon,\cdots$——谐波；

$\sin\upsilon\frac{\pi}{2}$——用来表示该项前的符号。

其中基波磁动势幅值为矩形波幅值的 $\frac{4}{\pi}$，即

$$F_{y1} = \frac{4}{\pi}F_{ym} \qquad (6\text{-}26)$$

而 υ 次谐波的幅值则为基波的 $\frac{1}{\upsilon}$，因此整距线圈所产生的脉振磁动势的方程式为

$$f_y(x,t) = \frac{4}{\pi}\frac{\sqrt{2}}{2}N_c I[\cos\frac{\pi}{\tau}x - \frac{1}{3}\cos3\frac{\pi}{2}x + \cdots + \frac{1}{\upsilon}\cos\upsilon\frac{\pi}{2}x\sin\upsilon\frac{\pi}{2}]\cos\omega t$$

$$= 0.9N_c I[\cos\frac{\pi}{\tau}x - \frac{1}{3}\cos3\frac{\pi}{2}x + \cdots + \frac{1}{\upsilon}\cos\upsilon\frac{\pi}{2}x\sin\upsilon\frac{\pi}{2}]\cos\omega t \qquad (6\text{-}27)$$

6.3.2 单相绕组的脉振磁动势

1. 整距线圈组的磁动势

每个线圈组由多个相同线圈串联组成，各线圈依次错开一个槽距角 α，因此，每个线圈产生的基波磁动势幅值相同，而幅值在空间位置相差 α 电角度。由于基波磁动势在空间按余弦规律分布，故它可以用空间矢量表示。则绕组的基波磁动势为 q 个线圈基波磁动势空间相量和。如图 6-22 所示。

不难看出，分布绕组基波磁动势如同电动势计算一样，可引入一个基波分布系数 k_{p1} 来计算，即

$$F_{qm1}(y=\tau) = qF_{ym1}k_{q1} = 0.9(qN_yI)k_{q1} \tag{6-28}$$

对于高次谐波磁动势，由于 v 次谐波磁动势的极数为基波的 v 倍，因此对 v 次谐波来说，槽距角为 vα 角度，所以 v 次谐波的分布因数为

$$k_{qv} = \frac{\sin q\frac{v\alpha}{2}}{q\sin\frac{v\alpha}{2}} \tag{6-29}$$

而 v 次谐波磁动势的幅值为

$$F_{qv} = \frac{1}{v}0.9IN_yqk_{qv}\cos\omega t \tag{6-30}$$

采用分布绕组可以削弱谐波磁动势的高次谐波，改善磁动势波形，使之更接近于正弦波。

2. 短距线圈组的磁动势

如图 6-23 所示，某双层短距绕组在一对磁极下属于同一相两个线圈组，$q=3$，$\tau=9$，$y_1=8$。

由于是短距绕组，所以同一相上下层导体要移开一个距离，这个距离就是绕组节距所缩短的电气角度（180°−γ）。由于磁动势大小和波形只取决于槽内线圈组的分布和电流的大小，而与各线圈边的连接顺序无关。因此，可将上层线圈边等效看成一个单层整距分布绕组，下层线圈边等效看成另一个单层整距分布绕组。上下两线圈组相差（180°−γ）电角度，因此，双层分布绕组基波磁动势如同电动势计算一样，其大小可看成两个等效绕组基波磁动势的相量和。如图 6-24 所示，可以引入

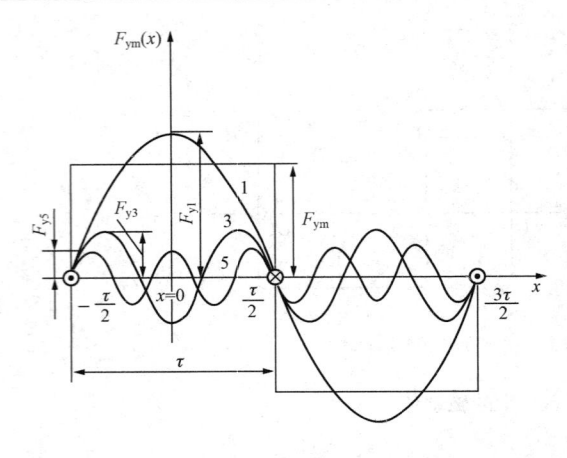

图 6-21 矩形波用傅里叶级数分解

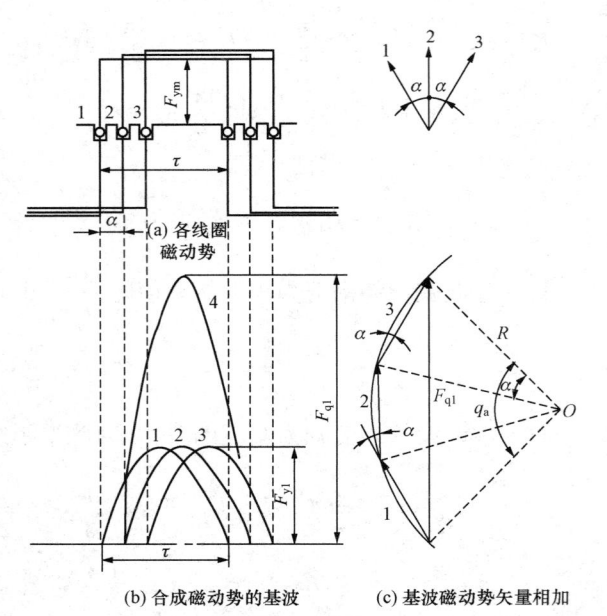

图 6-22 整距线圈组的磁动势
(b) 合成磁动势的基波　　(c) 基波磁动势矢量相加

第6章 交流电机的基本理论

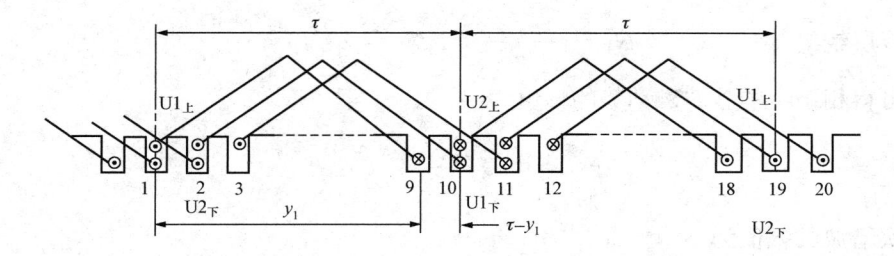

图 6-23 $q=3$，$\tau=9$，$y_1=8$ 双层短距绕组中的 U 相的线圈组

短距绕组系数计算短距的影响，双层短距分布绕组基波磁动势的最大幅值为

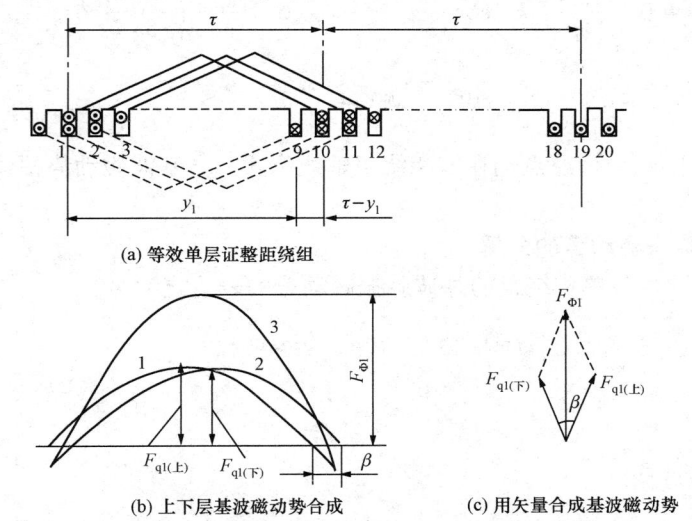

$$F_{\mathrm{qm1}}(y<\tau) = 2F_{\mathrm{m1}}(y=\tau)k_{\mathrm{y1}} = 2(0.9qN_{\mathrm{c}}Ik_{\mathrm{q1}})k_{\mathrm{y1}}$$
$$= 2(0.9qN_{\mathrm{c}}k_{\mathrm{q1}}k_{\mathrm{y1}})I = 0.9(2qN_{\mathrm{c}})k_{\mathrm{w1}}I \tag{6-31}$$

式中　k_{w1}——基波绕组系数，$k_{\mathrm{w1}} = k_{\mathrm{q1}}k_{\mathrm{y1}}$。

(a) 等效单层证整距绕组

(b) 上下层基波磁动势合成　　(c) 用矢量合成基波磁动势

图 6-24 双层绕组线圈组基波磁动势

$$\beta = \frac{\tau - y_1}{\tau}180° = \left(1 - \frac{y_1}{\tau}\right)180°$$
$$k_{\mathrm{y}\nu} = \cos\frac{\nu\beta}{2} = \sin\frac{\nu y_1}{\tau}90° \tag{6-32}$$

采用短距绕组也可以改善磁动势波形。采用分布短距绕组虽然使基波磁动势有所减小，但谐波磁动势却大大削弱，使总磁动势波展开更接近于正弦波形。所以一般大、中型电机都采用双层分布短距绕组。

3. 相绕组的磁动势

因为每对极下的磁动势和磁阻构成一条分支磁路，所以相绕组的磁动势等于一对极下线圈组的磁动势。相绕组基波磁动势幅值仍可用式（6-31）计算，为使用方便，用相电流 I_{P} 和每相串联匝数 N_1 代替线圈电流 I 和线圈匝数 N_{c}。若绕组并联支路数为 a，则 $I = \dfrac{I_{\mathrm{P}}}{a}$。

对于单层绕组　　　　　$N_1 = \dfrac{pqN_{\mathrm{c}}}{a}$，$qN_{\mathrm{c}} = \dfrac{a}{p}N_1$

对于双层绕组
$$N_1 = \frac{2pqN_c}{a}, \quad 2qN_c = \frac{a}{p}N_1$$

由此可得相绕组的基波磁动势的幅值为

$$F_{P1} = 0.9\frac{I_P N_1 k_{w1}}{p}\cos\omega t \tag{6-33}$$

对 v 次谐波的幅值为

$$F_{Pv} = \frac{1}{v}0.9\frac{I_P N_1 k_{wv}}{p}\cos\omega t \tag{6-34}$$

式中　　$k_{wv} = k_{yv}k_{qv}$

整个脉振磁动势方程式为

$$f_P(x,t) = 0.9\frac{I_P N_1}{p}[k_{w1}\cos\frac{\pi}{\tau}x - \frac{1}{3}k_{w3}\cos3\frac{\pi}{\tau}x + \frac{1}{5}k_{w5}\cos5\frac{\pi}{\tau}x + \cdots$$
$$+ \frac{1}{v}k_{wv}\cos v\frac{\pi}{\tau}x \sin v\frac{\pi}{\tau}]\cos\omega t \tag{6-35}$$

上述分析中，空间坐标原点选在该相绕组轴线位置上，基波磁动势幅值所在位置为该相绕组轴线位置。

6.3.3　单相脉振磁动势的分解

由式（6-35）可得，单相绕组的基波脉振磁动势的表达式为

$$f_{P1}(x,t) = F_{Pm1}\cos\omega t \cos\frac{\pi}{\tau}x \tag{6-36}$$

式中

$$F_{Pm1} = \frac{0.9 I_P N_1}{p}k_{w1}$$

利用三角函数公式

$$\cos\alpha\cos\beta = \frac{1}{2}[\cos(\alpha-\beta) + \cos(\alpha+\beta)] \tag{6-37}$$

$$f_{P1}(x,t) = \frac{1}{2}F_{Pm1}\cos(\omega t - \frac{\pi}{\tau}x) + \frac{1}{2}F_{Pm1}\cos(\omega t + \frac{\pi}{\tau}x) = f_{P1}^+(x,t) + f_{P1}^-(x,t) \tag{6-38}$$

式（6-38）表明一个脉振磁动势可分解为两个磁动势，即正序磁动势 $f_{P1}^+(x,t)$ 和负序磁动势 $f_{P1}^-(x,t)$。下面分析这两个磁动势的性质。

正序磁动势 $f_{P1}^+(x,t)$ 的性质。取幅值 $\frac{1}{2}F_{Pm1}$ 研究，幅值出现的条件是 $\omega t - \frac{\pi}{\tau}x = 0$，解得 $x = (\omega t - \frac{\pi}{2})\frac{\tau}{\pi}$ 即 $x = f(t)$，这说明幅值空间位置 x 是随时间 t 变化的，取三个瞬间分析①$\omega t = 0$，$x = -\frac{\pi}{2}$；②$\omega t = \frac{\pi}{2}$，$x = 0$；③$\omega t = \pi$，$x = \frac{\tau}{2}$，如图 6-25 所示。

综上分析可知：

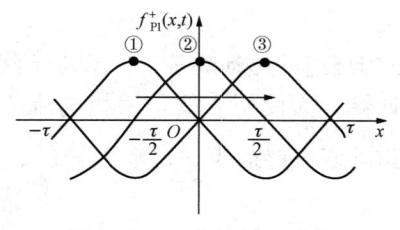

图 6-25　正向旋转磁动势

(1) 随着时间推移，$f_{P1}^+(x,t)$ 朝 x 轴正向移动，故称为正序旋转磁场。

(2) 正序旋转磁动势幅值为单相脉动最大幅值的一半即 $\frac{1}{2}F_{Pm1}$。

(3) 线速度 $v = \frac{\mathrm{d}x}{\mathrm{d}t} = 2f\tau(\mathrm{cm/s})$，因圆周长为 $2p\tau$，故旋转速度为

$$n_1 = \frac{2f\tau}{2p\tau} = \frac{f}{p}(\mathrm{r/s}) = \frac{60f}{p}(\mathrm{r/min})$$

同理，对负序旋转磁动势分析可知它也是一个幅值为 $\frac{1}{2}F_{Pm1}$ 的旋转磁动势，其转速 $n_1 = \frac{60f}{p}(\mathrm{r/min})$，不同的是它的转向与 $f_{P1}^+(x,t)$ 相反。

综上分析可知单相脉振磁动势可分解为大小相等、转速相同、转向相反的两个旋转磁动势。反之，满足上述性质的两个旋转磁动势可以合成为一个脉振磁动势。如图6-26所示，在图中用空间矢量 F_{P1}^+ 和 F_{P1}^- 分别表示正、反向旋转磁动势，由于 F_{P1}^+ 和 F_{P1}^- 在旋转过程中，其大小不变，两矢量顶点描述的轨迹为一圆形，故又称这两个磁动势为圆形旋转磁动势，即在空间建立圆形旋转磁场。

6.3.4 三相绕组的合成磁动势

三相交流绕组通过三相对称电流，三相基波合成磁动势是一个幅值恒定不变的旋转磁动势。其幅值为单相脉振磁动势幅值的 $\frac{3}{2}$ 倍。其转速为同步转速，即 $n_1 = \frac{60f}{p}(\mathrm{r/min})$，转向同正序旋转磁场一致。

下面通过数学分析和图解法两种方法分析三相绕组的基波合成磁动势。

1. 数学分析法

U、V、W 三个单相绕组在空间相差 120°电角度，流入三相绕组的电流为对称三相电流，因此它们产生的基波磁动势振幅所在位置在空间互差 120°，磁动势为最大值的时间也相差 120°。取 U 相绕组轴线作为空间坐标系原点，以正相序方向作 x 的参考方向，取 U 相电流达到最大值时作为时间起点，则由式（6-36）可得出 U、V、W 三相基波磁动势的表达式，即

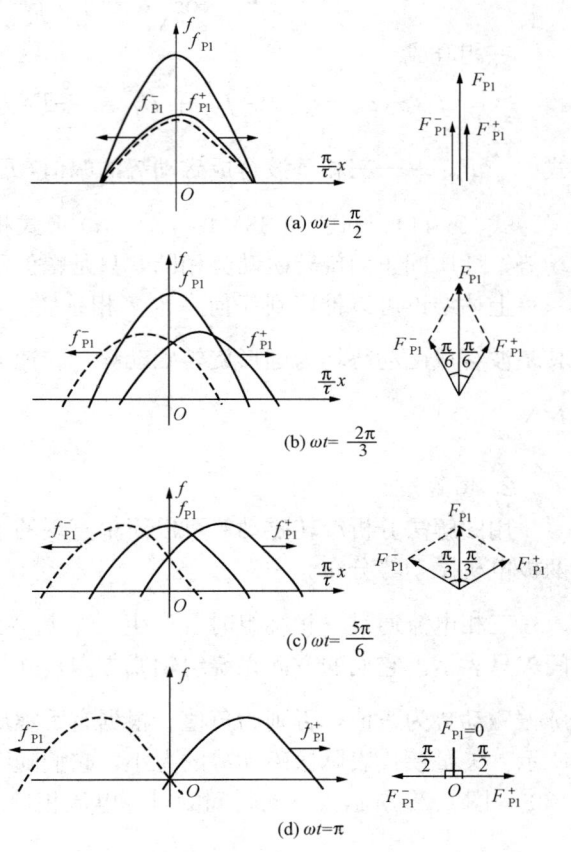

图6-26 单相基波脉振磁动势分解为两个反向旋转的磁动势

$$\left.\begin{aligned} f_{U1} &= F_{Pm1}\cos\frac{\pi}{2}x\cos\omega t \\ f_{V1} &= F_{Pm1}\cos\left(\frac{\pi}{2}x-120°\right)\cos(\omega t-120°) \\ f_{W1} &= F_{Pm1}\cos\left(\frac{\pi}{2}x-240°\right)\cos(\omega t-240°) \end{aligned}\right\} \quad (6-39)$$

利用式（6-37）将式（6-39）改写成

$$\left.\begin{aligned} f_{U1} &= \frac{1}{2}F_{Pm1}\cos\left(\omega t-\frac{\pi}{2}x\right)+\frac{1}{2}F_{Pm1}\cos\left(\omega t+\frac{\pi}{2}x\right) \\ f_{V1} &= \frac{1}{2}F_{Pm1}\cos\left(\omega t-\frac{\pi}{2}x\right)+\frac{1}{2}F_{Pm1}\cos\left(\omega t+\frac{\pi}{2}x+120°\right) \\ f_{W1} &= \frac{1}{2}F_{Pm1}\cos\left(\omega t-\frac{\pi}{2}x\right)+\frac{1}{2}F_{Pm1}\cos\left(\omega t+\frac{\pi}{2}x-120°\right) \end{aligned}\right\} \quad (6-40)$$

三相合成

$$f_1(x,t) = f_{U1}+f_{V1}+f_{W1} = \frac{3}{2}F_{Pm1}\cos\left(\omega t-\frac{\pi}{2}x\right) = F_{m1}\cos\left(\omega t-\frac{\pi}{2}x\right) \quad (6-41)$$

式中 F_{m1} ——三相基波合成磁动势的幅值，$F_{m1}=1.35\dfrac{I_P N_1}{p}k_{w1}$。

式（6-41）与式（6-38）中 $f_{P1}^+(x,t)$ 形式相同，说明三相基波合成磁动势是一个旋转磁动势，性质同正向旋转磁动势相同，只是幅值不同。

上述结论可以推广到任何一个多相系统，在一个 m 相绕组中，通以对称的 m 相电流，其基波合成磁动势均为圆形旋转磁动势，转速为 $n_1=\dfrac{60f}{p}$(r/min)，而幅值为 $F_{m1}=0.45m\dfrac{I_P N_1}{p}k_{w1}$。

2. 图解法

用图解法分析旋转磁动势可以简单直观的了解旋转磁动势的性质。图 6-19 所示（a）为两极电机磁动势分布。

三相电流通过三相绕组时，产生三个基波脉振磁动势 $\dot{F}_{PU}$、$\dot{F}_{PV}$、$\dot{F}_{PW}$，分别用三个空间矢量表示。它们的方向在绕组轴线方向，并规定电流从绕组首端流入末端流出是所产生的脉振磁动势为正值，否则为负值。根据右手螺旋定则，$\dot{F}_{PU}$、$\dot{F}_{PV}$、$\dot{F}_{PW}$ 的参考方向如图 6-27 所示。矢量模代表脉振磁动势的大小，它们随时间按余弦规律变化，而且彼此在相位上互差 120°。图 6-28 所示为不同瞬间的对称电流相量图。

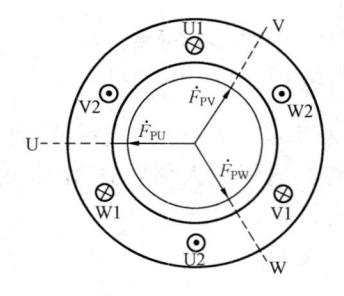

图 6-27　三相绕组的轴线正方向 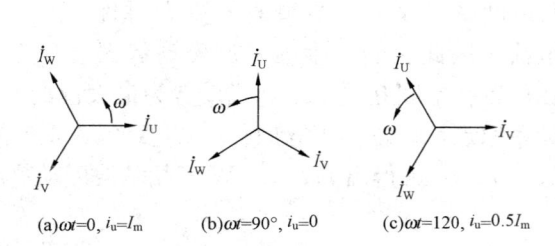　　图 6-28　不同瞬间的对称三相电流相量图

分析图 6-29 不同瞬间磁动势分布情况

(1) $\omega t = 0°$ 时，$\dot{F}_{PU} = F_{Pm}\cos\omega t = F_{Pm}\cos(0°) = F_{Pm}$

$$\dot{F}_{PV} = F_{Pm}\cos(\omega t - 120°) = F_{Pm}\cos(-120°) = -\frac{1}{2}F_{Pm}$$

$$\dot{F}_{PW} = F_{Pm}\cos(\omega t + 120°) = F_{Pm}\cos 120° = -\frac{1}{2}F_{Pm}$$

画出 $\dot{F}_{PU}$、$\dot{F}_{PV}$、$\dot{F}_{PW}$ 如图 6-29（a）所示，由此求出合成磁通势为

$$F_{m1} = F_{Pm} + 2\times(\frac{1}{2}F_{Pm}\cos 60°) = \left(1 + 2\times\frac{1}{2}\times\frac{1}{2}\right)F_{Pm} = \frac{3}{2}F_{Pm}$$

(2) 当 $\omega t = 90°$ 时，$\dot{F}_{PU} = F_{Pm}\cos 90° = 0$

$$\dot{F}_{PV} = F_{Pm}\cos(90° - 120°) = F_{Pm}\cos(-30°) = \frac{\sqrt{3}}{2}F_{Pm}$$

$$\dot{F}_{PW} = F_{Pm}\cos(90° + 120°) = F_{Pm}\cos 210° = -\frac{\sqrt{3}}{2}F_{Pm}$$

画出 $\dot{F}_{PU}$、$\dot{F}_{PV}$、$\dot{F}_{PW}$ 如图 6-29（b）所示，由此求出合成磁通势为

$$F_{m1} = 0 + \frac{\sqrt{3}}{2}\times\frac{\sqrt{3}}{2}F_{Pm} + \frac{\sqrt{3}}{2}\times\frac{\sqrt{3}}{2}F_{Pm} = \left(\frac{3}{4} + \frac{3}{4}\right)F_{Pm} = \frac{3}{2}F_{Pm}$$

(3) 当 $\omega t = 120°$ 时，$\dot{F}_{PU} = F_{Pm}\cos 120° = -\frac{1}{2}F_{Pm}$

$$\dot{F}_{PV} = F_{Pm}\cos(120° - 120°) = F_{Pm}\cos(0°) = F_{Pm}$$

$$\dot{F}_{PW} = F_{Pm}\cos(120° + 120°) = F_{Pm}\cos 240° = -\frac{1}{2}F_{Pm}$$

画出 $\dot{F}_{PU}$、$\dot{F}_{PV}$、$\dot{F}_{PW}$ 如图 6-29（c）所示，由此求出合成磁通势为

$$F_{m1} = F_{Pm} + 2\times\left(\frac{1}{2}F_{Pm}\cos 60°\right) = \left(1 + 2\times\frac{1}{2}\times\frac{1}{2}\right)F_{Pm} = \frac{3}{2}F_{Pm}$$

如图 6-22（a）所示，不同瞬间的三相合成磁动势 F_{m1} 相等，即 $F_{m1} = \frac{3}{2}F_{pm}$。

上述分析表明三相绕组通以对称电流产生圆形旋转磁场，转速为 $n_1 = \frac{60f}{p}(\text{r/min})$，转向从 U 轴转向 V 轴，U→V→W，电流变化一个周期合成磁场旋转一周。转速 $n_1 = \frac{60f}{p}(\text{r/min})$。如果三相绕组通入负序电流，则电流出现最大值顺序为 U→W→V，旋转磁场转向也改为 U→W→V。

产生圆形旋转磁场的条件是 m 相绕组在空间对称，通入 m 相电流在时间上对称。如果两个条件中任一条不成立，即产生椭圆形旋转磁动势。

3. 三相绕组的谐波合成磁动势

对 v 次谐波而言，三相绕组的轴线互差 $120°v$ 电角度，而三相绕组中电流其相位差仍为

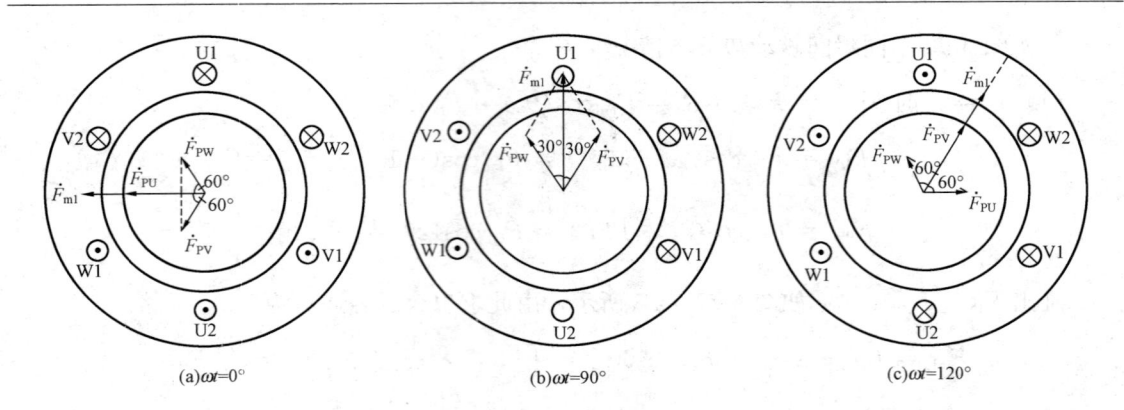

图 6-29 不同瞬间的三相合成磁动势

120°电角度。

(1) 3次谐波（$v=3$）。三相绕组产生3次谐波脉振磁动势为

$$\left.\begin{aligned} f_{U3} &= F_{P3}\cos\omega t \cos3\frac{\pi}{\tau}x \\ f_{V3} &= F_{P3}\cos(\omega t-120°)\cos3\left(\frac{\pi}{\tau}x-120°\right) \\ f_{W3} &= F_{P3}\cos(\omega t+120°)\cos3\left(\frac{\pi}{\tau}x+120°\right) \\ &= F_{P3}\cos(\omega t+120°)\cos3\frac{\pi}{\tau}x \end{aligned}\right\} \quad (6\text{-}42)$$

式（6-42）说明 f_{U3}、f_{V3}、f_{W3} 在空间是同相位的，而在时间上互差120°电角度。所以三相绕组的3次谐波合成磁动势为零。同理可证，凡是3的倍数的奇数次谐波，其三相合成磁动势均为零。

(2) 5次谐波（$v=5$）。按照基波合成磁动势的推导过程，可得出5次谐波的合成磁动势为一个在空间做正弦分布，波幅恒定的旋转磁动势。振幅等于每相脉振磁动势5次谐波振幅的 $\frac{3}{2}$ 倍，即

$$F_5 = \frac{3}{2}F_{P5} = 1.35\frac{I_P N_1}{5p}k_{w5}$$

其转速为基波转速的 $\frac{1}{5}$，即

$$n_5 = \frac{1}{5}n_1$$

转向同基波转向相反。

(3) 其他次谐波。对其他次谐波可得如下结论：

对称的三相绕组合成磁动势中，除基波外，还包含有 $v=6k\pm1$（$k=1,2,3,\cdots$）次谐波都是在空间上作正弦分布，幅值恒定的旋转磁动势，其振幅为

$$F_{6k\pm1} = 1.35\frac{I_P N_1}{(6k\pm1)p}k_{w(6k\pm1)}$$

转速为

第6章 交流电机的基本理论

$$n_{6k\pm1} = \frac{n_1}{6k\pm1}$$

（$6k+1$）次谐波转向与基波相同，而（$6k-1$）次谐波的转向与基波相反。

谐波磁动势一般对电机运行带来不利影响，因此，在电机中应尽量削弱磁动势中的高次谐波，采用短距和分布绕组，利用斜槽的形式都是常用的方法。

小　结

本章首先阐述了同步电机和异步电机的工作原理。同步电机和异步电机虽然在励磁方式和运行特性等方面有较大差异但电机内部发生的电磁现象和机电能量转换原理是基本相同的。同步电机和异步电机都属于交流电机。

介绍了交流电机的绕组构成原则及各种绕组的连接方法。为力求获得最大基波电动势和基波磁动势，三相绕组一般采用60°相带，为改善电势、磁势波形最大限度削弱高次谐波，采用分布和短距绕组。

交流绕组通入交流电流后会产生磁动势及磁场，单相绕组产生的磁动势为脉振磁动势，其特点是波形空间位置不变，幅值随时间变化。单相脉振磁场可以分解为两个转向相反、转速相同、幅值为脉振磁动势 $\frac{1}{2}$ 的圆形旋转磁场。

三相交流绕组通入三相对称电流会产生圆形旋转磁动势，其转向与电流相序一致，转速为 $n = \frac{60f_1}{p}$，与电流频率和电机极对数有关。

交流电机借助磁场实现了能量转换。三相交流绕组与磁场产生周期性相对运动时，在交流绕组中会感应出交流电动势，其频率为 $f = \frac{pn_1}{60}$，决定于磁场与导体相对转速 n_1 和磁极对数 p，其感应的基波电动势为 $E_{p1} = 4.44fNk_{w1}\Phi_m$。

思 考 题

6-1　试述感应电动机工作原理。为什么说感应电动机是一种异步电动机？

6-2　何为同步转速？它与哪些因素有关？

6-3　在定子表面空间互差 α 电角度的两根导体，它们的感应电动势的大小和相位有何关系？

6-4　为什么说交流绕组采用短距绕组和分布绕组的方法可改善磁动势波形和电动势波形？

6-5　交流绕组产生的磁动势即是空间函数又是时间函数，试用三相绕组产生的旋转磁动势说明。

6-6　一个脉振磁动势可以分解为两个磁动势行波，试说明这两个行波的特点。

6-7　如给三相绕组通入大小相等、相位相同的单相交流电流 $i = I_m\sin\omega t$，求合成磁动势的基波幅值和转速。

计 算 题

6-1 有一个三相双层绕组，极数 $2p=4$，定子槽数 $Z=24$，节距 $y_1=\dfrac{5}{6}\tau$，支路数 $a=2$。试画出双层叠绕组展开图，并计算绕组因数 k_{w1}。

6-2 一个三相单层绕组，极数 $2p=4$，定子槽数 $Z=24$，支路数 $a=1$。
(1) 试画出单层叠绕组展开图，并计算绕组因数 k_{w1}；
(2) 试画出单层链式绕组展开图；
(3) 试画出单层同心式绕组展开图。

6-3 一台四极三相异步电动机，定子槽数 $Z=36$。试计算基波和 5 次、7 次谐波磁动势的分布系数。

6-4 一台三相异步电动机接在 50Hz 的电网上工作，每相感应电势有效值 $E_1=350\text{V}$，定子绕组的每相串联匝数 $N_1=312$，绕组系数 $k_{w1}=0.96$。求每极磁通 Φ_m。

6-5 一台三相感应电动机接在 $U_N=380\text{V}$，$f=50\text{Hz}$ 的电网上工作，定子绕组做三角形联结，已知每相电动势为额定电压的 92%，定子绕组每相串联匝数 $N_1=312$，绕组系数 $k_{w1}=0.96$。求每极磁通 Φ_m。

6-6 已知一个元件的两个元件边电动势为 $\dot{E}_1=10\angle 0°$，$\dot{E}_2=10\angle 130°$，试求这个元件的短距系数 k_{y1}、k_{y5}。

第7章 异步电动机

知识目标

- 了解三相异步电动机的结构、铭牌数据及主要系列。
- 知道三相异步电动机的工作原理和运行原理。

能力目标

- 掌握三相异步电动机的功率、转矩与工作特性。
- 掌握三相异步电动机的参数测定方法（空载试验、短路试验）。

7.1 异步电动机的结构

7.1.1 三相异步电动机的结构

三相异步电动机由定子和转子两大部分组成。转子装在定子腔内，定转子之间的气隙比其他类型的电机要小得多，一般为 0.25~2.0mm。

1. 定子部分

定子部分主要由定子铁芯、定子绕组和机座三部分组成。

定子铁芯是电动机磁路的一部分，一般由涂有绝缘漆厚 0.5mm 的硅钢片冲片叠压而成，铁芯内圆有均匀分布的槽，用以嵌放定子绕组。定子铁芯硅钢片如图 7-1 (a) 所示。

定子绕组是一个三相对称绕组，三个绕组在空间互差 120°电角度，每相绕组的两端分别用 U_1-U_2，V_1-V_2，W_1-W_2 表示。根据需要接成星形或三角形，如图 7-2 所示。定子绕组分单层和双层两种。

2. 转子部分

转子主要由转子铁芯、转子绕组和转轴三部分组成。整个转子靠端盖支撑，转子作用主要是产生感应电流，形成电磁转矩，实现能量转换。

转子铁芯是电动机磁路一部分，一般也用厚 0.5mm 的硅钢片叠压而成。转子铁芯冲片有嵌放转子绕组的槽。转子铁芯冲片如图 7-1 (b) 所示。

转子绕组分为绕线式与鼠笼式两种，根据转子绕组作用的不同，分为绕线式异步电动机与鼠笼式异步电动机。

(1) 绕线式绕组。它也是一个三相绕组，可以接成星形或三角形。一般小容量电动机接成星形，大容量电动机接成三角形。三个端头引出线分别接到转轴上的三

(a)定子铁芯硅钢片   (b)转子铁芯硅钢片

图 7-1　定子和转子铁芯硅钢片

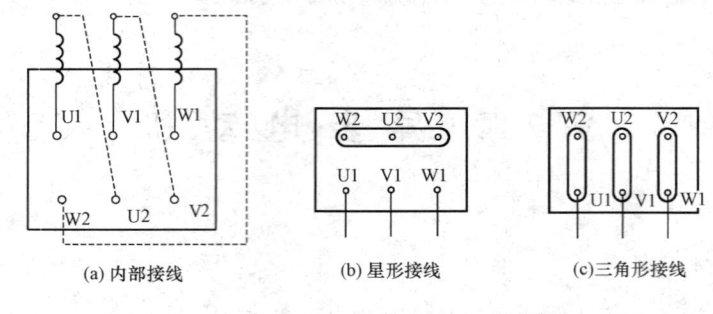

(a) 内部接线　　(b) 星形接线　　(c) 三角形接线

图 7-2　定子绕组端部接线

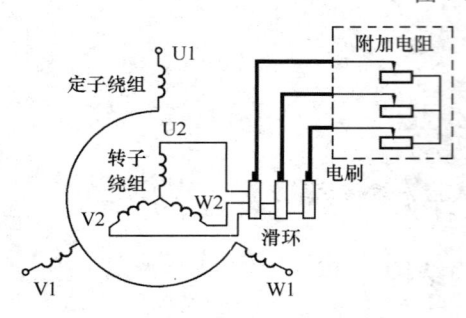

图 7-3　绕线式转子回路接线示意图

个与转轴绝缘的集电环上，通过电刷装置与外电路相连，可以在转子电路串接电阻以改善电动机的运行性能。如图 7-3 所示。

（2）鼠笼式绕组。在转子铁芯的每一个槽中插入一铜条，在铜条两端各用一铜环（称为端环），把导条连接起来，这称为铜排转子，如图 7-4（a）所示。也可用铸铝的方法，把转子导条、端环、风扇叶片用铝液一次浇铸而成，称为铸铝转子，如图 7-4（b）所示。100kW 以下的感应电动机采用铸铝转子。鼠笼式绕组因结构简单、制造方便、运行可靠，所以得到广泛应用。

3. 其他部分

此部分包括端盖、风扇等。端盖除了防护作用外，在端盖上还装有轴承，用以支撑转子轴。风扇用来通风冷却。

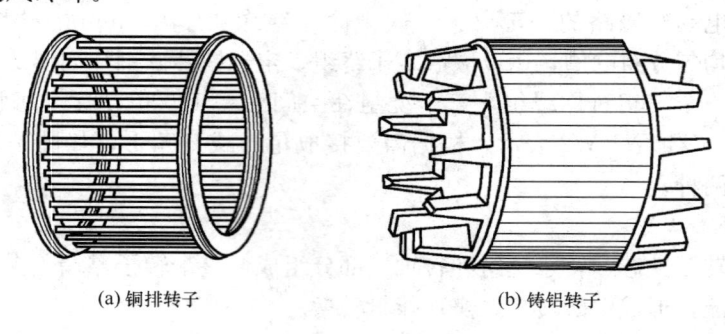

(a) 铜排转子　　(b) 铸铝转子

图 7-4　鼠笼式转子绕组

图 7-5 和图 7-6 所示分别表示鼠笼式异步电动机和绕线式转子异步电动机的结构图。

7.1.2　三相异步电动机的铭牌数据及主要系列

1. 三相异步电动机的铭牌数据

和直流电动机一样，异步电动机的机座上也有一个铭牌，铭牌上标注额定数据。铭牌上标明的额定值主要有以下几项：

（1）额定容量 P_N。指转轴上输出机械功率，单位是千瓦（kW）。

（2）额定电压 U_N。指加在定子绕组上的线电压，单位是伏、千伏（V、kV）。

(3) 额定电流 I_N。指输入定子绕组的线电流,单位是安培(A)。

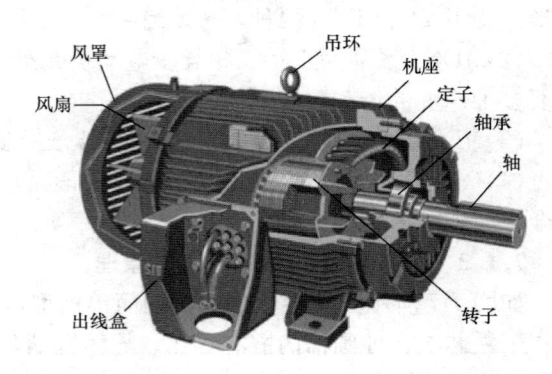

图 7-5 鼠笼式异步电动机的结构图   图 7-6 绕线式转子异步电动机的结构图

(4) 额定转速 n_N。单位是转/分(r/min)。

(5) 额定频率 f_N。指电动机所接电源的频率,单位是赫兹(Hz)。我国的工频频率为 50Hz。

(6) 绝缘等级。绝缘等级决定了电动机的允许温升,有时也不标明绝缘等级而直接标明容许温升。

(7) 接法。用 Y 或 △ 表示。表示在额定运行时,定子绕组应采用的连接方式。

若是绕线转子感应电动机,则还应有:

(8) 转子绕组的开路电压。指定子绕组接额定电压,转子绕组开路时转子线电压,单位是 V。

(9) 转子绕组的额定电流。单位是 A。

(8) 和 (9) 主要用来作为配备启动电阻的依据。

铭牌上除上述的额定数据外,还有电动机的型号。型号一般用来表示电动机的种类和几何尺寸等。如新系列的异步电动机用字母 Y 表示,并用中心高表示电动机的直径大小;铁芯长度则分别用 S、M 和 L 表示,S 最短,L 最长;电动机的防护形式由字母 IP 和两个数字表示,I 是 International(国际)的第一个字母,P 是 Protection(防护)的第一个字母,IP 后面的第一个数字表示第一种防护形式(防尘)的等级,第二个数字表示第二种防护形式(防水)的等级,防护形式的数字越大,表示防护的能力越强。

如

```
          Y  (IP 4 4)  200 L - 8
                                 └── 极数
                                 └── 铁芯长度等级:S、M、L
                                 └── 中心高:电动机的直径大小
          │    │
          │    └── 防护形式
          └── 异步电动机
  I 是 International(国际)的首字母
  P 是 Protection(防护)的首字母
  第一种防护形成(防尘)的等级
  第二种防护形式(防水)的等级
```

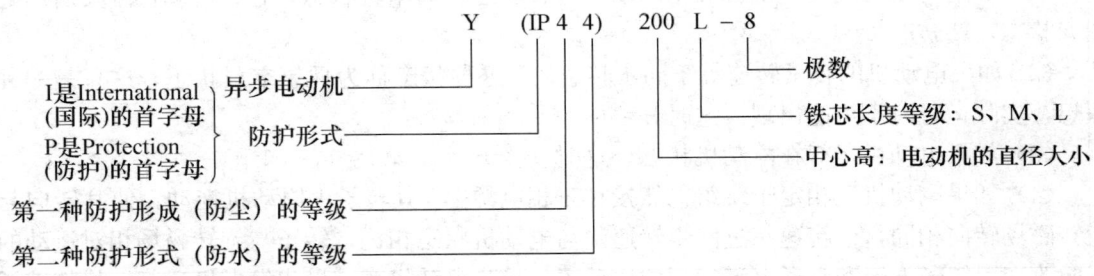

2. 三相异步电动机的主要系列简介

(1) Y 系列是一般用途的小型鼠笼式电动机系列,取代了原先的 JO2 系列。额定电压为

380V，额定频率为 50Hz，功率范围为 0.55~90kW，同步转速为 750~3000r/min，外壳防护形式为 IP44 和 IP23 两种，B 级绝缘。

(2) JDO2 系列为小型三相异步电动机系列。它主要用于各式机床以及起重传动设备等需要多种速度的传动装置。

(3) JR 系列为中型防护式三相绕线转子异步电动机系列，容量为 45~410kW。

(4) YR 系列为一种大型三相绕线子异步电动机系列，容量为 250~2500kW，主要用于冶金工业和矿山中。

7.1.3 三相异步电动机的工作原理

如图 7-7 所示三相异步电动机的简单模型，在定子上有一对以 n_1 同步转速旋转的磁极。在转子铁芯上，外圆槽内嵌有导体，导体两端各用一个端环把它们接成一个整体。转子绕组通常制成铸铝绕组。

定子磁场以同步转速 n_1 逆时针方向旋转，形成一个旋转磁场，转子导体切割磁力线而感应电动势 e。根据右手定则可以判定，转子上半部分导体感应电动势的正方向为穿进纸面，用+表示，下半部分导体的感应电动势方向为正方向穿出纸面，用⊙表示。在感应电动势的作用下产生电流，若不计电动势与电流的相位差，则电流与电动势同方向。载流导体在磁场中将受到电磁力的作用，由左手定则可以判定电磁力的方向。由电磁力所形成的电磁转矩驱动转子以 n 的转速旋转，转向与旋转磁场的旋转方向相同。

异步电动机的转子转速不可能等于磁场旋转的速度，否则磁场与转子之间就没有相对运动，就不存在电磁感应关系了，转子导体不能产生感应电动势、产生电流，也就不能产生电磁转矩。所以 $n \neq n_1$，故称之为异步电动机。

转子转速 n 与同步转速 n_1 之差与同步转速 n_1 的比值称为转差率，用 s 表示，即

$$s = \frac{n_1 - n}{n_1} \tag{7-1}$$

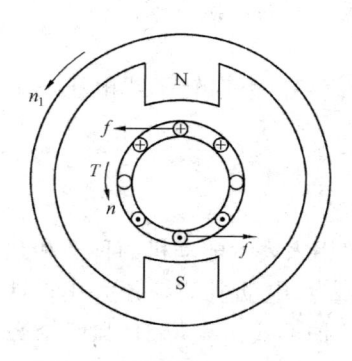

图 7-7 三相异步电动机工作原理模型

因此转子的转速

$$n = (1-s)n_1 \tag{7-2}$$

转差率 s 是异步电动机运行的基本数据，s 不同，电机将工作在不同状态。下面分析异步电动机的各种工作状态。

(1) 如果电动机刚接通电源尚未转动，这种状态称为堵转状态，它是电动机刚要启动的瞬间状态，堵转时 $n=0$，$s=1$。

(2) 如果电动机的转子转速等于同步转速时，这种状态称为理想空载状态，这只是一种假想，实际运行时不可能出现。这时 $n=n_1$，$s=0$。

(3) 如果电动机运行在电动机状态，这时 $0 < n < n_1$，$0 < s < 1$。

(4) 如果电动机三相定子绕组仍然接在三相电源上，其转子由原动机拖动，使其转向与旋转磁场转向相同，但转速超过同步转速。与电动机状态相比，转子与旋转磁场相对运动的方向改变，转子电流和定子电流的相位也反了，异步电动机变成异步发电机运行，将从转子输入机械功率转换成电磁功率回馈给电网，这种状态称为发电机状态，这时 $n>n_1$，$s<0$。

(5) 如果电动机三相定子绕组仍然接在电源上,同时又因某种原因(例如外力作用)使转子的转向与旋转磁场的转向相反,这时,电磁转矩的方向与转子转向相反,成为阻碍转子转动的制动转矩,这时,异步电动机所处的状态称为制动状态。制动时,$n<0$,$s>1$。

7.2 三相异步电动机的运行原理

7.2.1 三相异步电动机转子不转时的电磁关系

三相异步电动机的定子、转子之间没有直接的电联系,它们之间的联系是通过电磁感应关系而实现的,这一点和变压器完全相似。定子绕组相当于变压器的一次绕组,转子绕组相当于变压器的二次绕组。因此,分析变压器内部电磁关系的三种基本方法(电压方程式、等效电路和相量图)对于异步电动机也同样适用。

1. 主磁通和漏磁通

如图 7-8 所示,异步电动机的磁通分为主磁通和漏磁通两大类。

同时交链定、转子绕组这部分磁通称为主磁通,用 Φ_0 表示。主磁通在定、转子绕组中产生感应电动势,由于转子绕组开路,所以不产生转子电流。

(a) 主磁通和槽漏磁通　　(b) 端部漏磁通

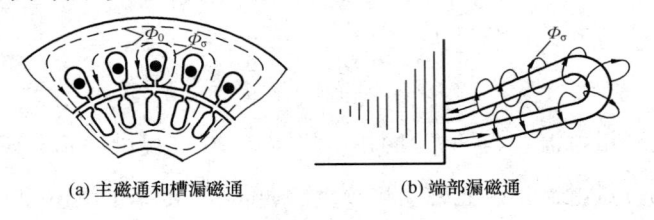

图 7-8　主磁通与漏磁通

除了主磁通以外的磁通称为漏磁通,用 Φ_σ 表示。它包括定子绕组槽漏磁通和端部漏磁通。漏磁通只交链定子绕组而不与转子绕组交链。由于漏磁通沿磁阻很大的空气隙形成回路,因此比主磁通小很多。漏磁通仅在定子绕组上产生漏感电动势,不起能量转换的媒介作用,只起电抗压降作用。

此时定、转子绕组中感应电动势为

$$\dot{E}_1 = -j4.44 f_1 N_1 k_{w1} \dot{\Phi}_0 \tag{7-3}$$

$$\dot{E}_2 = -j4.44 f_1 N_2 k_{w2} \dot{\Phi}_0 \tag{7-4}$$

定、转子绕组中感应电动势的有效值为

$$E_1 = 4.44 f_1 N_1 k_{w1} \Phi_0 \tag{7-5}$$

$$E_2 = 4.44 f_1 N_2 k_{w2} \Phi_0 \tag{7-6}$$

定子与转子每相感应电动势有效值之比为

$$k_e = \frac{E_1}{E_2} = \frac{N_1 k_{w1}}{N_2 k_{w2}} \tag{7-7}$$

$$E_1 = k_e E_2 = E_2' \tag{7-8}$$

定子漏磁通 $\Phi_{1\sigma}$ 在定子绕组中感应漏磁电动势 $\dot{E}_{1\sigma}$。$\dot{E}_{1\sigma}$ 在时间上滞后主磁通 $\dot{\Phi}_m$ 90°电角度,可表示成

$$\dot{E}_{1\sigma} = -j4.44 f_1 N_1 k_{w1} \dot{\Phi}_{1\sigma} \tag{7-9}$$

把定子绕组中漏感电动势看成定子电流 $\dot{I}_0$ 在漏电抗上的压降，$\dot{E}_{1\sigma}$ 在时间上滞后 $\dot{I}_0$ 90°电角度，用相量表示，即

$$\dot{E}_{1\sigma} = -j\dot{I}_0 X_1 \tag{7-10}$$

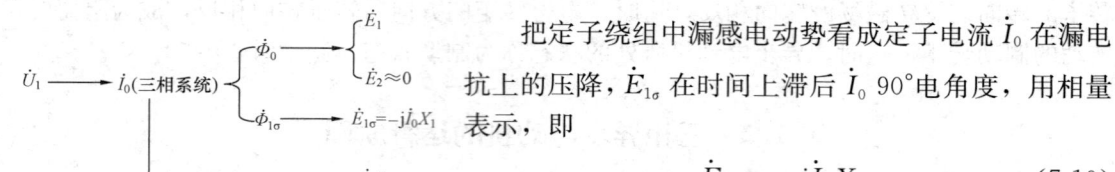

图 7-9 转子绕组开路时的电磁关系示意图

上述电磁关系采用图 7-9 表示。

2. 电动势平衡方程、等效电路及相量图

三相异步电动机三相对称，只需用单相来分析即可。转子开路时，定子每相电路的电动势平衡方程式为

$$\dot{U}_1 = -\dot{E}_1 - \dot{E}_{1\sigma} + \dot{I}_0 R_1 = -\dot{E}_1 + \dot{I}_0 R_1 + j\dot{I}_0 X_1$$
$$= -\dot{E}_1 + Z_1 \dot{I}_0 \tag{7-11}$$

式中 R_1、X_1 和 Z_1 ——定子绕组每相绕组的电阻、漏电抗和漏阻抗。

$\dot{I}_0$ ——转子开路时的定子电流，是异步电动机的励磁电流，由有功分量 $\dot{I}_{0a}$ 和无功分量 $\dot{I}_{0r}$ 组成。

$$\dot{I}_0 = \dot{I}_{0r} + \dot{I}_{0a} \tag{7-12}$$

式中 $\dot{I}_{0a}$ ——有功分量电流，与 $-\dot{E}_1$ 同相，超前 $\dot{\Phi}_0$ 90°，提供铁芯损耗；

$\dot{I}_{0r}$ ——无功分量电流，建立磁动势产生磁通 $\dot{\Phi}_0$，与 $\dot{\Phi}_0$ 同相位。

与变压器相似

$$\dot{E}_1 = -\dot{I}_0 Z_m = -\dot{I}_0 (R_m + jX_m) \tag{7-13}$$

式中 R_m、X_m、Z_m ——励磁电阻、励磁电抗和励磁阻抗。

将式 (7-13) 代入式 (7-11) 可得

$$\dot{U}_1 = -\dot{E}_1 + Z_1 \dot{I}_0 = \dot{I}_0 Z_m + \dot{I}_0 Z_1 = \dot{I}_0 (Z_m + Z_1) \tag{7-14}$$

由式 (7-11) 和式 (7-14) 可以画出等效电路，如图 7-10 (a) 所示。画出相量图如图 7-10 (b) 所示。

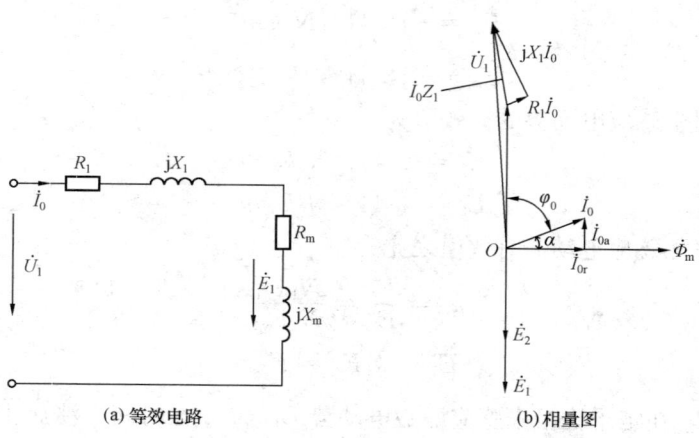

(a) 等效电路　　(b) 相量图

图 7-10 等效电路和相量图

1) 以 $\dot{\Phi}_m$ 为参考相量，画于水平线上。

2) 由式（7-3）画出电动势 $\dot{E}_1$，$\dot{E}_1$ 滞后主磁通 $\dot{\Phi}_m 90°$。

3) 画出 $\dot{I}_{0r}$ 与 $\dot{\Phi}_m$ 同相，$\dot{I}_{0a}$ 超前 $\dot{\Phi}_m 90°$，由式（7-12）画出空载电流 $\dot{I}_0$。

4) 画出 $\dot{I}_0 R_1$ 与 $\dot{I}_0$ 同相位，$j\dot{I}_0 X_1$ 超前 $\dot{I}_0 90°$，再根据式（7-11）画出 $\dot{U}_1$。

从上述分析可知，异步电动机的电动势平衡方程式、等效电路和相量图在形式上与变压器完全相同，但在定量分析时两者有一定区别，主要是异步电动机气隙较大，而变压器气隙较小或无气隙，因此异步电动机的励磁电流比变压器的大，一般在（20%～50%）I_N，而变压器仅占（2%～10%）I_N。异步电机的漏阻抗也比变压器大，因此，变压器空载时一次侧的漏阻抗压降不超过 $0.5\% U_N$，而异步电机转子开路时漏阻抗压降可达（2%～5%）U_N。尽管如此，$\dot{I}_0 Z_1$ 仍远小于 $\dot{E}_1$，分析异步电动机时，仍可认为 $\dot{U}_1 \approx -\dot{E}_1$，$\dot{E}_1 \propto \dot{\Phi}_m$。在外加电压和频率不变时，异步电动机仍可按磁通恒定的恒电压系统来进行分析。

7.2.2 转子绕组堵转时电磁关系

1. 磁通势与磁通

图 7-11 所示为异步电动机转子短路的接线图，定子绕组加额定电压，转子堵住不转，各量正方向标于图中。

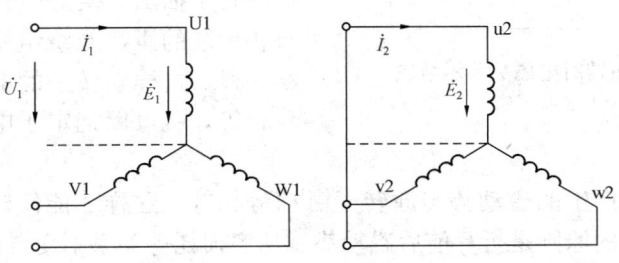

图 7-11 异步电动机转子短路接线图

当定子绕组加入三相对称电压 $\dot{U}_1$ 后，定子绕组流过电流 $\dot{I}_1$，转子短路之后产生电流 $\dot{I}_2$。定子三相对称电流在空间产生圆形旋转磁场 $\dot{F}_1$，$\dot{F}_1$ 在定子绕组中分别感应出感应电动势 $\dot{E}_1$ 和 $\dot{E}_2$。转子绕组短接，转子绕组产生对称的三相电流 $\dot{I}_2$，建立旋转磁动势 $\dot{F}_2$，由于 $\dot{I}_2$ 的交变频率为 $f_2 = f_1$，所以转子磁动势 $\dot{F}_2$ 的转速也为 n_1，即 $\dot{F}_1$ 和 $\dot{F}_2$ 在电机气隙圆周上同方向，同转速旋转，二者相对静止，并合成气隙磁动势 $\dot{F}_m$。即

$$\dot{F}_1 + \dot{F}_2 = \dot{F}_m \tag{7-15}$$

异步电动机堵转时的电动势平衡方程式为

$$\dot{U}_1 = -\dot{E}_1 + \dot{I}_1(R_1 + jX_1)$$
$$= -\dot{E}_1 + \dot{I}_1 Z_1 \tag{7-16}$$
$$0 = \dot{E}_2 - \dot{I}_2(R_2 + jX_2)$$
$$= \dot{E}_2 - \dot{I}_2 Z_2 \tag{7-17}$$

式中　$Z_2 = R_2 + jX_2$ 为转子绕组的漏阻抗

图 7-12 所示为异步电动机转子堵转时的等效电路。

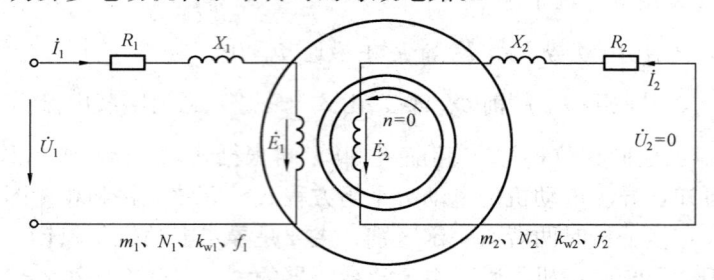

图 7-12 转子堵转（$f_1=f_2$）时定子、转子电路

综上所述异步电动机转子堵转时电磁关系可用图 7-13 表示。

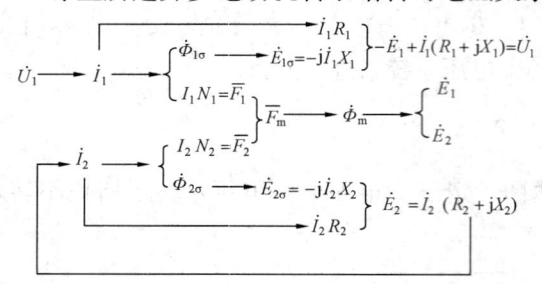

图 7-13 转子堵转时电磁关系示意图

2. 异步电动机堵转时转子绕组的折算

由式（7-3）和式（7-4）可知，转子堵转时定子电动势 $\dot{E}_1$ 和转子电动势 $\dot{E}_2$ 不等，主要是定转子的相数、每相串联的匝数及绕组系数不同。与变压器相似，假设把实际电机的转子抽出，换上一个新转子，它的相数、每相串联的匝数及绕组系数都分别和定子绕组一样。这样新转子的电动势与定子的电动势相等，就可以把定子电路和转子电路连接在一起了。

只要保证新转子产生的磁动势与原转子磁动势相等，这样才能使转子对定子的影响相同，因此，转子折算的原则是折算前后磁动势、功率损耗等关系不变。折算后转子每相的电动势用 $\dot{E}'_2$，电流用 $\dot{I}'_2$，阻抗用 $Z'_2 = R'_2 + jX'_2$ 表示。

（1）折算后的转子相电流 I'_2。由转子磁通势保持不变原则

$$\frac{m_2}{2} \times 0.9 \times \frac{N_2 k_{w2}}{p} I_2 = \frac{m_1}{2} \times 0.9 \times \frac{N_1 k_{w1}}{p} I'_2$$

$$\dot{I}'_2 = \frac{m_2 N_2 k_{w2}}{m_1 N_1 k_{w1}} I_2 = \frac{1}{k_i} I_2 \tag{7-18}$$

式中 k_i ——电流比，$k_i = \frac{m_1 N_1 k_{w1}}{m_2 N_2 k_{w2}} = \frac{I_2}{I'_2}$。

这时磁动势平衡方程式可用下式表示

$$\dot{I}_1 + \dot{I}'_2 = \dot{I}_m \tag{7-19}$$

（2）折算后的转子电动势 E'_2。由转子总视在功率保持不变

$$m_1 E'_2 I'_2 = m_2 E_2 I_2$$

$$E'_2 = \frac{N_1 k_{w1}}{N_2 k_{w2}} E_2 = k_e E_2 = k_e \frac{1}{k_e} E_1 = E_1 \tag{7-20}$$

式中 k_e ——电压比，$k_e = \frac{N_1 k_{w1}}{N_2 k_{w2}} = \frac{E'_2}{E_2}$。

（3）折算后转子阻抗 Z'_2。由转子铜耗不变得出关系式并得转子电阻归算公式为

$$m_1 I_2'^2 R_2' = m_2 I_2^2 R_2$$

$$R_2' = \frac{m_1 N_1 k_{w1}}{m_2 N_2 k_{w2}} \frac{N_1 k_{w1}}{N_2 k_{w2}} R_2 = k_e k_i R_2$$

根据折算前后功率因数不变的原则,有

$$\tan\varphi_2 = \frac{X_2}{R_2} = \frac{X_2'}{R_2'}$$

$$X_2' = k_e k_i X_2 \tag{7-21}$$

于是求得

$$\left.\begin{array}{l} |Z_2'| = k_e k_i |Z_2| \\ R_2' = k_e k_i R_2 \\ X_2' = k_e k_i X_2 \end{array}\right\} \tag{7-22}$$

3. 异步电动机堵转时的等效电路及相量图

经过绕组折算后,异步电动机堵转时的基本方程为

$$\left.\begin{array}{l} \dot{U}_1 = -\dot{E}_1 + \dot{I}_1(R_1 + jX_1) \\ -\dot{E}_1 = \dot{I}_m(R_m + jX_m) \\ \dot{E}_1 = \dot{E}_2' \\ \dot{E}_2' = \dot{I}_2'(R_2' + jX_2') = \dot{I}_2' Z_2' \\ \dot{I}_1 = \dot{I}_m + (-\dot{I}_2') \end{array}\right\} \tag{7-23}$$

根据式(7-22)可以画出等效电路和相量图如图 7-14 所示。

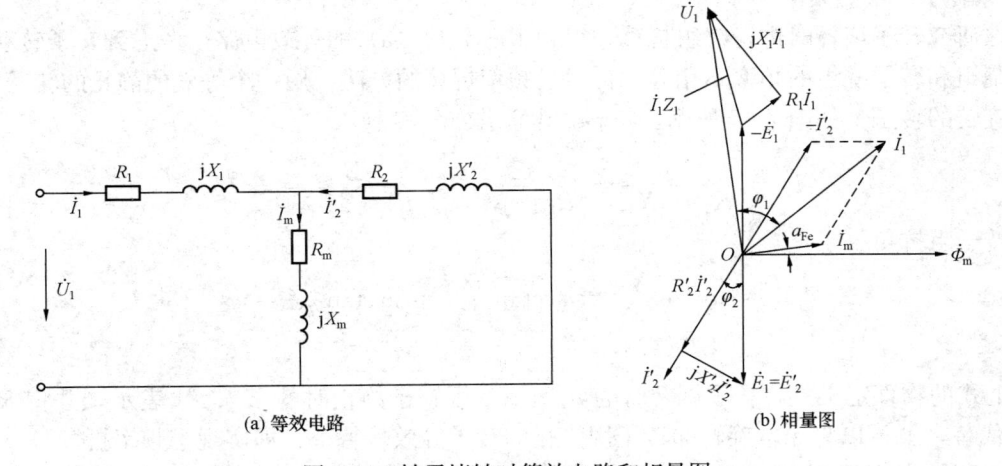

图 7-14 转子堵转时等效电路和相量图

(a) 等效电路

(b) 相量图

7.2.3 三相异步电动机转子旋转时的电磁关系

1. 转子回路电压方程

当三相异步电动机转子以转速 n 旋转时,转子绕组是闭合的,转子回路的电压方程式为

$$\dot{E}_{2s} = \dot{I}_{2s}(R_2 + jX_{2s})$$

式中 $\dot{E}_{2s}$、$\dot{I}_{2s}$ 和 $\dot{X}_{2s}$ ——转子转动时的电动势、电流和转子漏电抗。

转子与旋转磁场相对转速为 $n_2 = n_1 - n$，表现在电机转子上的频率 f_2 为

$$f_2 = \frac{pn_2}{60} = \frac{p(n_1-n)}{60} = \frac{psn_1}{60} = sf_1 \tag{7-24}$$

正常运行时，转子转速 n 接近于 n_1，转差率 s 很小，一般 $s = 0.01 \sim 0.05$，因此转子频率 $f_2 = 0.5 \sim 2.5 \text{Hz}$ 也很小。转子旋转时，转子绕组电动势为

$$\dot{E}_{2s} = -\mathrm{j}4.44 f_2 N_2 k_{w2} \dot{\Phi}_m = -\mathrm{j}4.44 sf_1 N_2 k_{w2} \dot{\Phi}_m = s\dot{E}_2 \tag{7-25}$$

转子漏电抗为

$$X_{2s} = \omega_2 L_2 = 2\pi s f_1 L_2 = sX_2 \tag{7-26}$$

式中 $\dot{E}_2$、X_2——转子不转时的转子电动势和漏电抗。

忽略集肤效应，频率变化对转子电阻影响不大，可认为转子电阻不变。

转子旋转时的定子、转子电路如图 7-15 所示。

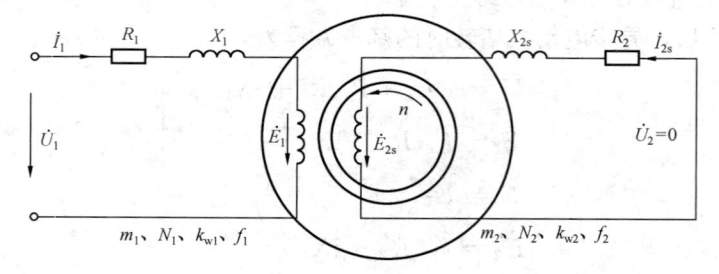

图 7-15 转子旋转时（$f_2 \neq f_1$）的定子、转子电路

2. 转子绕组的频率折算

在研究转子堵转时进行绕组折算，得到了图 7-14（a）的等效电路。考虑到转子转动时，定子绕组和转子绕组的频率不相等，再通过频率折算的方法，用一个等效的静止的转子代替实际旋转的转子，如图 7-15 所示。将转子电流作如下变换

$$\dot{I}_{2s} = \frac{\dot{E}_{2s}}{R_2 + \mathrm{j}X_{2s}} = \frac{s\dot{E}_2}{R_2 + \mathrm{j}sX_2} = \frac{\dot{E}_2}{R_2/s + \mathrm{j}X_2} = \dot{I}_2$$

转子阻抗角

$$\varphi_{2s} = \arctan \frac{X_{2s}}{R_2} = \arctan \frac{sX_2}{R_2} = \arctan \frac{X_2}{\frac{R_2}{s}} = \varphi_2$$

上式的物理定义是将转子旋转时的 $\dot{E}_{2s}$、X_{2s} 用转子静止时的 $\dot{E}_2$、X_2 表示，并将 R_2 用 R_2/s 代替，就可以将原本旋转的转子用静止的转子等效代替了，即实现了频率折算。

异步电动机经过绕组折算和频率折算后的基本方程式为

$$\left.\begin{aligned}
\dot{U}_1 &= -\dot{E}_1 + \dot{I}_1 Z_1 \\
\dot{E}'_2 &= \dot{I}'_2 \left(\frac{R'_2}{s} + \mathrm{j}X'_2\right) \\
\dot{E}_1 &= \dot{E}'_2 = -\dot{I}_0 (R_m + \mathrm{j}X_m) = -\dot{I}_m Z_m \\
\dot{I}_1 + \dot{I}'_2 &= \dot{I}_m
\end{aligned}\right\} \tag{7-27}$$

由式（7-25）可得出三相异步电动机的 T 形等效电路如图 7-16 所示。

第 7 章 异步电动机

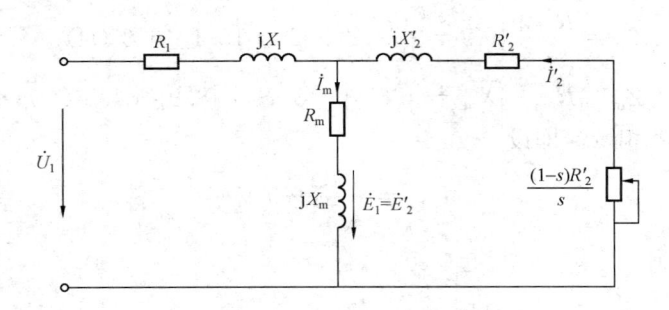

图 7-16 异步电动机折算后的 T 形等效电路

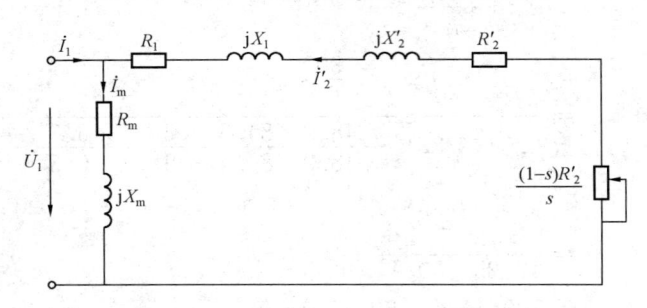

图 7-17 异步电动机折算后的 T 形简化等效电路

图 7-16 中将 R'_2/s 分成 R'_2 和 $\dfrac{1-s}{s}R'_2$ 两部分。与变压器 T 形等效电路比较，$\dfrac{1-s}{s}R'_2$ 相当于变压器中的负载电阻。由于异步电动机输出的是机械功率而不是电功率，所以 $\dfrac{1-s}{s}R'_2$ 消耗的电功率反映了异步电动机输出的机械功率，满足了折算前后能量守恒的原则。

图 7-17 为异步电动机折算后的简化等效电路。为了简化计算，可以利用简化等效电路进行计算，计算结果比用变压器简化等效电路计算的要大一些，但对于一般大中容量的异步电动机而言，这种误差不大，能够满足工程上要求的计算精度。根据式（7-27）可以画出三相异步电动机折算后的相量图如图 7-18 所示。

【例 7-1】 一台三相 6 极异步电动机，星形联结，$P_N = 400\text{kW}$，$U_N = 3000\text{V}$，$f_N = 50\text{Hz}$，$n_N = 975\text{r/min}$，定子每相电阻 $R_1 = 0.42\Omega$，漏电抗 $X_1 = 2\Omega$，转子电阻 $R'_2 = 0.45\Omega$，漏电抗 $X'_2 = 2\Omega$，励磁电阻 $R_m = 4.67\Omega$，励磁电抗 $X_m = 48.7\Omega$，试分别采用 T 形和简化等效电路，计算额定负载运行时的定子相电流、转子相电流、励磁电流、输入功率、效率和功率因数。

解：(1) 采用 T 形等效电路计算

$$s_N = \frac{n_1 - n_N}{n_1} = \frac{1000 - 975}{1000} = 0.025$$

$$Z_1 = R_1 + jX_1 = 0.42 + j2$$
$$= 2.04\angle 78.1°(\Omega)$$

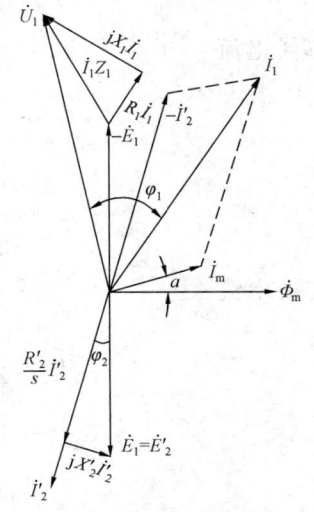

图 7-18 异步电动机负载时相量图

$$Z'_{2s} = \frac{R'_2}{s_N} + jX'_2 = \frac{0.45}{0.025} + j2 = 18.1\angle 6.3°(\Omega)$$

$$Z_m = R_m + jX_m = 4.67 + j48.7 = 48.9\angle 84.5°(\Omega)$$

以定子相电压为参考相量，即设

$$\dot{U}_{1p} = \frac{3000}{\sqrt{3}}\angle 0°\text{V}$$

则定子额定相电流为

$$\dot{I}_{1N} = \frac{\dot{U}_{1p}}{Z_1 + \frac{Z_m Z'_{2s}}{Z_m + Z'_{2s}}}$$

$$= \frac{\frac{3000}{\sqrt{3}}\angle 0°}{2.04\angle 78.1° + \frac{48.9\angle 84.5° \times 18.1\angle 6.3°}{48.9\angle 84.5° + 18.1\angle 6.3°}}$$

$$= \frac{\frac{3000}{\sqrt{3}}\angle 0°}{17.25\angle 30.4°}$$

$$= 100.41\angle -30.4°(\text{A})$$

额定功率因数为

$$\cos\varphi_{1N} = \cos(-30.4°) = 0.863 \text{（滞后）}$$

定子额定输入功率

$$P_{1N} = \sqrt{3}U_{1N}I_{1N}\cos\varphi_{1N}$$

$$= \sqrt{3} \times 3000 \times 100.41 \times 0.863 = 450\,267(\text{W})$$

额定效率

$$\eta_N = \frac{P_N}{P_{1N}} \times 100\% = \frac{400 \times 10^3}{450\,267} \times 100\% = 88.8\%$$

转子电流

$$\dot{I}'_2 = -\frac{\dot{I}_{1N}Z_m}{Z_m + Z'_{2s}}$$

$$= -100.41\angle -30.4° \frac{48.9\angle 84.5°}{48.9\angle 84.5° + 18.1\angle 6.3°}$$

$$= 88.44\angle 168.21°(\text{A})$$

励磁电流

$$\dot{I}_0 = \frac{\dot{I}_{1N}Z'_{2s}}{Z_m + Z'_{2s}}$$

$$= 100.41\angle -30.4° \frac{18.1\angle 6.3°}{48.9\angle 84.5° + 18.1\angle 6.3°}$$

$$= 32.74\angle -89.97°(\text{A})$$

（2）采用简化等效电路计算。

转子电流

$$\dot{I}'_2 = -\frac{\dot{U}_{1N}/\sqrt{3}}{Z_1 + Z'_{2s}}$$

$$= -\frac{\frac{3000}{\sqrt{3}}\angle 0°}{0.42 + j2 + \frac{0.45}{0.025} + j2}$$

$$= 91.89\angle 167.75°(\text{A})$$

励磁电流

$$\dot{I}_0 = \frac{\dot{U}_{1N}/\sqrt{3}}{Z_m} = \frac{\frac{3000}{\sqrt{3}}\angle 0°}{48.9\angle 84.5°} = 35.4\angle -84.5°(\text{A})$$

定子额定相电流

$$\dot{I}_1 = \dot{I}_m - \dot{I}'_2$$
$$= 35.4\angle -84.5° - 91.89\angle 167.75°$$
$$= 108\angle -30.43°(\text{A})$$

额定功率因数

$$\cos\varphi_1 = \cos 30.43° = 0.862(\text{滞后})$$

定子输入功率

$$P_1 = 3U_1 I_1 \cos\varphi_1 = 3 \times \frac{3000}{\sqrt{3}} \times 108 \times 0.862 = 483\ 741(\text{W})$$

额定效率

$$\eta = \frac{P_2}{P_1} \times 100\% = \frac{400 \times 10^3}{483\ 741} \times 100\% = 82.7\%$$

计算结果表明，采用简化等效电路计算有一定的误差，但计算量少，所以在工程实际上有一定的应用价值。

7.3 三相异步电动机的功率、转矩与工作特性

7.3.1 三相异步电动机的功率

三相异步电动机从电源输入的有功功率称为输入功率，即

$$P_1 = m_1 U_1 I_1 \cos\varphi_1 \tag{7-28}$$

式中 $\cos\varphi_1$ ——三相异步电动机的功率因数。

输入功率包括定子绕组的铜损耗 p_{Cu1} 和定子铁心中的铁损耗 p_{Fe}，即

$$p_{Cu1} = m_1 I_1^2 R_1 \tag{7-29}$$

$$p_{Fe} = m_1 R_m I_0^2 \tag{7-30}$$

输入功率减去 p_{Cu1} 和 p_{Fe} 后，余下部分通过电磁感应经气隙传递到转子上的功率，称为电磁功率 P_e。

$$P_e = P_1 - p_{Cu1} - p_{Fe} \tag{7-31}$$

电磁功率减去转子绕组的铜损耗 p_{Cu2} 之后便是使转子旋转的总机械功率 P_m，即

$$P_m = P_e - p_{Cu2} \tag{7-32}$$

总机械功率再减去机械损耗 p_{me} 和附加损耗 p_{ad} 后才是转子轴上输出的机械功率 P_2，即

$$P_2 = P_m - (p_{me} + p_{ad}) \tag{7-33}$$

由式（7-27）～式（7-31）可得

$$\left.\begin{array}{l} P_1 = P_e + p_{Cu1} + p_{Fe} \\ P_e = P_m + p_{Cu2} \\ P_m = P_2 + p_{me} + p_{ad} = P_2 + P_0 \end{array}\right\} \tag{7-34}$$

根据式（7-34）可得功率流程图如图 7-19 所示。

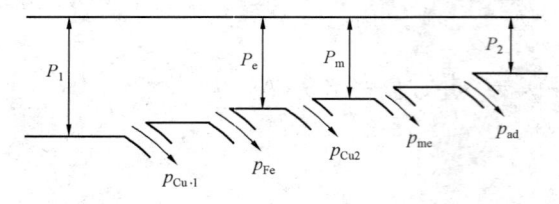

图 7-19 异步电动机的功率流程图

下面用 T 形等效电路对功率和损耗进行分析。从 T 形等效电路可知，电磁功率 P_e 为

$$P_e = m_1 I_2'^2 \frac{R_2'}{s} = m_1 I_2'^2 R_2'$$

$$+ m_1 I_2'^2 \frac{1-s}{s} R_2'$$

$$= p_{Cu2} + P_m = m_1 E_2' I_2' \cos\varphi_2 \tag{7-35}$$

转子铜损为

$$p_{Cu2} = m_1 R_2' I_2'^2 = m_2 R_2 I_2^2 \tag{7-36}$$

式（7-34）与式（7-33）比较可知

$$p_{Cu2} = sP_e \tag{7-37}$$

式（7-35）代入（7-30）得

$$P_m = P_e - sP_e = (1-s)P_e \tag{7-38}$$

由于三相异步电动机正常运行的 s 很小，由式（7-35）和式（7-36）可知，电磁功率中只有很小一部分为 p_{Cu2}，而绝大部分转变为总机械功率 P_m。

由图 7-18 可知，三相电机的总损耗 p_{al} 为铜损耗 p_{Cu}，铁损耗 p_{Fe} 和空载损耗功率 P_0，即

$$p_{al} = p_{Cu} + p_{Fe} + P_0$$
$$= p_{Cu1} + p_{Cu2} + p_{Fe} + p_{me} + p_{ad}$$

异步电动机的效率 η 为输入功率 P_1 与输出功率的百分比，即

$$\eta = \frac{P_2}{P_1} \times 100\% = \frac{P_1 - p_{al}}{P_1} \times 100\% \tag{7-39}$$

【例 7-2】 某三相异步电动机，$U_N = 380V$，△联结，$f_1 = 50Hz$，$R_1 = 1.5\Omega$，$R_2' = 1.2\Omega$。在拖动某负载运行时，相电流 $I_1 = 11.5A$，$I_2' = 10A$，$\cos\varphi_1 = 0.86$，$\eta = 82\%$，$n = 1446r/min$。求：该电机的 P_1、P_e、P_m 和 P_2。

解： 同步转速

$$n_1 = \frac{60f}{p} = \frac{60 \times 50}{2} = 1500(r/min)$$

转差率

$$s = \frac{n_1 - n}{n_0} = \frac{1500 - 1446}{1500} = 0.036$$

输入功率

$$P_1 = 3U_1 I_1 \cos\varphi_1 = 3 \times 380 \times 11.5 \times 0.86 = 11.27 (kW)$$

电磁功率

$$P_e = m_1 \frac{R'_2}{s} {I'_2}^2 = 3 \times \frac{1.2}{0.036} \times 10^2 = 10(\text{kW})$$

机械功率
$$P_m = (1-s)P_e = (1-0.036) \times 10 = 9.64(\text{kW})$$

输出功率
$$P_2 = \eta P_1 = 0.82 \times 11.27 = 9.24(\text{kW})$$

7.3.2 三相异步电动机的电磁转矩

三相异步电动机的电磁功率 P_e 是由旋转磁场传递到转子的功率。由动力学可知，P_e 应等于电磁转矩 T 与旋转磁场的角速度 Ω_1 的乘积，即

$$T = \frac{P_e}{\Omega_1} = \frac{60}{2\pi} \times \frac{P_e}{n_1} = 9.55 \frac{P_e}{n_1} \tag{7-40}$$

式中 $\Omega_1 = \frac{2\pi n_1}{60}(\text{rad/s})$

将式（7-38）和 $n=(1-s)n_1$ 代入式（7-40）可得

$$T = \frac{P_m}{\Omega} = \frac{60}{2\pi} \times \frac{P_m}{n} = 9.55 \frac{P_m}{n} \tag{7-41}$$

电机空载运行时，由空载损耗功率 P_0 所形成的空载转矩 T_0 为

$$T_0 = \frac{P_0}{\Omega} = \frac{60}{2\pi} \times \frac{P_0}{n} = 9.55 \frac{P_0}{n} \tag{7-42}$$

电动机从轴上输出的转矩 T_2 为

$$T_2 = \frac{P_2}{\Omega} = \frac{60}{2\pi} \times \frac{P_2}{n} = 9.55 \frac{P_2}{n} \tag{7-43}$$

电机稳定运行时转矩平衡方程式为
$$T = T_2 + T_0$$

下面推导电磁转矩的物理表达式
由式（7-40）可得

$$T = \frac{P_e}{\Omega_1} = \frac{1}{\Omega_1} m_1 {I'_2}^2 \frac{R'_2}{s} = \frac{1}{\Omega_1} m_1 E'_2 I'_2 \cos\varphi_2$$

将 $E'_2 = 4.44 f_1 N_1 k_{w1} \Phi_0$, $4.44 = \sqrt{2}\pi$, $\Omega_1 = 2\pi f_1/p$ 代入上式得

$$T = \frac{p m_1 N_1 k_{w1}}{\sqrt{2}} \Phi_m I'_2 \cos\varphi_2 = C_T \Phi_m I'_2 \cos\varphi_2 \tag{7-44}$$

式中 C_T——转矩常数，$C_T = \frac{p m_1 N_1 k_{w1}}{\sqrt{2}}$，对已制成的电动机 C_T 为一常数。

从式（7-42）可知，异步电动机的电磁转矩公式与直流电机的电磁转矩公式相似，不过异步电动机的电磁转矩是与转子电流的有功分量 $I'_2 \cos\varphi_2$ 成正比。

由异步电动机简化等效电路可得下式

$$I'_2 = \frac{U_1}{\sqrt{\left(R_1 + \frac{R'_2}{s}\right)^2 + (X_1 + X'_2)^2}} \tag{7-45}$$

将式 (7-45) 代入式 (7-44)，并考虑到 $U_1 \approx E_2'$，可得

$$T = \frac{m_1 p U_1^2 \dfrac{R_2'}{s}}{2\pi f_1 \left[\left(R_1 + \dfrac{R_2'}{s}\right)^2 + (X_1 + X_2')^2\right]} \qquad (7\text{-}46)$$

因为式 (7-46) 中表示了转矩 T 与转差率 s 的关系，所以也称为 $T\text{-}s$ 曲线方程。

7.3.3 三相异步电动机的工作特性

异步电动机的工作特性是指在额定电压 U_N、额定频率 f_N 运行时，电动机的转速 n、定子电流 I_1、功率因数 $\cos\varphi_1$、电磁转矩 T、效率 η 与输出功率 P_2 的关系曲线，即 n、I_1、$\cos\varphi_1$、T、$\eta = f(P_2)$。

下面分别加以介绍

1. 转速特性 $n = f(P_2)$

由 $p_{Cu2} = sP_e$ 知：

$$s = \frac{p_{Cu2}}{P_e} = \frac{m_1 {I_2'}^2 R_2'}{m_1 E_2' I_2' \cos\varphi_2}$$

当空载时，$P_2 = 0$，转子电流很小，$I_2' \approx 0$，$p_{Cu2} \approx 0$，$s \approx 0$，$n \approx n_1$。随着负载 p_2 增加，转子电流 I_2' 增大，p_{Cu2} 和 P_e 也增大，因为 p_{Cu2} 与 I_2' 的平方成正比，而 P_e 则与 I_2' 近似地成正比，因此随着 P_2 增大，s 也增大，则转速 n 下降。额定运行时，转子转速接近于 n_1，故转差率接近于零，$n_N = (1-s)n_1 = (0.99 \sim 0.94)n_1$，所以转速特性曲线是一条略微下降的曲线。如图 7-20 所示。

2. 转矩特性 $T = f(P_2)$

异步电动机转矩平衡方程式为

$$T = T_2 + T_0 = \frac{P_2}{\omega} + T_0 = \frac{P_2}{\dfrac{2\pi n}{60}} + T_0$$

当电动机空载时，$P_2 = 0$，$I_2' \approx 0$，$T_2 = 0$，$T = T_0$，随着负载 P_2 增加，转速 n 略有下降，变化不大，故由上式可知 T 随 P_2 的变化曲线为一条上翘的曲线，由于从空载至满载范围内转速几乎不变，故 $T_2 = f(P_2)$。所以可近似认为是一条直线，如图 7-20 所示。

3. 定子电流特性 $I_1 = f(P_2)$

由磁动势平衡方程式 $\dot{I}_1 = \dot{I}_0 + (-\dot{I}_2')$ 可知，当空载时，$P_2 = 0$，$I_2' \approx 0$，$\dot{I}_1 \approx \dot{I}_0$。负载时，随着 P_2 增加，转子电流加大，于是定子电流的负载分量也随之增加，所以 I_1 随 P_2 增大而增大。当 P_2 较大时，定子电流 I_1 随 P_2 按正比例增大。如图 7-20 所示。

4. 功率因数特性 $\cos\varphi_1 = f(P_2)$

异步电动机从电网吸收滞后的无功电流进行励磁。空载时，定子电流为空载电流，无功分量很大，功率因数很低，仅为 $0.1 \sim 0.2$。随着负载的增加，定子电流的有功分量增加，功率因数逐渐上升，在额定负载附近，功率因数达最大值。当超过额定负载后，由于转差率 s 迅速增大，转子漏抗 $X_{2s} = sX_2$ 迅速增大，则转子功率因数 $\cos\varphi_2$ 下降较多，于是转子无功分量电流也增大，使定子无功分量电流也增大，使定子功率因数 $\cos\varphi_1$ 反而有所下降，如图 7-20 所示。

5. 效率特性 $\eta = f(P_2)$

由式（7-39）可得

$$\eta = \frac{P_2}{P_1} \times 100\% = 1 - \frac{p_{a1}}{P_2 + p_{a1}} \times 100\%$$

由上式可知，电动机空载时 $P_2 = 0$，$\eta = 0$，当负载增加时，随着输出功率 P_2 的增加，效率 η 也增加。在正常运行范围内，因主磁通变化很小，所以铁损耗变化不大，机械损耗变化也很小，合起来称为电机的不变损耗。定子和转子铜损耗与电流有效值平方成正比，变化较大，故称为电机的可变损耗。当不变损耗等于可变损耗时，电动机效率达到最大。若负载继续增大，可变损耗增加的较快，效率反而降低，如图 7-20 所示。

一般在 $P_2 = (0.75 \sim 1)P_N$ 时，效率最高。异步电动机的额定效率通常在 $74\% \sim 94\%$，电动机容量越大，其效率越高。将异步电动机的效率特性与直流电动机和变压器的效率特性相比较可知，对各类电机包括变压器，其效率特性形状完全相同。

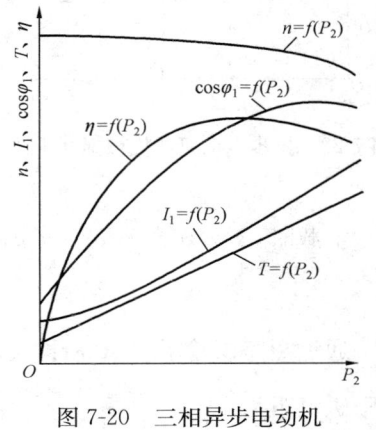

图 7-20 三相异步电动机的工作特性

从上述分析可知，异步电动机在额定负载附近时的效率和功率因数较高，因此电动机应运行在额定负载附近，欠载和过载运行却不经济。

7.4 三相异步电动机的参数测定

异步电动机的参数包括励磁参数（Z_m、R_m、X_m）和短路参数（Z_k、R_k、X_k）。利用这些参数可用等效电路分析计算异步电动机的运行特性。通过空载和短路分析计算异步电动机的运行特性。通过空载和短路（堵转）两个实验，可以求出电动机的参数。

7.4.1 空载实验

空载实验的目的是测定励磁支路的参数 R_m、X_m 以及铁损耗 p_{Fe} 和机械损耗 p_{me}。实验时电动机空载，定子绕组接到额定电压 U_N 和额定频率 f_N 的电源上，改变定子端电压大小可测得对应的空载电流 I_0 和空载输入功率 P_1，给出 $I_0 = f(U_1)$ 和 $P_0 = f(U_1)$ 两条曲线，如图 7-21 所示。

空载时，因为转子电流很小，转子铜损可忽略不计，所以空载输入功率 P_0 主要由定子铜损耗、铁芯损耗

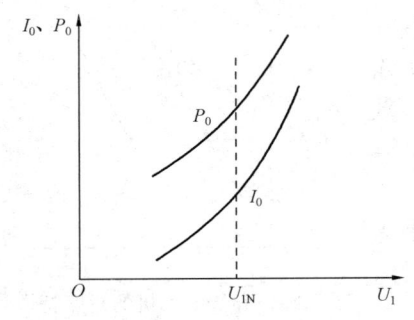

图 7-21 异步电动机的空载特性

和机械损耗组成。从 P_0 中减去定子铜损耗，得到

$$p_0 = P_0 - p_{Cu1} = p_{me} + p_{Fe} \tag{7-47}$$

上式中，p_{Fe} 近似与 U_1^2 成正比，当 $U_1 = 0$，$p_{Fe} = 0$。而机械损耗与 U_1 无关，在空载实验中由于转速变化不大，可认为 p_{me} 等于常数。因此若以 U_1^2 为横坐标，则 $P_0' = f(U_1^2)$ 近似为一条直线，延长直线与纵坐标交点为 p_{me}，如图 7-22 所示。求出 p_{me} 后，由式（7-47）求出当 U_1

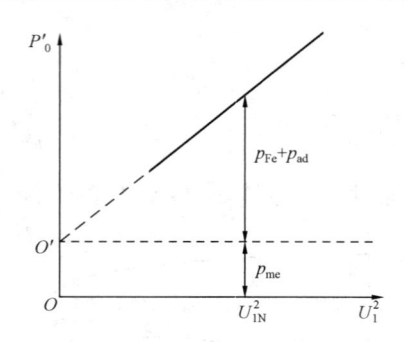

$=U_N$时的铁损耗 p_{Fe}。

根据空载试验，求出额定电压 U_N 时的 I_0，P_0，p_{Fe} 值，即可求出异步电动机的空载参数，即

$$\left.\begin{array}{l} Z_0 = \dfrac{U_1}{I_0} \\ R_0 = \dfrac{P_0}{m_1 I_0^2} \\ X_0 = \sqrt{Z_0^2 - R_0^2} \end{array}\right\} \quad (7\text{-}48)$$

图 7-22 异步电动机的机械损耗求法

上式中 P_0——测得的三相功率；
I_0、U_1——分别为相电流和相电压。

空载时，$s \approx 0$，$\dfrac{1-s}{s}R_2 \approx \infty$，相当于转子开路，所以

$$X_0 = X_m + X_1$$

通过短路试验求出 X_1 后即可求得励磁电抗 X_m。励磁电阻为 $R_m = \dfrac{p_{Fe}}{m_1 I_0^2}$。于是励磁电抗和励磁电阻为

$$X_m = X_0 - X_1 \approx X_0$$
$$R_m = R_0 - R_1 \approx R_0$$

异步电动机的定子电阻和绕线转子电阻可以由短路试验算出，也可以用加直流电压，测量直流电压和直流电流的方法，直接测出直流电阻，考虑交流集肤效应的影响，交流电阻比直流电阻稍大，因此需要加以修正。

7.4.2 短路试验

试验时，如果是绕线式异步电动机将转子短路，并将转子堵住，对于鼠笼式异步电动机由于转子本身是短路的。在等效电路中，由于 $s=1$，则 $\dfrac{1-s}{s}R_2' = 0$，相当于转子电路本身短接，所以电动机堵转也称为短路。

在短路实验时，电源电压从 $U_1 = 0.4 U_N$ 开始，然后逐渐降低电压。记录定子绕组加的端电压、定子电流 I_{1k} 和定子输入功率 P_{1k}，并测量定子绕组每相电阻 R_1 数值。根据试验数据，画出异步电动机短路特性曲线 $I_{1k} = f(U_1)$ 和 $P_{1k} = f(U_1)$，如图 7-23 所示。

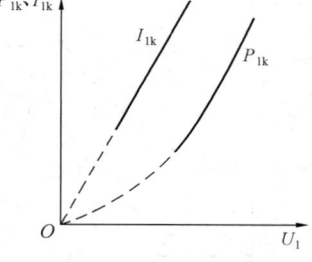

由图 7-14 所示折算后的异步电动机等效电路分析，因为短路实验时，电压低，则主磁通值小，铁损耗可忽略不计，为简单起见，可认为 $Z_m \gg Z_2'$，$I_0 = 0$，即励磁支路开路，由于实验时，$n=0$，则电动机机械损耗 $p_{me} = 0$，定子全部输入功率 P_{1k} 全部消耗在定子和转子绕组的铜损耗上，即

图 7-23 异步电动机的短路特性

$$P_{1k} = 3 I_1^2 R_1 + 3 I_2'^2 R_2'$$

由于 $I_0 \approx 0$，$I_2' \approx I_{1k} = I_N$，所以 $P_{1k} = 3 I_{1k}^2 (R_1 + R_2')$。

根据短路试验数据，可以计算出短路阻抗 Z_k，短路电阻 R_k 和短路电抗 X_k，即

$$\left.\begin{aligned}Z_{\mathrm{k}} &= \frac{U_1}{I_{1\mathrm{k}}} \\ R_{\mathrm{k}} &= R_1 + R_2' = \frac{P_{1\mathrm{k}}}{3I_{1\mathrm{k}}^2} \\ X_{\mathrm{k}} &= X_1 + X_2' = \sqrt{Z_{\mathrm{k}}^2 - R_{\mathrm{k}}^2}\end{aligned}\right\} \tag{7-49}$$

定子电阻 R_1 可直接测得，因此可求 $R_2' = R_{\mathrm{k}} - R_1$。对大中型电动机，可以认为 $X_1 = X_2' = \frac{1}{2}X_{\mathrm{k}}$。

对于 $P_{\mathrm{N}} < 100\mathrm{kW}$ 的小型异步电动机，当

$$\left.\begin{aligned}2p &\leqslant 6, X_2' = 0.97X_{\mathrm{k}} \\ 2p &\geqslant 8, X_2' = 0.57X_{\mathrm{k}}\end{aligned}\right\} \tag{7-50}$$

需要指出，短路参数受磁路饱和影响，它的数值受电流数值的影响，所以应根据计算目的不同选取不同短路电流值进行计算。当求工作特性时，取 $I_{1\mathrm{k}} = I_{\mathrm{N}}$ 时的短路的参数，计算最大转矩时取的短路的参数 $I_{1\mathrm{k}} = (2 \sim 3)I_{\mathrm{N}}$。当进行启动计算时则应取 $U_1 = U_{\mathrm{N}}$ 时的短路电流的参数。

小 结

本章首先介绍了三相异步电动机的基本结构。电机静止部分称为定子，其转动部分称为转子。定子和转子均由铁芯和绕组组成。转子绕组有两种结构形式，一种是鼠笼式，另一种是绕线式。定子绕组是三相异步电动机的主要电路，三相异步电动机从电源输入电功率后，在定子绕组中以电感感应方式传递到转子再由转子输出机械功率。

三相异步电动机在定子绕组上通过三相对称交流电流产生圆形旋转磁场，它以同步转速切割转子绕组，在转子绕组中感应出电动势和转子电流，转子电流与旋转磁场相互作用产生电磁转矩，使转子旋转。

三相异步电动机的转速与旋转磁场的同步转速总存在转差，转差率是异步电动机的重要物理量，它反映了电机负载的大小、反映异步电动机的运行状态。

从基本电磁关系看，异步电动机与变压器极为相似。异步电动机定子、转子的关系和变压器的一次、二次侧的电压、电流都是交流的，两边之间的关系都是电磁感应关系，它们都是以磁动势平衡、电动势平衡、电磁感应和全电流定律为理论基础。因此分析变压器的方法完全可以用于分析异步电动机的运行。因此，基本方程式、等效电路和相量图仍是分析异步电动机的有效工具。

等效电路是分析异步电动机的有效工具，它全面反映了异步电动机的电流、功率、转矩及它们之间的相互关系。利用异步电动机的 T 形等效电路可以推导出异步电动机的功率方程式和转矩方程式。

在异步电动机的功率与转矩关系中，要充分理解电磁转矩与电磁功率及总机械功率的关系，三相异步电动机的工作特性及在额定值下的关系曲线。

思 考 题

7-1 与同容量的变压器相比较,异步电动机的空载电流与变压器的空载电流相比较有什么不同?

7-2 为什么异步电动机的功率因数总是滞后的?

7-3 异步电动机中主磁通和漏磁通的性质和作用有什么不同?

7-4 说明三相异步电动机转子绕组折算和频率折算的意义,折算是在什么条件下进行的?

7-5 说明三相异步电动机等效电路中,参数 R_1、X_1、R_m、X_m、R_2'、X_2'、$\frac{1-s}{s}R_2'$ 各代表什么意义?

7-6 感应电动机等效电路中 $\frac{1-s}{s}R_2'$ 能否用电抗或电容代替?为什么?

7-7 异步电动机的电磁转矩与哪些因素有关?哪些是运行参数?

7-8 380V 星形连接的三相异步电动机,电源电压为何值时才能接成三角形? 380V 三角形连接,电源电压为何值时才能接成星形?

7-9 三相异步电动机的转子转速变化时,转子磁动势在空间的转速是否改变?

7-10 为什么三相异步电动机不宜在额定电压下空载运行?

7-11 某些国家的工业标准频率为 60Hz,这种频率的三相异步电动机在 $p=1$ 和 $p=2$ 时的同步转速是多少?

7-12 当三相异步电动机在额定电压下正常运行时,如果转子突然被卡住,分析严重的后果。

计 算 题

7-1 一台三相 6 极鼠笼式异步电动机,额定电压 $U_N=380\text{V}$,额定转速 $n_N=957\text{r/min}$,额定频率 $f_1=50\text{Hz}$,定子绕组 Y 接。定子和转子的参数为 $R_1=2.08\Omega$,$R_2'=1.53\Omega$,$X_1=3.12\Omega$,$X_2'=4.25\Omega$。试求:

(1) 额定转矩;

(2) 最大转矩;

(3) 过载倍数;

(4) 最大转矩对应的转差率。

7-2 一台三相异步电动机额定功率 $P_N=7.5\text{kW}$、额定电压 $U_N=380\text{V}$,定子三角形联结,频率 50Hz,额定负载运行时,已知额定转速 $n_N=950\text{r/min}$,定子铜损耗为 474W,铁损耗为 231W,机械损耗为 45kW,附加损耗为 37.5W,$\cos\varphi_N=0.824$。试求:

(1) 转子电流的频率;

(2) 转子铜损耗;

(3) 定子电流和电机效率。

7-3　一台绕线式异步电动机，$U_N=380$V，三角形联结。$f_1=50$Hz，$R_1=0.5\Omega$，$R_2=0.2\Omega$，$R_m=10\Omega$。当该电机输出功率 $P_2=10$kW 时，$I_1=12$A，$I_{2s}=30$A，$I_0=4$A，$P_0=100$W。求该电动机的总损耗 P_{al}，输入功率 P_1，电磁功率 P_e，机械功率 P_m 及效率 η。

7-4　某三相异步电动机，已知同步转速 $n_1=1000$r/min，电磁功率 $P_e=4.58$kW，机械功率 $P_m=4.4$kW，输出功率 $P_2=4$kW。求该电机此时的电磁转矩 T、输出转矩 T_2 和空载转矩 T_0。

7-5　某三相异步电动机 $p=3$，$f_1=50$Hz，星形联结，$U_N=660$V，$R_1=2.5\Omega$，$R'_2=1.5\Omega$，$X_1=3.5\Omega$，$X'_2=4.5\Omega$。试用简化等效电路求该电动机在 $s=0.04$ 时电磁功率和电磁转矩。

7-6　一台 4 极三相异步电动机 $P_N=5.5$kW，$f_1=50$Hz，额定负载运行时输入功率 $P_1=6.3$kW，定子总损耗 $p_{Fe}+p_{Cu1}=500$W，转子铜损耗 $p_{Cu2}=232$W，试求：
(1) 电机的效率 η，转差率 s 和转速 n；
(2) 电机的电磁转矩 T 和输出转矩 T_2。

7-7　一台三相 4 极绕线式异步电动机定子接在 50Hz 的三相电源上，转子不转时，每相电动势 $E_2=220$V，$R_2=0.08\Omega$，$X_2=0.45\Omega$，忽略定子漏抗影响，在额定运行 $n_N=1470$r/min，试求：
(1) 转子电流；
(2) 转子相电动势；
(3) 转子相电流。

7-8　一台三相绕线式异步电动机数据为额定容量 $P_N=75$kW，额定转速 $n_N=720$r/min，定子额定电流 $I_N=148$A，额定效率 $\eta_N=90.5\%$，$\cos\varphi_N=0.85$，过载倍数 $\lambda_m=2.4$，转子电动势 $E_{2N}=213$V，转子额定电流 $I_{2N}=220$A，试求：
(1) 额定转矩 T_N；
(2) 最大转矩 T_m；
(3) 最大转差率 s_m；
(4) 求实用转矩公式。

7-9　一台三相绕线式异步电动机，$U_N=660$V，Y 形联结。$R_1=0.8\Omega$，$R'_2=1\Omega$，$X_1=1\Omega$，$X'_2=4\Omega$。$X_m=75\Omega$。试用 T 形等效电路求该电机在转子开路和堵转时定子线电流。

7-10　一台 8 极异步电动机，额定容量为 260kW，额定电压为 380V，额定频率为 50Hz，额定转速为 722r/min，过载倍数为 2.13。试求：
(1) 额定转差率；
(2) 额定转矩；
(3) 最大转矩；
(4) 最大转矩对应的转差率；
(5) $s=0.02$ 时的电磁转矩。

第 8 章 三相异步电动机的电力拖动

知识目标

- 了解三相异步电动机的固有机械特性和人为机械特性。
- 知道三相异步电动机的工作原理和运行原理。

能力目标

- 掌握三相异步电动机的电磁转矩的三种表达式。
- 掌握三相异步电动机的启动、制动和调速。

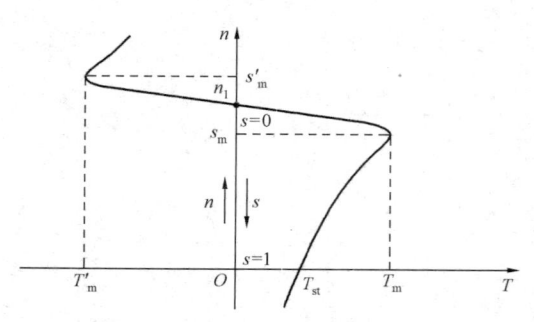

8.1 三相异步电动机的机械特性

三相异步电动机的机械特性是指电动机的转速 n 与电磁转矩 T 之间的关系，即 $n = f(T)$。因为异步电动机的转速 n 与转差率 s 存在一定关系，所以异步电动机的机械特性通常用 $T = f(s)$ 关系表示，称为 T-s 曲线。

8.1.1 三相异步电动机的电磁转矩的三种表达式

三相异步电动机的电磁转矩有三种表达式，分别为物理表达式、参数表达式和实用表达式。前面已推导出电磁转矩的物理表达式如下

$$T = C_T \Phi_m I_2' \cos\varphi_2 \tag{8-1}$$

电磁转矩的参数表达式如下

$$T = \frac{m_1 P U_1^2 \dfrac{R_2'}{s}}{2\pi f \left[\left(R_1 + \dfrac{R_2'}{s} \right)^2 + (x_1 + x_2')^2 \right]} \tag{8-2}$$

式（8-2）中除了 s 和 T 是可变量之外，其余均为定值，反映了 $T = f(s)$ 关系，所以称为三相异步电动机的机械特性。

根据式（8-2）画出三相异步电动机的机械特性如图 8-1 所示。从图中可知，当同步转速 n_1 为正时，机械特性曲线跨第 Ⅰ、Ⅱ、Ⅳ 象限。在第 Ⅰ 象限，$0 < n < n_1$，$0 < s < 1$，n、T 均为正值，电机处于电动机运行状态；在第 Ⅱ 象限，$n > n_1$，$s < 0$，n 为正值，T 为负值，电动机处于发电机运行状态；在第 Ⅳ 象限时，$n < 0$，$s > 1$，n 为负值，T 为正值，电动机处于电磁制动状态。

图 8-1 三相异步电动机的机械特性

机械特性曲线上，转矩有两个最大值，一个在第Ⅰ象限为 T_m，另一个在第Ⅱ象限为 $-T_m$。与最大转矩 T_m 对应的转差率 s_m 称为临界转差率，可以通过对式（8-2）求导数 $\dfrac{\mathrm{d}T}{\mathrm{d}s}$，并令 $\dfrac{\mathrm{d}T}{\mathrm{d}s}=0$ 可求得 s_m 为

$$s_m = \pm \frac{R'_2}{\sqrt{R_1{}^2 + (x_1 + x'_2)^2}} \tag{8-3}$$

$$T_m = \pm \frac{m_1 P U_1^2}{4\pi f [\pm R_1 \pm \sqrt{R_1{}^2 + (x_1 + x'_2)^2}]} \tag{8-4}$$

式中，"+"号对应于电动状态；"-"号对应于发电状态。

通常 $R_1 \ll (x_1 + x'_2)$，故式（8-3）和式（8-4）可近似为

$$s_m = \pm \frac{R'_2}{x_1 + x'_2} \tag{8-5}$$

$$T_m = \pm \frac{m_1 P U_1^2}{4\pi f (x_1 + x'_2)} \tag{8-6}$$

由式（8-5）和（8-6）可以得出：

(1) 最大转矩 $T_m \propto U_1^2$，而临界转差率 s_m 与 U_1 无关。

(2) $s_m \propto R'_2$，而 T_m 与 R'_2 无关。

(3) T_m 和 s_m 都近似地与 $(x_1 + x'_2)$ 成反比。

(4) $T_m \propto \dfrac{1}{\omega_1} = \dfrac{p}{2\pi f_1}$，最大转矩与磁极对数成正比，与电源频率成反比，而 s_m 与 p 和 f_1 无关。

定义最大转矩与额定转矩之比为过载倍数，用 λ_m 表示，即

$$\lambda_m = \frac{T_m}{T_N} \tag{8-7}$$

一般异步电动机的 λ_m 为 1.6～2.2，冶金起重用异步电动机的 λ_m 为 2.2～2.8。λ_m 反映了电动机的短时过载能力。

机械特性上，当 $n=0$ 时，$s=1$，所对应的电磁转矩称为启动转矩，用 T_{st} 表示，它是异步电动机接至电源开始启动瞬间的电磁转矩，令式（8-2）中 $s=1$ 可得

$$T_{st} = \frac{m_1 P U_1^2 R'_2}{2\pi f [(R_1 + R'_2)^2 + (x_1 + x'_2)^2]} \tag{8-8}$$

由式（8-8）可得出：

(1) $T_{st} \propto U_1^2$。

(2) $T_{st} \propto \dfrac{1}{(x_1 + x'_2)^2}$，电抗参数 $(x_1 + x'_2)$ 越大，T_{st} 越小。

(3) 在一定范围内增大 R'_2 时，则 T_{st} 增大。

由于 s_m 随 R'_2 正比增大，而 T_m 与 R'_2 无关，所以在绕线式异步电动机转子回路中串入适当电阻，使 $s_m = 1$，使启动转矩等于最大转矩，即 $T_{st} = T_m$。

对于鼠笼式异步电动机，启动转矩大小只能在设计时考虑。在额定电压下，启动转矩 T_{st} 是一个恒值，T_{st} 与 T_N 之比称为启动转矩倍数，用 k_{st} 表示，即

$$k_{st} = \frac{T_{st}}{T_N} \quad (8-9)$$

k_{st} 是表示笼型异步电动机性能的一个重要参数,它反映了电动机启动能力的大小。一般鼠笼式异步电动机 $k_{st}=1.0\sim2.0$,起重和冶金专用鼠笼式异步电动机 $k_{st}=2.8\sim4.0$。

上面用电动机参数表示机械特性曲线方程,在进行某些理论分析时是非常有用的,它清楚地表示了转矩、转差率与电机参数之间的关系。但是针对具体电动机而言,其参数是未知的,欲求其机械特性的参数表达式很困难。希望用电动机铭牌上的技术数据求得电动机的机械特性,也就是机械特性的实用表达式。

利用电磁转矩参数表达式(8-2)忽略 R_1,除以最大转矩式(8-6),并考虑到临界转差率公式(8-5),化简后可得电动机机械特性的实用表达式,即

$$\frac{T}{T_m} = \frac{2}{\frac{s}{s_m}+\frac{s_m}{s}} \quad (8-10)$$

在正常运行时,考虑到 $s/s_m \ll s_m/s$,即忽略 s/s_m,可得到机械特性的线性表达式,即

$$T = \frac{2T_m}{s_m}s \quad (8-11)$$

只要知道 T_m、s_m 就可以求出 $T=f(s)$ 关系曲线。下面介绍 T_m、s_m 的求法。已知电动机的额定功率 P_N,额定转速 n_N,过载能力 λ_m,则额定转矩为

$$T_N = 9550\frac{P_N}{n_N}$$

最大转矩为 $T_m = \lambda_m T_N$,额定转差率为 $s_N = \frac{n_1-n_N}{n_1}$,忽略空载转矩,当 $s=s_N$ 时,$T=T_N$,代入式(8-10)可得

$$T_N = \frac{2T_m}{\frac{s_N}{s_m}+\frac{s_m}{s_N}}$$

将 $T_m = \lambda_m T_N$ 带入上式可得

$$s_m^2 - 2\lambda_m s_N s_m + s_N^2 = 0$$

解得

$$s_m = s_N(\lambda_m \pm \sqrt{\lambda_m^2-1}) \quad (8-12)$$

式中的"±"号只有"+"号才有意义,因为用"−"号求得 $s_m < s_N$ 不合理。下面用一个例子具体说明机械特性实用表达式的应用。

【例 8-1】一台 Y80L-2 型三相鼠笼形异步电动机。已知 $P_N=2.2\text{kW}$,$U_N=220\text{V}$,$I_N=4.74\text{A}$,$n_N=2840\text{r/min}$,过载能力 $\lambda_m=2$,试绘制出其机械特性。

解:电动机的额定转矩

$$T_N = 9550\frac{P_N}{n_N} = 9550 \times \frac{2.2}{2840} = 7.4(\text{N}\cdot\text{m})$$

最大转矩

$$T_m = \lambda_m T_N = 2 \times 7.4 = 14.8(\text{N}\cdot\text{m})$$

额定转差率

$$s_N = \frac{n_1-n_N}{n_1} = \frac{3000-2840}{3000} = 0.053$$

临界转差率

$$s_m = s_N(\lambda_m + \sqrt{\lambda_m^2-1}) = 0.053 \times (2+\sqrt{2^2-1}) = 0.198$$

实用机械特性方程式为

$$T = \frac{2 \times 14.8}{\frac{s}{0.198} + \frac{0.198}{s}}$$

将不同的 s 值带入上式,可求出其对应的 T 值,见表 8-1。

表 8-1　　　　　　　　例 8-1 机械特性 $T=f(s)$ 数据

s	1.0	0.9	0.8	0.7	0.6	0.5	0.4	0.3	0.2	0.1	0.053
T	5.64	6.21	6.90	7.75	8.81	10.13	11.77	13.61	14.80	11.91	7.4

注　表中机械特性曲线,其非线性段与实际有一定误差。

8.1.2　固有机械特性和人为机械特性

1. 固有机械特性

三相异步电动机的固有机械特性是指电动机在额定电压 U_N 和额定频率 f_N 下,按规定的接线方式接线,定子和转子电路不外接电阻或电抗时的机械特性。

当电机处于电动机运行状态时,其固有机械特性如图 8-2 所示。固有特性上 N、M、A 三个点代表了三相异步电动机的三个重要工作状态。

(1) 额定状态。这是电动机的电压、电流、功率和转速都等于额定值时的状态,工作点在特性曲线上的 N 点,$T=T_N$,$n=n_N$,$s=s_N$。

额定运行时,转差率很小,一般 $s_N=0.01\sim0.06$,所以异步电动机额定转速 n_N 略小于同步转速 n_1。这表明固有机械特性的线性段为硬特性。额定状态反映了电动机的长期运行能力,因为 $T>T_N$ 则电流和功率都会超过额定值,电动机温度超过允许值,将会降低电机使用寿命。

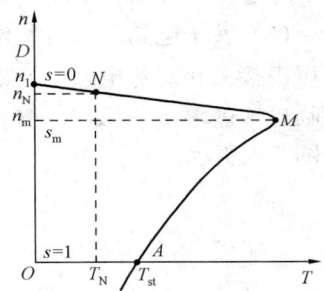

图 8-2　三相异步电动机固有机械特性

(2) 临界状态。这是电动机的电磁转矩等最大转矩的状态,工作点在特性曲线上的 M 点,$T=T_m$,$n=n_m$,$s=s_m$。通常情况下,电动机在线性段 DM 上工作是稳定的,因此 M 点也是稳定运行的临界点。

(3) 启动状态(堵转状态)。这是电动机刚接通电源,转子尚未转动的工作状态。工作点在特性曲线上的 A 点。$T=T_{st}$,$n=0$,$s=1$。堵转时,定子电流 $I=I_{st}=(4\sim7)I_N$。堵转的状态说明电动机直接启动能力。当 $T_{st}>T_L$,一般 $T_{st} \geqslant (1.1\sim1.2)T_L$,电动机才能转动起来。$T_{st}$ 大,电动机才能重载启动。T_{st} 小,只能轻载启动。用启动转矩倍数 k_{st} 说明异步电动机直接启动能力。Y 系列三相异步电动机的 $k_{st}=1.6\sim2.2$。

直接起动时,起动电流远大于额定电流,电动机起动电流与额定电流的比值称为启动电流倍数,用 k_{st} 表示。即

$$k_{st} = \frac{I_{st}}{I_N} \tag{8-13}$$

Y 系列三相异步电动机的 $k_{st}=5.5\sim7.0$。

(4) 理想空载状态。理想空载状态是一种假想的状态。电机工作在理想空载点 D,$T=0$,$n=n_1$,$s=0$。转子电流 $I_2=0$。

2. 人为机械特性

三相异步电动机的人为机械特性是指人为地改变电源参数或电动机参数而得到的机械特性。三相异步电动机的人为机械特性种类很多，这里介绍两种常见的人为机械特性。

（1）降低定子电压时的人为机械特性。当定子电压降低时，由式（8-2）可知，电动机的电磁转矩 T（包括最大转矩 T_m 和启动转矩 T_{st}）与电压 U_1^2 成正比的降低，而产生最大转矩的临界转差率 s_m 与电压 U_1 无关，保持不变，由于电动机的同步转速 n_1 与电压 U_1 无关，因此理想空载运行点不变。可见，降压的人为机械特性为一组通过理想空载运行点的曲线族，如图 8-3 所示。

由图 8-3 可见，降低电压后的人为机械特性，其线性段斜率变大，特性变软。T_{st} 和 T_m 按 U_1^2 关系减小，即电动机的启动转矩和过载能力减小。如果电动机原来在额定负载下运行，U_1 下降后导致转速 n 下降，转差率 s 增大，转子电流因转子电动势 $E_{2s} = sE_2$ 增大而增大，引起定子电流增大，导致电动机过载。长期欠压过载运行使电动机温升过高，使用寿命缩短。如果电压下降过多，可能因最大转矩小于负载转矩导致电动机堵转，定子电流过大损坏电动机。

（2）转子电路串接对称电阻时的人为机械特性。在绕线式异步电动机转子三相电路中，可以串接三相对称电阻 R_s。由以上分析可知，电动机同步转速 n_1 不变，最大转矩 T_m 不变，而临界转差率 s_m 则随 R_s 增大而增大，人为机械特性为一组通过理想空载运行点的曲线族，如图 8-4 所示。

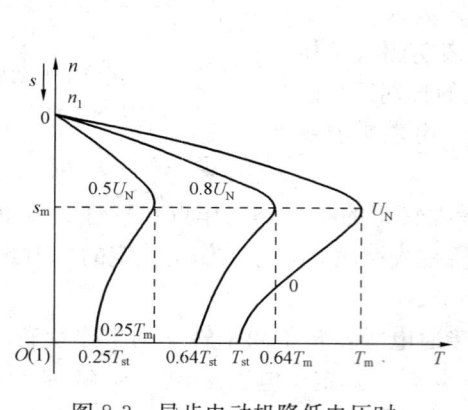

图 8-3　异步电动机降低电压时的人为机械特性

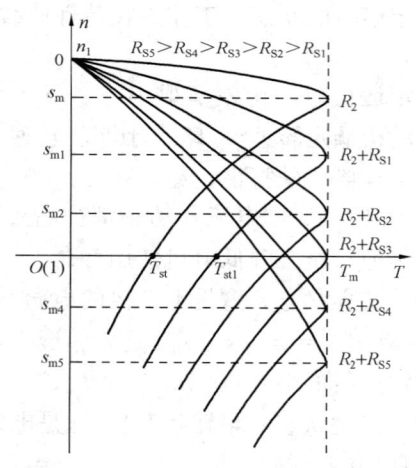

图 8-4　转子串电阻的人为机械特性

由图中可见，在一定范围内增加转子电阻，可以增大启动转矩 T_{st}，当串电阻使 $T_{st} = T_m$ 时，若再增加转子电阻则启动转矩反而减小。

从图中可见，转子串接对称电阻后，其机械特性线性段的斜率增大，特性变软。

转子电路串接对称电阻适用于绕线型异步电动机的起动、制动和调速，这些内容将在后面讨论。

除上述两种人为机械特性外，关于改变电源频率、改变定子绕组极对数的人为机械特性，将在异步电动机的调速中介绍。

8.2 三相异步电动机的启动

电动机的启动是指电动机从静止状态开始转动起来，直至最后达到稳定运行状态的过程。对异步电动机的基本要求主要有以下两点：

(1) 启动转矩要足够大，以加速启动过程，缩短启动时间。一般要求 $T_{st} \geqslant (1.1 \sim 1.2) T_L$。$T_{st}$ 越大，启动时间 t_{st} 越短。

(2) 启动电流不要超过允许范围。异步电动机启动时 $s=1$。转子电路的感应电动势及电流都很大而转子电路的功率因数很低，产生的启动转矩并不大。所以启动电流远大于额定电流。对于鼠笼式异步电机 $I_{st} = (4 \sim 7) I_N$。当电源容量与电动机额定功率相比不是足够大时，将引起输电线路上电压降增加，造成供电电压下降，不仅影响同一电网上的其他电气设备工作而且会延长启动时间。频繁启动使电机过热，可能烧坏绕组，因此，必须设法减小启动电流。

8.2.1 三相鼠笼式异步电动机的启动

鼠笼式异步电动机的启动有直接启动和降压启动两种方法，下面分别介绍。

1. 直接启动

直接启动也称为全压启动。启动时，电动机定子绕组直接承受额定电压。这种方法最简单方便，只要条件允许应尽可能使用。直接启动时

$$\left. \begin{array}{l} T_{st} = (1.0 \sim 2.0) T_N \\ I_{st} = (4 \sim 7) I_N \end{array} \right\} \tag{8-14}$$

直接启动只允许在小功率电动机中使用（$P_N \leqslant 7.5\text{kW}$），7.5kW 以上，电源容量能满足下式要求时也允许直接启动。

$$k_{st} = \frac{I_{st}}{I_N} \leqslant \frac{1}{4} \left[3 + \frac{\text{电源容量(kVA)}}{\text{电机容量(kW)}} \right] \tag{8-15}$$

如不能满足上式要求或启动过于频繁者可考虑采用下面介绍的降压启动方法。

2. 降压启动

降压启动是在启动时先降低定子绕组上的电压，启动后再把电压恢复到额定值。降压启动主要是减小启动电流和电源供给的电流，同时启动转矩也会减小。因此，这种启动方法一般只适用于轻载或空载情况。降压启动的具体方法有很多种，这里介绍常用的几种方法。

(1) 定子串电阻或电抗降压启动。图 8-5 为串电阻或电抗降压启动的原理接线图。启动时开关 Q2 断开，Q1 闭合，电动机通过启动电阻 R_{st} 或启动电抗 X_{st} 接至电源。定子电流在 R_{st} 或 X_{st} 产生电压降落，使定子绕组电压降低，从而减小了启动电流。启动后，开关 Q2 闭合，切除 R_{st} 或 X_{st}。

定子串电阻的启动方法简单，但启动转矩小，能量损耗大，主要用于低压小功率电动

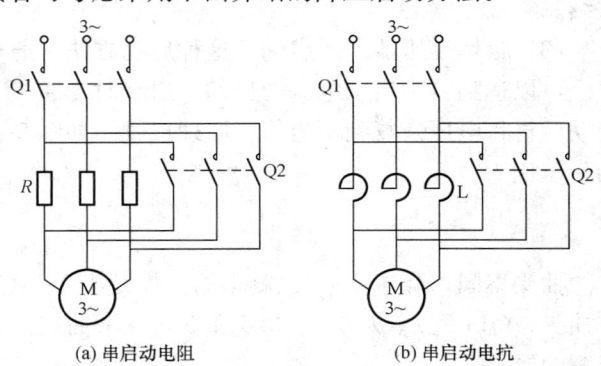

图 8-5 定子串电阻或电抗器启动

机。定子串电抗启动投资大，主要用于高压、大功率电动机。

（2）Y-△降压启动。这种启动方法只适用于正常运行时为三角形联结的电动机。启动时定子绕组先按星形联结，启动后在转换成三角形联结。原理接线如图 8-6 所示。启动时，先合上电源开关 Q1，然后将开关 Q2 合上"启动"位置，电动机在星形连接下降压启动，当转速达到稳定值时再将开关 Q2 置于"运行"位置。电动机换成三角形联结，在额定电压下运行。

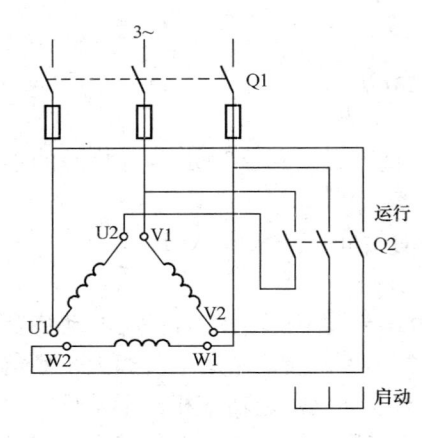

图 8-6　Y-△降压启动

Y-△启动时。定子线电压之比为 $\dfrac{U_{1Y}}{U_\triangle} = \dfrac{U_N}{U_N} = 1$

定子相电压之比为 $\dfrac{U_{1PY}}{U_{1P\triangle}} = \dfrac{U_{1Y}/\sqrt{3}}{U_{1\triangle}} = \dfrac{1}{\sqrt{3}}$

定子相电流之比为 $\dfrac{I_{1PY}}{I_{1P\triangle}} = \dfrac{U_{1PY}}{U_{1P\triangle}} = \dfrac{1}{\sqrt{3}}$

启动电流值比为 $\dfrac{I_{sY}}{I_{s\triangle}} = \dfrac{I_{1PY}}{\sqrt{3}I_{1P\triangle}} = \dfrac{1}{3}$

电源电流之比为 $\dfrac{I_Y}{I_\triangle} = \dfrac{I_{sY}}{I_{s\triangle}} = \dfrac{1}{3}$

启动转矩之比 $\dfrac{T_{sY}}{T_{s\triangle}} = \left(\dfrac{U_{1PY}}{U_{1P\triangle}}\right)^2 = \dfrac{1}{3}$

由上述分析可知，电动机启动电流、电源电流和启动转矩都只有直接启动的三分之一。只适用于轻载或空载启动。

Y-△启动操作方便，启动设备简单，应用广泛，但仅适用于正常运行定子绕组三角形联结的电动机。因此，一般用途的小型电动机，当容量大于 4kW 时，定子绕组都采用三角形联结。

（3）自耦变压器降压启动。这种启动方法是通过自耦变压器把电压降低后再加到定子绕组上，以达到减小启动电流的目的。启动时先通过三相自耦变压器将电动机定子电压降低，启动后再将电压恢复到额定值。原理接线图如图 8-7 所示。图中 T 为自耦变压器，每相抽头的降压比为

$$k_A = \dfrac{U}{U_N}$$

抽头不同，降压比 k_A 也就不同。如 QJ2 型三相自耦变压器 k_A 为 0.55、0.64 和 0.73 三个抽头，QJ3 型 k_A 为 0.4、0.6 和 0.8 三个抽头。不同的 k_A 可以满足不同启动电流和启动转矩的要求。

启动时，先合上电源开关 Q1，然后将开关 Q2 合到"启动"位置，这是电源电压 U_N 加到三相自耦变压器高压绕组上，异步电动机绕组接到自耦变压器的低压绕组上，使电动机低压启动。当转速上升到稳定转速时，再把开关 Q2 合到"运行"位置，切除自耦变压器，电动机接至电源，在额定电压下运行。

自耦变压器降压启动与直接启动相比，其启动电流、电源电流和启动转矩减小的程度分

析如下，这里用下标 a 表示自耦变压器启动，用下标 d 表示直接启动，则

定子线电压之比　　$\dfrac{U_{1a}}{U_{1d}} = \dfrac{U}{U_N} = k_A$

定子相电压之比　　$\dfrac{U_{1Pa}}{U_{1Pd}} = \dfrac{U_{1a}}{U_{1d}} = k_A$

定子相电流之比　　$\dfrac{I_{1Pa}}{I_{1Pd}} = \dfrac{U_{1Pa}}{U_{1Pd}} = k_A$

启动电流值比为　　$\dfrac{I_{sa}}{I_{sd}} = \dfrac{I_{1Pa}}{I_{1Pd}} = k_A$

电源电流之比为　　$\dfrac{I_a}{I_d} = \dfrac{k_A I_{sa}}{I_{sd}} = k_A^2$

启动转矩之比　　　$\dfrac{T_{sa}}{T_{sd}} = \left(\dfrac{U_{1Pa}}{U_{1Pd}}\right)^2 = k_A^2$

可见，电动机本身启动电流减小到直接启动的 k_A 倍，电源供给电动机的电流和启动转矩都减小 k_A^2 倍。

（4）软启动器启动。软启动器与电动机接线图如图 8-8（a）所示。利用软启动器可以在电动机启动过程中通过自动调节电动机电压，使用户得到理想的启动特性。

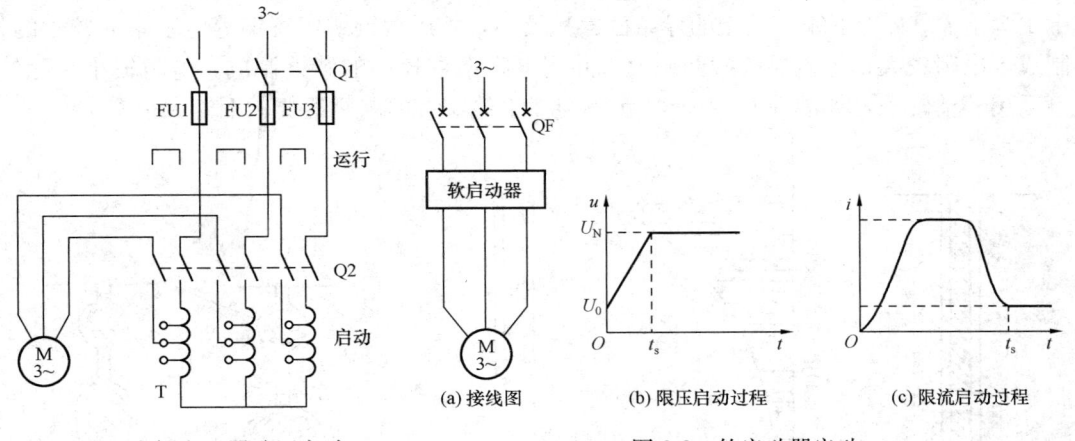

图 8-7　自耦变压器减压启动

图 8-8　软启动器启动

软启动器通常有限压启动和限流启动两种模式。限压启动过程如图 8-8（b）所示。电动机启动时，软启动器输出电压从初始电压 U_0 逐渐升高到额定电压 U_N。初始电压 U_0 和启动时间 t_{st} 可根据负载情况进行设计，以获得满意的启动性能。

限流启动模式的启动过程如图 8-8（c）所示。电动机启动时，软启动器的输出电流从零迅速增至限定值 I_R，然后再保证输出电流不超过限定值的情况下，电压逐渐升高到额定电压。当启动过程结束时，电流为电动机稳定工作电流 I_L。电流的限值 I_R 可根据实际情况设定，一般为额定电流的 0.5～4 倍。负载一定时，I_R 选的小则启动时间 t_{st} 长，反之启动时间短。

电动机停车时，既可以断电停车也可以用软启动器将电源逐渐降至零而缓慢停车。

软启动器还可以对电动机的过电压、过载、缺相等进行保护。有时还可以根据负载变化自动调节电压，使电动机运行在最佳状态，达到节能的目的。

（5）改善启动性能的三相鼠笼式异步电动机。三相鼠笼式异步电动机采用直接启动时，

启动电流很大而启动转矩并不大，采用降压启动减小了启动电流但同时也减小了启动转矩。根据串电阻人为机械特性分析可知，串电阻可以在一定范围内提高启动转矩减小启动电流。但转子电阻增大会使正常运行的转子铜损耗增大，效率降低。为解决这一矛盾，促使人们从鼠笼形电动机的转子槽形着手，利用趋肤效应来达到启动时转子电阻较大而正常运行时转子电阻自动变小的要求。具有这种改善启动性能的鼠笼形电动机有深槽形和双笼形两种。

1) 深槽形异步电动机。深槽形异步电动机的转子槽形深而窄，通常槽深 h 与槽宽 b 之比 $h/b = 10 \sim 20$。而普通笼形异步电动机的 h/b 不超过 5。这种电动机运行时，转子的导条中有电流流过，槽漏磁通的分布如图 8-9（a）所示。由图可见，与导体底部交链的漏磁通比槽口部分交链的漏磁通要多。因此，如将导条看成由若干沿槽高划分的导体单元并联而成，则越靠近槽底的导体单元的漏抗越大，而越接近槽口部分导体单元的漏磁通越少，则漏电抗越小。

启动时，转差率 $s = 1$，转子频率 $f_2 = f_1$ 最大，转子漏电抗 $X_{2s} = sX_2 = X_2$ 较大，使得转子电流分布不均匀。上部电流大，下部电流小，电流集中在槽口部分，这种现象称为集肤效应。其效果相当于减小了转子导体截面，增加了转子电阻 R_2，使转子功率因数提高。即增大了转子电流的有功分量，故启动转矩增大，启动电流减小。

2) 双笼形异步电动机。双笼形异步电动机的转子上有两个套笼，如图 8-10（a）所示。其中 1 为上笼，2 为下笼。上笼的导条截面积较小，并用黄铜或铝青铜等电阻系数较大的材料制成，电阻较大；下笼导体截面积大，并用电阻系数较小的紫铜制成，电阻较小。此外，也可采用铸铝转子，如图 8-10（b）所示。显然下笼交链的漏磁通要比上笼大很多。

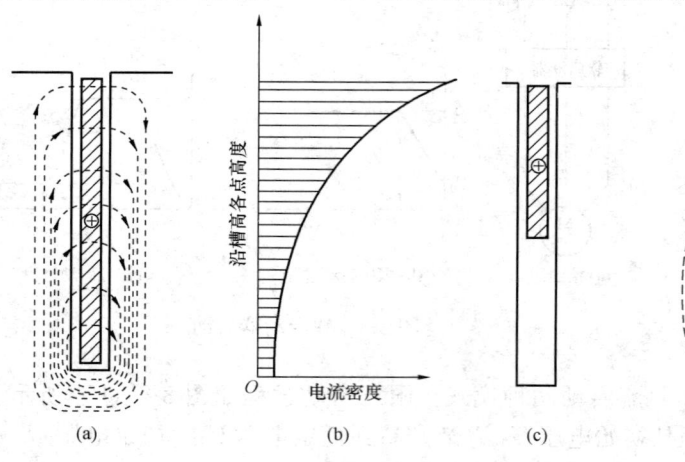

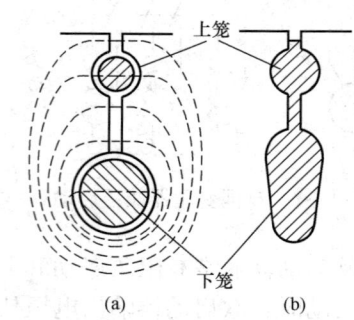

图 8-9 深槽形异步电动机转子导体中电流的趋肤效应

图 8-10 双笼形异步电动机转子槽型

启动时，转子电流频率较高，转子漏抗大于电阻，上、下笼的电流分配主要决定于漏抗。由于下笼漏抗较大，所以电流主要从上笼流过。因此，启动时上笼起主要作用。由于它的电阻大，产生的有功分量电流大，因此可产生较大的启动转矩，并能限制启动电流过大，所以上笼称为启动笼。

正常运行时，转子频率很低，漏抗很小，上下笼的电流分配决定于电阻大小，于是电流大部分从电阻较小的下笼流过，产生正常运行时的电磁转矩，所以称下笼为运行笼。

双笼形异步电动机的机械特性曲线可以用上、下笼两条曲线合成。改变上、下笼的参数就可以得到不同的机械特性曲线,以满足不同的负载要求,这是双笼形异步电动机的一个突出优点。

双笼形异步电动机的启动性能比深槽式异步电动机好,但是深槽式异步电动机结构简单,制造成本低。它们的共同缺点是转子漏抗比普通鼠笼式异步电动机大,因此功率因数和过载能力比普通鼠笼式电动机小。

8.2.2 三相绕线式异步电动机的启动

1. 转子串电阻启动

在前面分析转子串电阻的人为机械特性时,已知在绕线式异步电动机转子电路串联合适的电阻不仅可减小启动电流而且增大启动转矩。因此,要求启动转矩较大或启动频繁的生产机械常采用绕线式异步电动机拖动。

(1) 无级启动。容量较小的三相绕线式异步电动机采用转子电路串启动变阻器的无级启动方法启动,如图 8-11(a)所示。启动变阻器通过手柄接成星形,启动前先把启动变阻器调到最大值,再合上电源开关 Q,电动机转动后随着转速升高,手动减小启动电阻,直到全部切除,使转子绕组短接。

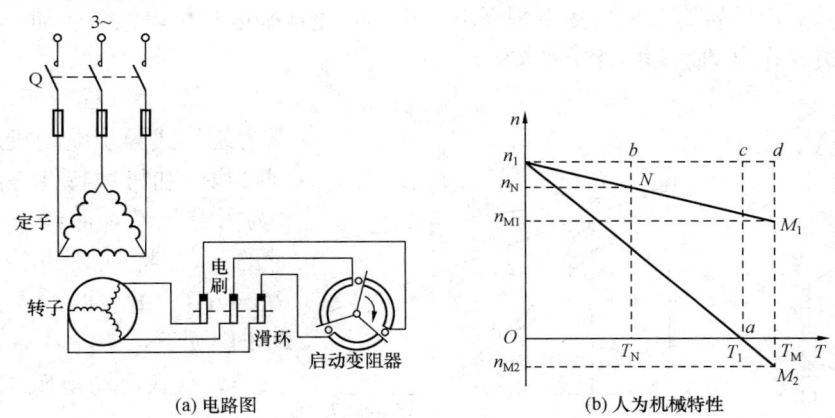

图 8-11 绕线式异步电动机的无级启动

(a) 电路图　(b) 人为机械特性

启动变阻器最大电阻值为

$$R_{st} = \left(\frac{T_N}{s_N T_1} - 1\right) R_2 \tag{8-16}$$

式中　T_1——所要求的启动转距值;

　　　R_2——转子电阻。

式(8-16)可用图 8-11(b)所示的人为机械特性求出。图中 $n_1 M_1$ 为固有特性,$n_1 M_2$ 为人为特性。根据相似三角形 △$n_1 bN$ 与 △$n_1 dM_1$ 的几何关系求得

$$\frac{T_N}{T_m} = \frac{n_1 - n_N}{n_1 - n_{M1}} = \frac{s_N}{s_{m1}}$$

根据相似三角形 △$n_1 ca$ 与 △$n_1 dM_2$ 的几何关系求得

$$\frac{T_1}{T_m} = \frac{n_1}{n_1 + n_{M2}} = \frac{1}{s_{m2}}$$

两式相除得

$$\frac{s_{m2}}{s_{m1}} = \frac{T_N}{s_N T_1}$$

将 $s_{m1} = \dfrac{R_2}{X_2}$，$s_{m2} = \dfrac{R_2 + R_{st}}{X_2}$ 代入上式便可得到式 (8-16)。

转子电阻 R_2 可通过实测或通过铭牌上提供的转子绕组额定线电压 U_{2N} 和额定线电流 I_{2N} 进行计算。由于转子绕组为星形联结，相电流等于线电流，因此在额定状态下运行时有

$$I_{2N} = \dfrac{s_N E_2}{\sqrt{R_2^2 + (s_N X_2)^2}} = \dfrac{s_N U_{2N}/\sqrt{3}}{\sqrt{R_2^2 + (s_N X_2)^2}}$$

由于 s_N 很小，$s_N X_2$ 可忽略不计，由上式可得

$$I_{2N} = s_N \dfrac{U_{2N}}{\sqrt{3} R_2}$$

由此可得 R_2 的计算公式为

$$R_2 = s_N \dfrac{U_{2N}}{\sqrt{3} I_{2N}} = s_N R_{2N} \tag{8-17}$$

式中 R_{2N} ——转子额定等效电阻。

(2) 分级启动。对于容量较大的绕线式异步电动机一般采用分级启动，在整个启动过程中得到比较大的启动转矩并使启动过程平滑。这和直流他励电动机串电阻启动一样，将启动电阻分成几级，在启动过程中逐节切除。

1) 启动过程分析。图 8-12 所示为绕线式异步电动机启动时的原理接线图和机械特性。图中，曲线 3 为固有特性，曲线 2 为串联 R_{st1} 时的人为特性。曲线 1 为串联 $R_{st} = R_{st1} + R_{st2}$ 时的人为特性。启动步骤如下：

a. 串联启动电阻 $R_{st} = R_{st1} + R_{st2}$ 启动

启动前，开关 Q1 和 Q2 断开，转子每相串入电阻 R_{st1} 和 R_{st2}，转子自身电阻 R_2。则转子电路总电阻为

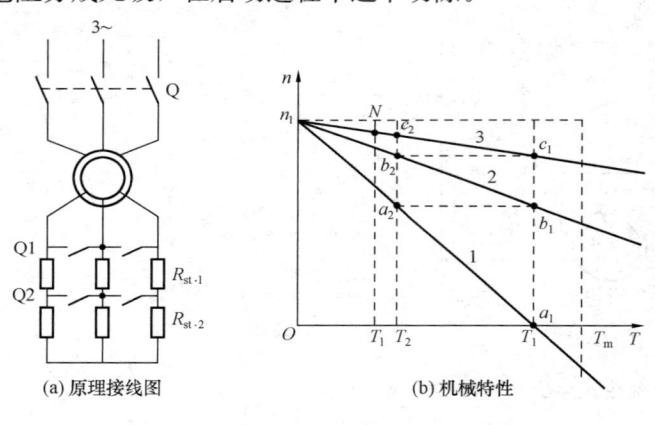

图 8-12 绕线式异步电动机的分级启动

$R_{22} = R_2 + R_{st1} + R_{st2}$。然后合上电源开关 Q。这时电动机工作在人为特性曲线 1 上。由于启动转矩 T_1 大于负载转矩 T_L，电动机拖动生产机械开始启动，工作点沿人为特性曲线 1 由 a_1 点向 a_2 点移动。

b. 切除启动电阻 R_{st2}

当工作点到达 a_2 点，电磁转矩 T 等于切换转矩 T_2 时，合上 Q2 切除启动电阻 R_{st2}，转子总电阻变为 $R_{21} = R_2 + R_{st1}$。这时电动机工作在人为特性曲线 2 上，由于切除 R_{st2} 瞬间转速未来得及变化，故工作点由 a_2 点平行右移到人为特性曲线 2 的 b_1 点。这时电磁转矩为 T_1，$T_1 > T_L$，电动机继续加速，工作点沿曲线 2 由 b_1 点向把 b_2 点移动。

c. 切除启动电阻 R_{st1}

当工作点到达 b_2 点，电磁转矩 T 等于切换转矩 T_2 时，合上开关 Q1 切除启动电阻 R_{st1}，转子电路短接，转子每相的总电阻为 $R_{20} = R_2$。电动机工作在固有特性曲线 3 上。工作点由

第 8 章 三相异步电动机的电力拖动

曲线 2 上的 b_2 点平行右移到曲线 3 的 c_1 点。这时电磁转矩为 T_1，电动机继续加速，工作点沿曲线 3 由 c_1 点向把 c_2 点移动，最后稳定运行在 P 点，整个启动过程结束。

2) 启动电阻计算。计算启动电阻步骤如下：

a. 选择启动转矩 T_1 和切换转矩 T_2

一般选择

$$\left. \begin{array}{l} T_1 = (0.8 \sim 0.9) T_M \\ T_2 = (1.1 \sim 1.2) T_L \end{array} \right\} \tag{8-18}$$

b. 求出起切转矩比 β

$$\beta = \frac{T_1}{T_2} \tag{8-19}$$

c. 确定启动级数 m

$$m = \frac{\lg \dfrac{T_N}{s_N T_1}}{\lg \beta} \tag{8-20}$$

若求得 m 不是整数可取相近整数。若 m 已知，上述计算步骤除 T_1 外其余均可省略。

利用图 8-11 (b) 中相似三角形的几何关系可以得到

$$\frac{T_1}{T_m} = \frac{s_{a1}}{s_{ma}} = \frac{s_{b1}}{s_{mb}} = \frac{s_{c1}}{s_{mc}}$$

$$\frac{T_2}{T_m} = \frac{s_{a2}}{s_{ma}} = \frac{s_{b2}}{s_{mb}} = \frac{s_{c2}}{s_{mc}}$$

利用 $s_{c1} = s_{b2}$，$s_{b1} = s_{a2}$，对应两式相除可得

$$\frac{T_1}{T_2} = \frac{s_{mb}}{s_{mc}} = \frac{R_{21}/X_2}{R_{20}/X_2} = \frac{R_{21}}{R_{20}}$$

$$\frac{T_1}{T_2} = \frac{s_{ma}}{s_{mb}} = \frac{R_{22}/X_2}{R_{21}/X_2} = \frac{R_{22}}{R_{21}}$$

因此

$$\left. \begin{array}{l} R_{21} = \beta R_{20} = \beta R_2 \\ R_{22} = \beta R_{21} = \beta^2 R_2 \end{array} \right\}$$

若启动级数为 m，则有

$$R_{2m} = \beta^m R_2 \tag{8-21}$$

因而

$$\beta = \sqrt[m]{\frac{R_{2m}}{R_2}} \tag{8-22}$$

由式 (8-16) 可得

$$R_{2m} = R_{st} + R_2 = \frac{T_N}{s_N T_1} R_2$$

带入式 (8-22) 可得

$$\beta = \sqrt[m]{\frac{T_N}{s_N T_1}} \tag{8-23}$$

上式两边取对数得到式 (8-20)。

d. 重新计算 β

校对 T_2 是否在式 (8-18) 所规定的范围之内，若不在规定范围之内，则需要调整 T_1 或加大启动级数 m，重新计算 β 和 T_2，直到 T_2 满足要求为止。

e. 求出各级启动电阻

计算各级启动电阻的一般公式为

$$R_{sti} = (\beta^i - \beta^{i-1})R_2 \tag{8-24}$$

式中 $i = 1, 2, \cdots, m$。

【例 8-2】 一台三相鼠笼式异步电动机，$P_N = 75\text{kW}$，$n_N = 1470\text{r/min}$，$U_N = 380\text{V}$，定子绕组三角形联结，$I_N = 137.5\text{A}$，$\eta_N = 92\%$，$\cos\varphi_2 = 0.9$，启动电流倍数 $k_{si} = 6.5$，启动转矩倍数 $k_{st} = 1$，半载启动，电源容量为 1000kVA，选择适当的启动方法。

解：(1) 若采用直接启动，则

$$k_{si} = 6.5 > \frac{1}{4}\left(3 + \frac{\text{电源容量}}{\text{电动机容量}}\right) = \frac{1}{4}\left(3 + \frac{1000}{75}\right) \approx 4$$

故该电动机不能采用直接启动方法。

(2) 拟半载启动，即 $T_{st} = 0.5T_N$，尚属于轻载启动，故可以考虑降压启动

1) 若采用定子串电抗器（电阻）启动

有(1)可知电网允许电动机启动电流倍数 $k'_{si} = \frac{I'_{st}}{I_N} = 4$，

而电动机直接启动的电流倍数 $k_{si} = \frac{I_{st}}{I_N} = 6.5$，

定子串电抗器（电阻）满足启动电流时，对应压降系数为 $k_A = \frac{I'_{st}}{I_{st}} = \frac{4}{6.5} = 0.615$

对应启动转矩为 $T'_{st} = k_A^2 T_{st} = k_A^2(k_{st} T_N) = 0.615^2 \times 1 \times T_N = 0.378 T_N$

可见取 $k_A = 0.615$ 时，满足启动电流的要求，但启动转矩 $T'_{st} = 0.378 T_N$ 小于 $T_{st} = 0.5 T_N$。

启动转矩不满足要求，故不能采用定子串电抗器（电阻）启动方法。

2) 若采用星形—三角形启动

启动电流 $I'_{st} = \frac{k_{si} I_N}{3} = \frac{6.5 I_N}{3} = 2.17 I_N < 4 I_N$

启动转矩 $T'_{st} = \frac{k_{st} T_N}{3} = \frac{1 \times T_N}{3} = 0.33 T_N < 0.5 T_N$

同样，启动电流满足要求而启动转矩不满足要求，故不能采用星形—三角形启动方法。

3) 自耦变压器启动

选用 QJ2 系列自耦变压器，其抽头为 55%，64%，73%。

如选用 55% 档的抽头时，降压系数 $k_A = 0.55$，对应的启动电流和启动转矩为

$$I'_{st} = k_A^2 I_{st} = (0.55)^2 \times 6.5 \times I_N = 1.96 I_N < 4 I_N$$

$$T'_{st} = k_A^2 T_N = (0.55)^2 \times T_N = 0.3 T_N < 0.5 T_N$$

由于启动转矩不满足要求，故不采用。

如选用 64% 抽头，对应的启动电流和启动转矩为

$$I'_{st} = k_A^2 I_{st} = (0.64)^2 \times 6.5 \times I_N = 2.66 I_N < 4 I_N$$

$$T'_{st} = k_A^2 T_N = (0.64)^2 \times T_N = 0.4096 T_N < 0.5 T_N$$

由于启动转矩仍然不满足要求，故不能用。

如选用73%抽头，对应的启动电流和启动转矩为

$$I'_{st} = k_A^2 I_{st} = (0.73)^2 \times 6.5 \times I_N = 3.46 I_N < 4 I_N$$

$$T'_{st} = k_A^2 T_{st} = (0.73)^2 \times T_N = 0.5329 T_N > 0.5 T_N$$

由于启动电流和启动转矩均满足要求，故可采用。

【例 8-3】 一台 Y250M-6 型三相鼠笼式异步电动机，$U_N = 380V$，定子绕组三角形联结，$P_N = 37kW$，$n_N = 985r/min$，$I_N = 72A$，$k_{si} = 6.5$，$\lambda = 1.8$，如果要求电动机启动时启动转矩倍数必须大于 250N·m，从电源取用电流必须小于 360A，试问：

(1) 能否直接启动？
(2) 能否采用星形—三角形启动？
(3) 能否采用抽头 80% 的自耦变压器启动？

解：(1) 直接启动

$$T_N = 9.55 \frac{P_N}{n_N} = 9.55 \times \frac{37 \times 10^3}{985} = 358.7(N \cdot m)$$

直接启动转矩和启动电流分别为

$$T_{st} = k_{st} T_N = 1.8 \times 358.7 = 645.7 N \cdot m > 250 N \cdot m$$

$$I_{st} = k_{si} I_N = 6.5 \times 72 = 468A > 360A$$

启动转矩满足，但启动电流不满足要求，所以不能直接启动。

(2) 星形—三角形启动

$$I'_{st} = \frac{1}{3} I_{st} = \frac{1}{3} k_{si} I_N = \frac{468}{3} = 156A < 360A$$

$$T'_{st} = \frac{1}{3} T_{st} = \frac{1}{3} k_{st} T_N = \frac{645.7}{3} = 215.2 N \cdot m < 250 N \cdot m$$

启动电流满足要求，启动转矩不满足要求，故不能用。

(3) 采用自耦变压器启动

采用降压系数 $k_A = 0.8$，则启动电流和启动转矩为

$$I_{sa} = k_A^2 I_{st} = (0.8)^2 \times 468 = 300 I_N < 360 I_N \quad 满足要求$$

$$T_{st} = k_A^2 T_{st} = (0.8)^2 \times 646 = 413 N \cdot m > 250 N \cdot m \quad 满足要求$$

启动电流和启动转矩均满足要求，故可以采用。

【例 8-4】 一台绕线式异步电动机，$P_N = 28kW$，$U_N = 380V$，$n_N = 1420r/min$，$\lambda_m = 2$，$E_{2N} = 250V$，$I_{2N} = 71A$，启动级数 $m = 3$，负载转矩 $T_L = 0.5 T_N$。求各级启动电阻。

解：(1) 求电动机额定转差率

$$s_N = \frac{1500 - 1420}{1500} = 0.0533$$

(2) 转子电阻

$$R_2 = s_N \frac{E_{2N}}{\sqrt{3} I_{2N}} = \frac{0.0533 \times 250}{\sqrt{3} \times 71} = 0.108 \Omega$$

(3) 求切换转矩比 β

$$T_1 = (0.8 \sim 0.9) T_m = (0.8 \sim 0.9) \lambda_m T_N = (0.8 \sim 0.9) \times 2 T_N = (1.6 \sim 1.8) T_N$$

取 $T_1 = 1.7 T_N$ 代入下式

$$\beta = \sqrt[m]{\frac{T_N}{s_N T_1}} = \sqrt[3]{\frac{1}{0.053\,3 \times 1.7}} = 2.22$$

$$T_2 = \frac{T_1}{\beta} = \frac{1.7T_N}{2.22} = 0.766T_N > (1.1 \sim 1.2)T_L = (0.55 \sim 0.6)T_N$$

所选 β 合适。

(4) 各级启动电阻

$$R_{st1} = (\beta-1)R_2 = (2.22-1) \times 0.108 = 0.132(\Omega)$$
$$R_{st2} = (\beta^2-\beta)R_2 = (2.22^2-2.22) \times 0.108 = 0.293(\Omega)$$
$$R_{st3} = (\beta^3-\beta^2)R_2 = (2.22^3-2.22^2) \times 0.108 = 0.649(\Omega)$$

2. 转子串接频敏变阻器启动

绕线式异步电动机的转子串电阻启动，级数一般取 2~4 级。级数少则不平稳，级数多则投资大。如果所串接电阻能在启动过程中随转速升高而自动减少并且保持有较大的转矩，平稳启动才比较理想。

频敏变阻器，实质上是一个铁损耗很大的三相电抗器，结构如图 8-13 (a) 所示。铁芯一般用 30~50mm 厚普通铸铁或钢板制成，以增大铁损耗。为了散热，片间留有几毫米的距离。三相线圈按星形联结串联在电动机转子电路中。

电动机启动瞬间，转子电流频率最高 $s=1$，$f_2=f_1$。频敏变阻器的铁损耗很大，其等效电阻 R_m 很大，线圈电抗 X_m 也较大。相当于转子电路串接很大的启动电阻和较大的电抗。随着转速升高，转差率迅速减小，相当于启动过程中逐渐切除启动电阻。启动结束后，转子频率很低，$f_2=(1 \sim 3)$Hz，频敏变阻器的电阻和电抗都很小，于是可将频敏变阻器切除，转子绕组直接短路。

图 8-13 (a) 频敏变阻器结构图 (b) 机械特性
图 8-13 频敏变阻器

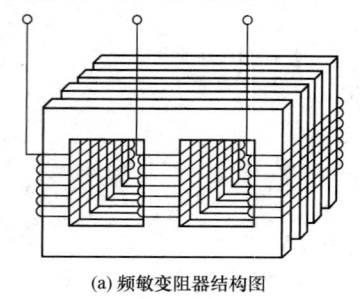

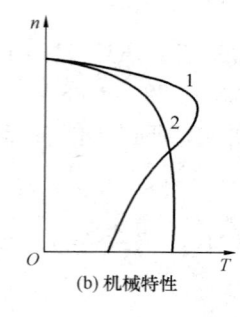

图 8-13 (b) 中曲线 1 为电动机固有机械特性，曲线 2 为串频敏变阻器启动的人为机械特性。频敏变阻器如果参数选的合适，可保持最大的转矩启动，启动快而平稳。频敏变阻器的参数调节可通过调节线圈匝数和改变铁芯气隙完成。串频敏变阻器的优点是结构简单、价格便宜、运行可靠、维护方便。缺点是由于铁芯电抗 X_m 的存在，使电动机的最大转矩有所下降。

8.3 三相异步电动机的制动

异步电动机的运行状态有电动状态和制动状态。电动状态时，电磁转矩是驱动转矩，电动机从电网吸收电能转换成机械能从轴上输出，其机械特性位于第 I 象限或第 III 象限。制动状态时，电磁转矩 T 与转向 n 相反，T 为制动转矩。电动机从轴上吸收机械能转换成电能，该电能或消耗在电机内部或反馈回电网，其机械特性位于第 II 象限或第 IV 象限。

异步电动机制动可使电力拖动系统迅速停机或稳定下放重物。异步电动机制动方法有能耗制动、反接制动和回馈制动三种。

8.3.1 能耗制动

能耗制动的接线图如图 8-14（a）所示。制动前电动机电动运行，接触器 KM2 断开，KM1 闭合。制动时断开 KM1 合上 KM2，将定子绕组接到直流电源上。直流电流通过定子绕组产生恒定不变的磁场，这时转子仍沿原来方向旋转，由右手定则确定转子电流方向，用左手定则判定转子电流和恒定磁场作用产生的电磁转矩方向与转子转动方向相反，为制动转矩。使转速迅速下降直至 $n=0$，转子电动势和电流均为零，电磁转矩也为零，对于反抗性负载制动过程结束。这种制动方法是将转子的动能变为电能，消耗在转子电阻上，所以称为能耗制动。

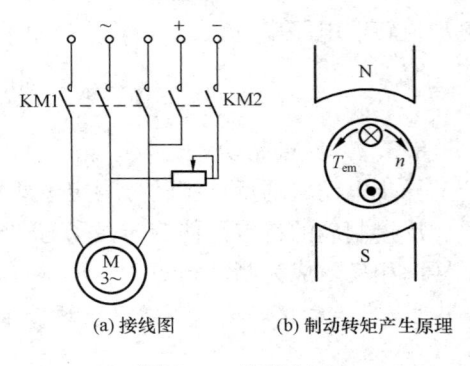

(a) 接线图　(b) 制动转矩产生原理

图 8-14　能耗制动

下面用机械特性分析能耗制动的应用

（1）能耗制动过程（迅速停机）。如图 8-15 所示，制动前电动机带反抗性负载，工作在固有特性曲线上 a 点，电动机电动运行。制动时，因机械惯性转速 n 来不及变化，工作点由 a 点平移到能耗制动时的人为机械特性曲线上 b 点。这时，电磁转矩改变方向，成为制动转矩，制动过程开始。在制动转矩作用下，转子转速下降，工作点由人为特性 b 点下移到 O 点，此时 $n=0$。转子电势、电流均为零，所以电磁转矩也为零，制动过程结束。实现了系统迅速停机。虽然这时 $T=0$，转子不会转动，为节能起见，应将开关 Q2 断开。

（2）能耗制动运行（下放重物）。如图 8-16 所示，制动前电动机工作在固有特性 a 点，电动机拖动位能性负载以一定速度提升重物，工作在电动状态。

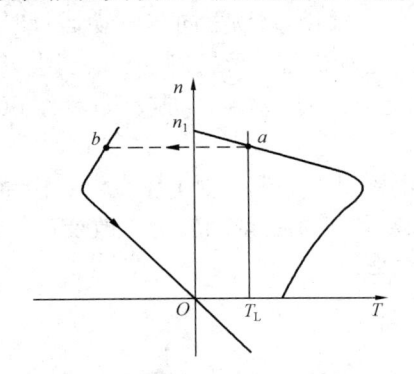

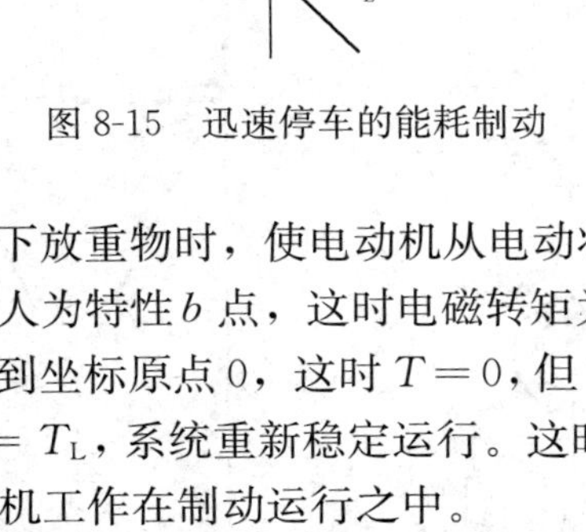

图 8-15　迅速停车的能耗制动 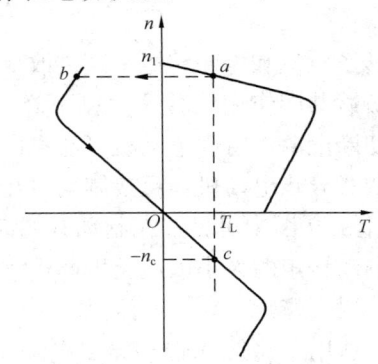　　　图 8-16　下放重物的能耗制动

在需要下放重物时，使电动机从电动状态转换为能耗制动状态。工作点由固有特性 a 点平行移动到人为特性 b 点，这时电磁转矩为制动转矩，转子转速迅速下降。工作点由人为特性 b 点下移到坐标原点 O，这时 $T=0$，但 $T_L>0$，在重物重力作用下系统工作点由 O 点运行到 c 点，$T=T_L$，系统重新稳定运行。这时转速 n 改变方向，电磁转矩与转向相反成为制动转矩，电动机工作在制动运行之中。

采用能耗制动停机，考虑到既要有足够大的制动转矩又不要使定、转子回路电流过大使绕组过热，根据经验按图 8-14（a）接线，如鼠笼式异步电动机取直流励磁电流 $I=(4\sim5)I_0$；对绕线形异步电动机取 $I=(2\sim3)I_0$，式中 I_0 为异步电动机空载电流。绕线式异步

电动机转子电路串电阻为

$$R_b = (0.2 \sim 0.4) \frac{E_{2N}}{\sqrt{3} I_{2N}} - R_2$$

8.3.2 反接制动

异步电动机的反接制动分为定子两相反接制动和倒拉反接制动两种制动状态。

反接制动的特点是使旋转磁场与转子旋转的方向相反，$s>1$，从而使电磁转矩方向与转子转向相反，成为制动转矩。

1. 定子反相的反接制动（迅速停车）

异步电动机两相反接制动运行接线图如图 8-17（a）所示。反接制动前，开关 Q1 闭合，开关 Q2 断开，触点 KM1 闭合，电动机正向电动运转。工作在固有特性曲线 1 上的 a 点，如图 8-17（b）所示。反接制动时，将开关 Q1 断开，Q2 闭合，触点 KM1 断开接入制动电阻 R_b。由于定子绕组两相反接，定子电流相序改变，旋转磁场转向改变，得到反接的人为特性曲线 2。反接瞬间，转速 n 不变，工作点由 a 到 b，此时，转子切割磁场方向与电动运行时相反，转子电动势、转子电流和电磁转矩也随之改变方向，电动机进入反接制动状态。电磁转矩作为制动转矩和负载共同作用使转速急剧下降。当到达 c 点时，$n = 0$，制动过程结束。若要停车，应立即切断电源，否则电动机可能方向启动。

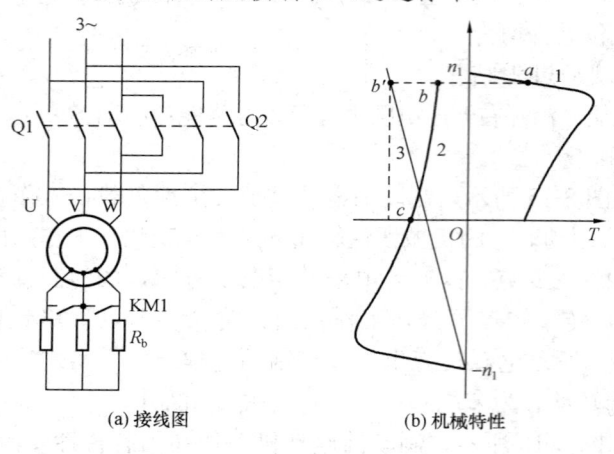

图 8-17 两相反接制动运行

对于绕线式异步电动机，反接制动时在转子电路串入电阻，则工作点由 a 移动到人为特性 3 的 b' 点上。从图中可见，在制动开始时可以获得极大的制动转矩，改变串入的电阻数值可以调节制动转矩的大小以适应生产机械的不同要求。

2. 倒拉反接制动（稳定运行）

这种制动适用于绕线式转子异步电动机拖动位能性负载的情况，提升重物时工作在电动状态，稳定下放重物时工作在制动状态。

图 8-18 为绕线式异步电动机倒拉反接制动的原理及其机械特性。电动状态时，触点 KM1 闭合，开关 Q1 闭合，制动状态时触点 KM 断开，串入制动电阻 R_b。提升重物时工作在固有特性曲线 1 的 a 点，当在转子串入电阻 R_b 时，工作在人为机械特性曲线 2 上。串入电阻瞬间，转速来

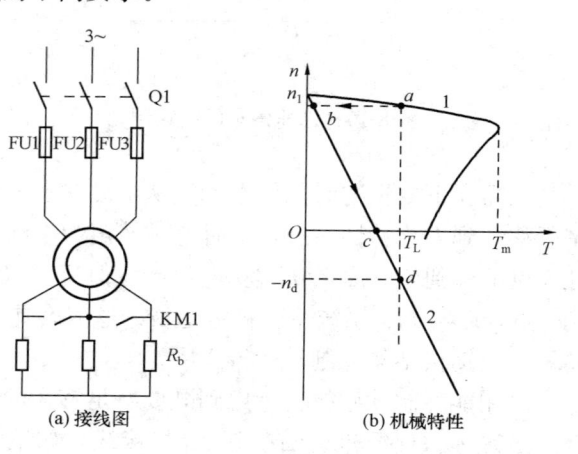

图 8-18 绕线式异步电动机倒拉反接制动

不及变化,工作点由固有特性曲线1的 a 点平移到人为特性曲线2的 b 点,此时电动机电磁转矩 $T_b<T_L$,所以提升重物速度减小,工作点由 b 点向 c 点移动。在减速过程中电动机工作在电动状态,到达 c 点,转速 $n=0$,$T_c<T_L$,重物倒拉电动机转子反转,并加速到 d 点,这时电动机的电磁转矩 $T=T_d>0$,转子转速 $n=-n_d<0$,负载转矩成为拖动转矩拉着电动机反转,而电磁转矩起制动作用,这种制动称为倒拉反接制动。

倒拉反接制动时,电网仍向电动机输送电功率,同时还输入机械功率,这两部分功率全部都消耗在转子电阻上,所以反接制动能量损耗很大。

8.3.3 回馈制动

异步电动机工作在电动状态,由于某种原因,在转子转向不变时,转速 n 超过同步转速 n_1,$s=\dfrac{n_1-n}{n_1}<0$,这时电动机处于回馈制动状态。

回馈制动时,$n>n_1$,$s<0$,旋转磁场切割转子绕组方向相反。转子电动势、电流方向和电磁转矩的方向与电动势方向相反,即从轴上输入的机械功率变成电能回馈到电网,异步电动机工作在发电状态。下面分析两种回馈制动情况。

1. 回馈制动稳定运行

如图8-19所示,提升重物时,电机在电动状态下运行,工作点在固有特性曲线上 a 点处,下放重物时,将定子反相并在转子中串入电阻 R_b,接线图与图8-17(a)相同。工作点由 a 点平移到 b 点,沿人为特性至 c 点,这一段为定子反相反接制动过程。到达 c 点后,不断开电源,电动机将反向起动,工作点由 c 点至 $-n_1$,这段为反向电动运行,在位能性负载驱动下,转子转速继续升高,转速 $|-n|>|-n_1|$,直到 d 点,电磁转矩与负载转矩平衡,电机处于稳定回馈制动状态下运行。制动电阻 R_b 小,人为特性斜率小,下放重物速度慢,制动瞬间电流大。

2. 回馈制动过程

下面分析调速过程中的回馈制动。在通过改变同步转速 n_1 来进行调速时,如变频调速、变极调速和串极调速中都有可能在调速某一阶段电动机处于回馈制动过程中。

如图8-20所示为降低频率调速,在降低频率瞬间,工作点由 a 点平移至 b 点,电磁转矩反向成为制动转矩,转速 n 下降由 b 点移向 c 点,在 c 点,$T=0$,$T<T_L$,n 继续下降,直至 d 点为止,$T=T_L$ 电机在比原来低的转速下运行,调速过程结束。在上述调速过程中,bc 段,$n>n_1$ 电机处于回馈制动过程中,这一制动过程缩短了调速的过渡过程。

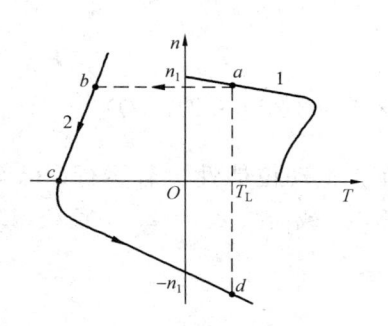

图8-19 下放重物时的回馈制动 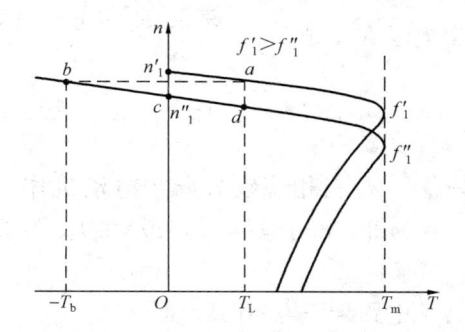   图8-20 调速过程中的回馈制动

【例 8-5】某三相绕线式异步电动机拖动起重机主钩，其额定功率 $P_N = 20\text{kW}$，额定电压 $U_N = 380\text{V}$，Y 接法，$n_N = 960\text{r/min}$，$\lambda_m = 2$，转子电动势 $E_{2N} = 208\text{V}$，转子电流 $I_{2N} = 76\text{A}$。提升重物，负载转矩 $T_L = 0.72T_N$，忽略 T_0，试计算：

(1) 在固有特性上运行的转子转速。

(2) 转子回路每相串入 $R_b = 0.88\Omega$ 时转子转速；

(3) 转速为 -430r/min 时转子回路每相串入的电阻值。

解：(1) 固有特性

$$s_N = \frac{n_1 - n}{n_1} = \frac{1000 - 960}{1000} = 0.04$$

$$s_m = s_N(\lambda_m + \sqrt{\lambda_m^2 - 1}) = 0.04 \times (2 + \sqrt{2^2 - 1}) = 0.1493$$

$$s = s_M\left[\frac{T_M}{T} - \sqrt{\left(\frac{T_M}{T}\right)^2 - 1}\right] = 0.1493 \times \left[\frac{2T_N}{0.72T_N} - \sqrt{\left(\frac{2T_N}{0.72T_N}\right)^2 - 1}\right]$$

$$= 0.1493 \times [2.778 - \sqrt{2.778^2 - 1}] = 0.0278$$

$$n = n_1(1-s) = 1000 \times (1 - 0.0278) = 972 \text{ (r/min)}$$

(2) 转子每相串入 $R_b = 0.88\Omega$ 后，转子的相电阻

$$R_2 = s_N \frac{E_{2N}}{\sqrt{3}I_{2N}} = 0.04 \times \frac{208}{\sqrt{3} \times 76} = 0.0632 \text{ }(\Omega)$$

计算转速 n_b，转差率 s_b

$$\frac{s_b}{s} = \frac{R_2 + R_b}{R_2} = \frac{0.0632 + 0.88}{0.0632} = \frac{0.9432}{0.0632} = 14.92$$

$$s_b = s\frac{R_2 + R_b}{R_2} = 0.0278 \times 14.92 = 0.4149$$

$$n_b = n_1(1 - s_b) = 1000 \times (1 - 0.4149) = 585 \text{ (r/min)}$$

(3) 转速为 $n_b = -430\text{r/min}$ 时，转差率

$$s_b = \frac{n_1 - n_b}{n_1} = \frac{1000 - (-430)}{1000} = 1.43$$

转子串电阻 R_b，则 $\frac{s}{s_b} = \frac{R_2 + R_b}{R_2}$

$$R_b = \left(\frac{s_b}{s} - 1\right)R_2 = \left(\frac{1.43}{0.0278} - 1\right) \times 0.0632 = 3.247 \text{ }(\Omega)$$

【例 8-6】一台三相绕线式异步电动机作为吊车，拖动位能性负载运行，已知 $P_N = 20\text{kW}$，$n_N = 1420\text{r/min}$，$U_{2N} = 187\text{V}$，$I_{2N} = 68.5\text{A}$，过载倍数 $\lambda_m = 2.3$，负载转矩 $T_L = 100\text{N}\cdot\text{m}$，试求：

(1) 转子电路未串电阻时转速。

(2) 转子电路串电阻 $R_b = 2.1\Omega$ 时转速 $n = ?$ 电动机处于哪种工作状态?

解：(1) 电动机转子电路未串电阻时

$$s_N = \frac{n_1 - n}{n_1} = \frac{1500 - 1420}{1500} = 0.0533$$

$$T_N = 9.55 \frac{P_N}{n_N} = 9.55 \times \frac{20 \times 10^3}{1420} = 134.51 \, (\text{N} \cdot \text{m})$$

$$T_m = \lambda_m T_N = 2.3 \times 134.51 = 309.4 \, (\text{N} \cdot \text{m})$$

$$s_m = s_N(\lambda_m + \sqrt{\lambda_m^2 - 1}) = 0.0533(2.3 + \sqrt{2.3^2 - 1}) = 0.2328$$

$$s = s_m \left[\frac{T_m}{T} - \sqrt{\left(\frac{T_m}{T}\right)^2 - 1} \right] = 0.2328 \times \left[\frac{309.4}{100} - \sqrt{\left(\frac{309.4}{100}\right)^2 - 1} \right] = 0.03655$$

$$n = n_1(1-s) = 1500 \times (1 - 0.03655) = 1445 \, (\text{r/min})$$

(2) 转子串电阻 R_b，T_m 不变，s_m 与转子电路电阻成正比

$$R_2 = s_N \frac{E_{2N}}{\sqrt{3} I_{2N}} = 0.0533 \times \frac{187}{\sqrt{3} \times 68.5} = 0.084$$

$$s'_m = \frac{R_2 + R_b}{R_2} s_m = \frac{0.084 + 2.1}{0.084} \times 0.233 = 6.058$$

$$s' = s_m \left[\frac{T_m}{T} - \sqrt{\left(\frac{T_m}{T}\right)^2 - 1} \right] = 6.058 \times \left[\frac{309.4}{100} - \sqrt{\left(\frac{309.4}{100}\right)^2 - 1} \right]$$

$$= 6.058 \times 0.166 = 1$$

$$n' = n_1(1 - s') = 1500 \times (1 - 1) = 0$$

电动机处于制动状态，转速 $n = 0$。

【例 8-7】 例 8-6 中三相绕线式异步电动机，拖动负载转矩为 $T_L = 100 \text{N} \cdot \text{m}$ 的位能性的恒转矩负载。现要采用回馈制动稳定下放重物，在转子电路串电阻 $R_b = 0.016\Omega$。试求：

(1) 图 8-19 中 b 点的制动转矩等于多少？

(2) 图 8-19 中 d 点下放重物的转速是多少？

解： (1) b 点制动转矩

$$n_b = n_a = 1442 \, (\text{r/min})$$

$$s_b = \frac{n_1 - n_b}{n_1} = \frac{-1500 - 1442}{-1500} = 1.96$$

$$s_{mb} = \frac{R_2 + R_B}{R_2} s_m = \frac{0.084 + 0.016}{0.084} \times 0.233 = 0.2744$$

$$T = -\frac{2T_m}{\frac{s_b}{s_{mb}} + \frac{s_{mb}}{s_b}} = -\frac{2 \times 309.4}{\frac{1.96}{0.2774} + \frac{0.2774}{1.96}} = -89.85 \, (\text{N} \cdot \text{m})$$

(2) d 点下放重物转速

$$s_d = -s_{mb} \left[\frac{T_m}{T_L} - \sqrt{\left(\frac{T_m}{T_L}\right)^2 - 1} \right] = -0.2744 \times 0.166 = -0.046$$

$$n_\mathrm{d} = n_1(1-s_\mathrm{d}) = -1500 \times (1+0.046) = -1569\ (\mathrm{r/min})$$

8.4 三相异步电动机的调速

8.4.1 三相异步电动机的调速指标

1. 调速范围

电动机在额定负载时所能得到的最高转速与最低转速之比称为调速范围，用 D 表示，即

$$D = \frac{n_{\max}}{n_{\min}} \tag{8-25}$$

例如调速范围为 4∶1、10∶1 等，不同生产机械要求的调速范围不同。

2. 调速方向

调速方向指调速后的转速比原来的额定转速（称为基本转速）高还是低。若是比基本转速高，称为往上调，比基本转速低则称为往下调。

3. 调速的平滑性

调速的平滑性由一定调速范围内能得到的转速级数来说明。级数越多，相邻两转速的差值越小，平滑性越好。如果转速只能跳跃式调节，如只能从 3000r/min 下调到 1500r/min，再调节到 1000r/min，两者之间的转速无法得到，这种调速称为有级调速。

如果在一定调速范围内的任何转速都可以得到，则称为无级调速。无级调速比有级调速要好。

平滑调速的范围可用相邻两转速之比衡量，称为平滑导数，用 σ 表示，即

$$\sigma = \frac{n_i}{n_{i-1}} \tag{8-26}$$

4. 调速的稳定性

稳定性用来说明电动机在新转速下运行时，负载变化而引起转速变化的程度，通常用静差率来表示。其定义为：在某一机械特性上运行，电动机由理想空载到额定负载时的转速差与理想空载转速之比，用百分数表示。即

$$\delta = \frac{n_1 - n_\mathrm{L}}{n_1} \times 100\% \tag{8-27}$$

静差率 δ 越小，则稳定性越好。

静差率与机械特性的硬度有关。机械特性的硬度的定义为

$$\alpha = \left|\frac{\mathrm{d}T}{\mathrm{d}n}\right| \approx \frac{\Delta T}{\Delta n} \tag{8-28}$$

α 越大，转矩变化时，Δn 变化程度就越小，机械特性就越硬，静差率就越小，稳定性就越好。静差率还与理想空载转速 n_1 大小有关。如两条机械特性硬度相同，式（8-27）中，$n_1 - n_\mathrm{L}$ 相同，由于 n_1 不同，它们的 δ 就不同，n_1 大的 δ 小，n_1 小的 δ 就大。生产机械在调速时，为保持一定的稳定性会对静差率提出一定的要求。

静差率还会对调速范围起到制约作用，因为如果调速时所得到的最低转速下的 δ 太大，

则该转速下稳定性太差，便难以满足生产机械的要求。

各种生产机械对静差率和调速范围的要求不一样，例如，车床主轴要求 $\delta \leqslant 30\%$，$D = 10 \sim 40$；龙门刨床 $\delta \leqslant 10\%$，$D = 10 \sim 40$；造纸机 $\delta \leqslant 0.1\%$，$D = 3 \sim 20$。

5. 调速的经济性

这主要由调速的前期投资、调速后的电能消耗以及各种运行费用的多少决定。

6. 调速的允许负载

电动机在各种不同转速下满载运行时，如果允许输出的功率相同，则这种调速方法称为恒功率调速；如果允许输出转矩相同，则称这种调速方法为恒转矩调速。

不同的生产机械对此要求往往不同，例如切削机床，要求精加工切削量小时，工件转速高；粗加工切削量大时，工件转速低。因此，希望电动机具有恒功率调速的性能。而起重机、卷扬机等则要求电动机在各种转速下希望能输出固定的转矩，因此，希望电动机具有恒转矩的调速性能。

根据三相异步电动机的转速公式

$$n = n_1(1-s) = \frac{60f_1}{p}(1-s) \tag{8-29}$$

可知，三相异步电动机有下列三种调速方法：

（1）改变定子磁极对数 p 以改变电动机同步转速 n_1 调速，称为变极调速。

（2）改变电源频率 f_1 以改变同步转速 n_1 调速，称为变频调速。

（3）改变转差率 s 包括绕线式转子电动机的转子串接电阻调速、串极调速及定子调压调速等。

8.4.2　鼠笼式异步电动机变极调速

由式（8-29）可知，在电源频率 f_1 不变的条件下，改变电动机的磁极对数 p，电动机的同步转速 n_1 发生变化，使电动机的转速发生变化，从而达到转速的调节。

改变电动机的极数。在定子铁芯槽内嵌放两套不同极数的定子三相绕组，从制造的角度看，这种方法很不经济。通常是利用改变定子绕组的连接方式来改变极数，这种电动机称为多速电动机。多速电动机采用鼠笼式转子，因为这时转子的极数能自动地随定子极数变化。所以变极调速只适用于鼠笼式电动机。

1. 变极的原理

定子绕组改变磁极对数的原理如下：图 8-21 画出了 4 极电机 U 相绕组的两个线圈，每个线圈代表 U 相绕组的一半，称为半相绕组。两个半相绕组顺向串联（头尾相接）时，根

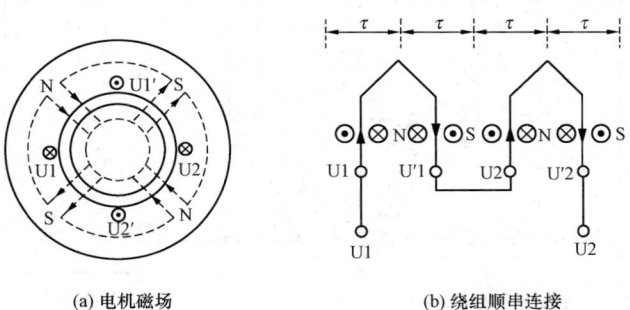

(a) 电机磁场　　　　　　　　(b) 绕组顺串连接

图 8-21　绕组的变极原理（$2p=4$）

据线圈中电流的方向，可以得出 $2p=4$ 的 4 个极磁场。

如果将两个半绕组改变连接方式，如两个半相绕组反向串联或并联，如图 8-22 所示。可以得出 $2p=2$ 的两个磁场。由此可见，使定子绕组每相的一半绕组中电流改变方向，极数可以减小一半。磁极对数可以通过定子绕组连接方式改变。

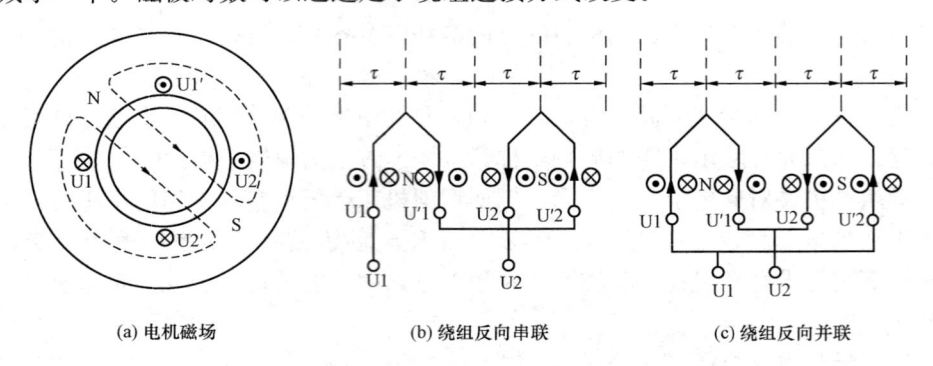

(a) 电机磁场　　(b) 绕组反向串联　　(c) 绕组反向并联

图 8-22　绕组变极原理（$2p=2$）

变极时，定子三相绕组常用的连接方式有两种，一种是单星形反接成双星形，写作 Y—YY 如图 8-23 所示；另一种是从三角形反接成双星形，写作 △—YY 如图 8-23 所示。

(a) Y($2p$)接线　　(b) YY(p)接线

图 8-23　Y—YY 连接变极

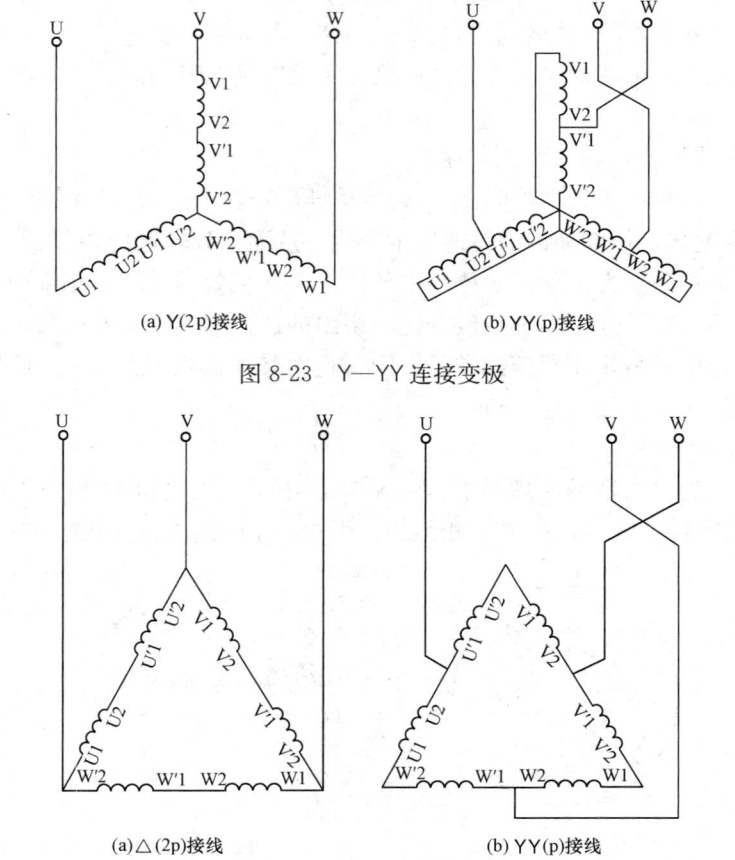

(a) △($2p$)接线　　(b) YY(p)接线

图 8-24　△—YY 连接变极

第8章 三相异步电动机的电力拖动

这两种连接方式使电动机磁极对数减小一半（$2p \to p$）。改变极数后由于电气角度增加一倍，使三相绕组中电流相序改变，则旋转磁场方向要改变，则电动机转向要改变。所以只有对调定子的两相出线端，才能保证电动机转向不变。

2. 变极调速时的允许输出

调速时电动机的允许输出是指在保持电流为额定值条件下，调速前后电动机轴上的输出功率和转矩。下面对这两种接线方式变极调速的允许输出进行分析。

（1）Y—YY 连接方式。设电网电压 U_N，绕组每相额定电流为 I_N，星形联结，线电流等于相电流，输出功率和转矩为

$$\left. \begin{array}{l} P_Y = \sqrt{3} U_N I_N \eta_N \cos\varphi_N \\ T_Y = 9.550 \dfrac{P_Y}{n_Y} \end{array} \right\} \tag{8-30}$$

反接成 YY 连接方式后，极数减小一半，转速增大一倍，即 $n_{YY} = 2n_Y$。若保持绕组电流 I_N 不变，则原相电流为 $2I_N$，假定反接前后效率和功率因数近似不变，则输出功率和转矩为

$$\left. \begin{array}{l} P_{YY} = \sqrt{3} U_N (2I_N) \eta_N \cos\varphi_N = 2P_Y \\ T_{YY} = 9.550 \dfrac{P_{YY}}{n_{YY}} = 9.550 \dfrac{P_Y}{n_{YY}} = T_Y \end{array} \right\} \tag{8-31}$$

可见，Y—YY 连接方式，电动机转速增大一倍，允许输出功率增大一倍，而允许输出转矩不变，所以这种连接方式的变极调速属于恒转矩调速，适用于恒转矩负载。

（2）△—YY 连接方式。当每相绕组额定电流为 I_N，则△联结时线电流为 $\sqrt{3} I_N$ 输出功率和转矩为

$$\left. \begin{array}{l} P_\triangle = \sqrt{3} U_N (\sqrt{3} I_N) \eta_N \cos\varphi_N \\ T_\triangle = 9.550 \dfrac{P_\triangle}{n_\triangle} \end{array} \right\} \tag{8-32}$$

改成 YY 连接方式后，极数减小一半，则转速增大一倍，即 $n_{YY} = 2n_\triangle$，线电流为 $2I_N$，输出功率和转矩为

$$\left. \begin{array}{l} P_{YY} = \sqrt{3} U_N (2I_N) \eta_N \cos\varphi_N = \dfrac{2}{\sqrt{3}} \sqrt{3} U_N (\sqrt{3} I_N) \eta_N \cos\varphi_N = 1.15 P_\triangle \\ T_{YY} = 9.550 \dfrac{P_{YY}}{n_{YY}} = 9.550 \dfrac{P_Y}{n_{YY}} = 9.55 \dfrac{1.15 P_\triangle}{2n_\triangle} = 0.58 T_Y \end{array} \right\} \tag{8-33}$$

可见，△—YY 连接方式时，电动机转速提高一倍，容许输出功率近似不变，允许输出转矩近似减小一半。这种连接方式的变极调速可认为是恒功率调速，因此，这种调速适用于恒功率负载。

3. 变极调速时的机械特性

（1）Y—YY 连接。由于定子绕组有 Y 变为 YY 时转子绕组未变，临界转差率 $s_m = \dfrac{R'_2}{x_1 + x'_2}$ 不变，同步转速 n_1 因极对数 p 减半而增大一倍。$\Delta n = s_m n_1$ 增大一倍。由于定子每相绕组匝数 N_1 减半，YY 连接时阻抗个数为 Y 连接的 1/4，改接后电压 U_1 不变，而极数减半，根据式（8-6）可知电磁转矩增加一倍，特性上半部基本上是平行的，Y—YY 变极时，机械特性如图 8-25(a) 所示。

(2) △—YY 连接。由 △ 连接改成 YY 连接，临界转差率 s_m 不变，$\Delta n = s_m n_1$ 增加一倍。变极后，定子相电压减至 $\frac{1}{\sqrt{3}}$ 定子原相绕组匝数 N_1 减半，YY 连接时阻抗参数为 △ 连接的 1/4，极数 p 减半，电磁转矩减至 2/3，△—YY 连接时机械特性如图 8-25(b) 所示。

从上面分析可知，变极调速时转速 n 将成倍变化，所以调速的平滑性差。但它在每个转速等级运转时，具有较硬的机械特性，稳定性较好。适用于不需要无极调速的生产机械。

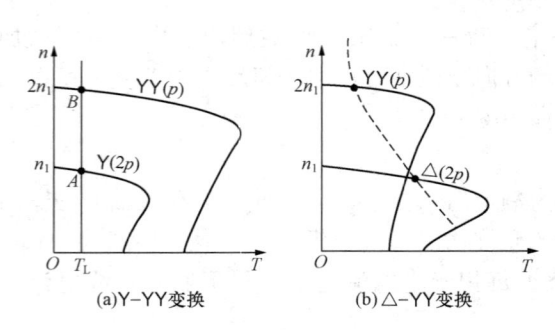

图 8-25 变极调速的机械特性

4. 变极调速的主要性能

(1) 调速方向由 Y 或 △ 变为 YY 时，是往上调，反之为往下调。
(2) 调速平滑性差，只能有级调速。
(3) 调速的稳定性好，因为机械特性工作段静差率 δ 基本不变。
(4) 调速范围不广，一般为 2:1 至 4:1。
(5) 调速经济性好，前期投资不大，运行费用也不多。
(6) 调速的允许负载。Y—YY 调速适用于恒转矩负载，△—YY 调速适用于恒功率负载。

8.4.3 变频调速

变频调速时改变电源频率从而使电动机的同步转速变化达到调速的目的。

1. 调速原理

改变电源的频率 f_1 有两种情况。

(1) $f_1 < f_N$，保持 $\frac{U_1}{f_1} \approx \frac{U_1'}{f_1'} =$ 常数。

在忽略定子绕组漏阻抗情况下，$U_1 = E_1 = 4.44 k_{w1} N_1 f_1 \Phi_m$，单独降低 f_1 则使 Φ_m 增加，引起磁路饱和，铁损耗增加，功率因数下降为保持 Φ_m 基本不变，U_1 还与 f_1 成比例减小。

由于临界转差率 $s_m = \frac{R_2}{x_2}$，x_2 与 f_1 成正比，故 s_m 与 f_1 成反比，而同步转速 n_1 与 f_1 成正比。特性曲线是从坐标上 n_1 与 n_m 之差 $\Delta n = n_1 - n_m = s_m n_1$ 不变。忽略定子漏阻抗时，最大转矩 T_m 正比于 $\frac{U_1^2}{f_1}$ 不变。Δn 和 T_m 不变。说明特性的上半部分基本平行，因此 f_1 减小后机械特性曲线如图 8-26(a) 所示。考虑到定子漏阻抗的影响，保持 $\frac{U_1}{f_1} =$ 常数，调速时 T_M 将随 f_1 减小会相应减小。

(2) $f_1 > f_N$，保持 $U_1 = U_N =$ 常数。

若保持 $\frac{U_1}{f_1} =$ 常数，则 $U_1 > U_N$ 这是不允许的，故保持 $U_1 = U_N$ 不变。这时随着 f_1 增加，则 Φ_m 将会减小，由于临界转差率 s_m 与 f_1 成反比，而同步转速 n_1 与 f_1 成正比。$\Delta n = n_1 - n_m = s_m n_1$ 不变。最大转矩 T_m 与 f_1 近似成反比。f_1 增加后则 T_m 减小，机械特性如图 8-26(b)所示。

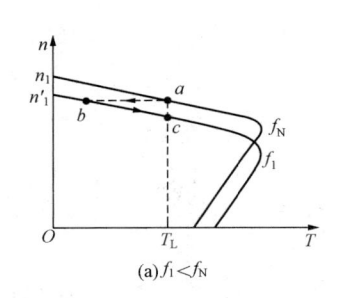

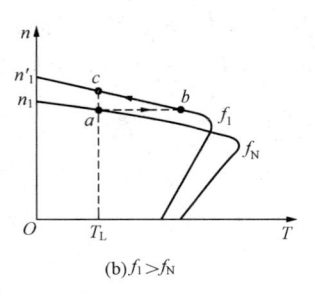

图 8-26　频率改变时的人为特性

2. 变频调速过程分析

(1) $f_1 < f_N$ 时，保持 $\dfrac{U_1}{f_1} =$ 常数。

如图 8-26(a) 所示，电动机拖动恒转矩负载，工作在固有特性曲线 a 点，频率降低瞬间，因机械惯性，转速未来得及变化，工作点由 a 点平移到人为特性曲线上 b 点，$T_b < T_L$ 转速下降，直到 $T_c = T_L$ 于是在比原来低的转速下稳定运行。显然 f_1 越小，则转速 n 越低。

(2) $f_1 > f_N$ 时，保持 $U_1 = U_N$。

如图 8-26(b)，调速为工作在固有特性 a 点，f_1 改变瞬间，工作点由 a 点平移到人为特性上 b 点。由于这时 $T_b > T_L$，n 上升，工作点沿人为特性 b 点移至 c 点，$T_c = T_L$，电动机在比原来转速更高的转速下稳定运行。可见，f_1 增加时，转速 n 也随之增加。

(3) 变频调速的主要功能：

1) 调速方向即可往上调，也可往下调。

2) 平滑性好，可实现无级调速。

3) 调速稳定性好，机械特性工作段基本平行，硬度大，静差率小。

4) 调速范围广。一般 $D = 10 \sim 12$。

5) 调速的经济性方面，前期投资大，需要专用的变频器装置，但运行费用不大。

6) 调速的允许负载分析如下：

a. $f_1 < f_N$ 时，$\dfrac{U_1}{f_1} =$ 常数，Φ_m 基本不变，因此，在各种转速下满载转矩 $T = C_T \Phi_m I_{2N} \cos\varphi_2$ 基本不变，适用于恒转矩负载调速。

b. $f_1 > f_N$ 时，$U_1 = U_N =$ 常数，Φ_m 与 f_1 成反比，在各种转速下满载转矩基本上与转速 n 成反比，T 和 n 两者乘积不变，允许输出功率基本不变。

变频调速可以实现较宽范围的调速，是鼠笼式异步电动机较好的调速方法，但需专用的变频电源。近年来随着晶闸管技术的发展，为满足变频器电源提供了新的途径。因为市场上提供的变频调速器本身带有变频电源，可实现就地控制、远程控制和网络控制，而且还可以跟踪电动机负载变化，使其处于最佳运行状态。还具有软启动功能。启动时，不必另加软启动器等启动设备。

【例 8-8】某三相鼠笼式异步电动机，$P_N = 15\text{kW}$，$U_N = 380\text{V}$，$n_N = 2930\text{r/min}$，$f_N = 50\text{Hz}$，$\lambda_m = 2.2$。拖动某恒转矩负载运行，$T = 40\text{N·m}$，T_0 忽略不计。求：

(1) 当 $f_1 = 50\text{Hz}$，$U_1 = U_N$ 时的转速。

(2) 当 $f_1 = 40\text{Hz}$, $U_1 = 0.8U_N$ 时的转速。

(3) 当 $f_1 = 60\text{Hz}$, $U_1 = U_N$ 时的转速。

解：(1) $T_N = 9550 \dfrac{P_N}{n} = 9550 \times \dfrac{15}{2930} = 48.91 \ (\text{N} \cdot \text{m})$

$$T_m = \lambda_m T_N = 2.2 \times 48.91 = 107.61 \ (\text{N} \cdot \text{m})$$

$$s = \dfrac{n_1 - n}{n_1} = \dfrac{3000 - 2930}{3000} = 0.0233$$

$$s_m = s_N(\lambda_m + \sqrt{\lambda_m^2 - 1}) = 0.0233(2.2 + \sqrt{2.2^2 - 1}) = 0.0969$$

$$s = s_m\left[\dfrac{T_m}{T} - \sqrt{\left(\dfrac{T_m}{T}\right)^2 - 1}\right] = 0.0969\left[\dfrac{107.61}{40} - \sqrt{\left(\dfrac{107.61}{40}\right)^2 - 1}\right] = (0.0187)$$

$$n = (1-s)n_1 = (1 - 0.0187) \times 3000 = 2944 \ (\text{r/min})$$

(2) U_1 与 f_1 成比例减小，T_m 不变。s_m 与 f_1 成反比，故 $T'_m = T_m = 107.61(\text{N} \cdot \text{m})$

$$s'_m = s_m \dfrac{f_1}{f'_1} = 0.0969 \times \dfrac{40}{50} = 0.121$$

$$s' = s'_m\left[\dfrac{T'_m}{T} - \sqrt{\left(\dfrac{T'_m}{T}\right)^2 - 1}\right] = 0.121\left[\dfrac{107.61}{40} - \sqrt{\left(\dfrac{107.61}{40}\right)^2 - 1}\right] = 0.0233$$

$$n'_1 = \dfrac{60f'}{p} = \dfrac{60 \times 40}{1} = 2400 \ (\text{r/min})$$

$$n' = (1-s')n'_1 = (1 - 0.0233) \times 2400 = 2344 \ (\text{r/min})$$

(3) f_1 增加，U_1 不变，T_m 与 f_1^2 成正比，s_m 与 f_1 成反比。故

$$s' = s''_m\left[\dfrac{T''}{T} - \sqrt{\left(\dfrac{T''}{T}\right)^2 - 1}\right] = 0.08075\left[\dfrac{74.73}{40} - \sqrt{\left(\dfrac{74.73}{40}\right)^2 - 1}\right] = 0.0234$$

$$n''_1 = \dfrac{60f''}{p} = \dfrac{60 \times 60}{1} = 3600 \ (\text{r/min})$$

$$n'' = (1-s'')n''_1 = (1 - 0.0234) \times 3600 = 3516 \ (\text{r/min})$$

8.4.4 绕线式异步电动机转子串电阻

绕线式异步电动机转子串电阻调速的人为机械特性如图 8-27 所示，图中给出了电动机的固有特性和人为特性。电机原工作在固有特性 a 点，转子串电阻瞬间，由 a 点平行移动到 b 点，$T < T_L$ 转速下降，工作点移至 c 点 $T = T_L$，电机稳定运行。

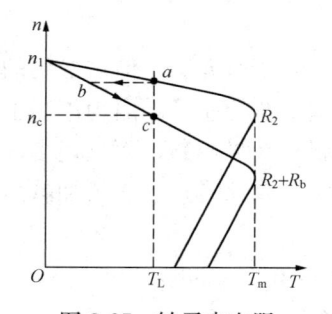

图 8-27 转子串电阻调速的机械特性

这种调速方法主要性能为：

(1) 调速方向只能往下调。

(2) 调速平滑性取决于 R_2 的调节方式。

(3) R_2 越大，机械特性硬度越小，静差率 δ 越大调速稳定性越差。

(4) 调速的经济性差，前期投资虽然不大，但损耗增加运行效率低。

(5) 调速范围不大，因受低速的静差率限制，一般调速范围仅为 2～3。

(6) 调速时的允许负载为恒转矩负载，调速前后 U_1 和 f_1 不变，故 Φ_m 不变。当转矩一定，$\dfrac{R_2'}{s}$ 为定值，转子电流 I_2 和功率因数 $\cos\varphi_2$ 不变，转子串接电阻后，增加了转子的损耗，所以调速经济性较差。

转子串电阻调速方法简单设备投资不高，因此在中小功率的绕线式转子异步电动机中得到广泛应用。

8.4.5 鼠笼式电动机变压调速

改变异步电动机定子电压时的机械特性如图 8-28 所示，降低定子电压获得人为机械特性，工作点由固有特性 a 点平移到 b 点，最后稳定在 c 点，转速降低了。

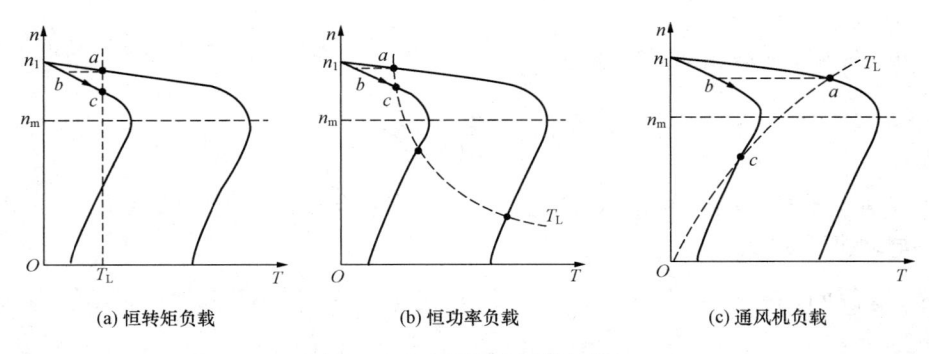

(a) 恒转矩负载　　(b) 恒功率负载　　(c) 通风机负载

图 8-28　变压调速机械特性

从图 8-27(a)、(b) 可知在 n_m 以下，各交点运行不稳定，只有在 n_m 以上各交点上运行才稳定，因而调速范围十分有限，实用意义不大，对于通风机负载所有交点都能稳定运行，调速范围显著扩大，但需要注意电流是否超过额定值。

变压调速性能如下：

(1) 调速方向，向下调，故转速只能低于额定转速。

(2) 调速平滑性好，可以实现无级调速。

(3) 调速稳定性差，因为电压降低使机械特性硬度降低静差率 δ 增大。

(4) 调速的经济性差，因为前期投资大，需要使用电压可调的电源。运行时效率和功率因数低。

(5) 调速范围小。

(6) 调速时允许带非恒转矩负载和非恒功率负载。

因为满载时满足 $T = C_T \Phi_m I_{2N} \cos\varphi_2 \propto \Phi_m \propto U_1$，当 U_1 降低，T 降低，转速 n 降低，输出功率 P_2 进一步减小。T 和 P_2 都不能保持为常数或接近于常数。

8.4.6 绕线型异步电动机的串级调速

如图 8-29 所示，在转子电路串联一个与转子电动势 $\dot{E}_{2s}$ 同频率的附加电动势 $\dot{E}_{ad}$，通过改变 $\dot{E}_{ad}$ 的幅值和相位，改变转差率 s，改变电动机转速 n 实现调速。

电动机在低速运行时，转子中转差功率只有一小部分被转子绕组本身电阻消耗，而其余大部分被附加电动势 $\dot{E}_{ad}$ 吸收，利用产生 $\dot{E}_{ad}$ 装置把这部分转差功率回馈给电网，使电动机在低速运行时仍具有较高效率。这种调速方法称为串级调速。

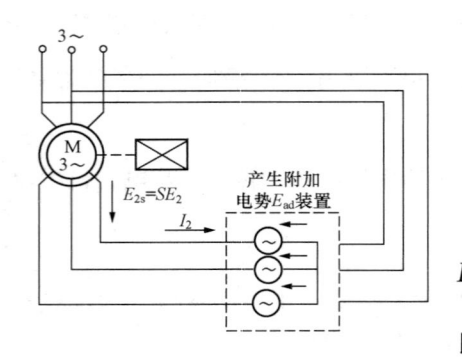

图 8-29 转子串附加电动势 $\dot{E}_{ad}$ 串级调速原理接线图

串级调速基本原理分析如下：

未串附加电动势 $\dot{E}_{ad}$ 时，转子电流为

$$I_2 = \frac{sE_2}{\sqrt{R_2^2 + (sX)^2}} \approx \frac{sE_2}{R_2} \quad (8-34)$$

在电动机一般运行条件下，因为转差率 s 很小；$R_2 \gg sX_2$，为分析问题简单，可认为转子电流 $\dot{I}_2 = \dfrac{\dot{E}_2}{R_2}$ 即电流 $\dot{I}_2$ 与 $\dot{E}_2$ 同相位。

（1）当转子串入 $\dot{E}_{ad}$ 与 $\dot{E}_{2s}$ 反相位；转子电流为 I_2 为

$$I_2 = \frac{sE_2 - E_{ad}}{R_2} \quad (8-35)$$

上式表明串入 $\dot{E}_{ad}$ 后转子电流 I_2 减小，电动机产生电磁转矩 $T = C_T \Phi_m I_2' \cos\varphi_2$ 也随之减小，于是电动机开始减速。

串入 $\dot{E}_{ad}$ 瞬间，I_2 减小，T 减小，$T < T_L$ 转速 n 下降，转差率 s 增加，则使 I_2 又开始增大，T 增大，直至 $T = T_L$，电动机再比原来低的转速下稳定运行。串入反相位的 $\dot{E}_{ad}$ 幅值越大，电动机稳定转速越低。

设电动机稳定运行后转差率为 s_c，则

$$I_2 = \frac{s_c E_2 - E_{ad}}{R_2} = \frac{sE_2}{R_2}$$

$$s_c = s + \frac{E_{ad}}{E_2}$$

（2）当串入附加电动势 $\dot{E}_{ad}$ 与 $\dot{E}_{2s}$ 同相位，则转子电流为

$$I_2 = \frac{s_c E_2 + E_{ad}}{R_2} = \frac{sE_2}{R_2}$$

可见串入 $\dot{E}_{ad}$ 瞬间转子电流 I_2 增加，T 增加 $T > T_L$，转速 n 增加，转差率 s 减小，则 I_2 又开始减小，T 减小当 $T = T_L$ 则稳定运行于 n_c，$s = s_c$，则稳定后转差率 s_c 为

$$s_c = s - \frac{E_{ad}}{E_2}$$

如 $\dfrac{E_{ad}}{E_2} > s$，则 $s_c < 0$，电动机工作在电动状态，稳定转速高于同步转速 n_1，这时转子电流不是 E_2 产生而是 E_{ad} 产生的。

（3）串级调速的机械特性。串级调速的机械特性如图 8-30 所示。由图中可见当 $\dot{E}_{ad}$ 与 $\dot{E}_{2s}$ 同相位时，机械特性基本上是向右上方移动当 $\dot{E}_{ad}$ 与 $\dot{E}_{2s}$ 反相位时，机械特性基本上是向左下方移动的。因此，机械特性的硬度基本不变，但低速时的最大转矩和过载能力降低，启动转矩也

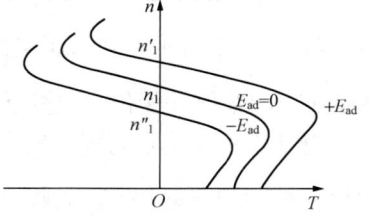

图 8-30 串级调速时的机械特性

减小。

附加电动势 E_{ad} 的导入,可通过晶闸管电路来实现。详细参阅有关教材和专著。

(4) 串级调速的主要性能:

1) 调速方向即可往上调,又可往下调。

2) 调速的平滑性好,可实现无级调速。

3) 调速的稳定性好,机械特性硬度不变,只要转速不是很低,静差率不会太大。

4) 调速的经济性方面,前期投资大,但运行费用低,效率高。

5) 调速范围广。

6) 调速的允许负载为恒转矩负载。调速时 Φ_m 和 $\cos\varphi_2$ 不变,所以 $I_{2s} = I_{2N}$,电磁转矩 T 不变。

8.4.7 利用电磁转差离合器调速

由一台普通鼠笼式异步电动机和电磁转差离合器连接在一起,称为电磁调速感应电动机或转差电动机,通过磁场来传送功率,电动机本身的转速不变,由电磁转差离合器完成调速任务。使负载得到不同的转速,达到调速的目的。

图 8-31 为电磁转差离合器调速系统,图中虚线框中部分为电磁转差离合器。它是由电枢和磁极两部分组成,它们之间没有机械联系,中间留有气隙,可以自由转动。通常电枢是由实心的整块铸钢加工完成,可以看作是由无限多根鼠笼式的导条并联而成,铸钢中的涡流可视作导条中的

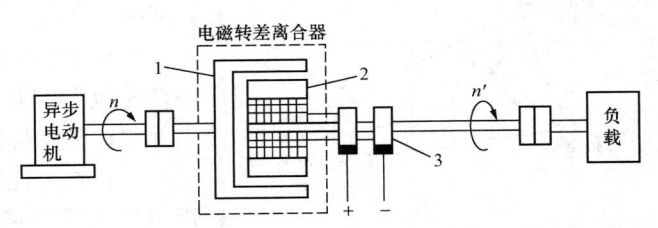

图 8-31 利用电磁转差离合器的调速系统
1—电枢;2—磁极;3—集电环

电流,电枢与鼠笼式异步电动机同轴连接,由电动机带动旋转,电枢称为主动部分;磁极与负载连接,称为从动部分。磁极上可由电刷和集电环装置引入直流励磁电流 I_f。

1. 电磁转差离合器的调速原理

如电磁转差离合器调速原理图 8-32(a) 所示,假设鼠笼式异步电动机拖动电磁转差离合器的电枢,以 n 的速度顺时针旋转,当励磁电流 $I_f = 0$ 时,由于气隙中没有磁场,两部分没有磁的联系,则负载和磁极都静止不动,两部分处于"分"的状态,当磁极通入直流电流后,磁极铁芯被励磁,电枢的鼠笼式绕组切割磁力线而产生感应电动势,产生涡流,其方向由右手定则确定,涡流与磁场相互作用,产生逆时针方向的电磁转矩,方向由左手定则确定。根据作用力与反作用力大小相等,方向相反原则,可以确定磁极受到一个顺时针方向的电磁转矩 T。磁极以 n' 的速度顺时针方向转动。这时,电枢和磁极处于"合"的状态。

由于电磁转矩是电枢和磁极二者之间存在相对运动产生,因此,必须

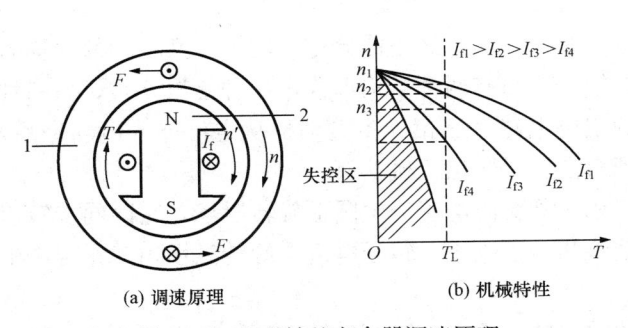

图 8-32 电磁转差离合器调速原理
1—电枢;2—磁极

满足 $n' < n$，二者之间靠转差运行，因此，称其为电磁转差离合器。

2. 电磁转差离合器的机械特性

电磁转差离合器的机械特性是指其转速 n' 和电磁转矩 T 的关系，即 $n' = f(T)$。

电磁转差离合器的工作原理与异步电动机工作原理相似，离合器的电枢相当于异步电动机的转子，故离合器的机械特性与异步电动机相似。只是理想空载转速是异步电动机的转速 n 而不是同步转速 n_1，由于离合器电枢是用铸钢制作，电阻较大，特性较软。其机械特性用经验公式表达，即

$$n' = n - k\left(\frac{T^2}{I_f^4}\right)$$

式中 k——与离合器类型有关的系数。

机械特性曲线如图 8-31(b) 所示。由图 8-31(b) 可知：

（1）负载转矩为恒定负载转矩，直流励磁电流增加，使转数 n' 上升，如图 8-33 所示，励磁电流 $I_{f1} > I_{f2}$，转速 $n_1 > n_2$。

（2）由于机械特性较软，不能满足静差率的要求，因而调速范围不大。为此，可用转速负反馈闭环调速系统，使得机械特性硬度大大提高，从而增大调速范围。

（3）存在失控区。当励磁电流太小时，所产生电磁转矩不足以克服离合器的摩擦转矩。故可能发生失控现象。

3. 离合器特点

优点：设备简单，控制方便，运行可靠，可以无极调速，适合采用负反馈闭环控制方式。

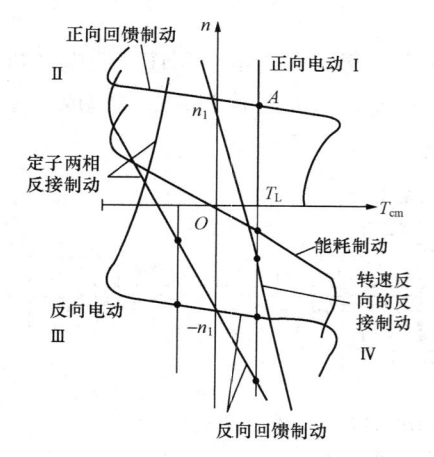

图 8-33 异步电动机各种运行状态下机械特性

缺点：特性软，存在失控区，低速时效率低。可用于风机、泵类等调速系统中。

异步电动机各种运行状态下的机械特性如图 8-33 所示，读者可自行分析电机的各种运行状态。

小 结

本章首先介绍了三相异步电动机的基本结构。电机静止部分称为定子，其转动部分称为转子。定子和转子均由铁芯和绕组组成。转子绕组有两种结构形式，一种是鼠笼式，另一种是绕线式。定子绕组是三相异步电动机的主要电路，三相异步电动机从电源输入电功率后，在定子绕组中以电感应方式传递到转子再由转子输出机械功率。

三相异步电动机在定子绕组上通过三相对称交流电流产生圆形旋转磁场，它以同步转速切割转子绕组，在转子绕组中感应出电动势和转子电流，转子电流与旋转磁场相互作用产生电磁转矩，使转子旋转。

三相异步电动机的转速与旋转磁场的同步转速总存在转差，转差率是异步电动机的重要物理量，它反映了电机负载的大小、反映异步电动机的运行状态。

从基本电磁关系看，异步电动机与变压器极为相似。异步电动机定子、转子的关系和变压器的一次、二次侧的电压、电流都是交流的，两边之间的关系都是电磁感应关系，它们都是以磁动势平衡、电动势平衡、电磁感应、和全电流定律为理论基础。因此分析变压器的方法完全可以用于分析异步电动机的运行。因此，基本方程式、等效电路和相量图仍是分析异步电动机的有效工具。

等效电路是分析异步电动机的有效工具，它全面反映了异步电动机的电流、功率、转矩及它们之间的相互关系。利用异步电动机的 T 形等效电路可以推导出异步电动机的功率方程式和转矩方程式。

在异步电动机的功率与转矩关系中，要充分理解电磁转矩与电磁功率及总机械功率的关系，理解三相异步电动机的工作特性及在额定值下的关系曲线。

异步电动机各种运行状态下的机械特性曲线如图 8-33 所示，用此图可以分析总结电机在各种运行状态下的电磁关系、电压平衡关系、转矩平衡关系和能量平衡关系。

思 考 题

8-1 三相异步电动机变极调速时，为什么变极的同时要改变电源的相序？若不改变电源的相序，变极调速后会出现什么现象？

8-2 异步电动机带恒转矩负载时，异步电动机仅用降压调速会出现什么问题？

8-3 三相异步电动机拖动恒转矩负载当其频率下调时，为什么变频同时要调压？

8-4 绕线式转子异步电动机采用串极调速，在超同步和低同步调速时，当附加电动势幅值增加时，其转速、最大转矩如何变化？

8-5 静差率 δ 与转差率 s 有何异同？

8-6 鼠笼式电动机调速方法哪种调速方法性能最好？绕线式异步电动机调速方法中哪种调速方法性能最好？

计 算 题

8-1 某三相多速异步电动机 $P_N = 10/11\text{kW}$，$n_N = 1470/2940 \text{ r/min}$，$\lambda_m = 2.1/2.4$。求：
(1) $p = 2$，$T = 60\text{N·m}$ 时的转速；
(2) $p = 1$，$T = 40\text{N·m}$ 时的转速。

8-2 Y200L1-2 型三相星形联结电动机 $P_N = 30\text{kW}$，$n_N = 2950\text{r/min}$，$\lambda_m = 2.2$，$f_N = 50\text{Hz}$，拖动恒转矩负载运行。求：
(1) $f_1 = 0.8f_N$，$U_1 = 0.8U_N$ 时的转速；
(2) $f_1 = 1.2f_N$，$U_1 = U_N$ 时的转速。

8-3 一台三相绕线式异步电动机 $n_N = 960\text{r/min}$，$U_{2N} = 244\text{V}$，$I_{2N} = 14.5\text{A}$。求转子电路串入 $R_b = 2.611\Omega$ 电阻满载运行时转速、调速范围和静差率。

8-4 一台三相绕线式异步电动机 $P_N = 22\text{kW}$，$n_N = 1460\text{r/min}$，$I_{1N} = 43.9\text{A}$，$E_N = 355\text{V}$，$I_{2N} = 40\text{A}$，$\lambda_m = 2$，要使电动机满载时转速调到 1050r/min，转子应串多大电阻？

8-5 某绕线式三相异步电动机，$P_N = 60\text{kW}$，$n_N = 960\text{r/min}$，$E_{2N} = 200\text{V}$，$I_{2N} = 195\text{A}$，

$\lambda_m = 2.5$。其拖动起重机主钩,当提升重物时,电动机负载转矩 $T_L = 530\text{N} \cdot \text{m}$。试求:

(1) 电动机在固有特性上提升重物时电动机转速?

(2) 不考虑提升机构转化损耗,若改变电源相序,下放重物,下放速度是多少?

(3) 若以 $n = -280\text{r/min}$ 下放重物,不改变电源相序,转子电路应串入多大电阻?

(4) 若在电动机不断电条件下,欲使重物停在空中,应如何处理,计算应串入电阻 R_b 是多少?

(5) 如果改变电源相序在反向回馈制动状态下放同一重物,转子回路每相串接电阻为 $0.06\,\Omega$ 求下放重物时电动机的转速。

8-6 一台三相鼠笼式异步电动机的数据为:$P_N = 40\text{kW}$,$U_N = 380\text{V}$,$n_N = 2930\text{r/min}$,$\eta_N = 0.9$,$\cos\varphi_N = 0.85$,$k_{si} = 5.5$,$k_{st} = 1.2$,定子绕组为三角形接线,供电变压器允许启动电流为 150A,能否在下列情况下用 Y—△降压启动?

(1) 负载转矩为 $0.25T_N$;

(2) 负载转矩为 $0.5T_N$。

第 9 章　三相同步电机及同步电动机的电力拖动

知识目标

- 了解三相同步电机的工作原理、分类。
- 知道隐极、凸极同步电机的基本结构。
- 知道同步电动机的电力拖动。

能力目标

- 掌握同步电机的额定值及励磁方式。
- 掌握三相同步电动机的功率和转矩计算。
- 掌握三相同步发电机的运行特性及运行分析。

9.1　三相同步电机的工作原理与分类

三相交流电机的转子转速 n 与定子电流的频率 f 满足方程式

$$n = n_1 = \frac{60f}{p} \tag{9-1}$$

这种电机称为同步电机。同步电机的特点是转子转速与电网频率 f 之间具有固定不变的关系，若电网频率不变，则同步电机的转速恒为同步转速 n_1，而与负载大小无关。

同步电机主要作为发电机使用，也可以作为电动机使用，但其应用不如三相异步电动机广泛，主要用来拖动大功率、转速不需调节的生产机械，如空气压缩机、矿井送风机、球磨机及大型水泵等。大功率同步电动机与同容量异步电动机相比，具有明显的优点。首先，同步电动机的功率因数高，在运行时，不仅不使电网功率因数降低，还能改善电网功率因数。其次，对大功率低速电动机，同步电动机的体积比异步电动机要小些。小功率永磁式同步电动机也在广泛使用。

9.1.1　同步电动机的工作原理

如图 9-1 所示，转子为一对磁极的三相同步电机工作原理图。定子结构与三相异步电动机基本相同。

U1U2、V1V2、W1W2 是定子三相绕组。转子由转子铁芯和转子绕组两部分组成。工作时，在转子绕组中通以直流励磁电流 I_f，使得转子形成 N 极和 S 极，产生磁极的绕组称为励磁绕组。励磁绕组中的电流称为励磁电流。

同步电机作为电动机运行时，定子三相绕组接到三相电源上，三相电流通过三相绕组产生旋转磁通势，旋转磁场的

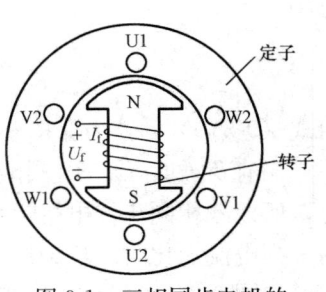

图 9-1　三相同步电机的工作原理示意图

转速为 n_1，如图 9-2(a) 所示，用外面一对磁极 N、S 极代表旋转磁场，只要旋转磁场的极对数与转子磁极的极对数相同，本着磁极间同性相斥、异性相吸的原理，便会产生电磁转矩，旋转磁场必定牵引转子磁极以同步转速旋转。因此，同步电动机的转子转速与旋转磁场转速相同，即 $n = n_1$。

转子转动后，转子励磁绕组产生的磁通势也形成了旋转磁通势，而且转速也是 n_1，这样在电机气隙中总磁通势是这二者合成的结果。图 9-2 中用外面的磁极表示合成磁通势所产生的气隙旋转磁场。

电枢电流不同，电枢旋转磁通势不同，合成磁通势也会不同，则产生的旋转磁场也将不同，将电枢磁通势对合成旋转磁通势的影响称为电枢反应。

如图 9-2(b) 所示，转子磁极与旋转磁场轴线重合时，它们相互作用力在轴线方向，不会形成电磁转矩。由于受到拖动负载的影响，如图 9-2(a) 所示，转子磁极滞后于旋转磁场 δ 角时，转子上才会产生与转向相同的电磁转矩，同步电机处于电动机状态，这时，电动机从定子电源输入电功率，从转子上输出机械功率。显

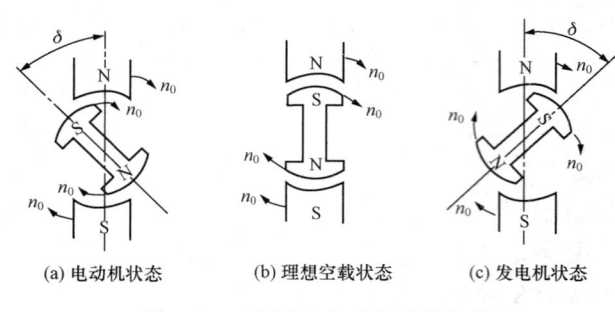

(a) 电动机状态 (b) 理想空载状态 (c) 发电机状态

图 9-2 三相同步电动机运行状态

然，δ 角的大小与电磁转矩及电磁功率大小有关，因此称为功角。

功角是转子磁极与合成旋转磁场轴线之间的夹角，也就是励磁旋转磁通势与合成旋转磁通势之间的夹角，同步电动机作电动机运行时，励磁旋转磁通势在空间滞后于合成磁通势 δ 电角度。

9.1.2 三相同步发电机

同步电机作发电机运行时，转子由原动机拖动，以恒定转速 n_1 旋转，从而产生了旋转磁场。旋转磁场与定子三相绕组存在相对运动，从而在定子三相绕组中产生对称的三相电动势。

三相同步发电机空载运行时，每相绕组产生的空载电动势为 E_0，其大小为

$$E_0 = 4.44 k_{w1} N_1 f_1 \Phi_{om} \tag{9-2}$$

式中 Φ_{om} 是转子的每极磁通，即旋转磁通的最大值，在相位上，$\dot{E}_0$ 滞后 $\dot{\Phi}_{om}$ 90°电角。三相同步发电机定子绕组一般采用星形联结，故空载时相电压 $U_{oph} = E_0$，线电压 $U_{ol} = \sqrt{3} E_0$。电动势频率为

$$f_1 = \frac{pn}{60} \tag{9-3}$$

由式（9-3）可见，为保持 f_1 不变，同步发电机 pn 为常数，且 n 要恒定。

当有负载时，定子三相绕组产生三相电流，三相电流通过三相绕组产生电枢旋转磁通势，所以三相同步发电机运行时，气隙旋转磁场是由转子励磁磁通势和电枢旋转磁通势合成的。当电流变化时，也会产生电枢反应，对气隙旋转磁场产生影响。

如图 9-2(c) 所示，同步发电机转子在原动机拖动下以超前于气隙合成旋转磁场一个功角 δ 旋转。电磁转矩的方向与转子转向相反，原动机只有克服电磁转矩才能拖动转子旋转。

这时，电机转子从原动机输入机械功率，而从定子绕组输出电功率。

由此可见，在同步发电机中，励磁旋转磁通势在空间超前于合成磁通势δ电角度。

图 9-2(b) 所示是同步电机的理想空载状态。

9.1.3 同步电机的基本类型

同步电机可以按运行方式、结构型式和原动机的类型进行分类。

（1）按运行方式分类。同步电机可分为发电机、电动机和调相机三类。发电机把机械能转换为电能；电动机把电能转换为机械能；调相机是专门用来调节电网的无功功率的，改善电网的功率因数。

（2）按结构型式分类。同步电机可分为旋转电枢式和旋转磁极式两种。前者在某些小容量同步电机中得到应用，后者应用比较广泛，并成为同步电机基本结构型式。

（3）旋转磁极式同步电机按磁极形状，又可分为隐极式和凸极式两种类型。如图 9-3 所示。隐极式气隙是均匀的，转子做成圆柱形。凸极式气隙是不均匀的，极弧下气隙较小，极间部分气隙较大。

按原动机类别，同步电机可分为汽轮发电机、水轮发电机和柴油发电机等。汽轮发电机转速高，转子各部分受到离心力很大，机械强度要求高，故一般采用隐极式；水轮发电机转速低，极数多，故采用结构和制造上比较简单的凸极式。同步电动机、柴油发电机和调相机一般也做成凸极式。

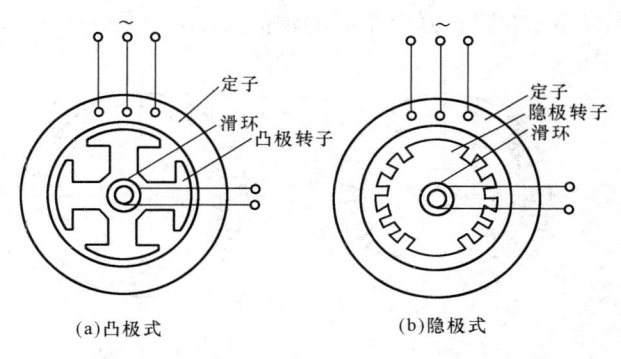

图 9-3 旋转磁极式同步电机

9.2 同步电机的基本结构

9.2.1 隐极同步电机的基本结构

隐极同步电机都采用卧式结构，主要有定子和转子两大部分。

1. 定子

定子由定子铁芯、定子绕组、机座、端盖和挡风装置等部件组成。定子铁芯由厚度为 0.5mm 的硅钢片叠成，整个铁芯固定于机座上。在定子铁芯的内圆槽内嵌放定子绕组如图 9-4 所示。

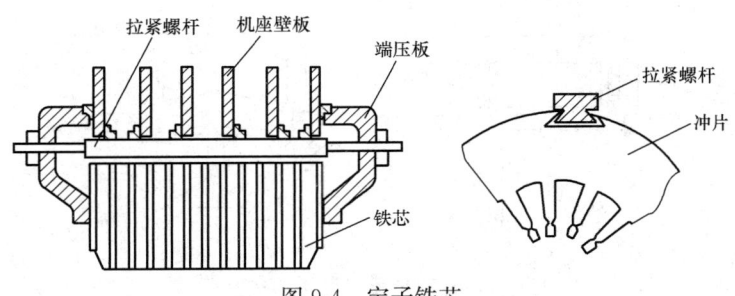

图 9-4 定子铁芯

2. 转子

转子由转子铁芯、励磁绕组、护环、中心环、滑环及风扇等部件组成。

转子铁芯是电机磁路的主要部分，由于高速旋转而产生巨大的离心力而承受着很大的机械应力，因而其材料即要求有良好的导磁性能，又需要很高的机械强度。所以一般采用整块的含铬、镍和钼的合金钢锻成，与转轴锻成一个整体。

沿转子铁芯表面铣有槽，槽内嵌放励磁绕组。槽的排列形状有辐射式和平行式两种，如图 9-5 所示，前者用得比较普遍。在一个极距内约有 1/3 部分没有开槽，这部分称为大齿。大齿的中心实际上就是磁极的中心。

励磁绕组一般用扁铜线绕制成同心式线圈，且利用不导磁、高强度的硬铝槽楔将励磁绕组压紧。端部套上高强度非磁性钢锻制成的护环，防止绕组因离心力而甩出，中心环用以支持护环，并阻止励磁绕组的轴向移动，如图 9-6 所示。

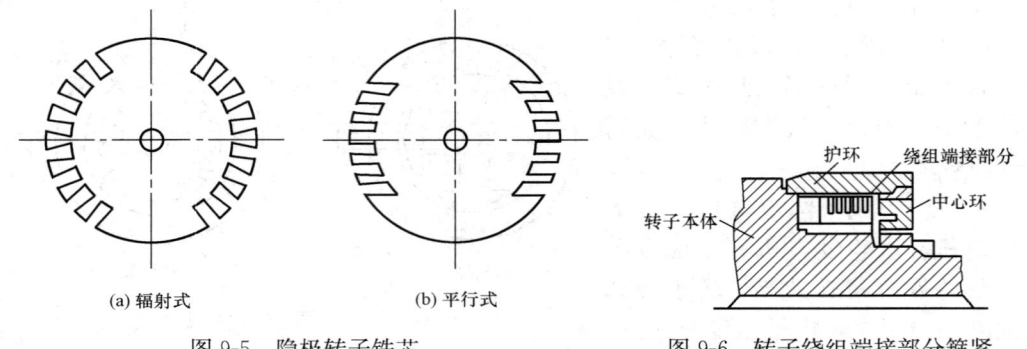

(a) 辐射式　　(b) 平行式

图 9-5　隐极转子铁芯

图 9-6　转子绕组端接部分箍紧

滑环装在转轴一端，通过引线接到励磁绕组的两端，励磁电流经电刷、滑环而流入励磁绕组。

隐极机转速较高，所以转子直径较小而长度较长，用于汽轮发电机。

9.2.2　凸极同步电机的基本结构

凸极同步电机分为卧式和立式结构两大类。除低速大容量的水轮发电机和大型水泵用的同步电动机采用立式结构，绝大多数的凸极同步电动机都采用卧式结构。

立式水轮发电机可分为悬式和伞式两种。悬式是指承受轴向力的推力轴承装在转子上边的上机架上，整个转子是处于一种悬吊的状态转动。伞式则是把推力轴承装在转子下边的机架上，整个转子处于一种被托架的状态转动，如图 9-7 所示。

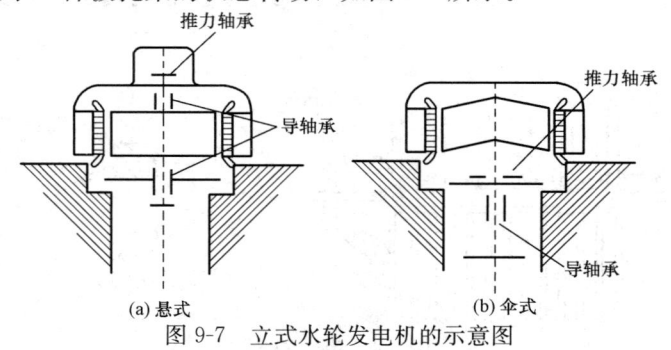

(a) 悬式　　(b) 伞式

图 9-7　立式水轮发电机的示意图

悬式水轮发电机运转时机械稳定性好，但是机组的轴向高度大。伞式水轮发电机组运转时机械稳定性差，但轴向高度小，这可以使厂房高度和造价降低。通常转速高的电机（150r/min 以上）采用悬式；转速较低的电机（125r/min 以下）采用伞式。

1. 定子

定子结构和隐极机相同，但对于大容量的水轮发电机，由于定子直径太大，通常分成几瓣，分别制造后，再运到电站拼装成一个整体。定子绕组有波绕组、叠绕组两种型式，一般采用双层分数槽绕组，以利于改善电压波形。

2. 转子

凸极同步电机的转子主要由磁极铁芯、铁轭、励磁绕组、转子支架和转轴等组成。

磁极铁芯由 1～1.5mm 厚的钢板冲片用铆钉装成一体，也有采用整体锻钢或铸钢件制成的实心磁极。磁极上套装有励磁绕组。励磁绕组一般采用扁铜线绕成，各励磁绕组串联后接到集电环上。

磁极的极靴上一般还装有阻尼绕组。阻尼绕组是由插入极靴阻尼槽内的裸铜条和端部铜环焊接而成，如图 9-8 所示。

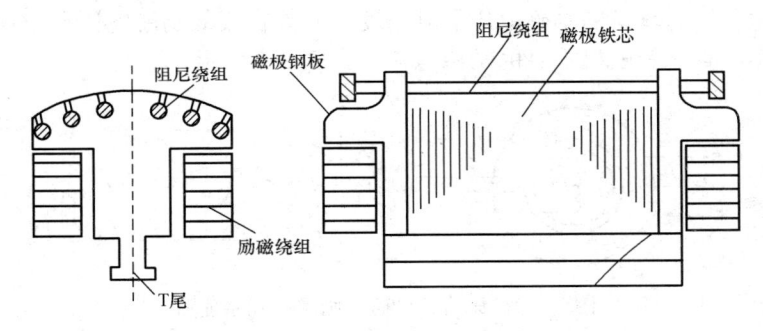

图 9-8　磁极铁芯

对于发电机，阻尼绕组可以减小并联运行时转子振荡的幅值，对于电动机，阻尼绕组主要作为启动绕组用。由于实心磁极本身有较好的阻尼作用，故不需要另装设阻尼绕组。

磁极固定在铁轭上，铁轭常用整块钢板或铸钢做成。铁轭的主要作用是组成磁路，并作为固定磁极的轮缘。

9.3　同步电机的额定值及励磁方式

9.3.1　同步电机的额定值

（1）额定容量 S_N 或额定功率 P_N。额定容量 S_N（单位为 kVA）或额定功率 P_N（单位为 kW）。指电机输出功率的保证值。对同步发电机指输出额定视在容量，用额定容量或有功功率表示。对同步电动机额定容量一般用额定功率表示。同步调相机则用额定容量或额定无功功率表示。

（2）额定电压 U_N（单位为 V）。电机在额定运行时的线电压。

（3）额定电流 I_N（单位为 A）。电机在额定运行时的定子线电流。

(4) 额定频率 f_N。我国标准工频频率为 50Hz。
(5) 额定转速 n_N（单位为 r/min）。
(6) 额定功率因数 $\cos\varphi_N$。
(7) 额定励磁电压 U_{fN} 和额定励磁电流 I_{fN}。
(8) 额定温升 τ_N。

9.3.2 励磁方式

同步电机运行时，必须在励磁绕组中通入直流电流，称为励磁电流。励磁方式是指同步电机获得直流励磁电流的方式。而供给励磁电流的整个系统称为励磁系统。励磁系统和同步电机有密切关系，它直接影响同步电机运行的可靠性、经济性以及一些主要特性。

常用的励磁方式有直流励磁机励磁、静止半导体励磁、旋转半导体励磁、三次谐波励磁等。

1. 直流励磁机励磁

用直流发电机作为励磁电源向同步发电机提供励磁电流，称为直流发电机励磁系统。

直流励磁机与同步发电机同轴，由同一原动机拖动，其本身所需励磁电流通常由并励方式供给。有时为了获得较快的励磁电压上升速度，并能在较低励磁电压下稳定工作，通常用一台副励磁机供给直流励磁机本身的励磁电流，如图9-9所示。

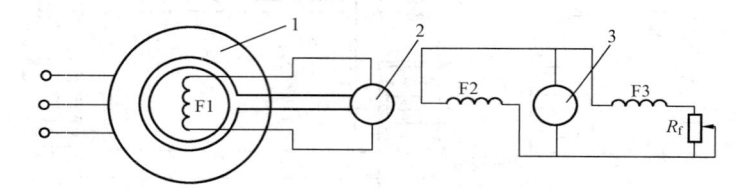

图 9-9 他励直流励磁机励磁系统原理图
1—主发电机；2—主励磁机；3—副励磁机

2. 静止的交流整流励磁系统

静止的交流整流励磁系统分为他励式与自励式两种。

(1) 他励式静止半导体励磁系统。主励磁机采用频率为 100Hz 的三相同步发电机，发出的三相交流电流经过静止的半导体硅整流器整流后供给主发电机励磁电流。而副励磁机采用频率为 400Hz 或 500Hz 的感应子发电机，发出的三相交流电经晶闸管整流后对主励磁机励磁。上述励磁方式称为他励式静止半导体励磁，如图 9-10 所示。

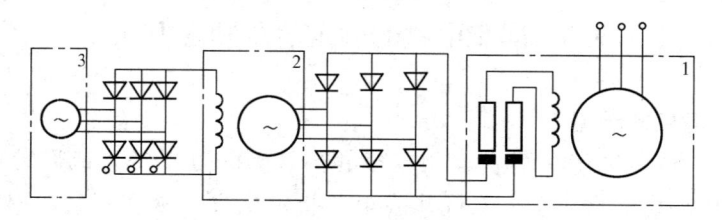

图 9-10 他励式静止半导体励磁装置原理图
1—同步发电机；2—主励磁机；3—副励磁机

(2) 自励式静止半导体励磁系统。如果励磁电源直接取自同步发电机本身，取消交流励磁机，便称为自励式静止半导体励磁。这时主发电机的励磁电流由整流变压器取自自身输出端，经过三相晶闸管整流装置转换为直流，如图 9-11 所示。

3. 旋转的交流整流励磁系统

上述各式励磁方式，同步发电机励磁电流均需通过电刷和集电环引入。现代大型汽轮发电机的励磁电流可达 4000~5000A，大电流通过电刷和集电环组成滑动接触，势必引起严重发热和大量的电刷磨损，为此采用旋转的交流励磁系统实现无刷化，如图 9-12 所示，图中用一台旋转电枢式的交流主励磁机，和主发电机同轴连接，半导体整流装置安装在主发电机转子上，这样用固定连接代替了电刷和集电环，因此又称为无刷励磁。图 9-12 中虚线框内为旋转部分。主励磁机的励磁电流可由主发电机输出端取得。也可通过同轴交流副励磁机供给。

无刷的特点是整个励磁系统没有触点，运行比较可靠，维护也比较方便。

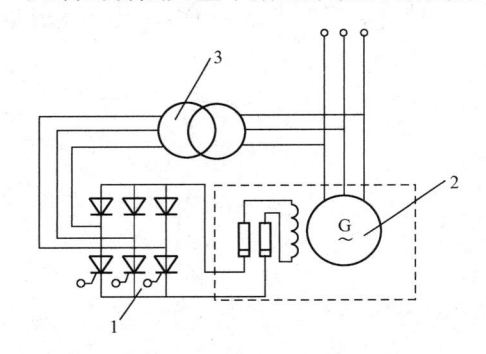

图 9-11 自励式静止半导体励磁装置
1—整流装置；2—同步发电机；3—整流变压器

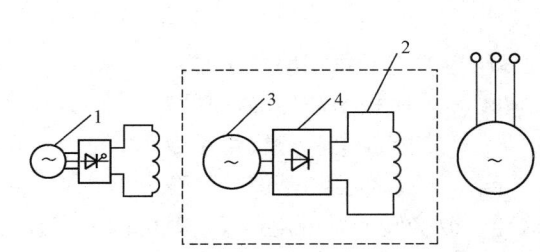

图 9-12 无刷励磁系统
1—副励磁机；2—主发电机励磁绕组；
3—主励磁机；4—整流桥

4. 三次谐波励磁

同步发电机的气隙磁通密度分布不可避免的存在三次谐波分量。这个谐波分量在同步发电机的电枢绕组内感应出了三次谐波分量。这个谐波分量在同步发电机绕组内虽然感应出三次谐波电动势，但经过三相绕组连接，电枢绕组输出线上并不存在三次谐波电动势，即不影响供电质量。三次谐波励磁系统正是利用这个三次谐波磁通密度，在定子槽中专门嵌放一套三次谐波绕组，其节距取极距的 1/3，基波气隙磁场在该绕组中的感应电动势之和为零。三次谐波磁场则在该绕组中感应一个三倍基波频率的三次谐波电动势。

三次谐波励磁系统将这个绕组中的三次谐波电动势经过半导体整流装置后转换为直流电流，再接到发电机的励磁绕组，如图 9-13 所示。

三次谐波励磁是一种自励方式，它和直流发电机的电压建立过程相同，由于磁路具有剩磁饱和现象，所以自励具有稳定的工作点。

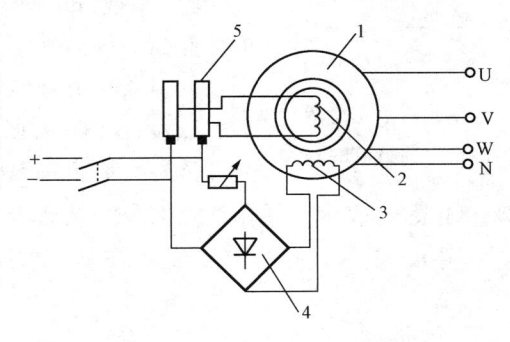

图 9-13 三次谐波励磁原理接线图
1—同步发电机；2—励磁绕组；
3—谐波绕组；4—整流桥；5—滑环

三次谐波励磁在单机运行的小型同步发电机中得到广泛应用。

9.4 同步发电机

9.4.1 同步发电机的空载运行

同步发电机转子被原动机以同步转速 $n = n_1 = \dfrac{60f}{p}$ 拖动，转子绕组通入直流励磁电流，而定子绕组开路时称为空载运行。这时定子绕组（电枢绕组）电流为零，在电机气隙中只有转子励磁电流 $I_f = I_0$ 单独产生的磁动势 $F_f = F_0$，称为励磁磁动势或励磁磁场。励磁磁通绝大部分与转子绕组气隙和转子绕组交链，称为主磁通 Φ_1。而只与转子绕组本身和气隙交链的一小部分称为转子主极漏磁通 Φ_σ。

定子三相绕组切割主磁通而感应出频率为 f 的一组对称三相交流电动势，其基波分量有效值为

$$E_0 = 4.44 f N_1 k_{w1} \Phi_{m1} \tag{9-4}$$

式中　　N_1——定子每相串联匝数；

Φ_{m1}——每极基波磁通，Wb；

k_{w1}——基波电动势绕组系数；

E_0——电动势的基波分量有效值，V。

这样，改变转子励磁电流 I_f，就可以相应改变主磁通 Φ_1 和 E_0。曲线 $E_0 = f(I_f)$ 称为发电机的空载特性，如图 9-14 的曲线所示。

由于 $E_0 \propto \Phi_1$，$I_f \propto F_f$，所以改变特性后的空载特性曲线可以表示为发电机的磁化曲线 $\Phi_0 = f(F_f)$。

当主磁通 Φ_0 很小时，磁路处于不饱和状态，此时铁芯部分所消耗的磁压降与气隙所需磁压降相比可以忽略不计，因此可认为绝大部分磁动势消耗在气隙中，$\Phi \propto F_f$，所以空载曲线下部近似是一条直线，把它延长后得直线 OG（图 9-14 中曲线 2）称为气隙线。随着 Φ_1 增大，铁芯逐渐饱和，它所消耗的磁压降不可忽略，此时空载曲线逐渐变弯曲。

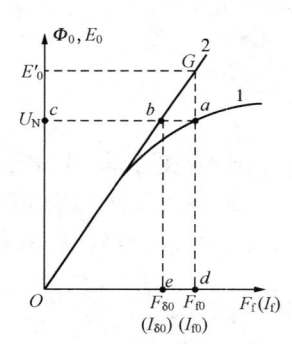

图 9-14　同步发电机空载特性曲线

为充分利用材料，在设计发电机时，通常把发电机额定电压点设计在磁化曲线弯曲处，如图 9-14 中曲线 1 的 a 点，此时磁动势称为额定励磁磁动势 F_{f0}。线段 $\overline{ab}$ 表示消耗在铁芯部分的磁动势，线段 $\overline{bc}$ 表示消耗在气隙部分的磁动势 $F_{\delta0}$。F_{f0} 与 $F_{\delta0}$ 的比值反映了发电机磁路的饱和程度，用 K_s 表示，称为饱和系数。通常同步发电机的饱和系数值约为 $1.1 \sim 1.25$。

$$K_s = \frac{F_{f0}}{F_{\delta0}} = \frac{\overline{ac}}{\overline{bc}} = \frac{\overline{dG}}{\overline{be}} = \frac{E_0'}{U_N} \tag{9-5}$$

式中　　E_0'——磁路不饱和时，对应于励磁磁动势 F_{f0} 的空载电动势。

9.4.2 同步发电机的电枢反应

同步发电机有负载时，除转子产生的励磁磁动势外，由于定子绕组中有电流流过，所以定子绕组将在气隙中产生一个旋转磁动势，称为电枢磁动势 F_a，两者以相同的转速和转向旋

转,彼此没有相对运动,两者相互作用合成气隙中的合成磁动势。对于感性负载,定子绕组电动势将低于空载电动势 E_0,这是电枢磁动势影响的结果,电枢磁动势对主极磁场的影响,简称为对负载时的电枢反应。电枢反应与电机的主磁路饱和程度有关;与电枢磁动势和励磁磁动势之间空间相对位置有关。

电枢反应的性质取决于电枢磁动势基波和励磁磁动势基波的空间相对位置。

主磁通 $\dot{\Phi}_1$ 与励磁磁动势 $\dot{F}_f$ 同相位,主磁通感应出电动势 $\dot{E}_0$ 滞后于 $\dot{\Phi}_1$ 90°,而根据前述电动机空间相量图可知,电枢电动势 $\dot{F}_a$ 和负载电流 $\dot{I}$ 同相,所以研究 $\dot{F}_f$ 和 $\dot{F}_a$ 的空间相对位置可以归结为研究 $\dot{E}_0$ 与 $\dot{I}$ 之间的相位差 ψ,ψ 称为内功率因数角。电枢反应的性质主要取决于 $\dot{E}_0$ 与 $\dot{I}$ 之间的相位差 ψ,亦即主要取决于负载的性质。

如图 9-15(a) 所示,电枢磁动势和励磁磁动势的相对位置已给定,将电枢磁通势 $\dot{F}_a$ 分成两个分量,一个分量称为纵轴电枢磁通势,用 $\dot{F}_{ad}$ 表示作用在纵轴方向。另一个分量称为横轴电枢磁通势,用 $\dot{F}_{aq}$ 表示作用在横轴方向,即

$$\left.\begin{array}{l} \dot{F}_a = \dot{F}_{ad} + \dot{F}_{aq} \\ F_{ad} = F_a \sin\varphi \\ F_{aq} = F_a \cos\varphi \end{array}\right\} \tag{9-6}$$

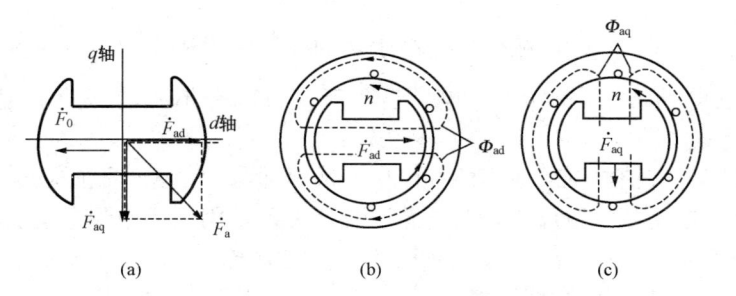

图 9-15 电枢反应磁通势及磁通分布

从图 9-15(b) 和图 9-15(c) 中可看出,尽管气隙不均匀,但对纵轴和横轴来说,都分别为对称磁路,这就给分析电机运转带来了方便,这种处理问题的方法,称为双反应理论。

下面分析电枢反应的一般情况。

在一般情况下,$0° < \psi < 90°$,电枢电流滞后于励磁电动势 $\dot{E}_0$ 一个锐角 ψ,这时电枢反应如图 9-16 所示。

从图 9-16(a) 可见,在图示瞬间,U 相励磁电流恰好达到最大值,但由于电枢电流 $\dot{I}$ 滞后励磁电动势 $\dot{E}_0$ 一个 ψ 角,所以 U 相电流必须延时一段时间,等转子转过 ψ 空间电角度,即图 9-16(c) 位置时,才能达到最大值,电枢磁动势 F_a 的幅值才能位于 U 相绕组转向位置上,此时电枢磁动势滞后励磁磁动势 F_f 一个 $(90° + \psi)$ 电角度。

从图 9-16(b) 可见,每一相的电枢电流 $\dot{I}$ 都可以分解为 $\dot{I}_d$ 和 $\dot{I}_q$ 两个分量,即

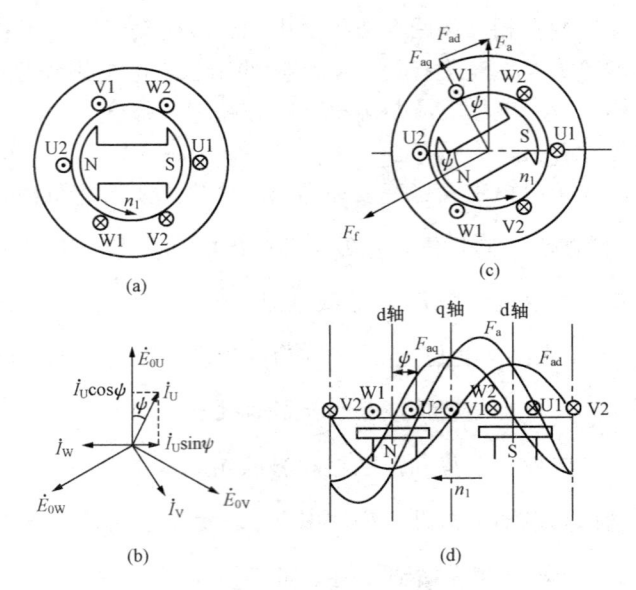

图 9-16　$0° < \psi < 90°$ 时的电枢反应

$$\left.\begin{array}{l}\dot{I} = \dot{I}_\text{d} + \dot{I}_\text{q} \\ I_\text{d} = I\sin\psi \\ I_\text{q} = I\cos\psi\end{array}\right\} \tag{9-7}$$

其中 $\dot{I}_\text{q}$ 与励磁电动势 $\dot{E}_0$ 同相位，它产生交轴电枢磁通势 $\dot{F}_\text{aq}$，因此把它称为交轴分量；而 $\dot{I}_\text{d}$ 滞后于励磁电动势 $\dot{E}_0$ 一个 90°电角度，产生直轴电枢磁通势 F_ad，因此称它为直轴分量。

交轴磁通势产生交轴电枢反应，使气隙中合成磁通势即气隙合成磁场逆转向移动一个角度，直轴磁通势产生直轴电枢反应，对气隙磁场起去磁作用。考虑到电枢反应的作用，在负载时电枢绕组中感应电动势由气隙合成磁场建立。气隙电动势减去定子绕组漏阻抗压降，便得到端电压。通常发电机为感性负载，电枢反应去磁作用使气隙磁场削弱，相应的气隙电动势小于励磁电动势。因此，随负载增加，必须增大励磁电流才能维持发电机输出电压稳定。

9.4.3　三相同步发电机的运行分析

1. 三相隐极同步发电机的运行分析

（1）基本方程式。同步发电机运行时，转子由原动机拖动以恒定转速旋转，转子励磁绕组通以直流电流 I_f，形成励磁磁通势 F_f 产生励磁旋转磁道 Φ_1，从而在定子每相绕组中产生空载电动势 E_0，电枢电流 I_1 形成电磁磁通势 $\dot{F}_\text{a}$，产生电枢旋转磁道 Φ_a，从而在定子每相绕组中电枢反应电动势 E_a，电枢电流 I_1 还会产生漏磁通 Φ_σ，从而在定子每相绕组中产生漏磁电动势 E_σ，此外电枢电流还会在定子每相绕组中产生电阻压降。上述关系可用下面关系式表达

$$\begin{array}{c}I_\text{f} \longrightarrow F_\text{f} \longrightarrow \Phi_1 \longrightarrow E_0 \\ I_1 \longrightarrow F_\text{a} \longrightarrow \Phi_\text{a} \longrightarrow E_\text{a} \\ \longrightarrow \Phi_\sigma \longrightarrow E_\sigma \\ \longrightarrow I_1 R_1\end{array}$$

同步发电机定子一相电路如图 9-17 所示。

由图 9-17，根据基尔霍夫电压定律，得到隐极同步发电机每相定子电路的电动势平衡方程式为

$$\dot{U}_1 = \dot{E}_0 + \dot{E}_a + \dot{E}_\sigma - R_1\dot{I}_1 \tag{9-8}$$

式（9-8）中

$$\dot{E}_\sigma = -jX_\sigma \dot{I}_1 \tag{9-9}$$

$$\dot{E}_a = -jX_a \dot{I}_1 \tag{9-10}$$

式（9-8）可写成

$$\begin{aligned}\dot{U}_1 &= \dot{E}_0 - [R_1 + j(X_a + X_\sigma)]\dot{I}_1 \\ &= \dot{E}_0 - (R_1 + jX_s)\dot{I}_1\end{aligned} \tag{9-11}$$

式（9-11）中

$$X_s = X_a + X_\sigma \tag{9-12}$$

X_s 称为定子绕组的每相同步电抗。由于 $R_1 \ll X_s$，电动势方程可简化为

$$\dot{U}_1 = \dot{E}_0 - jX_s\dot{I}_1 \tag{9-13}$$

(2) 等效电路。由式（9-11）可得隐极同步发电机的等效电路，如图 9-18 所示。

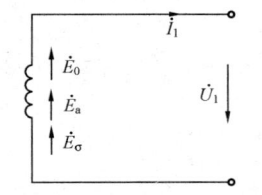

图 9-17　三相隐极同步发电机的单相定子电路

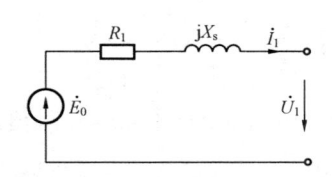

图 9-18　隐极同步发电机的等效电路

(3) 相量图。根据式（9-11）和式（9-13）可画出隐极同步发电机电感性、电阻性和电容性的相量图和简化相量图，见表 9-1。

表 9-1　　　　　　　　　　三相隐极同步发电机的相量图

项　目	相量图	简化相量图
电感性		
电阻性		

续表

项 目	相量图	简化相量图
电容性		

【例 9-1】某三相同步发电机，$P_N = 50\text{kW}$，$U_N = 400\text{V}$，Y 形连接，$\cos\varphi_N = 0.8$（电感性）。$R_1 = 0.2\Omega$，$X_s = 1.2\Omega$。求空载电压等于额定电压，电枢电流等于额定电流，内功率因数 $\psi = 50°$ 时的相电压 $\dot{U}_1$、线电压 $\dot{U}_{1l}$，功率因数角 φ 和功角 δ。

解：$E_0 = \dfrac{U_N}{\sqrt{3}} = \dfrac{400}{1.732} = 231.2$ (V)

$$I_1 = I_N = \frac{P_N}{\cos\varphi_N \sqrt{3}U_N} = \frac{50 \times 10^3}{1.732 \times 400 \times 0.8} = 90.3 \text{ (A)}$$

取 $\dot{I}_1$ 为参考相量 $\dot{I}_1 = 90.3\angle 0°$ A 则

$$\dot{U}_1 = \dot{E}_0 - (R_1 + jX_s)\dot{I}_1 = [231.2\angle 50° - (0.2 + j1.2)90.3]$$
$$= (148.6 + j177.1 - 18.06 - j108.4)$$
$$= 130.54 + j68.7 = 147.5 \angle 27.8° \text{ (V)}$$

由此得

$$U_1 = 147.5\text{V}$$
$$U_{1l} = \sqrt{3} \times 147.5 = 255.5 \text{ (V)}$$
$$\varphi = 27.8°$$
$$\delta = \psi - \varphi = 50° - 27.8° = 22.2°$$

2. 三相凸极同步发电机的运行分析

（1）基本方程。利用双反应理论，凸极同步发电机的电磁关系可以归纳为

$$I_f \rightarrow F_f \rightarrow \Phi_1 \rightarrow E_0$$
$$I_1 \rightarrow I_d \rightarrow F_{ad} \rightarrow \Phi_{ad} \rightarrow E_{ad}$$
$$\downarrow \rightarrow I_q \rightarrow F_{aq} \rightarrow \Phi_{aq} \rightarrow E_{aq}$$
$$\downarrow \rightarrow \Phi_\sigma \rightarrow E_\sigma$$
$$\downarrow \rightarrow I_1 R_1$$

由此可得出凸极同步发电机的电势平衡方程式为

$$\dot{U}_1 = \dot{E}_0 + \dot{E}_{ad} + \dot{E}_{aq} + \dot{E}_\sigma - R_1 \dot{I}_1 \tag{9-14}$$

由于不计饱和影响，$\dot{E}_{ad}$ 和 $\dot{E}_{aq}$ 用电抗压降表示，即

$$\left.\begin{array}{l}\dot{E}_{ad} = -jX_{ad}\dot{I}_d \\ \dot{E}_{aq} = -jX_{aq}\dot{I}_q\end{array}\right\} \tag{9-15}$$

第9章 三相同步电机及同步电动机的电力拖动

式（9-15）中 X_{ad} 和 X_{aq} 分别称为直轴电枢反应电抗和交轴电枢反应电抗，于是、电动势平衡方程可改写为

$$\dot{U}_1 = \dot{E}_0 - R_1\dot{I}_1 - jX_d\dot{I}_d - jX_q\dot{I}_q \tag{9-16}$$

忽略 R_1，则

$$\dot{U}_1 = \dot{E}_0 - jX_d\dot{I}_d - jX_q\dot{I}_q \tag{9-17}$$

（2）等效电路。根据式（9-16）或式（9-17）画等效电路，因为要将 $\dot{I}$ 分解为 $\dot{I}_d$ 和 $\dot{I}_q$ 两个分量，而 $X_d\dot{I}_d$ 和 $X_q\dot{I}_q$ 又不相等，很不方便。为此，假设一个虚拟电动势 $\dot{E}_Q$，令

$$\dot{E}_Q = \dot{E}_0 - j(X_d - X_q)\dot{I}_d \tag{9-18}$$

将式（9-16）改写为

$$\begin{aligned}\dot{U}_1 &= \dot{E}_0 - R_1\dot{I}_1 - jX_d\dot{I}_d - jX_q\dot{I}_q - jX_q\dot{I}_d + jX_q\dot{I}_d \\ &= [\dot{E}_0 - j(X_d - X_q)\dot{I}_d] - R_1\dot{I}_1 - jX_q(\dot{I}_d + \dot{I}_q) \\ &= \dot{E}_Q - (R_1 + jX_q)\dot{I}_1\end{aligned} \tag{9-19}$$

若忽略 R_1，则

$$\dot{U}_1 = \dot{E}_Q - jX_q\dot{I}_1 \tag{9-20}$$

由式（9-19）可画出凸极同步发电机的等效电路如图 9-19 所示。

式（9-19）和式（9-20）对隐极同步发电机同样适用，可以认为是凸极发电机在 $X_d = X_q = X_s, E_Q = E_0$ 时的特例。

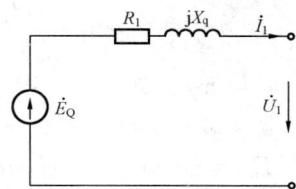

图 9-19 凸极同步发电机的等效电路

（3）相量图。由式（9-19）和式（9-20）可画出凸极同步发电机的相量图见表 9-2。

表 9-2 三相凸极同步发电机的相量图

项 目	相量图	简化相量图
电感性		
电阻性		

项目	相量图	简化相量图
电容性		

相量图中 δ 角为功角,φ 为功率因数角,ψ 为内功率因数角,它们之间的关系为

$$\psi = \varphi \pm \delta$$

发电机为电感性时,取 + 号;电容性时取 - 号;电阻性时,$\psi = \delta$。

【例 9-2】 某三相同步发电机,已知 $U_N = 11\text{kV}$,Y 形联结,$I_1 = 460\text{A}$,$\cos\varphi = 0.8$(电感性),$X_d = 16\Omega$,$X_q = 8\Omega$,R_1 忽略不计。求 ψ、δ 和 E_0。

解:

$$U_1 = \frac{U_N}{\sqrt{3}} = \frac{11 \times 10^3}{1.73} = 6358.38 (\text{V})$$

$$\tan\psi = \frac{U_1 \sin\varphi + X_q I_1}{U_1 \cos\varphi} = \frac{6358.38 \times 0.6 + 8 \times 460}{6358.38 \times 0.8} = 1.47$$

$\psi = \arctan 1.47 = 55.84°$

$\delta = \psi - \varphi = 55.84° - 36.87° = 18.97°$

$E_0 = U_1\cos\delta + X_d I_d \sin\varphi = 6358.38\cos18.97° + 16 \times 460\sin55.84° = 1203.25 \text{ (V)}$

9.4.4 三相同步发电机的功率和转矩

1. 功率

同步发电机正常运行时,转子从原动机输入机械功率,励磁绕组以励磁电源输入电功率。与同步发电机一样,后者不计入输入功率之内,因此,三相同步发电机的输入功率为

$$P_1 = T_1 \Omega \tag{9-21}$$

式中 T_1——同步发电机轴上的输入转矩。

输入功率中一部分首先转换为空载损耗功率 P_0,它包括电枢铁损 p_{Fe},机械损耗 p_{me} 和附加损耗 p_{ad},即

$$P_0 = p_{Fe} + p_{me} + p_{ad} \tag{9-22}$$

输入功率 P_1 减去空载损耗功率 P_0 便是由转子经气隙传递到定子去的电磁功率,即

$$P_e = P_1 - P_0 \tag{9-23}$$

电枢电流通过电枢绕组产生铜损耗 p_{Cu}

$$p_{Cu} = 3R_1 I_1^2 \tag{9-24}$$

电磁功率减去铜损耗便是发电机的输出功率 P_2,即

$$P_2 = P_e - p_{Cu} \tag{9-25}$$

发电机的输出功率是电枢输出的三相有功功率,故

$$P_2 = 3U_1 I_1 \cos\varphi \tag{9-26}$$

根据式(9-25)和等效电路图 9-19 和表 9-2 同步发电机的相量图可以得出

在隐极同步发电机中
$$P_e = 3E_0 I_1 \cos\psi \tag{9-27}$$
在凸极同步发电机中
$$P_e = 3E_Q I_1 \cos\psi \tag{9-28}$$
综上所述，同步发电机中的总损耗为
$$p_{al} = p_{Cu} + p_{Fe} + p_{me} + p_{ad} \tag{9-29}$$
上述功率关系可用图 9-20 所示功率流程图表达。

同步发电机的输出功率 P_2 与输入功率 P_1 的百分比称为发电机的效率，即
$$\eta = \frac{P_2}{P_1} \times 100\% \tag{9-30}$$

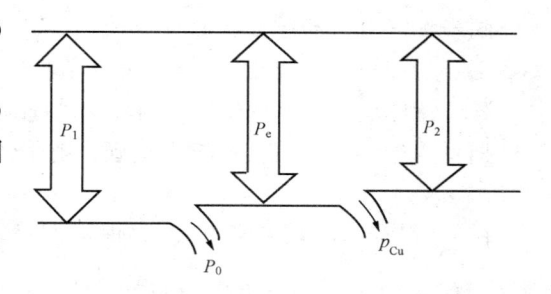

图 9-20 三相同步发电机的功率流程图

2. 转矩

同步发电机的转矩平衡方程式为
$$T_1 = T + T_0 \tag{9-31}$$
式中 T_1——输入转矩；
T——电磁转矩；
T_0——空载转矩。

$$\left. \begin{array}{l} T_1 = \dfrac{P_1}{\Omega} = \dfrac{60P_1}{2\pi n} \\ T = \dfrac{P_e}{\Omega} = \dfrac{60P_e}{2\pi n} \\ T_0 = \dfrac{P_0}{\Omega} = \dfrac{60P_0}{2\pi n} \end{array} \right\} \tag{9-32}$$

9.4.5 三相同步发电机的运行特性

1. 三相同步发电机的外特性

在同步发电机的转速、励磁电流和负载功率因数保持不变时，发电机输出电压和输出电流之间的关系 $U = f(I)$，称为同步发电机的外特性，如图 9-21 所示。当电感性负载和电阻性负载供电时，负载时电压 U_1 小于空载电势 E_0；在向电容性负载供电时，负载时电压 U_1 大于空载电势 E_0。

当发电机的转速、功率因数、电压和电流都等于额定值时，这时的励磁电流称为额定励磁电流。保持 $n = n_N, \cos\varphi = \cos\varphi_N, I_f = I_{fN}$ 情况下，发电机由空载运行到满载时电压变化值与额定电压的百分比称为同步发电机的电压调整率，即
$$\Delta U\% = \frac{E_0 - U_{NP}}{U_{NP}} \times 100\% \tag{9-33}$$
式中 U_{NP} 为额定相电压，电压调整率也可用线电压计算，对于星形联结的同步发电机为
$$\Delta U\% = \frac{\sqrt{3}E_0 - U_N}{U_N} \times 100\% \tag{9-34}$$

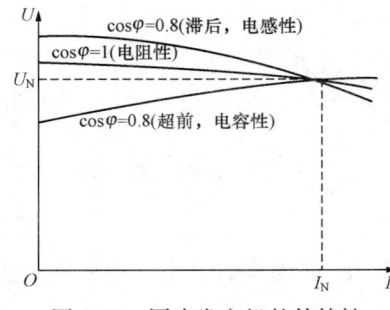

图 9-21 同步发电机的外特性

电压调整率是同步发电机的性能指标之一，一般隐极同步发电机为 30%～48%，凸极同步发电机为 18%～30%。

2. 调节特性

同步发电机保持在 $n=n_N$，$\cos\varphi=\cos\varphi_N$，$U_1=U_N$ 时，励磁电流 I_f 和输出电流 I_1 之间的关系 $I_f=f(I_1)$，称为同步发电机的调节特性。

调节特性反映了电枢电流变化时，为保持电枢电压不变，调节励磁电流的过程。如图 9-22 所示为电容性负载、电感性负载、电阻性负载的调节特性。

3. 功角特性

在 n、I_f 和 U_1 保持不变时，即保持 E_0 和 U_1 不变时，电磁功率 P_e 与功角 δ 之间的关系 $P_e=f(\delta)$，称为同步发电机的功角特性。功角指励磁电势 $\dot{E}_0$ 与端电压 $\dot{U}_1$ 之间的相位角 δ。

由于同步发电机的电枢绕组电阻远小于同步电抗，故可把电阻 R 忽略不计，则发电机的电磁功率为

$$P_e = P_2 = mUI\cos\varphi \tag{9-35}$$

由图 9-23 可见，$\varphi=\psi-\delta$，则发电机的电磁功率 P_e 为

$$\begin{aligned}P_e &= mUI\cos(\psi-\delta)\\&= mUI(\cos\psi\cos\delta+\sin\psi\sin\delta)\\&= mUI_q\cos\delta+mUI_d\sin\delta\end{aligned} \tag{9-36}$$

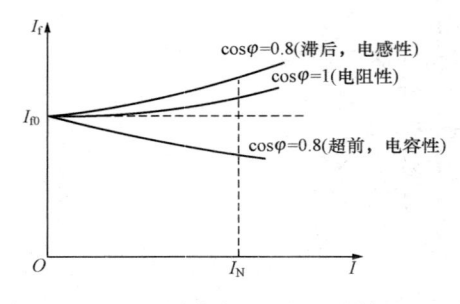

图 9-22 同步发电机的调节特性

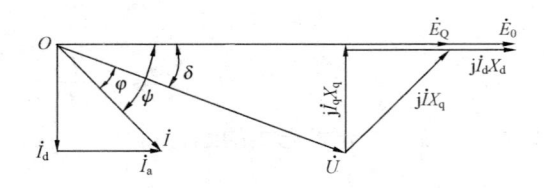

图 9-23 忽略电阻时同步发电机相量图

不计饱和的影响，则有

$$\left.\begin{aligned}I_q &= \frac{U\sin\delta}{X_q}\\I_d &= \frac{U\cos\delta}{X_d}\end{aligned}\right\} \tag{9-37}$$

将式 (9-37) 代入式 (9-36) 中，得

$$P_e = m\frac{E_0 U}{X_d}\sin\delta + \frac{mU^2}{2}\left(\frac{1}{X_q}-\frac{1}{X_d}\right)\sin2\delta \tag{9-38}$$

式中第一项 $m\dfrac{E_0 U}{X_d}\sin\delta$ 称为基本电磁功率，第二项 $\dfrac{mU^2}{2}\left(\dfrac{1}{X_q}-\dfrac{1}{X_d}\right)\sin2\delta$ 称为附加电磁功率。

式 (9-38) 说明，在恒定励磁和恒定电网电压（E_0 为常数，U 为常数）下，电磁功率大小取决于功角 δ 的大小。$P_e=f(\delta)$ 称为发电机的功角特性。如图 9-24 所示。

对于隐极发电机，由于 $X_d = X_q = X_s$，附加电磁功率为零，即

$$P_e = m\frac{E_0 U}{X_s}\sin\delta \tag{9-39}$$

从式（9-39）中可知，$P_e \propto \sin\delta$，当 $\delta = 90°$，发电机发出功率最大，$P_m = \dfrac{E_0 U}{X_s}$，称为发电机的功率极限。

对于凸极发电机，$X_d \neq X_q$，所以附加电磁功率不为零。附加电磁功率主要是由凸极的直、交轴磁阻不相等引起的，所以又称为磁阻功率。附加功率与 E_0 无关，即使 $E_0 = 0$，转子没有励磁，只要 $U \neq 0$，$\delta \neq 0°$，就会产生附加电磁功率。因此，凸极机的最大电磁功率比具有相同的直轴同步电抗的隐极机略大，且在 $\delta < 90°$ 时发生。

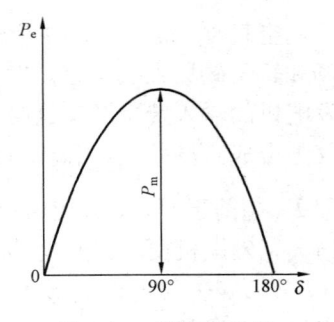

图 9-24 隐极发电机的功角特性

9.4.6 同步发电机的并联运行

现代电力系统需要许多发电厂并联在一起形成强大的电网，使负载变化对电压和频率的影响减小，提高电网的供电质量和可靠性。

1. 并联运行的条件

同步发电机与电网并联合闸时，为了避免受到巨大的电流冲击，转轴受到突然的扭力矩而遭到损坏，以致电力系统受到严重干扰，需要满足一定的并联条件如下：

（1）发电机的端电压和电网电压有效值相等，相位和极性相同。

（2）发电机电压频率与电网的频率相等。

（3）对三相同步发电机，要求相序和电网一致。

（4）发电机的电压波形与电网电压波形相同。

上述四个条件在建立发电厂过程中不同阶段加以考虑。第（4）个条件在制造发电机时得到保证，第（3）项条件在安装发电机时根据发电机的转向，确定发电机的相序，得到满足。一般在并网操作时只需要考虑第（1）个和第（2）个条件。

2. 有功功率和无功功率的调节

（1）同步发电机与无穷大电网并联运行。为简化分析，设发电机为隐极机，不计磁路饱和，不计电枢电阻，且电网为无穷大电网。所谓无穷大电网，是指电网的容量相对分析的发电机容量大很多，无论将并联上去的同步发电机的有功功率和无功功率怎样调节，都不能对电网的电压和频率有所影响，即电网的电压和频率恒为常值。当然在实际上，并联上去的同步发电机功率变化后，总要引起电网电压和频率波动，只是波动微小，在定性分析中可忽略不计。因此，为了分析方便可认为无穷大电网的特点是电压 U 为常数，电网频率 f 为常数。

（2）有功功率调节。同步发电机并入电网后，如何输出有功功率和无功功率，如何调节这些功率，和可能输出功率的大小等问题是需要进行分析解决的问题。

当发电机整步过程结束后，尚处于空载运行状态，发电机输入的机械功率 P_1 和空载功率 P_0 相平衡，电磁功率为零，即 $P_1 = P_0$、$T_1 = T_0$、$P_e = 0$ 发电机处于平衡状态。如果增加输入机械功率，使 $P_1 > P_0$，则输入功率减去空载损耗后，其余部分转变为电磁功率，即 $P_1 - P_0 = P_e$，发电机将输出有功功率。要改变发电机输出的有功功率，必须相应地改变由原动机输入的机械功率。

空载时，$\dot{E}_0 = \dot{U}$，功率角 $\delta = 0°$，如图 9-25(a) 所示，电磁功率 $P_e = 0$，此时气隙合成磁场和转子磁场轴线重合；发电机无功率输出。当增加原动机输入机械功率 P_1 时，即增加了发电机的输入转矩 T_1，这时 $T_1 > T_0$，于是转子加速，而无穷大电网的电压和频率均为常数，气隙合成磁场的大小和转速都固定不变，所以转子加速，使转子磁场超前于气隙合成磁场，即 $\dot{E}_0$ 超前于 $\dot{U}$，也就使功角 δ 逐渐增大，如图 9-25(b) 所示。功角 δ 增大引起电磁功率 P_e 增大，发电机便输出有功功率。当 δ 角增大到某一数值，使相应电磁功率达到 $P_e = P_1 - P_0$ ($T = T_1 - T_0$) 时，转子加速的趋势即停止，发电机处于新的平衡状态。这种平衡状态属于静态性质的。

由上述分析可知要调节并网的同步发电机的有功功率，可以用调节原动机的输入功率，即调节功率角 δ，改变发电机的电磁功率和输出功率达到新的功率平衡状态。

如图 9-25(c) 所示，在功角 $0° < \delta \leqslant 90°$ 时，随着功率角增大，电磁功率增加，当 $\delta = 90°$，电磁功率达到极限值，若再增加输入功率，使功角 δ 继续增加，则电磁功率反而减小，输入功率扣除空载功率损耗后还有剩余功率使转子继续加速，功角 δ 进一步增大，电磁功率 P_e 进一步减小，剩余功率 ΔP_e 越来越大，转子转速偏离同步转速更多，这时发电机将失去同步或称为失去静态稳定。

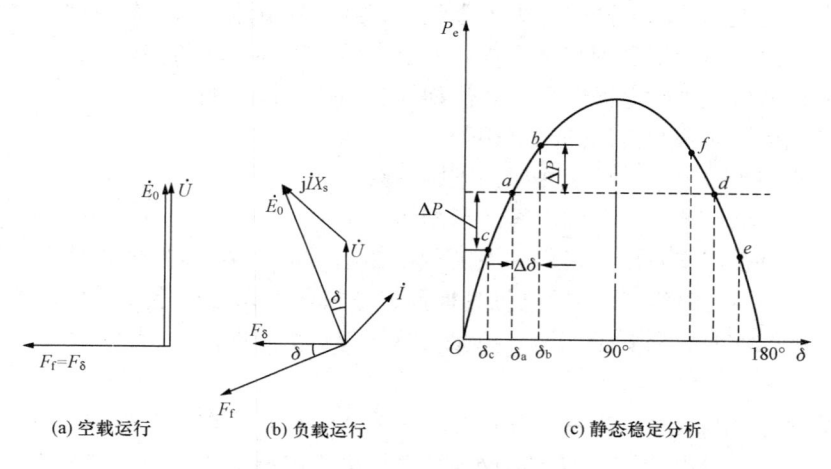

图 9-25 同步发电机有功功率调节

(a) 空载运行　　(b) 负载运行　　(c) 静态稳定分析

静态稳定是指当电网或原动机方面出现较小扰动时，同步发电机能在这种扰动消除后，继续保持原来的功率平衡状态，这时同步发电机是静态稳定的。

上述分析表明，在 $0° < \delta \leqslant 90°$，功角特性的上升段是同步发电机的稳定区，在 $\delta > 90°$ 功角特性的下降段是不稳定区。

当发电机到达新的稳定运行点时，由于机械惯性，会在稳定点附近摆动一段时间，称为振荡。如果振荡幅度过大，超过了稳定区，也会引起失步，这称为动态稳定。同步电机转子上安装的阻尼绕组起到抑制振荡作用。在正常运行时，阻尼绕组与转子其他部件一起以同步转速旋转，与旋转磁场之间没有相对运动，阻尼绕组中不会产生感应电动势和感应电流，该电流与磁场相互作用所产生的电磁力与转子振荡方向相反，因而可以起到抑制振荡的作用。

同步发电机在长期运行时，输出功率不能超过额定功率，否则电流会超过额定电流，电机温度会超过允许最高温度，降低电机的使用寿命。但是发电机短时过载是允许的，只是电磁功率 P_e 不能超过最大电磁功率，相应的输出功率 P_2 不能超过 P_{2max}，P_{2max} 是同步发电机所能输出功率的极限值。P_{2max} 越大，同步发电机的过载能力越强。因此，用最大允许输出的有功功率 P_{2max} 与额定功率的比值表示过载能力，称为过载倍数 λ_m，即

$$\lambda_m = \frac{P_{2max}}{P_N} \tag{9-40}$$

一般，λ_m 约为 1.7~3.0。

（3）无功功率的调节。同步发电机与电网并联后，不但要向电网提供有功功率，还要提供无功功率。下面以隐极同步发电机为例，不计磁路饱和，不计电枢电阻，来分析发电机无功功率调节，以及无功功率与励磁电流的关系。分空载和负载两种情况分析。

1) 空载运行。隐极同步发电机空载时相量图如图 9-26 所示。

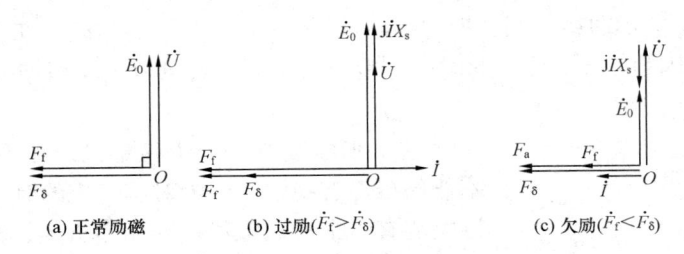

图 9-26　无穷大电网并联时发电机的空载相量图

图 9-26(a) 为正常励磁 $\dot{I}_f = \dot{I}_{f0}, \dot{E}_0 = \dot{U}, \dot{F}_f = \dot{F}_\delta$。若增加励磁电流，$I_f > I_{f0}$，则 $E_0 > U$，由于电网电压不变，发电机输出滞后的无功电流（感性），它产生去磁电枢反应磁动势 $\dot{F}_a$，以维持气隙磁场 $\dot{F}_\delta$ 不变，称为过励。如图 9-26(b) 所示。若减小励磁电流 $I_f < I_{f0}$，则 $\dot{E}_0 < \dot{U}$，发电机输出超前的无功电流（容性），它产生增磁的电枢反应磁动势 $\dot{F}_a$，以维持气隙合成磁动势 $\dot{F}_\delta$ 不变，称为欠励，如图 9-26(c) 所示。

由此可见，当发电机励磁电流变化时，发电机向电网发出的无功功率也发生变化，过励时发出感性的无功功率，欠励时发出容性的无功功率。

2) 负载运行。负载运行的简化相量图，如图 9-27 所示。

在调节 I_f 的过程中，电压 U_1 和有功功率 P_2 不变，根据式（9-39）和式（9-26）可得

$$\left.\begin{array}{r} E_0 \sin\delta = 常数 \\ I_1 \cos\varphi = 常数 \end{array}\right\} \tag{9-41}$$

因而在相量图中，调节 I_{f0} 引起 $\dot{E}_0$ 和 $\dot{I}_1$ 改变时，$\dot{E}_0$ 的末端只能在 aa' 虚线上，$\dot{I}_1$ 的末端只能在 bb' 虚线上，同步发电机功率因数调节，有以下三种励磁状态。

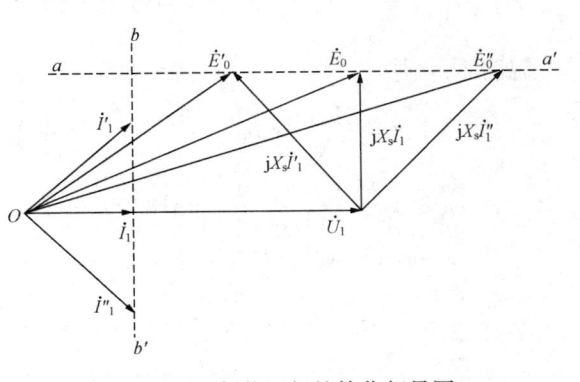

图 9-27　负载运行的简化相量图

a. 正常励磁。$I_f = I_{f0}$，励磁电动势为图 9-27 中的 $\dot{E}_0$、$\dot{I}_1$ 与 $\dot{U}_1$ 同相，$\varphi = 0°$，$\cos\varphi = 1$，$Q = 0$ 发电机不输出无功功率。

b. 欠励磁。当 $I_f < I_{f0}$，励磁电动势减少至 $\dot{E}'_0$，$\dot{I}'_1$ 超前于 $\dot{U}_1$，$\cos\varphi < 0$，这时发电机输出电容性无功功率，I_f 越小，输出的电容性无功功率越大。

c. 过励磁。当 $I_f > I_{f0}$ 时，励磁电动势增大到 $\dot{E}''_0$，$\dot{I}''_1$ 滞后于 $\dot{U}_1$，$\cos\varphi > 0$。这时发电机输出电感性无功电流，I_f 越大，输出的感性无功功率越大。

综上所述，当发电机与无穷大电网并联时，调节励磁电流的大小可以改变发电机输出的无功功率的大小和性质。当过励时电枢电流是滞后的电流，输出感性无功功率。当欠励磁时电枢电流是超前的电流，输出容性无功功率。

当保持有功功率不变时，表示电枢电流和励磁电流的关系曲线 $I = f(I_f)$，由于其形状像字母"V"，故称为 V 形曲线。图 9-28 表示不同有功功率的 V 形曲线。在 V 形曲线最低点，同步发电机的功率因数 $\cos\varphi = 1$，此时励磁电流为正常励磁电流 I_{f0}，当增大或减小励磁电流时，电枢电流都要增大。

在 V 形曲线有一个不稳定区。在不稳定区，发电机不能保持静态稳定，因为对应一定的有功功率，减小励磁电流有一个最低限值，即相当于 $\delta = 90°$ 时，电动势 $\dot{E}_0$ 的端点处于静态极限位置，若再减小励磁电流，发电机的功率极限将降低而小于输入的机械功率。由于功率不平衡，于是转子加速，以致失去同步。

在 V 形曲线上还可以按 $\cos\varphi$ 区分，发电机运行在 $\cos\varphi = 1$ 这条线右边为过励状态（$\varphi > 0°$），输出感性无功功率；运行在 $\cos\varphi = 1$ 这条线左边为欠励状态（$\varphi < 0°$），输出容性无功功率。

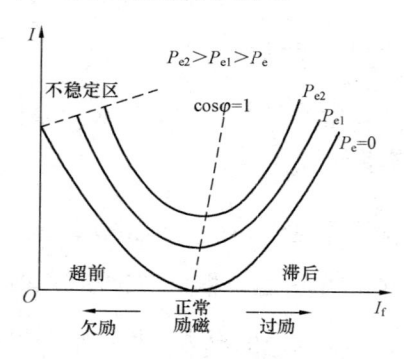

图 9-28 同步发电机的 V 形曲线

【例 9-3】一台星形联结的水轮发电机，并联在 $U_N = 10.5 \text{kV}$ 电网上运行。发电机 $X_d = 1.3\Omega$，$X_q = 0.7\Omega$，R_1 忽略不计，$\delta = 18.9°$ 时，$I_1 = 3990\text{A}$，$E_0 = 9970\text{V}$。求该发电机输出功率有功功率 P_2 和无功功率 Q_2。

解：$U_1 = \dfrac{U_N}{\sqrt{3}} = \dfrac{10.5 \times 10^3}{1.73} = 6069.4(\text{V})$

忽略 R_1，则

$$P_2 = P_e = \frac{3E_0 U_1}{X_d}\sin\delta + \frac{3U_1^2}{2}\left(\frac{1}{X_q} - \frac{1}{X_d}\right)\sin 2\delta$$

$$= 3 \times \frac{9970 \times 6069.4}{1.3}\sin 18.09° + 3 \times \frac{6069.4^2}{2}\left(\frac{1}{0.7} - \frac{1}{1.3}\right)\sin(2 \times 18.09°)$$

$$= 64.87 \text{ (W)}$$

$$\varphi = \arccos\frac{P_2}{3I_1 U_1} = \arccos\frac{64.87 \times 10^6}{3 \times 6069.4 \times 3990} = 26.76°$$

$$\psi = \arccos\frac{U_1 \sin\delta}{X_q I_1} = \arccos\frac{6069.4 \sin 18.09°}{0.7 \times 3990} = 47.56°$$

由于 $\psi > \varphi$，$\dot{I}_1$ 滞后于 $\dot{U}_1$，故输出电感性无功功率，其值为
$$Q_2 = 3I_1U_1\sin\varphi = 3 \times 6069.4 \times 3990\sin26.76° = 32.71 \text{（Mvar）}$$

【例 9-4】 一台三相隐极同步发电机与无穷大电网并联运行，电网电压为 380V，发电机定子绕组为星形联结，每相同步电抗 $X_s = 1.2\Omega$，此时发电机向电网输出线电流 $I = 69.5$A，空载相电势 $E_0 = 270$V，$\cos\varphi = 0.8$（滞后）。若减小励磁电流使相电动势 $E_0 = 250$V，保持原动机输入功率不变，不计定子电阻，试求：

（1）改变励磁电流前发电机输出的有功功率和无功功率；
（2）改变励磁电流后发电机输出的有功功率、无功功率、功率因数及定子电流。

解：（1）改变励磁电流前输出的有功功率为
$$P_2 = \sqrt{3}UI\cos\varphi = \sqrt{3} \times 380 \times 69.5 \times 0.8 = 36\,600 \text{（W）}$$

输出无功功率为
$$Q = \sqrt{3}UI\sin\varphi = \sqrt{3} \times 380 \times 69.5 \times 0.6 = 27\,400 \text{（var）}$$

（2）改变励磁电流后不计电阻，所以
$$P_2 = P_e = \frac{3E_0U}{X_s}\sin\delta$$

$$36\,600 = \frac{3 \times 250 \times 220}{1.2}\sin\delta = 137\,500\sin\delta$$

$$\sin\delta = \frac{36\,600}{137\,500} = 0.266$$

$$\delta = 15.4°$$

根据相量图可知
$$\psi = \arctan\frac{E_0 - U\cos\delta}{U\sin\delta} = \arctan\frac{250 - 220\cos15.4°}{220 \times 0.226} = \arctan\frac{250 - 212}{58.5} = 33°$$

$$\varphi' = \psi - \delta = 33° - 15.4° = 17.6°$$

$$\cos\varphi' = \cos17.6° = 0.953$$

因为有功功率不变，则 $I\cos\varphi = I'\cos\varphi' = $ 常数，故改变励磁电流后，定子电流为
$$I' = \frac{I\cos\varphi}{\cos\varphi'} = \frac{69.5 \times 0.8}{0.953} = 58.3 \text{（A）}$$

向电网输出有功功率不变，仍为 36 600W。

即 $P_2 = \sqrt{3} \times 380 \times 58.3 \times 0.953 = 36\,600 \text{（W）}$

向电网输出无功功率为
$$Q = \sqrt{3} \times 380 \times 58.3 \times \sin17.6° = \sqrt{3} \times 380 \times 58.3 \times 0.302 = 116\,600 \text{（var）}$$

9.4.7 同步发电机的三相突然短路

同步发电机在输出端及外部发生短路故障时，由继电保护装置动作尚有一定时间，因此无法避免突然短路电流的冲击。

发电机突然短路和稳态短路不同，稳态短路时，短路电流不是很大，有时比额定电流大不了多少。而突然短路开始到稳态短路是一个暂态过程，虽然时间很短，但突然短路电流很大，可达 10～20 倍额定电流。由于暂态过程时间短，发热影响不严重，但它所产生的电磁力和电磁转矩却可能对绕组和转轴造成损伤。短路电流使电枢反应磁通突然增加，其中它的

直轴分量 Φ_{ad} 将通过励磁绕组，使励磁绕组的磁通突然增加，励磁绕组便会产生感应电动势和感应电流来反对这一变化。励磁绕组感应电流将产生磁通抵消 Φ_{ad} 的增加，使同步发电机的直轴同步电机 X_d 电枢反应电抗 X_{ad} 都大大减小。对于在暂态过程中的直轴同步电抗，用 X'_d 表示，称为暂态直轴同步电抗。对于短路起始瞬间的直轴同步电抗用 X''_d 表示，称为次暂态直轴同步电抗。它们之间的关系为 $X''_d < X'_d < X_d$。

同步发电机的转子除励磁绕组外，还装有阻尼绕组，突然短路时，电枢反应磁通的直轴分量 Φ_{ad} 和交轴分量 Φ_{aq} 的突然增加，将在阻尼绕组中产生感应电流，该电流产生直轴和交轴磁通来抵消 Φ_{ad} 和 Φ_{aq} 的增加，直轴同步电抗和交轴同步电抗进一步减小。考虑到阻尼绕组影响后的瞬态过程的直轴同步电抗和交轴同步电抗分别称为直轴次暂态电抗和交轴次暂态电抗。分别用 X''_d 和 X''_q 表示，并有 $X''_d < X'_d < X_d$；$X''_q < X_q$。

如汽轮发电机、水轮发电机常用参数典型值见表 9-3。

表 9-3　　　　　　　　　同步发电机常用参数典型数值

电抗标幺值	汽轮机	水轮机
X_d	1.2～2.2	0.7～1.4
X_q	1.2～2.2	0.45～0.7
X'_d	0.15～0.24	0.22～0.38
X''_d	0.1～0.15	0.14～0.26
X''_q	0.1～0.15	0.15～0.35

9.5　同步电动机

9.5.1　三相同步电动机的运行分析

1. 三相隐极同步电动机的运行分析

（1）基本方程式。在转子励磁电压 U_f 作用下，产生转子励磁电流 I_f，产生励磁磁通势 F_{0m}。同时在三相电压 U_1 作用下产生定子三相电流 I_1，从而产生电枢磁通势 F_{am}。$\dot{F}_{0m}$ 和 $\dot{F}_{am}$ 组成合成磁通势 $F_{\delta m}$，产生旋转磁场，主磁通 Φ 将在定子每相绕组中产生电动势 $\dot{E}_1$。定子绕组电流 I_1 还会产生漏磁通 Φ_σ，从而在定子绕组中产生漏磁感应电动势 $\dot{E}_\sigma$。定子电流 $\dot{I}_1$ 通过定子每相电阻 R_1 时，也会产生电压降。上述电磁关系归纳表示为

$$\left.\begin{array}{l}\dot{U}_1 \to \dot{I}_f \to \dot{F}_{0m} \\ \dot{U}_1 \to \dot{I}_1 \to \dot{F}_{am}\end{array}\right\} \dot{F}_m \to \dot{\Phi} \to \dot{E}_1$$
$$\downarrow \to \Phi_\sigma \to \dot{E}_\sigma$$
$$\downarrow \to R_1 \dot{I}_1$$

根据基尔霍夫电压定律，得到同步电动机每相定子电路的电动势平衡方程式为

$$\dot{U}_1 = -\dot{E}_1 - \dot{E}_\sigma + R_1 \dot{I}_1 \tag{9-42}$$

第 9 章 三相同步电机及同步电动机的电力拖动

$$\dot{E}_\sigma = -jX_1\dot{I}_1 \tag{9-43}$$

式中 X_1——定子每相绕组漏电抗。

因此，电动势平衡方程为

$$\dot{U}_1 = -\dot{E}_1 + (R + jX_1)\dot{I}_1 \tag{9-44}$$

上式中 $\dot{E}_1$ 受电枢反应的影响并非固定数值，给分析带来方便，忽略磁路饱和影响，用叠加原理分析，将 $\dot{E}_1$ 分解为 $\dot{E}_0$ 和 $\dot{E}_a$ 两部分。其中 $\dot{E}_0$ 是励磁磁通势 F_{0m} 产生的励磁电动势，$\dot{E}_a$ 是电枢磁通势 F_{am} 产生的，这时电磁关系为

$$U_f \to I_f \to F_{0m} \to \Phi_0 \to E_0$$
$$U_1 \to I_1 \to F_{am} \to \Phi_a \to E_a$$
$$\quad\quad\quad\quad\quad \to \Phi_\sigma \to E_\sigma$$
$$\quad\quad\quad\quad\quad \to R_1 I_1$$

于是式（9-42）变成了

$$\dot{U}_1 = -\dot{E}_0 - \dot{E}_a - \dot{E}_\sigma + R_1\dot{I}_1 \tag{9-45}$$

由于磁路不饱和，$\dot{E}_a$ 也可以用电抗压降表示，即

$$\dot{E}_a = -jX_a\dot{I}_1 \tag{9-46}$$

在没有 F_{am} 时，合成磁通 F_m 等于励磁磁通势 F_{0m}，而有 F_{am} 时，使合成磁通势发生变化，发生电枢反应，电枢反应磁通 Φ_a 对应的电抗 X_a 称为定子每相绕组的电枢反应电抗。这时，电动势平衡方程式可改写为

$$\dot{U}_1 = -\dot{E}_0 + [R_1 + j(X_a + X_\sigma)]\dot{I}_1$$
$$= -\dot{E}_0 + (R_1 + jX_s)\dot{I}_1 \tag{9-47}$$

式中 $X_s = X_a + X_\sigma$ 称为定子绕组每相同步电抗，由于 $R_1 \ll X_s$，因此，电动势平衡方程式可简化为

$$\dot{U}_1 = -\dot{E}_0 + jX_s\dot{I}_1 \tag{9-48}$$

（2）等效电路。根据式（9-47）可得隐极同步电动机的等效电路如图 9-29 所示。$\dot{E}_0$ 是由 I_f 即由 F_{0m} 控制的，故用一个受控电压源表示。

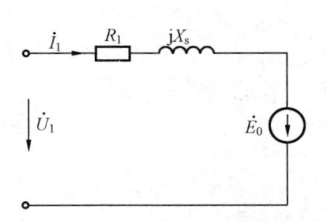

图 9-29 隐极同步电动机的等效电路

（3）相量图。根据式（9-48）和式（9-45），画出隐极同步电动机的相量图见表 9-4。

表 9-4　　　　　　　　三相隐极同步电动机的相量图

项　目	相量图	简化相量图
电感性		

续表

项 目	相量图	简化相量图
电阻性		
电容性		

【例 9-5】 三相隐极同步电动机，额定功率 $P_N = 50\text{kW}$，额定电压 $U_N = 380\text{V}$，星形联结，额定电流 $I_N = 90\text{A}$。额定功率因数 $\cos\varphi = 0.8$（感性），定子每相绕组电阻 $R_1 = 0.2\Omega$，同步电抗 $X_s = 1.2\Omega$。求在上述条件下运行时的 $\dot{E}_0$、φ、δ 和 ψ。

解： 由于定子绕组为星形联结，故定子相电压和相电流为

$$U_1 = \frac{U_N}{\sqrt{3}} = \frac{380}{\sqrt{3}} = 220 \text{ (V)}$$

$$I_1 = I_N = 90 \text{ A}$$

电流滞后于电压角度 $\varphi = \arccos\varphi = \arccos 0.8 = 36.87°$

选 $\dot{U}_1$ 为参考相量，即 $\dot{U}_1 = 220\angle 0°\text{V}$

$$-\dot{E}_0 = \dot{U}_1 - (R_1 + jX_s)\dot{I}_1 = [220\angle 0° - (0.2 + j1.2)\angle 36.87°]$$
$$= 159.72\angle -28.34° \text{ (V)}$$

由此求得

$$E_0 = 159.72 \text{ V}$$
$$\delta = 28.34°$$
$$\psi = \varphi - \delta = 36.87° - 28.34° = 8.53°$$

2. 三相凸极同步电动机的运行分析

（1）基本方程式。凸极电机与隐极电机不同之处是气隙不均匀，直轴位置的气隙小、磁阻小，交轴位置的气隙大、磁阻大。现将电枢电流 I_1 分解为直轴和交轴两个分量，也就是将电枢磁势分解为直轴和交轴两个分量。从而由它们分别产生相应的电枢反应磁通和电动势，这种分析方法为双反应理论。

如图 9-30 所示，将电枢电流分解为直轴分量和交轴分量。

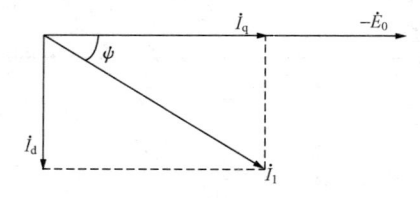

图 9-30 电枢电流分解为直轴分量和交轴分量

$$\dot{I}_1 = \dot{I}_d + \dot{I}_q$$

第 9 章 三相同步电机及同步电动机的电力拖动

直轴分量 $\dot{I}_d$ 在相位上与 $-\dot{E}_0$ 相差 90°，大小为

$$\dot{I}_d = \dot{I}_1 \sin\varphi \tag{9-49}$$

交轴分量 $\dot{I}_q$ 在相位上与 $-\dot{E}_0$ 同相位

$$\dot{I}_q = \dot{I}_1 \cos\varphi \tag{9-50}$$

三相同步电动机中的各电磁量关系可归纳为

$$U_1 \to I_f \to F_{0m} \to \Phi_0 \to E_0$$
$$U_1 \to I_f \to I_d \to F_{ad} \to \Phi_{ad} \to E_{ad}$$
$$ \to I_q \to F_{aq} \to \Phi_{aq} \to E_{aq}$$
$$ \to \Phi_\sigma \to E_\sigma$$
$$ \to I_1 R_1$$

得到凸极同步电动机每相定子电路的电势平衡方程式为

$$\dot{U}_1 = -\dot{E}_0 - \dot{E}_{ad} - \dot{E}_{aq} - \dot{E}_\sigma + R_1 \dot{I}_1 \tag{9-51}$$

由于不计磁路饱和的影响，$\dot{E}_{ad}$、$\dot{E}_{aq}$ 用电抗压降表示为

$$\left. \begin{array}{l} \dot{E}_{ad} = -jX_{ad}\dot{I}_d \\ \dot{E}_{aq} = -jX_{aq}\dot{I}_q \end{array} \right\} \tag{9-52}$$

式中 X_{ad}、X_{aq} 分别为凸极同步电动机的直轴电枢反应电抗和交轴电枢反应电抗，代入式 (9-51) 得

$$\begin{aligned} \dot{U}_1 &= -\dot{E}_0 + jX_{ad}\dot{I}_d + jX_{aq}\dot{I}_q + jX_\sigma \dot{I}_1 + R_1 \dot{I}_1 \\ &= -\dot{E}_0 + R_1\dot{I}_1 + j(X_{ad}+X_\sigma)\dot{I}_d + j(X_{aq}+X_\sigma)\dot{I}_q \end{aligned} \tag{9-53}$$

式 (9-53) 中

$$\left. \begin{array}{l} X_{ad} = X_{ad} + X_\sigma \\ X_{aq} = X_{aq} + X_\sigma \end{array} \right\} \tag{9-54}$$

X_{ad} 为直轴同步电抗，X_{aq} 交轴同步电抗。于是电势平衡方程式可改写为

$$\dot{U}_1 = -\dot{E}_0 + R_1\dot{I}_1 + jX_d\dot{I}_d + jX_q\dot{I}_q \tag{9-55}$$

由于 R_1 远远小于 X_d 和 X_q，因此，电动势平衡方程为

$$\dot{U}_1 = -\dot{E}_0 + jX_d\dot{I}_d + jX_q\dot{I}_q \tag{9-56}$$

(2) 等效电路。由式 (9-55) 画出等效电路不方便，与凸极同步发电机一样，仍然用假设一个虚构电势，令

$$\dot{E}_Q = \dot{E}_0 - j(X_d - X_q)\dot{I}_d \tag{9-57}$$

代入式 (9-55) 可得

$$\dot{U}_1 = -\dot{E}_Q + (R_1 + jX_q)\dot{I}_1 \tag{9-58}$$

忽略 R_1，则

$$\dot{U}_1 = -\dot{E}_Q + jX_q\dot{I}_1 \tag{9-59}$$

由式（9-58）可得凸极同步电动机的等效电路，如图9-31所示。

（3）相量图。由式（9-59）或式（9-56）可画出凸极同步电动机在电感性、电阻性和电容性三种情况下的相量图见表9-5。

画相量图步骤如下：

1）选择 $\dot{U}_1$ 为参考相量，画在水平向右位置。

2）根据已知 φ 和 I_1，画出 $\dot{I}_1$。

3）根据 X_q、X_1 和 I_1，画出 $R_1\dot{I}_1$ 和 $jX_q\dot{I}_1$。

$R_1\dot{I}_1$ 相位与 $\dot{I}_1$ 平行，$jX_q\dot{I}_1$ 垂直于 $\dot{I}_1$。得 $-\dot{E}_Q$。

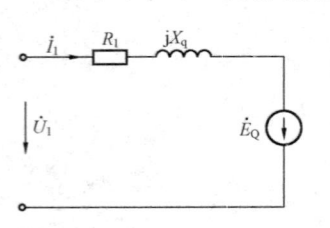

图 9-31 凸极同步电动机的等值电路

表 9-5　　　　　三相凸极同步电动机的相量图

运行情况	相量图	简化相量图
电感性		
电阻性		
电容性		

4）将 $\dot{I}$ 分解为 $\dot{I}_d$ 和 $\dot{I}_q$ 两个分量，分别画出 $R_1\dot{I}_1$、$jX_d\dot{I}_d$ 和 $jX_q\dot{I}_q$，最后求得 $-\dot{E}_0$（$-\dot{E}_0$ 与 $-\dot{E}_Q$ 在同一条线上）。若已知 ψ，则可不必画出 $-\dot{E}_Q$，而由 ψ 确定 $-\dot{E}_0$ 的方位。

由式（9-60）和式（9-57）可画出凸极同步电动机呈电感性、电阻性和电容性时简化图。

相量图清楚地表明了各部分电磁量之间的关系，利用相量图对凸极同步电动机进行定性分析比用基本方程和等效电路方便。由简化相量图可知

$$X_d = \frac{|E_0 - U_1\cos\delta|}{I_d} \tag{9-60}$$

$$X_q = \frac{U_1\sin\delta}{I_q} \tag{9-61}$$

$$\tan 4 = \frac{U_1 \sin\varphi \pm X_q I_1}{U_1 \cos\varphi} \tag{9-62}$$

【例 9-6】 一台三相凸极电动机，$U_N = 6000\text{V}$，$I_N = 57.8\text{A}$，星形联结。当电枢电压和电流为额定值，功率因数为 $\cos\varphi = 0.8$（电容性）时，相电动势 $E_0 = 6300\text{V}$，$\psi = 58°$，R_1 忽略不计。求该电动机的同步电抗 X_d 和 X_q。

解： $U_1 = \dfrac{U_N}{\sqrt{3}} = \dfrac{6000}{1.73} = 3468.2\,(\text{V})$

$$I_1 = I_N = 57.8\,\text{A}$$

由此可得

$$I_d = I_1 \sin\psi = 57.8\sin 58° = 49.02\,(\text{A})$$
$$I_q = I_1 \cos\psi = 57.8\cos 58° = 30.63\,(\text{A})$$
$$\delta = \psi - \varphi = 58° - 36.87° = 21.13°$$
$$X_d = \frac{E_0 - U_1\cos\delta}{I_d} = \frac{6300 - 3468.2\cos 21.13°}{49.02} = 62.52\,(\Omega)$$
$$X_q = \frac{U_1 \sin\delta}{I_q} = \frac{3468.2\sin 21.13°}{30.63} = 40.82\,(\Omega)$$

9.5.2 三相同步电动机的功率和转矩

1. 功率

同步电动机在工作时，电枢绕组从电网输入三相功率，励磁绕组从励磁电源输入直流功率，习惯上不计及在 P_1 中，即

$$P_1 = 3U_1 I_1 \cos\varphi \tag{9-63}$$

电流通过定子三相绕组产生铜损耗 p_{Cu}

$$p_{Cu} = 3R_1 I_1^2 \tag{9-64}$$

输入功率减去铜损耗后是由电枢经气隙传递到转子上的电磁功率 P_e，即

$$P_e = P_1 - p_{Cu}$$

在凸极同步电动机中，P_e 可表示为

$$P_e = 3E_Q I_1 \cos\psi \tag{9-65}$$

在隐极同步电动机中，P_e 可表示为

$$P_e = 3E_0 I_1 \cos\psi \tag{9-66}$$

由于空载运行时，铜损耗很小，若忽略不计，则只有电枢铁损耗 p_{Fe}，机械损耗 p_{me} 和附加损耗 p_{ad}，通常将这三者之和称为空载损耗 p_0。

电磁功率减去空载损耗便是电动机的输出功率，即

$$p_0 = p_{Fe} + p_{me} + p_{Cu}$$
$$P_2 = P_e - P_0$$

P_2 是电动机轴上输出的机械功率，应等于输出转矩 T_2 与旋转角速度 Ω 的乘积，即

$$P_2 = T_2 \Omega = \frac{2\pi}{60} T_2 n \tag{9-67}$$

总损耗 p_{al} 为

$$p_{al} = p_{Cu} + p_{Fe} + p_{me} + p_{ad} \tag{9-68}$$

由此可求得同步电动机的功率平衡方程式

$$P_1 - P_2 = p_{al} = p_{Cu} + p_{Fe} + p_{me} + p_{ad} \tag{9-69}$$

上述关系可用功率流程如图 9-32 所示。

同步电动机的输出功率和输入功率之比称为同步电动机的效率。即

$$\eta = \frac{P_2}{P_1} \times 100\% \tag{9-70}$$

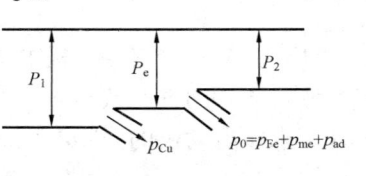

图 9-32 三相同步电动机功率流程图

2. 转矩

三相同步电动机，应满足转矩平衡方程式

$$T_2 = T - T_0$$

式中输出转矩 T_2、电磁转矩 T 和空载转矩 T_0 分别为

$$T_2 = \frac{P_1}{\Omega} = \frac{60}{2\pi} \frac{P_2}{n} \tag{9-71}$$

$$T = \frac{P_e}{\Omega} = \frac{60}{2\pi} \frac{P_e}{n} \tag{9-72}$$

$$T_0 = \frac{P_0}{\Omega} = \frac{60}{2\pi} \frac{P_0}{n} \tag{9-73}$$

忽略空载转矩 T_0，则

$$T = T_2 = T_L \tag{9-74}$$

【例 9-7】已知某三相同步电动机 $n = 1500 \text{r/min}$，$X_d = 6\Omega$，$X_q = 4\Omega$，星形联结，定子额定电压 $U_N = 380\text{V}$，转子负载转矩 $T_L = 30\text{Nm}$ 时，电枢电流为 $I_1 = 10\text{A}$，功率因数 $\cos\varphi = 0.8$（电感性），$\psi = 40°$，$E_0 = 228\text{V}$。求 P_1、P_e、P_2、p_{Cu}、P_0 和 T_2、T、T_0。

解：

$$P_1 = 3U_1I_1\cos\varphi = 3 \times \frac{U_N}{\sqrt{3}}I_1\cos\varphi = 3 \times \frac{380}{1.73} \times 10 \times 0.8 = 5259.2(\text{W})$$

$$I_d = I_1\sin\psi = 10\sin40° = 6.43(\text{A})$$

$$E_Q = E_0 - (X_d - X_q)I_d = 228 - (6-4) \times 6.43 = 215.14(\text{V})$$

$$P_e = 3E_QI_1\cos\psi = 3 \times 215.14 \times 10 \times \cos40° = 4944.2(\text{W})$$

$$P_2 = \frac{2\pi}{60}T_2 n = \frac{2\pi}{60}T_L n = \frac{2 \times 3.14}{60} \times 30 \times 1500 = 4710(\text{W})$$

$$p_{Cu} = P_1 - P_e = 5259.2 - 4944.2 = 315(\text{W})$$

$$P_0 = P_e - P_2 = 4944.2 - 4710 = 234.2(\text{W})$$

$$T = \frac{60}{2\pi} \times \frac{P_e}{n} = \frac{60}{6.28} \times \frac{4944.2}{1500} = 31.49(\text{N} \cdot \text{m})$$

$$T_0 = T - T_L = 31.49 - 30 = 1.49(\text{N} \cdot \text{m})$$

9.5.3 三相同步电动机的运行特性

三相同步电动机的运行特性是指在 $U_1 = U_N$，$f_1 = f_N$，$I_f =$ 常数时，I_1、T、$\cos\varphi$ 和 $\eta = f(P_2)$ 的关系。这些特性与异步电动机相应特性基本相似。在三相同步电动机中除上述运行特性外，功角特性和转矩特性是两种重要而且更为有用的特性。

1. 隐极同步电动机的功角特性和矩角特性

由隐极同步电动机简化相量图可得

$$U_1\sin\delta = X_s I_1\cos\psi$$

代入式（9-67）和式（9-73），得

$$P_e = \frac{3U_1 E_0}{X_s}\sin\delta \tag{9-75}$$

$$T = \frac{3U_1 E_0}{X_s\Omega}\sin\delta \tag{9-76}$$

由此得隐极同步电动机的功角特性和矩角特性如图 9-33 所示。在 $\delta=90°$ 时 P_e 和 T 最大。

2. 凸极同步电动机的功角特性和矩角特性

由凸极同步电动机的简化相量图可知，电动机为电容性时有

$$U_1\sin\delta = X_q I_1\cos\psi$$

$$X_d I_d = E_0 - U_1\cos\delta$$

$$E_Q = E_0 - (X_d - X_q)I_d$$

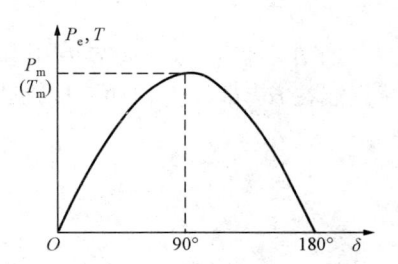

图 9-33 三相隐极同步电动机的功角特性和矩角特性

电动机为电感性时有

$$U_1\sin\delta = X_q I_f\cos\psi$$

$$X_d I_d = U_1\cos\delta - E_0$$

$$E_Q = E_0 + (X_d + X_q)I_d$$

将上述关系代入式（9-75）和式（9-76）中，整理后得

$$P_e = \frac{3U_1 E_0}{X_d}\sin\delta + \frac{3}{2}U_1^2\left(\frac{1}{X_q} - \frac{1}{X_d}\right)\sin2\delta = P_e' + P_e'' \tag{9-77}$$

$$T = \frac{3U_1 E_0}{X_d\omega}\sin\delta + \frac{3U_1^2}{2\Omega}\left(\frac{1}{X_q} - \frac{1}{X_d}\right)\sin2\delta = T' + T'' \tag{9-78}$$

可见，P_e 和 T 由两部分组成，其中第一项称为基本分量，与隐极机公式相同，正比于 E_0。而第二项 P_e'' 和 T'' 称为附加分量

$$P_e'' = \frac{3}{2}U_1^2\left(\frac{1}{X_q} - \frac{1}{X_d}\right)\sin2\delta$$

$$T'' = \frac{3U_1^2}{2\Omega}\left(\frac{1}{X_q} - \frac{1}{X_d}\right)\sin2\delta$$

P_e'' 和 T'' 与 $\dot{E}_0$ 无关，是由于 $X_d \neq X_q$ 引起的，这部分转矩称为磁阻转矩。说明，$I_f = 0$，只要 $U_1 \neq 0$ 附加分量就存在。

凸极同步电动机的功角特性和矩角特性如图 9-34 所示。

由图 9-34 可知，产生最大功率 P_m 和最大转矩

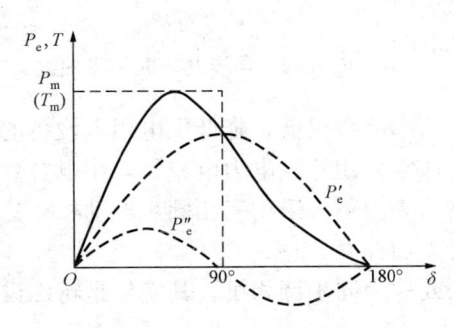

图 9-34 三相凸极电动机功角特性和矩角特性

T_m 的角度小于 $90°$。

9.5.4 三相同步电动机的功率因数调节

三相同步电动机调节励磁电流可以调节其功率因数 $\cos\varphi$，使电动机呈现电阻性、电感性或电容性，这是同步电动机的最主要的优点和特点。

下面以隐极同步电动机为例，且忽略 R_1 和 T_0，由于调节励磁电流 I_f 时，电动机的 U_1、f_1 和 T_L 都不变，故 $P_e = P_1$ 不变，根据式（9-64）和式（9-76）可知，调节 I_f 时

$$\left.\begin{array}{r}E_0\sin\delta = 常数 \\ I_1\cos\varphi = 常数\end{array}\right\}$$

如图 9-35 所示，调节 I_f 引起 $\dot E_0$ 和 $\dot I_1$ 改变时，$\dot E_0$ 的末端只能在 aa' 虚线上移动，$\dot I_1$ 的末端只能在 bb' 虚线上移动。按励磁电流大小不同，可分为三种励磁状态。

（1）正常励磁。在 $I_f = I_{f0}$，励磁电动势为 $\dot E_0$，这时电枢电流 $\dot I_1$ 与电压 $\dot U_1$ 同相位，$\varphi = 0°$，$\cos\varphi = 1$，电动机呈电阻性。这种励磁状态称为正常励磁。

（2）欠励磁。在 $I_f < I_{f0}$，励磁电动势减小到 $\dot E_0' < \dot E_0$，这时电枢电流 $\dot I_1'$ 滞后于 $\dot U_1$，电动机呈电感性。I_f 越小，$\dot I_1$ 滞后于 $\dot U_1$ 的角度 φ 越大，$\cos\varphi$ 越小，电动机输入的感性无功功率越大。这种励磁状态称为欠励磁状态。

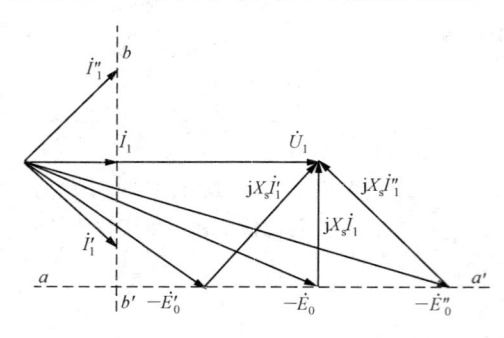

图 9-35 同步电动机功率因数的调节

（3）过励磁。在 $I_f > I_{f0}$，励磁电动势增大到 $\dot E_0'' > \dot E_0$。这时电枢电流 $\dot I_1''$ 超前于电压 $\dot U_1$，电动机呈现电容性。I_f 越大，$\dot I_1''$ 超前于 $\dot U_1$ 的角度 φ 越大，$\cos\varphi$ 越小，电动机输入的容性无功功率越大。这种励磁状态称为过励磁状态。

将上述 I_1 随励磁电流 I_f 变化规律用 V 形曲线表示。如图 9-36 所示，V 形曲线的最低点对应于正常励磁状态，电动机呈现电阻性，$\cos\varphi = 1$。当负载转矩 T_L 增加，P_2 增加，对应的电枢电流 $\dot I_1$ 将增加，V 形曲线上移。I_f 减小时，E_0 减小，电动机所能产生的最大电磁转矩 T_{max} 减小。因此，对应于一定的 T_L 和 P_2，I_f 减小到一定程度，电动机将无法稳定工作。V 形曲线左边的稳定极限线是用来表示在不同 P_2 时保证电动机能够稳定运行的最小励磁电流值。

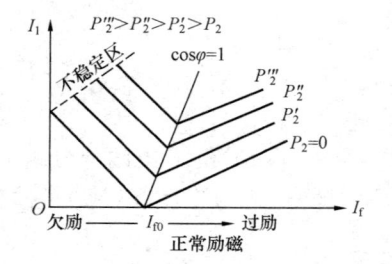

图 9-36 同步电动机 V 形曲线

在电力系统中，绝大多数的用电设备都是感性的，功率因数很低，降低供电用电设备的利用率，增加电网的功率损耗，因此要采用无功补偿，通常采用并联电力电容器，用电容性无功功率补偿电感性无功功率使总无功功率减小，提高功率因数。采用三相同步电动机，让其工作在过励状态，相当于一个大电容器，为电网进行无功补偿。

有一种专门用来改善电网功率因数的同步补偿机，或称为同步调相机，其实就是特殊设计的一种工作在过励状态下空载运行的三相同步电动机。

【例 9-8】 设有一台三相同步发电机带感性负载，负载需要有功电流 $I_P = 1000A$，感性无功电

流 $I_Q = 1000A$,为减小发电机及线路中的无功电流,在用户端安装一台同步调相机,工作在过励状态下自电网吸收容性(超前)电流 $I_c = 250A$,试求补偿后,发电机及线路的无功电流值。

解: 补偿前发电机及线路的总电流为

$$I = \sqrt{I_P^2 + I_Q^2} = \sqrt{1000^2 + 1000^2} = 1414(A)$$

功率因数 $\quad \cos\varphi = \dfrac{1000}{1414} = 0.71$

补偿后,线路中无功电流为

$$I'_Q = I_Q - I_c = 1000 - 250 = 750(A)$$
$$I' = \sqrt{1000^2 + 750^2} = 1250(A)$$

功率因数 $\quad \cos\varphi' = \dfrac{1000}{1250} = 0.8$

9.6 同步电动机的电力拖动

9.6.1 三相同步电动机的机械特性

三相同步电动机在 f_1 为常数时,转速与转矩的关系 $n = f(T)$,称为同步电动机的机械特性。如图 9-37 所示,它是一条与横轴平行的直线,特性的斜率 $\beta = 0$,硬度 $a = \infty$。这种机械特性称为绝对硬的特性。

由三相同步电动机的功角特性可知,在功角 $0° < \delta < \delta_{\max}$ 时,三相同步电动机才能稳定运行。因此,同步电动机负载不能超过最大转矩 T_m,否则会出现失步现象。

同步电动机最大转矩与额定转矩之比值称为过载能力。在 $U_1 = U_N, I_f = I_{fN}$ 时过载能力由 λ_m 表示,称为过载系数,即

$$\lambda_m = \dfrac{T_m}{T_N}$$

三相同步电动机的 λ_m 通常在 $2\sim 2.5$,低速的同步电动机可达到 3 以上。

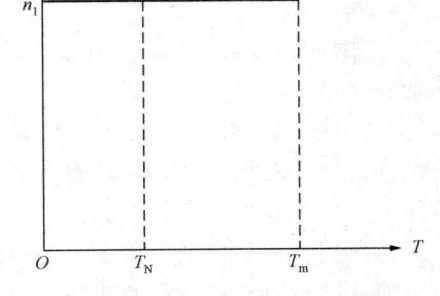

图 9-37 三相同步电动机的机械特性

对于三相隐极同步电动机,其过载能力用下式表示

$$\lambda_m = \dfrac{1}{\sin\delta_N}$$

式中 δ_N 是 $T = T_N$ 时的功角。为了使同步电动机能稳定运行,特别是凸极式同步电动机,δ_N 一般不超过 $20°$。

调节 I_f,E_0 随之改变,过载能力也会发生变化。

9.6.2 三相同步电动机的启、制动

1. 三相同步电动机的启动

三相同步电动机自身没有启动转矩,无法自己启动。目前,采用的下面三种启动方法。

(1) 拖动启动法。这种启动方法用一台极数与三相同步电动机相同的小容量三相异步电

动机作为辅助电动机，拖动同步电动机，使其转速接近于同步转速，然后加上励磁电流，接通三相电源，靠同步电动机产生的电磁转矩拖动转子转速接近于同步转速，然后牵入同步。这时再将辅助电动机与电源断开。

辅助电动机的容量约为同步电动机容量的10%～15%。这种启动方法投资大，设备多，占地面积大，操作复杂，不适于带负载启动。因此，这种启动方法用得不多，只在某些大容量同步电动机和同步补偿机的启动中采用。

（2）异步启动法。这是一种最广泛的启动方法。这种启动方法是在同步电动机转子上添加如图9-38的启动绕组。即同步电动机的阻尼绕组。

如图9-38所示为异步启动原理电路，启动时，先将励磁电路中换接开关Q1合向"启动"位置。这时，励磁绕组经电阻R_s而闭合，R_s通常是励磁绕组本身电阻的8～12倍。为了减压和限流，励磁绕组接电阻R_s。刚启动时，定子绕组所产生的旋转磁场与转子之间的相对转速很大，将在励磁绕组中产生很大的感应电势，若不计电阻泄放，不仅会对绕组的绝缘有所损坏，还可能危及操作的人员安全。

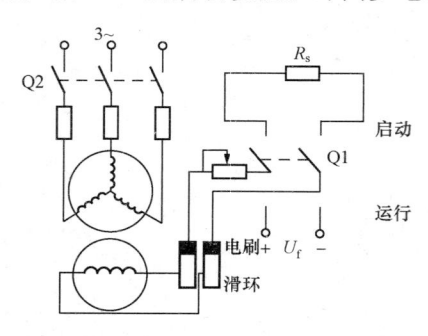

图9-38 三相同步电机启动电路

换接开关Q1合到"启动"位置后，再将开关Q2闭合，使定子绕组与电源接通，电动机由于转子装有笼形启动绕组，像异步电动机那样，转子开始转动。当转速上升到接近同步转速时，再将换接开关Q1投向"运行"位置，送入励磁电流，旋转磁场吸住转子一起以同步转速转动，称为牵入同步。

采用异步启动法直接启动时，启动电流较大，若要减小启动电流，可以采用减压启动措施。

（3）变频启动法。三相异步电动机启动时，转子加入励磁电流，定子由变频电源供电，其电压的由零缓慢增加，旋转磁场牵引转子缓慢地同步加速，直到达到额定同步转速后，将定子投入电网，切除变频电源。

这种启动方法启动电流小，是一种性能很好的启动方法。但需要独立的变频电源。有两种方案，一种是作启动和调速共用的变频电源，另一种是专供启动用的变频电源。由于启动后，变频电源即被切除，因而可以用一台变频电源分时启动多台同步电动机。由于变频电源只在启动时短时使用，因此变频电源的容量可以比同步电动机容量小很多。

采用这种启动方法，励磁电源不能采用与同步电动机同轴的直流励磁机，否则在启动初期，转速很低，励磁机无法产生所需要的励磁电压。

2. 三相同步电动机的制动

三相同步电动机只能采用能耗制动。能耗制动原理接线如图9-39所示。运行时，开关Q置在"运行"位置，制动时，将开关Q置于"制动"位置。同步电动机与电源断开与星形联结的三相制动电阻R_b相连。这时，电动机在机

图9-39 三相同步电动机能耗制动

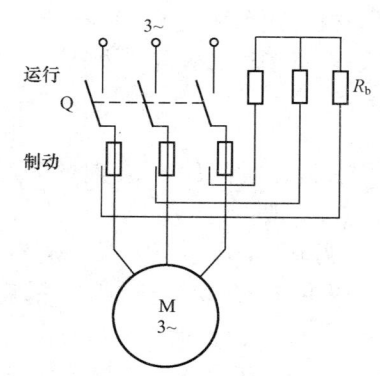

械惯性作用下继续转动时，定子绕组切割励磁磁通而产生感应电动势 E_0，电动机处于发电状态，向 R_b 供电，产生制动转矩，使拖动系统迅速停机。在制动过程中，系统的动能转换成电能消耗在电阻 R_b 上。

9.6.3 三相同步电动机的调速

同步电动机的转速正比于频率，因此可采用变频调速。同步电动机变频调速的原理和方法以及所用的变频电源都与异步电动机变频调速基本相同。只是由于同步电动机在励磁方式等方面不同，所以在变频调速的控制要求方面与异步电动机有所不同。

同步电动机的变频调速可分为他控式和自控式两大类。

1. 他控式变频调速

利用独立的变频装置给同步电动机提供变频变压电源的调速方法称为他控式变频调速。有下面两种方法：

（1）$f_1 < f_N$ 时，保持 $\dfrac{U_1}{f_1} =$ 常数。以隐极同步电动机为例，最大转矩 T_{max} 为

$$T_{max} = 3 \frac{U_1 E_0}{X_s \Omega}$$

将

$$E_0 = 4.44 k_{w1} N_1 f_1 \Phi_{0m}$$

$$X_s = X_a + X_\sigma = 2\pi f_1 (L_a + L_\sigma) = 2\pi f_1 L_s$$

$$\Omega = \frac{2\pi}{60} n = \frac{2\pi}{60} \frac{60 f_1}{p} = \frac{2\pi f_1}{p}$$

代入上式后整理得

$$T_{max} = \frac{3p}{2\sqrt{2}\pi} \frac{k_w N_1}{L_s} \frac{U_1}{f_1} \Phi_{0m}$$

可见，最大转矩和过载能力 $\dfrac{U_1}{f_1}$ 成正比，还与 Φ_{0m} 即与 I_f 有关。保持 $\dfrac{U_1}{f_1} = a$（a 为常数），可以保持调速时过载能力不变。在需要调节过载能力或功率因数时，仍可以通过调节励磁电流 I_f 来实现。

上述公式是在忽略 R_1 时得到的。在 $f = f_N$ 时，由于 $R_1 \ll X_s$，因此 R_1 的影响不大，但在 f_1 降低很小时，X_s 也成比例的减小，这时 R_1 的影响就不可忽略了。考虑到 R_1 的存在使 R_1 上产生电压降，其效果相当于 U_1 在减小，因而也会引起 T_{max} 减小。为此，在低频时应适当提高 $\dfrac{U_1}{f_1}$ 的比值，以弥补电阻 R_1 对最大转矩 T_{max} 的影响。

（2）当 $f_1 > f_N$，要保持 $U_1 > U_{Np}$ 不变。如果要保持 $\dfrac{U_1}{f_1} = a$（a 为常数），则 $U_1 > U_{Np}$ 这是不允许的，故只有保持 $U_1 = U_{Np}$。这时过载能力随 f_1 的增加而减小，但可以通过调节励磁电流 I_f 提高其过载能力。

变频调速时，同步电动机的机械特性如图 9-40 所示。以拖动恒转矩负载为例，设调速前的频率为 f_1，调速后频率为 f_1'。调速前工作 f_1 对应的机械特性与负载特性的交点 a 上。变频时，机械特性逐渐平行移动到 f_1' 对应的机械特性上，工作点随之下移到 b 点。

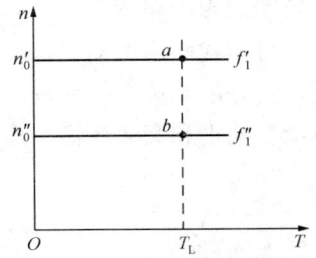

图 9-40 同步电动机机械特性

变频调速的性能如下：
(1) 调速方向，即可上调，也可下调。
(2) 调速平滑性好，由于频率连续可调，可实现无级调速。
(3) 调速稳定性好。机械特性为绝对硬，静差率 $\delta = 0$。
(4) 调速范围广。
(5) 调速的经济性：初期投资大，但运行费用低。
(6) 调速时允许负载为 $f_1 < f_N$ 适用恒转矩负载，$f_1 > f_N$ 时适用于恒功率负载。

以隐极同步电动机为例，其电磁转矩公式为

$$T = \frac{3p}{2\sqrt{2}\pi} \frac{k_{w1} N_1}{L_s} \frac{U_1}{f_1} \Phi_m \sin\delta \tag{9-79}$$

当 $f_1 < f_N$，$\frac{U_1}{f_1} = $ 常数，电动机工作在 $f_1 = f_N$ 相同功角特性上，满载时，即 $I_1 = I_N$ 时，允许输出转矩不变，故为恒转矩负载。

当 $f_1 > f_N$，U_1 保持不变，则满载时电磁转矩 T 减小，转速增加，但允许输出的功率基本不变，故为恒功率调速。

2. 自控式变频调速

自控式变频调速与他控式变频调速不同之处在于同步电动机转子上装有一台转子位置检测器，由它发生的信号来控制变频装置的输出电压的频率。

自控式变频装置中的输出频率不是独立调节的而是由转子位置检测器控制的。调速时，通过改变同步电动机的输入电压来调节转速。当 U_1 减小时，T 减小，打破了原有的平衡状态，n 下降，这时转子位置检测器发出信号，调节变频装置输出频率，使 f_1 随之下降，转矩 T 回升，直到重新达到转矩平衡为止，电动机在一个比原来低的频率和转速下重新稳定运行。由于这种电动机定子频率与转子转速始终保持同步，电机不会出现失步现象，这是这种调速方法的主要优点之一。

这种采用自控式变频调速的同步电动机称为自控式同步电动机。它的结构同直流电动机相似，但是没有直流电动机中的换向器，所以又称为无换向器式电动机。

自控式同步电动机又分为直流自控式同步电动机和交流自控式同步电动机两种。直流自控式同步电动机的变频装置采用交—直—交变频系统。它是将交流电经可控硅整流变换为直流电。再由晶闸管逆变器将直流电变换成频率可调的交流电。

交流自控式同步电动机的变频装置采用交—交变频系统，它是利用晶闸管变频器直接把 $50Hz$ 的交流电转换成频率可调的交流电。有关变频调速装置的具体电路结构和工作原理将在后续课程中介绍。

自控式同步电动机是电力电子技术与电机学相互融合的产物。由于它具有宽广的调速范围，良好的调速性能和较高的效率，且维护简便，因此，得到广泛的应用，目前已在化工、造纸、轧钢和交通运输等部门得到广泛的应用。

小 结

三相同步电动机的转子转速 n 与定子电流的频率 f 之间存在严格不变的关系，即 $n = $

$60f_1/p$，转子的转速与电枢旋转磁场的转速相等，故称为同步电动机。

汽轮发电机由于转速高和容量大，一般采用卧式隐极结构。水轮发电机则多为立式凸极结构。

三相同步电动机具有可逆性，即接在同一电网上的同步电机可以运行在电动机状态，也可以运行在发电机状态或同步调相机状态。

同步电机的气隙磁场由转子直流励磁磁动势 $\dot{F}_f$ 和电枢反应磁动势 $\dot{F}_a$ 共同产生的。三相同步电机带上负载后，定子绕组中有了对称三相电流产生电枢磁动势 $\dot{F}_a$，$\dot{F}_a$ 对主磁场的影响称为电枢反应。电枢反应对同步电机运行性能有很大影响。分析表明，电枢反应与电机磁路饱和特性有关，与电枢磁动势 $\dot{F}_a$ 与主磁动势 $\dot{F}_f$ 之间的空间相对位置有关。这一空间相对位置又与主极产生的励磁感应电动势 $\dot{E}_0$ 和电枢电流 $\dot{I}_a$ 之间夹角 ψ（ψ 称为内功率因数角）有关。随着 ψ 不同，电枢反应所起作用也不相同，它们对主磁极影响分别呈现交磁、去磁和助磁等不同性质。

采用双反应理论，将电枢磁动势 $\dot{F}_a$ 分解为直轴分量 $\dot{F}_{ad}$ 和交轴分量 $\dot{F}_{aq}$，分别计算出直轴和交轴电枢反应，然后把效果叠加，得到不计饱和影响的电枢反应结果。

同步发电机的电压平衡方程、相量图是分析同步发电机的工作特性的有效方法。同步发电机的最大优点是调节励磁电流 I_f 可以改变功率因数，改变励磁电流可以得到同步发电机 V 形曲线。

同步电动机本身没有启动转矩，必须采用一定的启动方法才能启动，启动方法有辅助电动机启动方法、变频启动方法和异步启动方法。

并联运行的主要特性是功角特性，用它可分析同步发电机并入电网后有功功率和无功功率的调节方法。

同步调相机实质上是空载运行的同步电动机，同步调相机过励磁时从电网吸收超前容性无功功率，欠励磁时从电网吸收滞后的感性无功功率。因此在过励磁状态下运行的同步调相机对改善电网功率因数非常有益。作为无功功率电源；同步调相机对改善电网的功率因数、保持电压稳定及电力系统的经济运行起重要作用。

同步电机最突出优点是功率因数可以在一定范围内调节，但同步电动机不能自行启动是主要问题。

变频控制方法，由于将同步电动机启动调速和励磁诸多问题放在一起解决，显示了其独特的优越性，已成为当前电力拖动的一个主流。

同步发电机并联运行的方法有准确的同期法和自同期法，自同期法主要用于事故状态下的并联。

用功角特性分析同步发电机并入电网后的有功功率和无功功率的调节方法。调节时内部过程通过相量图或功角特性说明，有功功率调节表现为功角 δ 的变化，而无功功率的调节反映在 E_0 的大小与功角 δ 同时变化。

有功功率调节受静态稳定约束，而调节励磁电流改变无功功率时，如果励磁电流调得过低，也将使发电机失去稳定而被迫停止运行。

思 考 题

9-1 为什么同步电动机的定子和转子的磁极对数要相等？

9-2 同步电动机的转子转速可否不同于同步转速？

9-3 在隐极同步电动机中漏电抗 X_σ、电枢反应电抗 X_a 和同步电抗 X_s 有何不同？将这三者按大小排序。

9-4 什么是同步发电机的电枢反应？电枢反应的性质主要决定什么？

9-5 三相同步发电机对称运行时，电枢电流滞后和超前于励磁电动势 $\dot{E}_0$ 的相位差 $90°$ 的两种情况下（$90°<\varphi<180°$ 和 $-180°<\varphi<-90°$）时，电枢磁动势两个分量 F_{ad} 和 F_{aq} 各起什么作用？

9-6 为什么要把同步发电机的电枢电流分解为直轴分量和交轴分量？如何分解，有什么物理意义？

9-7 三相隐极同步电动机和三相同步电动机在励磁电流 $I_f=0$ 时，电动机是否应有可能转动？

9-8 保持负载转矩 T_L 不变，三相同步电动机在正常励磁、欠励磁和过励磁三种状态下功角 δ 是否相同，若不相同，比较它们角的变化。

9-9 调节发电机输出无功功率时保持 P_1 不变，有功功率是否改变？调节有功功率而保持 I_f 不变时无功功率是否改变？

9-10 比较同步电电机与同步电动机在欠励状态和过励状态的结果。

9-11 同步发电机过渡到电动机时，功角 δ、电流 I 和电磁功率 P_e 的大小和方向有何变化？

9-12 一水电站供应一远距离用户，为改善功率因数添置一台调相机，比调相机应装在水电站内还是装在用户附近？为什么？

计 算 题

9-1 一台隐极三相同步电动机，定子绕组为星形联结，$U_N=400\text{V}$，$I_N=37.5\text{A}$，$\cos\varphi_N=0.85$（滞后），$X_s=2.38\Omega$（不饱和值），不计电阻 R_1，当发电机运行在额定情况下时，试求：

（1）不饱和时的励磁电动势 E_0；

（2）功角 δ_N；

（3）最大电磁功率 P_{max}；

（4）过载能力 λ_m。

9-2 一台凸极三相发电机星形联结，$U_N=400\text{V}$，$I_N=6.45\text{A}$，$\cos\varphi_N=0.8$（滞后 $\dot{E}_0$），每相同步电抗 $X_d=18.6\Omega$，$X_q=12.8\Omega$，不计电阻 R_1，试求：

（1）额定运行时的功角 δ_N 及励磁电动势 E_0。

（2）过载能力及产生最大电磁转矩 P_{max} 时的功角 δ_{max}。

9-3 某三相同步电动机，$P_N = 100\text{kW}$，$U_N = 6000\text{V}$，$f_N = 50\text{Hz}$，$\eta_N = 90\%$，$\cos\varphi_N = 0.8$，$n_N = 1500\text{r/min}$，求该电动机的磁极对数，额定输出转矩和额定电流。

9-4 某三相隐极同步电动机，星形联结，额定电压 $U_N = 3000\text{V}$，同步电抗 $X_s = 15\Omega$，电枢电阻 R_1 忽略不计。当电动机的输入功率 $P_1 = 95\text{kW}$ 时，试求功率因数为 0.8（电感性）和 0.8（电容性）下的励磁电动势 E_0、功角 δ 和内功角因数角 ψ。

9-5 某三相同步电动机电枢上加额定电压 $U_N = 6000\text{V}$，星形联结，$X_d = 60\Omega$，$X_q = 45\Omega$，$I_1 = 98.1\text{A}$，$\cos\varphi = 0.8$（容性），求 $\dot{E}_Q$ 和 $\dot{E}_0$。

9-6 一台三相同步电动机，星形联结，电枢电压 $U_N = 380\text{V}$，$I_1 = 60\text{A}$，$R_1 = 0.2\Omega$，$n = 3000\text{r/min}$，$\cos\varphi = 0.85$，$\eta = 90\%$。试求 P_1、P_2、P_e、T_1、T_2、T_0。

9-7 某三相同步电动机并联在无穷大电网上，电机星形联结。已知 $U_{1L} = 11\text{kV}$，$I_{1L} = 460\text{A}$，$\cos\varphi = 0.8$（电感性），$E_0 = 12.5\text{kV}$，$\psi = 57°$，R_1 忽略不计。求 X_d 和 X_q。

9-8 一台三相同步发电机，星形联结。$S_N = 70\,000\text{kVA}$，$U_N = 13.8\text{kV}$，$\cos\varphi_N = 0.85$（电感性），$I_{fN} = 100\text{A}$，$X_d = 2.72\Omega$，$X_q = 1.9\Omega$，R_1 忽略不计。设磁路不饱和，I_f 和 E_0 成正比，试求当 $I_1 = 2000\text{A}$，λ_m 不变，要保持电压等于额定时，I_f 应调到多少？

9-9 一台汽轮发电机，星形联结，并联在电网上运行 $S_N = 2.75\text{MVA}$，$U_N = 11\text{kV}$，$X_s = 12\Omega$，R_1 忽略不计。在正常励磁时，$\delta = 10.6°$，$E_0 = 6523.42\text{V}$。求：

(1) 正常励磁时输出的有功功率和电流；

(2) 保持输出功率不变，在过励和欠励允许输出的无功功率和功率因数。

9-10 一台三相隐极同步发电机，星形联结，$P_N = 100\text{kW}$，$U_N = 6000\text{V}$，$p = 2$，$f_N = 50\text{Hz}$，$X_s = 160\Omega$，R_1 忽略不计。当 $I_f = I_{fN}$，$E_0 = 3844\text{V}$，求：

(1) 该电机在额定条件下运行时过载能力 λ_m；

(2) 若调节 I_f，使 E_0 增加 1.2 倍，这时过载能力是多少？

9-11 题 9-10 中电机，拖动 $T_L = T_N$ 的恒转矩负载运行。R_1 和 T_0 忽略，保持 $I_f = I_{fN}$。试求在下述几种情况下的 n、E_0 和 δ。

(1) $U_{1L} = 0.8U_N$，$f_1 = 0.8f_N$。

(2) $U_{1L} = U_N$，$f_1 = 1.2f_N$。

9-12 题 9-10 中电机，拖动 $P_2 = P_N$ 恒功率负载运行。R_1 和 T_0 忽略，保持 $I_f = I_{fN}$。试求在下述几种情况下的 n、E_0、U_1、X_s、T、δ。

(1) $U_{1l} = 0.8U_N$，$f_1 = 0.8f_N$；

(2) $U_{1l} = U_N$，$f_1 = 1.2f_N$。

9-13 一台三相同步电动机，三角形联结，$p = 2$，$U_1 = 3000\text{V}$，$X_s = 150\Omega$，R_1 和 T_0 忽略不计，当 $f_1 = 50\text{Hz}$，$T_L = 720\text{N·m}$，$E_0 = 4080\text{V}$。试求保持 I_f 和 I_L 不变，在下述两种情况下的转速 n 和功角 δ、定子电流 I_1 和功率因数 $\cos\varphi$。

(1) $U_1 = 2400\text{V}$，$f_1 = 40\text{Hz}$；

(2) $U_1 = 3000\text{V}$，$f_1 = 60\text{Hz}$。

9-14 一台三相同步电动机，三角形联结。$p = 2$，$U_1 = 3000\text{V}$，$X_s = 150\Omega$，R_1 和 T_0 忽略不计，当 $f_1 = 50\text{Hz}$，$P_2 = 100\text{kW}$ 时，$E_0 = 4000\text{V}$，试求保持 I_f 和 P_2 不变时，在下述两种情况下的转速 n 和功角 δ、定子电流 I_1 和功率因数 $\cos\varphi$。

(1) $U_1 = 2400\text{V}$，$f_1 = 40\text{Hz}$；

(2) $U_1 = 3000\text{V}, f_1 = 50\text{Hz}$。

9-15 一台星形联结的三相隐极同步电动机 $R_1 = 0.2\Omega$, $X_s = 1.2\Omega$, $E_0 = 296\text{V}$。若要求能耗制动时，每相定子绕组电流不超过 100A，试问每相制动电阻 R_b 应是多少？

9-16 一台三相同步电动机，星形联结。$U_1 = 380\text{V}$, $X_s = 150\Omega$, R_1 忽略不计，$p = 3$, $E_0 = 200\text{V}$。能耗制动的电阻 $R_b = 12\Omega$。求能耗制动瞬时的定子电流 I_1 和制动转矩 T。

第 10 章 控制电机及其他用途电动机

知识目标

- 知道交直流伺服电动机。
- 知道直流力矩电动机基本结构和工作原理。
- 知道测速发电机和自整角机。
- 了解双馈异步发电机和异步电动机。
- 知道步进电机的基本结构和工作原理。
- 熟悉开关磁阻电动机的系统组成。

能力目标

- 熟悉直线异步电动机的分类、结构、基本原理及应用。
- 掌握无刷直流电动机的基本结构、工作原理和运行特性。
- 掌握旋转变压器基本结构和工作原理。

控制电机是在普通电机的基础上发展起来的。从基本电磁规律来说，控制电机与一般旋转电机并无本质区别，但一般旋转电机的作用是完成能量转换，因此要求有较高的性能指标，而控制电机主要用作信号的传递和变换。故要求运行可靠、能快速响应和精度高。

控制电机在自动控制系统中用作检测、执行和校正等元件使用。基本上可分为信号元件和功率元件两大类。信号元件有旋转变压器、自整角机、测速发电机等。功率元件有直流发电机和步进电动机等。

各种控制电机的外形一般都是圆柱体。其系列产品的外径一般为 12.4~130mm，质量从数十克到数千克，容量一般从数百毫瓦到数百瓦，容量大的也可以达到数千瓦。

现代工农业生产、办公自动化和家用电器中，还有很多种类的电动机，如家用电器中常用的单相异步电动机，新型空调器中使用的无刷直流电动机进行变换脉冲频率调速等。

10.1 伺服电动机

伺服电动机也称为执行电动机，在自动控制系统中作为执行元件，把输入的电压信号变换成转轴上的角位移或角速度输出。输入的电压信号称为控制电压，用 U_K 表示，改变控制电压可以改变伺服电动机的转速和转向。

伺服电动机可分为直流伺服电动机和交流伺服电动机两大类。

10.1.1 直流伺服电动机

1. 基本结构和分类

直流伺服电动机按结构可分为传统型和低惯量型两大类。直流伺服电动机在结构上是一台他励式直流电动机。

(1) 传统型直流伺服电动机。这种电动机结构同普通直流电动机基本相同,只是电枢铁芯长度与直径之比较普通直流电动机大,而气隙较小。励磁部件在定子上,励磁方式有永磁式和电磁式两种,如图10-1所示。

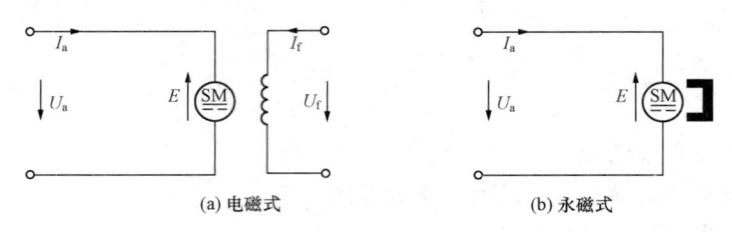

图10-1 直流伺服电动机

(2) 低惯量型直流伺服电动机。这种电动机的特点是转子轻,转动惯量小,响应速度快。一般采用杯形电枢、圆盘电枢和无槽电枢等。

杯形电枢直流电动机结构简图如图10-2所示。它有一个外定子和一个内定子。外定子用软磁材料做铁芯,铁芯上装有集中绕组(永磁式采用永久磁钢制成两个半圆形磁极);内定子由圆柱形软磁材料制成,电枢用非磁极材料制成空心杯圆形,直接装在电机轴上。电枢表面可采用印制绕组或采用沿圆周轴向排成空心杯形状并用环氧树脂固化成形的电枢绕组。空心杯电枢在内外定子间气隙中旋转。电压通过电刷和换向器加到电枢上。

2. 工作原理

(1) 控制方式。采用电枢电压作为控制信号,就可以对电动机的转速进行控制。这种控制方法称为电枢控制。电枢电压称为控制电压。

直流伺服电动机也可以采用磁场控制方式,即磁极绕组作为控制绕组,接受控制电压 U_K,而加在电枢绕组上的电压为恒定。

电枢控制比磁场控制具有较多优点,在自动控制系统中大多采用电枢控制,磁场控制只用于小功率电动机。下面分析电枢控制时的情况。

(2) 运行特性。电枢控制时直流伺服电动机的工作原理如图10-3所示。

电枢回路电压平衡方程式为

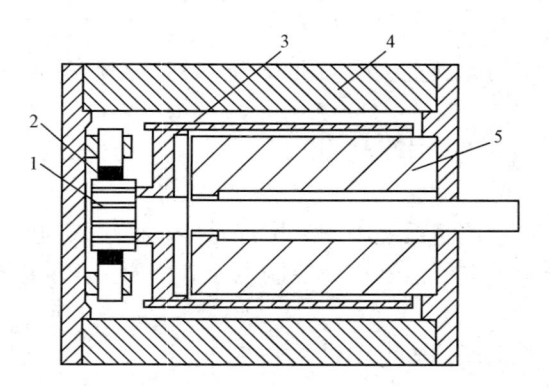

图10-2 空心杯电枢永磁式直流伺服电动机结构简图
1—换向器;2—电刷;3—空心杯电枢;4—外定子;5—内定子

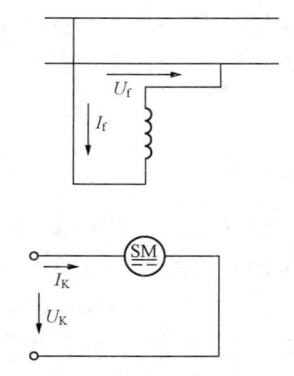

图10-3 电枢控制时直流伺服电动机工作原理

第 10 章 控制电机及其他用途电动机

$$U_K = C_e\Phi n + I_K R_a \tag{10-1}$$

式中　R_a——电枢回路总电阻。

当磁通 Φ 恒定时，则

$$E_a = C_e\Phi n = K_e n \tag{10-2}$$

式中　K_e——电动势常数。

电磁转矩为

$$T = C_T\Phi I_K = K_T I_K \tag{10-3}$$

式中　K_T——转矩系数。

由式（10-1）～式（10-3）联立求解可得出转速公式

$$n = \frac{U_K}{K_e} - \frac{R_a}{K_e K_T}T \tag{10-4}$$

1) 机械特性。机械特性是指控制电压恒定，电动机转速与电磁转矩的关系，即 U_K 为常数，$n = f(T)$。机械特性如图 10-4 所示。由图可见，机械特性是线性的，这些特性曲线与纵轴的交点为理想空载转速 n_0，即

$$n_0 = \frac{U_K}{K_e} \tag{10-5}$$

机械特性与横轴的交点为电动机的堵转矩 T_K，即

$$T_K = \frac{K_T}{K_a}U \tag{10-6}$$

机械特性曲线的斜率的绝对值为

$$|\tan\alpha| = \frac{n_0}{T_K} = \frac{R_a}{K_T K_e} \tag{10-7}$$

它表明电动机的硬度，即电动机转速随转矩 T 变化而变化的程度。

由图 10-4 中可见，电枢控制时直流伺服电动机的机械特性曲线是一组平行的直线

2) 调节特性。调节特性是指电磁转矩恒定，电动机的转速与控制电压的关系，即 T 为常数时，$n = f(U_K)$。由式（10-4）可画出直流伺服电动机的调节特性，如图 10-5 所示，它也是一组平行直线。

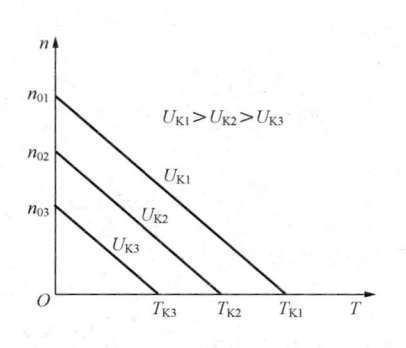

图 10-4　电枢控制的直流伺服电动机的机械特性

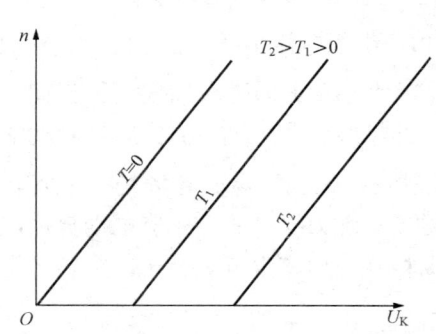

图 10-5　电枢控制时直流伺服电动机的调节特性

调节特性曲线与横轴交点表示一定负载转矩时电动机的始动电压。负载转矩一定，电动机的控制电压大于相对应的始动电压，它便可能转动达到某一稳定转速；反之则电动机不能

启动。所以调节特性曲线横坐标系里从零到始动电压这一范围称为失灵区。显然，失灵区的大小与负载转矩成正比。

10.1.2 交流伺服电动机

1. 基本结构

交流伺服电动机在结构上是一台两相异步电动机。定子上装有两个在空间上相差90°电角度的绕组，包括励磁绕组和控制绕组。运行时，励磁绕组加上交流励磁电压U_f，控制绕组加上控制信号电压U_K。电压U_f和U_K同频率，一般采用50Hz或400Hz。转子的结构型式主要有鼠笼式转子和空心杯形转子两种。

鼠笼式转子交流伺服电机的结构同普通鼠笼式异步电动机相同。但是为了减小转子转动惯量而做成细长，导条和端环可以采用高电阻率的材料（如黄铜、青铜等）制造，也可以采用铸铝转子（如SL系列的两相交流伺服电动机采用铸铝转子）。

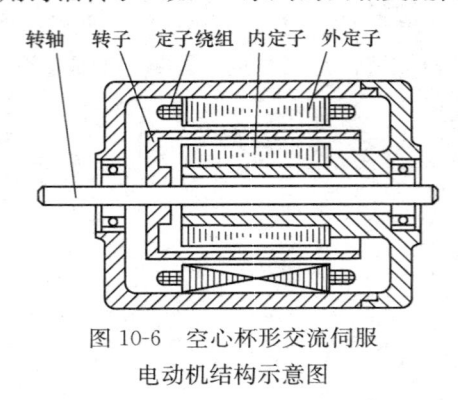

空心杯形转子交流伺服电动机结构如图10-6所示。

定子分外定子和内定子两部分。外定子结构同鼠笼式交流伺服电动机的定子相同，铁芯槽内放有定子两相绕组。内定子由硅钢片叠成，压在一个端盖上，一般不放绕组。它的作用只是为了减小磁路的磁阻。转子由导电材料（如铝）做成薄壁圆筒形，放在内、外定子之间，杯子底部固定在转轴上。杯壁薄而轻，厚度一般不超过0.5mm，因而转动惯量小，动作快速灵敏，运行平滑。缺点是由于存在内定子，气隙较大，励磁电流大，所以体积也较大。我国生产的空心杯形转子两相伺服电动机型号为SK，这种伺服电动机主要用于要求低噪声及平稳运行的系统中。

图10-6 空心杯形交流伺服电动机结构示意图

2. 工作原理

两相交流伺服电动机原理接线如图10-7所示，其中N_K为控制绕组，N_f为励磁绕组。两绕组轴线位置在空间相差90°电角度。当两相绕组分别加上$\dot{U}_K$、$\dot{U}_f$以后，两相绕组中电流$\dot{I}_f$和$\dot{I}_K$各自产生磁动势$\dot{F}_f$、$\dot{F}_K$。

$\dot{F}_f$和$\dot{F}_K$的大小和方向随时间按正弦规律变化，方向符合右手螺旋定则，即始终在绕组轴线方向，二者构成了电机合成磁通势$\dot{F}$，即合成磁场。电机的合成磁场是一个旋转磁场，当转子导体切割旋转磁场的磁力线时便会感应电动势，产生电流。转子电流与气隙磁场相互作用产生电磁转矩，使转子沿着旋转磁场的转向旋转。

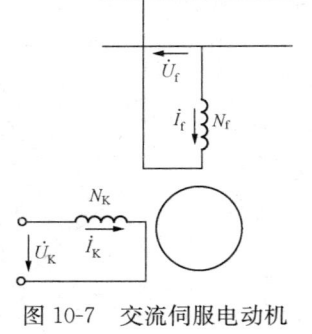

图10-7 交流伺服电动机原理接线图

（1）当两相绕组加上相位相差90°的额定电压时，这时$\dot{F}_f$和$\dot{F}_K$幅值相等，相位相差90°，属于对称状态。和对称三相绕组通入三相对称电流一样，产生幅值不变的旋转磁通势即圆形旋转磁场。圆形旋转磁场在转子上产生与磁场旋转方向一致的电磁转矩，使转子转动。如控制电压反相，则两相绕组中电流相序改变，旋转磁场转向改变,转子的转向也就改变了。

如果控制电压和励磁电压都随控制信号同样减小并始终保持两相的相位差90°,则电动机仍处于对称运行状态。合成磁通势幅值减小,使电磁转矩减小。若负载一定,则转子转速必然下降,转子电流增加,使得电磁转矩又重新与负载转矩平衡,电动机在比原来低的转速下运行。

(2) 当控制电压等于零或虽不等于零但与励磁电压相位相同。当交流伺服电动机处于单相运行状态,合成磁通势为单相脉振磁通势,产生两个转向相反的圆形磁场,它们分别在转子上产生两个方向相反的电磁转矩 T_F 和 T_R。作用在转子上的总电磁转矩 $T = T_F + T_R$。

当转子静止时,合成转矩 $T = 0$。电动机没有启动转矩,不会自行启动。

当单相状态在运行中出现,对于普通异步电动机,其机械特性如图10-8(a)所示,总电磁转矩不等于零,电动机将继续运转。这种单相自转现象在伺服电动机中是决不允许的。为此,交流电动机转子电阻取得较大,使得机械特性成为图10-8(b)所示的下垂机械特性。于是总电磁转矩 T 始终是与转子转向相反的制动转矩,从而保证了单相供电时不会出现自传现象,而且可以自行制动,使转子迅速停止运转。

(a) 普通异步电动机 (b) 交流伺服电动机

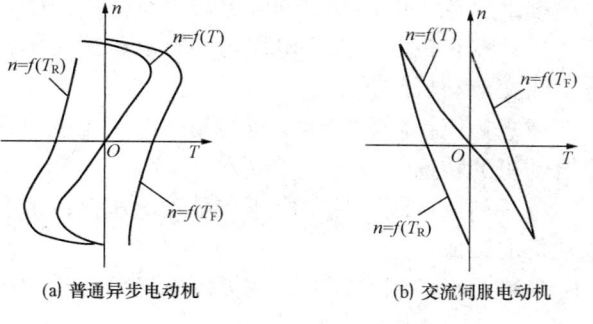

图 10-8 单相供电时机械特性

(3) 当励磁电压等于额定值,而控制电压小于额定值,但与励磁电压相位差保持90°时;或控制电压与励磁电压都等于额定值,相位差小于90°。这时交流伺服电动机处于不对称运行状态,将不同时刻的 $\dot{F}_K$ 和 $\dot{F}_f$ 矢量相加,得到相应合成磁通势 $\dot{F}$。上述两种情况下 $\dot{F}_K$ 和 $\dot{F}_f$ 的波形及合成磁通势如图10-9所示。

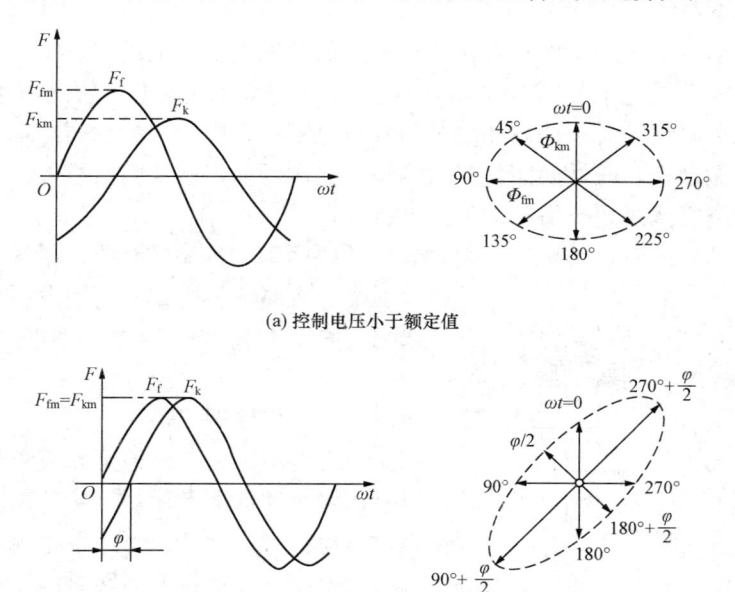

(a) 控制电压小于额定值

(b) 相位差小于90°

图 10-9 椭圆磁动势

合成磁通势是以变化的幅值和转速在空间旋转的，其末端轨迹为一椭圆，故称为椭圆磁通势，它所产生的磁场称为椭圆磁场。

交流伺服电动机在不对称状态下运行时的总电磁转矩 T 应为正向和反向两个圆磁场分别产生的电磁转矩 T_f 和 T_a 之差。电动机的工作状态越不好，$T = T_f - T_a$ 越小。负载一定时，电动机转速必下降，转子电流增大，直到 T 又重新增加到与负载转矩相等，电动机在比原来低的转速下运行。可见，改变控制电压值或相位也可以控制电动机转速。普通的两相、三相异步电动机正常情况下都是在对称状态下运行，而交流伺服电动机则是靠不同程度的不对称运行达到控制目的的。

3. 转速控制方式

综上所述，可知交流伺服电动机有下列控制方式：

（1）双相控制。控制电压与励磁电压相位保持 90°不变，同时按相同比例改变电压幅值大小改变电动机的转速。

（2）幅值控制。控制电压与励磁电压相位保持 90°不变，改变控制电压的幅值大小来改变电动机的转速。

（3）相位控制。控制电压与励磁电压保持定值不变，通过改变它们之间的相位差来改变电动机的转速。

（4）幅相控制。同时改变控制电压的大小和相位改变电动机的转速。

10.2 直流力矩电动机

力矩电动机是一种特殊类型的伺服电动机，也分为直流和交流两种，目前应用最广泛的是直流力矩电动机。

10.2.1 基本结构

直流力矩电动机是长期工作在堵转状态下的低转速大转矩电动机。采用永磁式电枢控制方式。直流力矩电动机一般做成扁平形，如图 10-10 所示。定子用软磁材料做成带槽的圆盘，槽中嵌入永久磁铁。转子铁芯和绕组与直流电动机相同。但换向器结构有所不同，它采用导电材料铜板做槽楔，兼做换向片。与绕组一起用环氧树脂浇铸成整体。槽楔伸出槽外两端，一端做电枢绕组接线用，另一端加工成换向器。

直流力矩电动机的总体结构有分装式和内装式两种。分装式结构包括未组装的定子、转子和电刷架三大部分，机壳和转轴由用户根据安装方式自行选配。内装式则与一般电动机相同，出厂时已装配好。

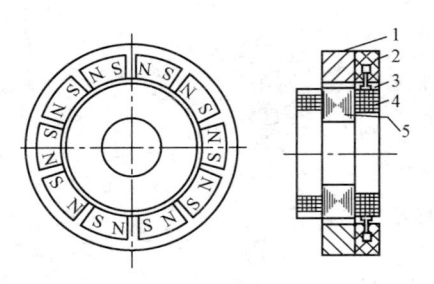

图 10-10 直流力矩式电动机结构示意图
1—定子；2—电刷架；3—电刷；
4—转子电阻；5—转子铁芯

10.2.2 工作原理

直流力矩电动机的工作原理和直流伺服电动机的相同，但能在堵转和低速下运行。堵转情况下能产生足够大转矩而不损伤。在低转速下能平稳地运行。

直流力矩电动机在长期堵转时温度不能超过允许的最大电枢电流以及与之相应的堵转转矩、电枢电压和输入功率称为连续堵转电流 I_b、连续堵转转矩 T_b、连续堵

转电压 U_b 和连续堵转功率 P_b，它们之间关系为

$$P_b = U_b I_b \tag{10-8}$$

$$I_b = \frac{U_b}{R_a} \tag{10-9}$$

式中　R_a——电枢电阻。

连续堵转数据是力矩电动机长期堵转运行时所利用的指标。

直流力矩电动机的电枢电流对定子上的永磁铁有去磁作用，电枢电流过大，会使永磁铁产生不可逆去磁。力矩电动机受定子永磁铁去磁条件限制的允许最大电枢电流以及与它们对应的堵转转矩、电枢电压和输入功率称为峰值堵转电流 I_P、峰值堵转电压 U_P 和峰值堵转功率 P_P，它们之间的关系为

$$P_P = U_P I_P \tag{10-10}$$

$$I_P = \frac{U_P}{R_a} \tag{10-11}$$

峰值堵转数据是力矩电动机在短期内所能利用的极限指标。

直流力矩电动机的特征曲线具有较高的线性度。转矩与电枢电流的比值称为转矩灵敏度 k_T。它与 T_b、I_b、T_P 和 I_P 之间关系为

$$k_T = \frac{T_b}{I_b} = \frac{T_P}{I_P} \tag{10-12}$$

10.3　测速发电机

测速发电机是一种反映转速的信号元件，它的功能是把转速信号变换成电压信号。它的输出电压应与转速成正比，其用途做校正元件和计算元件。

测速发电机按电流种类不同，分为直流测速发电机和交流测速发电机。

10.3.1　直流测速发电机

直流测速发电机有永磁式（型号 CY）和电磁式（型号为 CD）两种。

1. 基本结构

直流测速发电机的结构与直流伺服电动机相同，由装有磁极的定子、可以转动的电枢和换向器等组成。

2. 工作原理

直流测速发电机的工作原理和一般直流发电机相同，它与直流伺服电动机正好是互为可逆的两种运行方式。如图 10-11 所示。

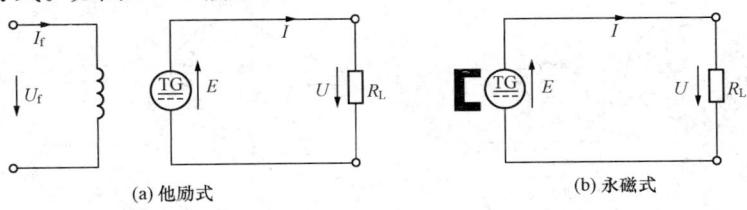

(a) 他励式　　　(b) 永磁式

图 10-11　直流测速发电机电路图

工作时，他励直流测速发电机的励磁绕组接固定直流电压 U_f。当转子在伺服电动机或其他电动机拖动下以转速 n 旋转时，电枢绕组切割磁通 Φ 而产生电动势。

空载时，发电机的输出电压 U_2 等于电动势 E，即

$$U_2 = E = C_e \Phi n \tag{10-13}$$

当 Φ 一定，U_2 与 n 成正比关系。改变转子转向，输出电压的正负极性也随之改变。负载时

$$\left. \begin{array}{l} U = E - R_a I \\ U = R_L I \end{array} \right\} \tag{10-14}$$

式中 R_L 为负载电阻，由式（10-14）整理可得

$$U = \frac{C_e \Phi}{1 + \dfrac{R_a}{R_L}} \tag{10-15}$$

当 Φ、R_a 和 R_L 保持不变时，负载时发电机输出电压仍与转速 n 成正比。

在理想情况下，直流测速发电机输出电压 U 与转速 n 呈线性关系，但考虑到电枢反应的去磁作用，U 与 n 的关系是非线性的，而且转速越高，负载电阻 R_L 越小，误差越大。对不同负载电阻，测速发电机的斜率也不同，它随负载电阻减小而降低，如图 10-12 所示。

10.3.2 交流异步测速发电机

1. 基本结构

交流异步测速发电机在结构上与交流伺服电动机相同。定子上也有两个互差 90°的绕组，一个加励磁电压 U_f 称为励磁绕组 N_f；另一个用来输出电压 U_2 称为输出绕组 N_2。转子也有笼形和杯形两种，前者转动惯量大，性能差，后者转动惯量小，得到广泛应用。这种电机结构有内外两个定子。小容量测速发电机励磁绕组和输出绕组都装设在外定子上，而容量较大的测速发电机则分别装在内、外定子上。

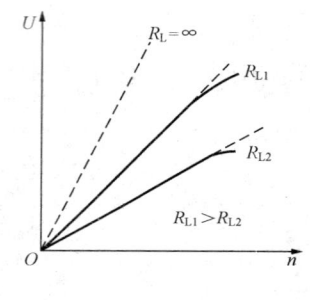

图 10-12 直流测速发电机的输出特性

2. 工作原理

电路如图 10-13 所示。杯形转子可以看成许多导体并联而成，图中用一些导体表示。当励磁绕组加上交流励磁电压 U_f 时，励磁电流 I_f 通过励磁绕组，在励磁绕组轴线方向上产生

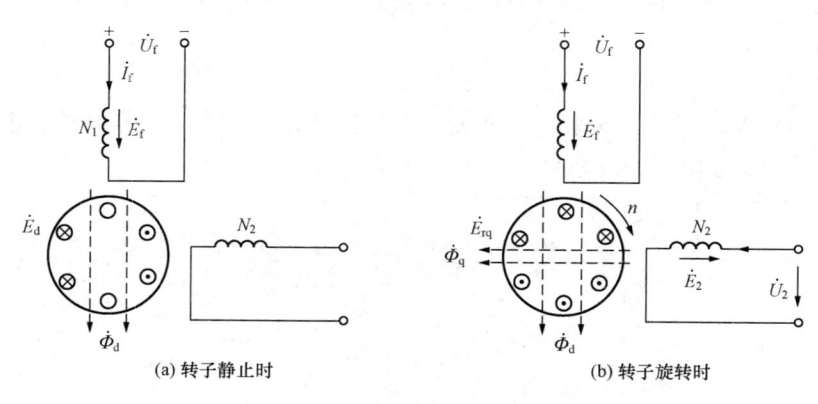

(a) 转子静止时　　　　　　　　(b) 转子旋转时

图 10-13 交流测速发电机

变化的脉振磁通势和脉振磁通 Φ_d。设 $\Phi_1 = \Phi_\mathrm{dm}\sin\omega t$。

(1) 当转子静止时，d 轴脉振磁通势只能在空心杯转子中感应出变压器电动势，由于转子是闭合的，产生转子电流。此电流产生磁通与励磁绕组磁通在同一轴线上，阻碍 Φ_d 的变化。合成磁通仍为 d 轴磁通 Φ_d，而输出绕组的轴线和励磁绕组轴线在空间位置相差 90°电角度，它与 d 轴磁通势没有耦合关系，故不产生电动势，输出电压为零。

(2) 转子转动后，转子绕组中除了感应有变压器电势外还有旋转电动势 E_rq，有效值为

$$E_\mathrm{rq} = C_\mathrm{q}\Phi_\mathrm{d}n \tag{10-16}$$

式中　C_q——比例常数。

如图 10-13（b）所示，由于 Φ_d 按频率 f 交变，所以 $\dot{E}_\mathrm{rq}$ 也按频率 f 交变。在 $\dot{E}_\mathrm{rq}$ 作用下产生转子电流 $\dot{I}_\mathrm{rq}$，由 $\dot{I}_\mathrm{rq}$ 产生磁通 Φ_q 也是交变的，Φ_q 也可表示为

$$\Phi_\mathrm{q} = KE_\mathrm{rq} \tag{10-17}$$

式中　K——比例系数。

图 10-13（b）所示 Φ_q 的轴线与输出绕组的轴线重合，由于 $\dot{\Phi}_\mathrm{q}$ 作用在 q 轴上，因而在定子输出绕组感应出变压器电动势，其频率仍为 f，而有效值为

$$E_2 = 4.44fN_2k_\mathrm{w2}\Phi_\mathrm{q} \tag{10-18}$$

式中　N_2k_w2——输出绕组有效匝数，对制成的电机，其值为常数。

由式（10-16）、式（10-17）和式（10-18）可知，$\Phi_\mathrm{q} \propto E_\mathrm{rq} \propto n$，故输出电动势 $E_2 \propto n$，可写成

$$E_2 = C_1 n \tag{10-19}$$

式中　C_1——比例系数。

若转子转动方向相反，则转子中旋转电动势 $\dot{E}_\mathrm{rq}$、电流 $\dot{I}_\mathrm{rq}$ 及其产生的磁通 $\dot{\Phi}$ 的相位均随之改变，因而输出电压的相位也相反。这样，异步测速发电机就能将转速信号转换成电压信号，实现测速的目的。

在理想情况下，交流测速发电机输出电压的特点是：
1) 输出电压与励磁频率相同。
2) 输出电压与励磁电压相位相同。
3) 输出电压与转速成正比。

实际上，由于测速发电机的定子绕组和杯形转子都有一定的参数，这些参数受温度变化的影响以及工艺方面的因素会造成误差，误差有：
1) 线性误差。反映输出电压与转速是否成正比的误差。
2) 相位误差。反映输出电压与励磁电压相位是否相同的误差。
3) 剩余电压误差。反映转子静止时输出电压是否为零的剩余电压误差。

在实际选用时，应使负载阻抗远大于测速发电机的输出阻抗，使其尽量工作在接近空载状态，以减小误差。

10.4　自　整　角　机

自整角机是一种感应式机电元件，它的功能是将转角变换成电压信号，或将电压信号变

换成转角，通过两台或两台以上组合使用，实现角度的传输、变换和接收。

利用自整角机使两根或两根以上无机械联系的轴保持同步偏转或旋转的系统称为同步连接系统。

自整角机按其使用要求的不同，可分为力矩式和控制式自整角机两大类。前者用于指示系统，后者用于随动系统。按供电电源相数不同，自整角机分为单相自整角机和三相自整角机两种。三相自整角机多用于功率较大的电力拖动系统中，称为功率自整角机，其结构型式与三相绕线式异步电动机相同，一般不属于控制电机之列，其工作原理与单相自整角机基本相同。自动控制系统中一般使用单相自整角机。本节只讨论单相自整角机。

10.4.1 自整角机的基本结构

自整角机的定子结构与一般小型绕线转子感应电动机相似。定子铁芯上嵌有三相星形联结对称分布绕组，称为整步绕组。转子结构则按不同类型采用凸极式或隐极式，放置单相或三相励磁绕组。转子绕组通过集电环电刷装置与电路连接。接触式自整角机结构如图10-14所示。

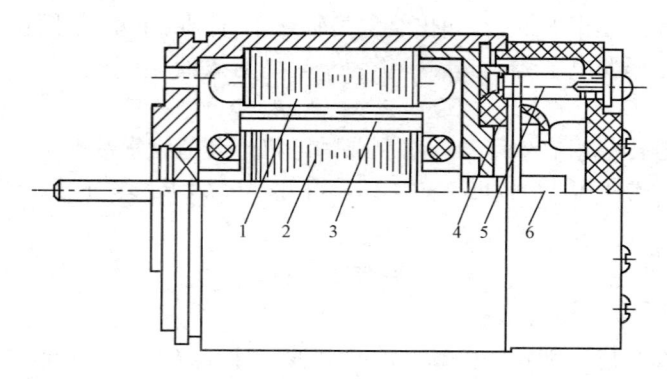

图10-14 接触式自整角机结构

1—定子；2—转子；3—阻尼绕组；4—电刷；5—接线柱；6—集电环

10.4.2 力矩式自整角机

力矩式自整角机组成同步连接系统的接线图如图10-15所示。两台自整角机结构完全相同，其中自整角机a作为发送机，自整角机b作为接收机。它们的定子绕组又称为同步绕组，用导线连接起来，转子绕组又称为励磁绕组，接在同一交流电源上。

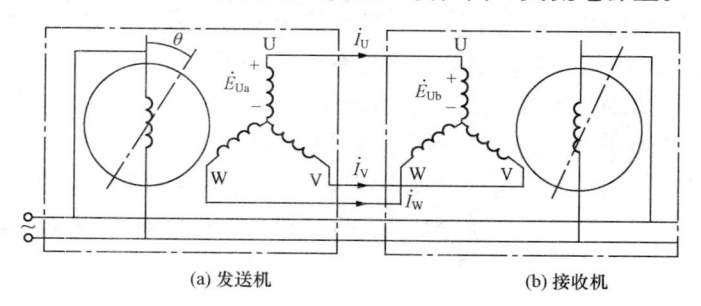

(a) 发送机 (b) 接收机

图10-15 力矩式自整角机电路图

（1）当发送机和接收机的定转子位置相同时（如图10-15所示），称为处于协调位置。这时它们转子电流通过转子励磁绕组形成脉振磁通势，产生脉振磁通。从而分别在两者定子绕组中产生电动势，而且定子各相电动势相等，定子电路内不会有电流，发送机和接收机都不会产生电磁转矩，转子不会自行转动。

（2）当发送机转子在外施转矩作用下顺时针转动 θ 角，则发送机和接收机中都会产生电磁转矩。由于两者定子电流方向相反，因此电磁转矩方向相反。这时发送机相当于一台发电机，其电磁转矩方向与转子偏转方向相反。它力图使发送机转子回到原来位置，但因发送机转子受外力控制，不可能往回移动。接收机相当于一台电动机，其电磁转矩方向使转子向 θ 角方向转动，直到重新转到协调位置，即接收机也转动 θ 角为止。于是接收机便准确地指示出发送机转子的转角。如果发送机转子在外施转矩作用下连续转动，则接收机转子也会以同一转速随之旋转。

10.4.3 控制式自整角机

力矩式自整角机系统中，接收机的转轴上只能带很轻的负荷（如指针），不能用来直接驱动较大负载，因为一般自整角机容量较小，轴上负载转矩较大将使系统精度降低。为提高同步随动系统的精度和负载能力，常把力矩式接收机的转子绕组从电源断开，使其工作在变压器状态。这时接收机将角度传递变为电信号输出，然后通过放大去控制一台伺服电动机。并将接收机转子经减速器与机械负载联系在一起。这种间接通过伺服电动机来达到同步联系的系统称为同步随动系统。这种系统中，用来输出电信号的自整角机称为自整角变压器。如图 10-16 所示，当自整角发送机与自整角变压器的转子绕组轴线互相垂直时，它们所处的位置称为控制式自整角机的协调位置。这时，由于只有自整角发送机的转子绕组接在交流电源上，它的脉振磁通势所产生的脉振磁场将在发送机定子三相绕组中分别产生感应电动势，进而在定子电路中产生三个相位相同而大小不同的电流 $\dot{I}_U$、$\dot{I}_V$、$\dot{I}_W$。当自整角机在垂直位置时，如图 10-17（a）所示，转子脉振磁场在定子三相绕组中产生的感应电动势和电流的参考方向，根据右手螺旋定则判断，左半部导体电流从纸面穿出，右半部导体电流穿入纸面。定子电流通过三相绕组产生的合成磁通势仍为脉振磁通势，而且其方位也在垂直位置，即与转子绕组轴线一致。$\dot{I}_U$、$\dot{I}_V$ 和 $\dot{I}_W$ 通过自整角变压器的定子绕组也会产生与自整角发送机一样的处于垂直方位上的脉振磁通势和脉振磁通，由于输出绕组与脉振磁场垂直，不会在输出绕组中产生感应电动势。输出绕组的输出电压为零。

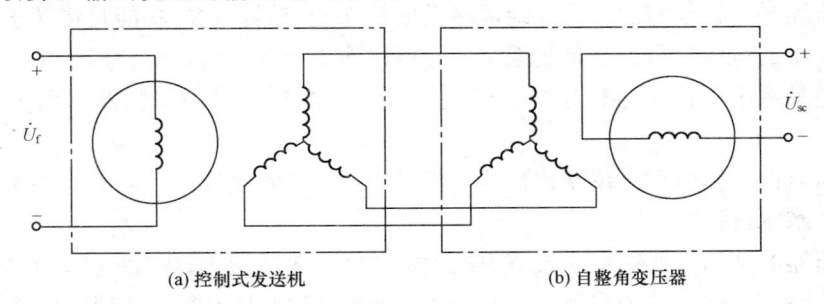

(a) 控制式发送机　　(b) 自整角变压器

图 10-16　控制式自整角电路图

如图 10-17（b）所示，在外力矩作用下，自整角发动机的励磁绕组（转子绕组）顺时针转动 θ 角，则定子电流产生的脉振磁通势方位也随转子偏转 θ 角，仍能与励磁绕组轴线一致。因此与之方位相同的自整角变压器中，定子脉振磁场便与输出绕组不再重合，两者夹角为 $90°-\theta$。

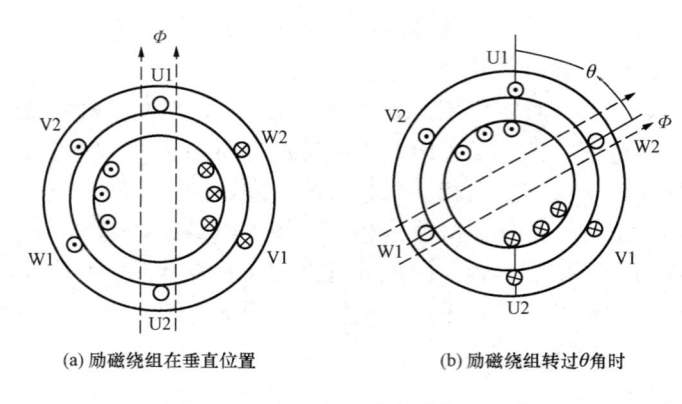

(a) 励磁绕组在垂直位置　　(b) 励磁绕组转过θ角时

图 10-17　自整角机中的脉振磁通势

将在输出绕组中产生一个正比 $\cos(90°-\theta)=\sin\theta$ 的感应电动势和输出电压。可见,控制式自整角机可将远处的转角信号变换成近处的电压信号。若利用控制自整角机实现同步连接系统,可将其电压经放大器放大后,输入交流伺服电动机的控制绕组,伺服电动机便带动负载和自整角变压器的转子转动,直到重新进到协调位置为止。这时自整角变压器的输出电压为零,伺服电动机不再转动。

综上所述,力矩式自整角机系统不需要辅助元件,系统结构简单,价格低廉,但负载能力低,只能带动指针、刻度盘之类的轻负载,而且只能组成开环系统,系统精确度低,一般适用于对精度要求不高的小负载指示系统。

控制式自整角机系统的负载能力取决于系统中放大器和伺服电动机的功率,负载能力比力矩式自整角机大。由于是闭环系统,精确度也比力矩式自整角机高得多。但需要增加放大器、伺服电动机和减速机构。结构复杂,价格较贵,一般用于精度要求较高或负载较大的系统中。

10.5　旋 转 变 压 器

旋转变压器是一种精密的二次绕组可转动的特殊变压器,它的功能是将转子转角变换成与之有函数关系的电压信号。在控制系统中它可以作为计算元件,主要用于坐标变换、三角运算等。在随动系统中传输与转角响应的电压信号,此外还可做移相器和角度—数字转换装置。

旋转变压器的工作原理与控制式自整角机相同,但是精度要比控制式自整角机高。

10.5.1　基本结构

旋转变压器的结构与普通绕线式感应电动机类似。为了获得良好的电气对称性,以提高旋转变压器的精度,定、转子绕组均为两个在空间间隔 90°电角度的高精度正弦绕组。如图 10-18 所示为旋转变压器结构图。旋转变压器的定、转子铁芯采用高磁导率的铁镍磁合金片或高硅钢片冲制、绝缘、叠装而成。

为使旋转变压器的导磁性能沿气隙圆周各处均匀一致,在定子、转子铁芯叠片时,采用每片错过一齿槽的旋转叠片法。在定子铁芯的内圆周上和转子铁芯的外圆周上都冲有均匀齿槽,里面各放置两套空间轴线相互垂直的绕组。其绕组通常采用高精度的正弦分布绕组。转

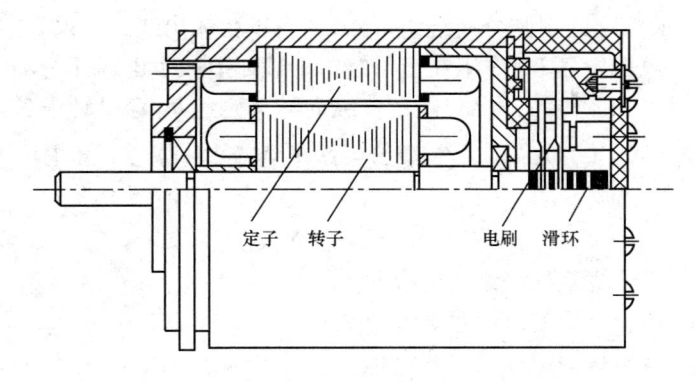

第 10 章 控制电机及其他用途电动机

图 10-18 旋转变压器结构图

子上的两套绕组分别通过滑环和电枢装置引出与外电路接通。

我国现在生产的 XZ、XX、XL 系列的旋转变压器均为接触式结构。它们为封闭式，可以防止因机械撞击和环境恶劣所造成的接触不良，从而保证电机性能。

无接触式旋转变压器。一种是将转子绕组引出线做成弹簧卷带状，这种转子只能在一定转角范围内转动，称为有限转角的无接触式旋转变压器；另一种是将两套绕组中一套自行短接，而另一套通过反相变压器从定子边引出。这种无接触式旋转变压器的转子转角不受限制，因此称其为无限转角的无接触式旋转变压器。无接触式旋转变压器由于没有电刷和滑环的滑动接触，可靠性较高。

10.5.2 工作原理

1. 正余弦旋转变压器

这种旋转变压器在定子上放置两套完全相同的正弦分布绕组，它们在空间相差 90°电角度，如图 10-19 所示。D1D2 为励磁绕组，D3D4 为补偿绕组。转子上也放置两套完全相同

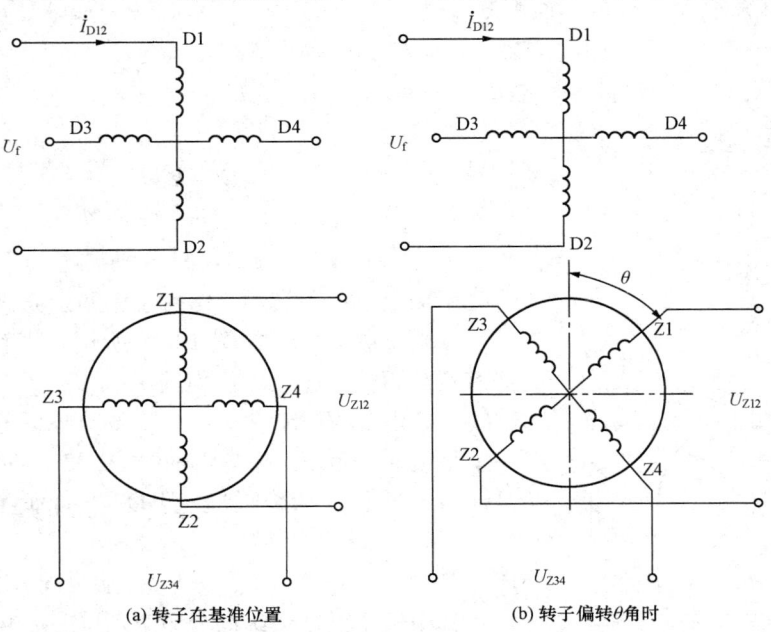

(a) 转子在基准位置　　(b) 转子偏转 θ 角时

图 10-19 旋转变压器的空载运行

的空间位置相差 90°电角度的正弦分布绕组，Z1Z2 为正弦输出绕组，Z3Z4 为余弦输出绕组。

(1) 空载运行。电源电压 U_f 作用在定子绕组 D1D2 中产生电流 I_{D12}，产生脉振磁通 Φ_d，当转子在基准位置时，如图 10-19（a）所示，纵向脉振磁通 Φ_d 穿过转子 Z1Z2 绕组，于是和静止变压器一样，Φ_d 将在 D1D2 和 Z1Z2 绕组中产生感应电动势 $\dot{E}_D$ 和 $\dot{E}_Z$，其有效值为

$$\left.\begin{array}{l}E_D=4.44fk_{w1}N_1\Phi_{dm}\\ E_Z=4.44fk_{w2}N_2\Phi_{dm}\end{array}\right\} \tag{10-20}$$

式中 k_{w1}、N_1 ——定子绕组的绕组系数和匝数；

         k_{w2}、N_2 ——转子绕组的绕组系数和匝数；

         Φ_{dm} ——纵向脉振磁通势的最大值。

$$k_u=\frac{E_Z}{E_D}=\frac{k_{w2}N_2}{k_{w1}N_1} \tag{10-21}$$

式中 k_u ——旋转变压器的电压比。

忽略定子励磁绕组漏阻抗，则有

$$U_f=E_D \tag{10-22}$$

而余弦输出绕组的输出电压为

$$U_{Z12}=E_{Z12}=k_uE_D=k_uU_f \tag{10-23}$$

由于 Φ_d 的方向与正弦输出绕组 Z3Z4 的轴线垂直，不会在该绕组中产生感应电动势，所以正弦输出绕组输出电压为零。

当转子偏离基准位置 θ 时，如图 10-19（b）所示，纵向脉振磁通 Φ_d 通过转子两绕组的磁通势分别为

$$\Phi_{Z12}=\Phi_d\cos\theta$$
$$\Phi_{Z34}=\Phi_d\sin\theta$$

它们在转子绕组中产生的感应电动势为

$$\left.\begin{array}{l}E_{Z12}=E_Z\cos\theta=k_uE_D\cos\theta=k_uU_f\cos\theta\\ E_{Z34}=E_Z\sin\theta=k_uE_D\sin\theta=k_uU_f\sin\theta\end{array}\right\} \tag{10-24}$$

故空载时输出电压为

$$\left.\begin{array}{l}U_{Z12}=k_uU_f\cos\theta\\ U_{Z34}=k_uU_f\sin\theta\end{array}\right\} \tag{10-25}$$

由式（10-25）可知，只要励磁电压 U_f 不变，则转子绕组输出电压与转角 θ 保持正弦和余弦函数关系。

(2) 负载运行。如图 10-20 所示，当转子绕组 Z1Z2 接有负载阻抗 Z_L，则产生电流 I_{Z12}，I_{Z12} 产生与 Z_1Z_2 绕组轴线一致的脉振磁动势 F_{Z12}，该磁动势可分为两个分量，一个是纵向分量 F_{Zd} 与绕组轴线 D1D2 方向一致，另一个是横向分量 F_{Zq} 与绕组轴线 D1D2 方向垂直，即

$$\left.\begin{array}{l}F_{Zd}=F_{Z12}\cos\theta\\ F_{Zq}=F_{Z12}\sin\theta\end{array}\right\} \tag{10-26}$$

其中转子磁动势纵向分量 F_{Zd} 与定子磁动势 F_{Dd} 共同作用产生纵向磁动势 Φ_d。根据磁动势平衡原理，只要 U_f

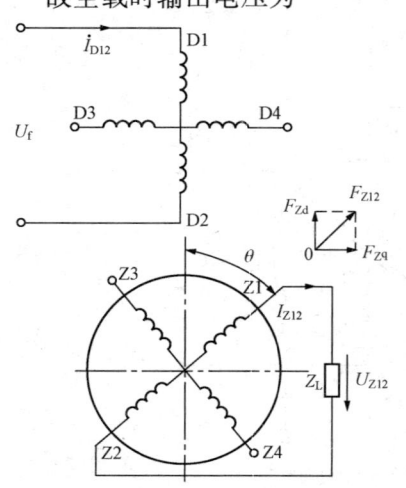

图 10-20 旋转变压器的负载运行

大小和频率不变，它们共同产生的磁通 Φ_d 与空载时的 Φ_d 基本相同。F_{Zd} 的作用主要是去磁作用，为维持 Φ_d 不变，定子磁动势要增加即定子电流 I_{D12} 要增加，而横向磁动势 F_{Zq} 没有相应的磁动势相平衡，将产生横向磁通 Φ_q，并在转子绕组中分别产生感应电动势，从而破坏了输出绕组的输出电压与转角的正弦和余弦成正比关系。

这种现象称为输出电压畸变。负载电流越大，它产生的交轴磁通势就越大，输出电压畸变越严重。要解决旋转变压器负载运行时出现的输出电压畸变问题，就必须设法消除交轴磁通 Φ_q，消除的方法称为补偿。基本补偿方法有以下几种：

1) 定子边补偿。如图 10-21 所示，将定子绕组 D3D4 绕组短路作为补偿用。由于 D3D4 绕组轴线与交轴磁通 Φ_q 轴线一致，Φ_q 在 D3D4 绕组中产生感应电动势。根据楞次定律，这一电流所产生的磁通一定反对原来的磁通变化，即对转子交轴磁通起抵消作用，这样电机内的交轴磁通 Φ_q 和 Φ_q 在定子绕组 D3D4 内产生电流 I_{D34}，I_{D34} 形成定子交轴磁通势 F_{Dq} 与转子交轴磁通势 F_{Zq} 共同作用产生。D3D4 绕组短接时，该绕组内由 Φ_q 产生的感应电动势在数值上等于其漏阻抗压降。由于漏阻抗很小，因此其感应电动势很小，接近于零。所以这种补偿方式能起到较好的补偿作用，而且方法简单、容易实现。

2) 转子边补偿。如图 10-22 所示，两个转子绕组，一个做输出绕组接负载 Z_L，另一个做补偿绕组接阻抗 Z_C。于是两绕组中电动势分别在各自回路中产生电流 I_{Z12}、I_{Z34}。由于他们所产生的磁通势的交轴分量方向相反，相互抵消，只要 Z_C 选择合适，就可以使它们的交轴分量方向相反、大小相等，完全抵消，从而实现了全补偿。全补偿的条件是 $Z_C = Z_L$。

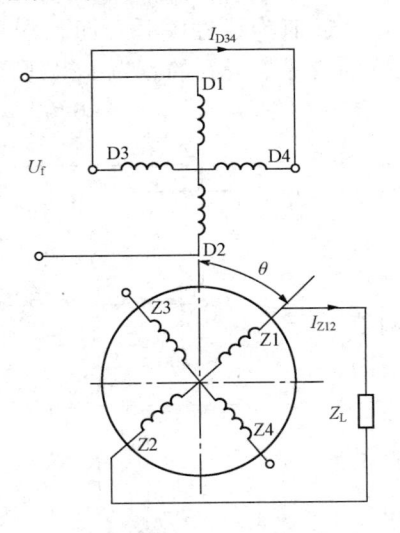

图 10-21　定子边补偿

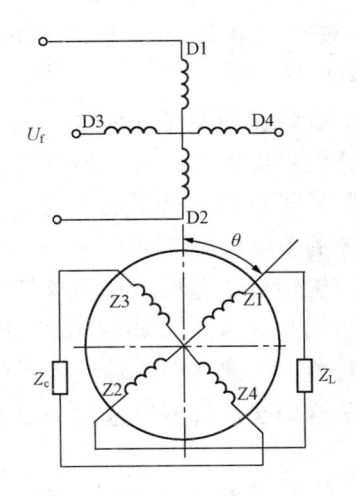

图 10-22　转子边补偿

3) 双边补偿。实际上不可能随时保证 $Z_C = Z_L$，所以一般不单独采用转子边补偿，而是将定子边补偿和转子边补偿同时采用，其效果比采用单边补偿好。

2. 线性旋转变压器

线性旋转变压器是指转子的输出电压与转子转角 θ 成比例关系的旋转变压器。即 $U_{sc} = f(\theta)$ 的函数曲线为一条直线。

正弦、余弦旋转变压器的正弦输出绕组的电压值与 $\sin\theta$ 成正比。当转子转角 θ 用弧度作单位时，θ 在很小范围内时，$\sin\theta \approx \theta$，因此，正弦、余弦旋转变压器在转子转角很小情况下，可以作为线性旋转变压器使用。但是当 $\theta = 14° = 0.24435\text{rad}$ 时，$\sin 14° = 0.21492$，误差超过 1%。因此，若要求在更大转角范围内得到与转角呈线性关系输出电压时，简单的用正、余弦旋转变压器就不能满足要求了。

线性旋转变压器的接线图如图 10-23 所示。将定子绕组 D1D2 与转子绕组 Z1Z2 串联后加上交流励磁电压 U_f。转子正弦输出绕组 Z3Z4 接负载 Z_L 做输出绕组。定子 D3D4 绕组短接作补偿绕组。由于采用定子边补偿措施，可认为交轴磁通不存在，只有直轴磁通 Φ_d 分别在定子绕组 D1D2 和转子绕组 Z1Z2 及 Z3Z4 中产生电动势 E_D、E_{Z12}、E_{Z34}。它们的相位相同，大小符合式（10-22）和式（10-24）。如果忽略定、转子绕组的漏抗可得

$$\left. \begin{array}{l} U_f = E_D + E_{Z12} = E_D + k_u E_D \cos\theta \\ U_{sc} = E_{Z34} = k_u E_D \sin\theta \end{array} \right\} \quad (10\text{-}27)$$

因此，输出电压 U_{sc} 与励磁电压 U_f 的有效值正比为

$$\frac{U_{sc}}{U_f} = \frac{k_u \sin\theta}{1 + k_u \cos\theta}$$

则

$$U_{sc} = \frac{k_u \sin\theta}{1 + k_u \cos\theta} U_f \quad (10\text{-}28)$$

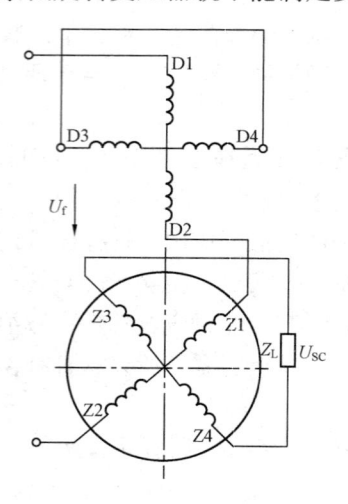

图 10-23 线性旋转变压器接线图

当电压比 $k_u = 0.52$，在 $\theta = \pm 60°$ 范围内，与 θ 近似为线性关系，而且误差不超过 0.1%。不过式（10-28）是在忽略了定、转子漏阻抗的情况下得到的。为了得到最佳的 U_{sc} 与 θ 之间的线性关系，实际应用表明，线性旋转变压器一般取 $k_u = 0.56 \sim 0.57$。

比例式旋转变压器工作原理同正、余弦变压器一样，不同之处是比例式旋转变压器的转轴上装有调整齿轮和调整后可以固定转子的机构。使用时，可将转子转到需要的角度后加以固定。

比例式旋转变压器可以用来求解三角函数、调节电压和实现阻抗匹配等。如图 10-24 所示。将转子固定在某一转角下，则这台旋转变压器便与一台静止的普通的变压器相同，只不过这两个输出绕组的输出电压分别为

$$\left. \begin{array}{l} U_{Z12} = k_u U_f \cos\theta \\ U_{Z34} = k_u U_f \sin\theta \end{array} \right\} \quad (10\text{-}29)$$

在励磁电压一定时，只要调节转角 θ，便可以求解正弦和余弦函数。也可以实现调压的目的，而且还可以将比例式旋转变压器像普通静止变压器一样做阻抗匹配用。

数据传输用旋转变压器的工作原理和用途与控制式自整角机相同，但精确度要比控制式自整角机高。

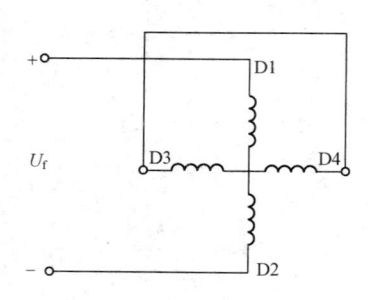

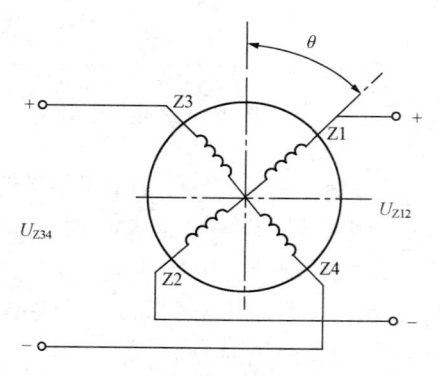

图 10-24 比例式旋转变压器

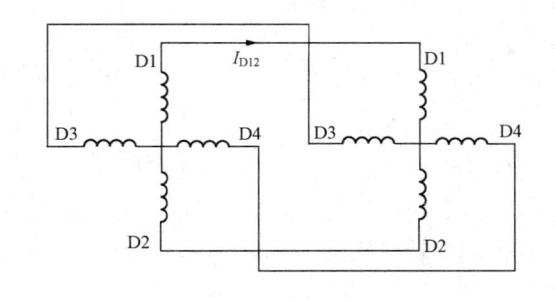

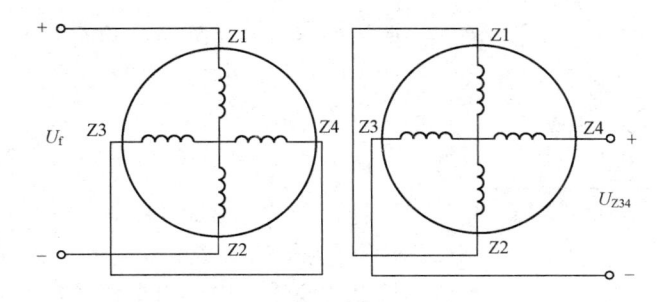

如图 10-25 所示。

图 10-25 数据传输用旋转变压器

左边为旋变发送机,右边为旋变变压器。它们定子绕组对应连,旋变发送机的转子绕组 Z1Z2 加上交流励磁电压 U_f,Z3Z4 绕组短接作为补偿绕组用,旋变变压器的转子绕组 Z3Z4 作输出绕组,Z1Z2 绕组短接作补偿绕组用。与控制式自整角机一样,当旋变发送机励磁绕组 Z1Z2 与旋变变压器的输出绕组 Z3Z4 处于垂直协调位置时,输出绕组没有输出电压。当旋变发送机的转子转过一个 θ 角时,旋变变压器的输出绕组便有电压输出。

10.6 单相异步电动机

家用电器和医疗器械,如电扇、电冰箱、洗衣机等都采用单相异步电动机作为原动机。单相异步电动机在结构上与鼠笼式异步电动机相似,转子也为鼠笼式转子,而定子绕组只有两个绕组。一个是工作绕组,称为主绕组,占总槽数 $\frac{1}{2} \sim \frac{2}{3}$,其余槽数则要放启动绕组,又称辅助绕组。启动绕组一般只在启动时接入,当转速上升到 $(75\% \sim 80\%)n_N$ 时,靠离心开关或继电器触头将其切除。

和同功率的三相异步电动机相比较,单相异步电动机体积大、运行性能差,因此一般只制作小功率单相异步电动机,功率在 8~750W。

10.6.1 单相异步电动机工作原理

单相异步电动机定子绕组接单相电源,绕组中通过电流 $i = \sqrt{2}I\cos\omega t$。该电流产生的磁通势为一个单相脉振磁通势,若只取基波,可得到单相基波脉振磁动势。

只取基波,
$$f_1(x,t) = F_1 \cos\frac{\pi}{\tau}x\cos\omega t \tag{10-30}$$

$$f_1(x,t) = F_1 \cos\frac{\pi}{\tau}x \cos\omega t$$
$$= \frac{1}{2}F_1\cos\left(\frac{\pi}{\tau}x - \omega t\right) + \frac{1}{2}F_1\cos\left(\frac{\pi}{\tau}x + \omega t\right) \qquad (10\text{-}31)$$
$$= f_+ + f_-$$

式（10-31）表明一个脉振磁场可以分解为两个幅值相等、转速相同、转向相反的圆形旋转磁场。这两个旋转磁场分别在转子中产生大小相等、方向相反的电磁转矩。

若电动机转速为 n，对正向旋转磁场而言，转差率 s_+ 为

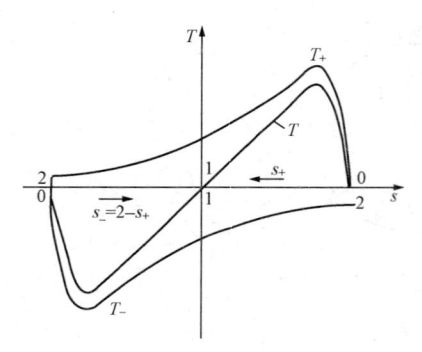

$$s_+ = \frac{n_1 - n}{n_1}$$

而反向旋转磁场而言，转差率 s_- 为

$$s_- = \frac{n_1 - (-n)}{n_1}$$
$$= \frac{2n_1 - (n_1 - n)}{n_1} = 2 - s_+ \qquad (10\text{-}32)$$

可见，当 $s_+ = 0$ 时，$s_- = 2$，当 $s_- = 0$ 时，$s_+ = 2$。图 10-26 所示为单相异步电动机的 T-s 曲线。

从上述曲线可以看出单相异步电动机主要特点有：

（1）当电动机不旋转时，$n=0$，$s_+ = s_- = 1$，合成转矩 $T = T_+ - T_- = 0$，表明单相异步电动机中无启动转矩。

图 10-26 单相异步电动机的 T-s 曲线

（2）合成转矩曲线对称于 $s_+ = s_- = 1$，若用外力使电动机转动起来，s_+ 和 s_- 不为 1 时，合成转矩不为零，这时合成转矩大于负载转矩，即使去掉外力，电动机也能加速到接近于同步转速 n_1。

10.6.2 单相异步电动机主要类型及启动方法

单相异步电动机的定子磁动势是一个脉振磁动势，不能产生启动转矩，因此解决启动问题是单相异步电动机的关键。根据启动方法及相应的结构的不同，单相异步电动机分为分相式电动机和罩极式电动机。

1. 分相式电动机

在分析交流绕组磁动势时得出一个结论，在空间不同相绕组，通过时间上不同相电流，就能产生一个旋转磁场。分相电动机就是根据这一原理设计的。分相电动机包括电容启动电动机、电容电动机和电阻启动电动机。

（1）电容启动电动机。如图 10-27（a）所示，定子上有两个在空间相差 90°电角度的绕组，N1 称为工作绕组，接在单相电源上，N2 称为启动绕组，与电容 C 串联，通过离心开关 S 并联在单相电源上。因工作绕组呈感性，$\dot{I}_1$ 滞后于 $\dot{U}$。若选择适当电容 C，使启动绕组中电流 $\dot{I}_{st}$ 超前 $\dot{I}_1$ 90°，如图 10-27（b）所示。在空间相差 90°电角度的对称两相绕组流入时间相差 90°的两相对称电流，将产生

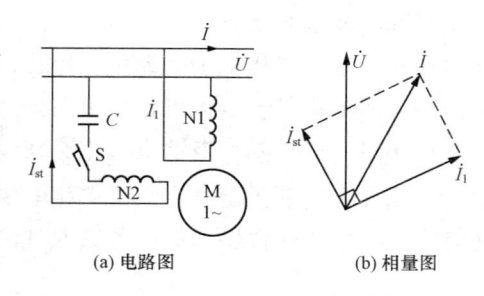

(a) 电路图　　(b) 相量图

图 10-27 单相异步电动机

一个圆形旋转磁场。从而产生足够大的启动转矩，使电动机转动起来。

这种电动机启动绕组是按短时工作设计的，当转速达到70%～85%同步转速时，离心开关断开，自动将启动绕组切除。

（2）电容电动机。这种电动机在结构上同电容分相电动机一样，只是启动绕组和电容器都设计按长期工作设计的，实质是一台两相电动机，这种电机的启动性能和运行性能都比较好。

如图10-28所示，电动机工作时比启动时所需电容小，所以电动机启动后必须用离心开关切除启动电容C_{st}，接到工作电容C上，此时工作电容C和启动绕组一起参与运行。

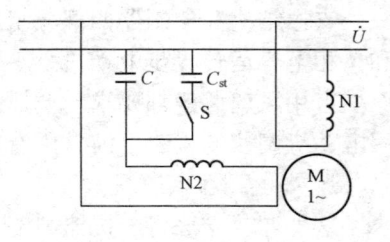

电容电动机反转的方法是将工作绕组或启动绕组的两个出线端对调即可。

（3）电阻启动电动机。电阻启动电动机的启动绕组通过一个离心开关和工作绕组并连接在同一单相电源上，由于两绕组阻抗值不同，两绕组中的电流相位也不同，但相差不大，因此这时在空间形成一个椭圆形旋转磁场，所以电动机启动转矩不大，只适用于空载或轻载启动场合。

图10-28 单相电容电动机

2. 罩极电动机

罩极电动机的定子铁芯通常采用凸极式，凸极上套装一个集中绕组，称为一次绕组。在凸极极靴表面$\frac{1}{3}$～$\frac{1}{4}$处开有一凹槽，把凸极分为两部分。在极靴较窄的那部分（称为罩极）套上一个很粗的短路铜环，称为二次绕组（罩极绕组）。

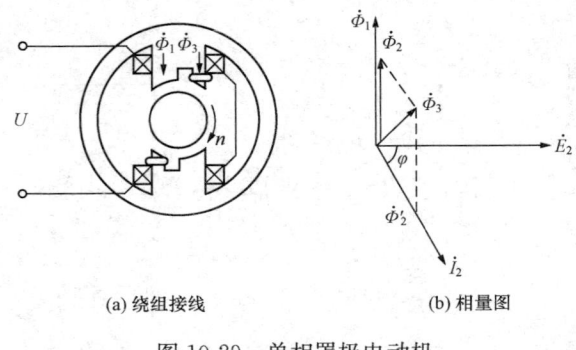

罩极电动机的转子为鼠笼式，如图10-29（a）所示。当二次绕组通入单相交流电流后，将产生一个脉振磁通，其中一部分磁通Φ_1不穿过短路铜环，另一部分磁通Φ_2穿过短路铜环。Φ_1和Φ_2同相位且$\Phi_1 > \Phi_2$。Φ_2在短路铜环内产生感应电动势$\dot{E}_2$，它滞后$\dot{\Phi}_2$ 90°电角度。由于短路铜环闭合，在环内产生电流$\dot{I}_2$。根据楞次定律，$\dot{I}_2$产生与其同相位的磁通$\dot{\Phi}'_2$，它也穿

(a) 绕组接线   (b) 相量图

图10-29 单相罩极电动机

过短路环。因此罩极部分穿过总磁通$\dot{\Phi}_3 = \dot{\Phi}_2 + \dot{\Phi}'_2$，如图10-29（b）所示。由此可见，未罩部分磁通$\dot{\Phi}_1$与罩极的部分磁通$\dot{\Phi}_3$在空间上和时间上都有相位差，因此它们必然在空间形成一个椭圆形旋转磁场，转向由磁通超前相向滞后相方向旋转，即从未罩部分向被罩部分旋转。一般罩极电动机的转向不能改变，除非将定子磁极反装。

10.6.3 单相异步电动机的应用

单相异步电动机与三相异步电动机相比，其单位容量体积大，效率及功率因数较低，过载能力也较小。因此，单相异步电动机只做成微型的，功率在几瓦至几百瓦之间。

单相异步电动机广泛用于家用电器，医疗机械及轻工设备中。电容启动电动机及电容电

动机启动转矩大，容量可做到几十瓦到几百瓦，常用于电风扇、空气压缩机、电冰箱和空调设备中。

罩极电动机结构简单，制造方便，但启动转矩小，多用于小型风扇，电动机模型和电唱机、录音机中，容量一般在 40W 以下。下面仅对单相异步电动机应用于电风扇的情况加以介绍。

电风扇是利用电动机带动风叶旋转来加速空气流动的一种常用电动器具。它由风叶、扇头、支撑结构和控制器四部分组成。常用单相交流电风扇中，一般使用单相罩极异步电动机和单相电容运转异步电动机。

家用风扇一般都要求能调速。单相异步电动机调速方法有变极调速、降压调速。电风扇用电动机调速的方法目前常用有串电抗器调速法和绕组抽头调速法。

1. 串电抗器调速法

这种调速方法将电抗器与电动机定子绕组串联，通电时利用在电抗器上产生的电压降来分压，使电动机定子绕组上电压减小，从而达到降压调速的目的。调速时，只能从额定转速向低速调速，如图 10-30 所示。当分接开关 S 调到慢的位置，电抗器全部串入，电动机定子绕组分得电压最低，转速最低。分接头调到快的位置，电抗器全部切除，电动机定子绕组加电源额定电压，转速最高。

2. 电动机绕组抽头调速

电容运转电动机在调速范围不大时，普遍采用定子绕组抽头调速。如图 10-31 所示，定子槽中嵌有工作绕组 W1W2，启动绕组 S1S2 和调速绕组 D1D2。改变调速绕组与工作绕组、启动绕组的连接方式，调节气隙磁场大小及椭圆度来实现调速的目的。这种调速方法通常有 L 形接法和 T 形接法两种。

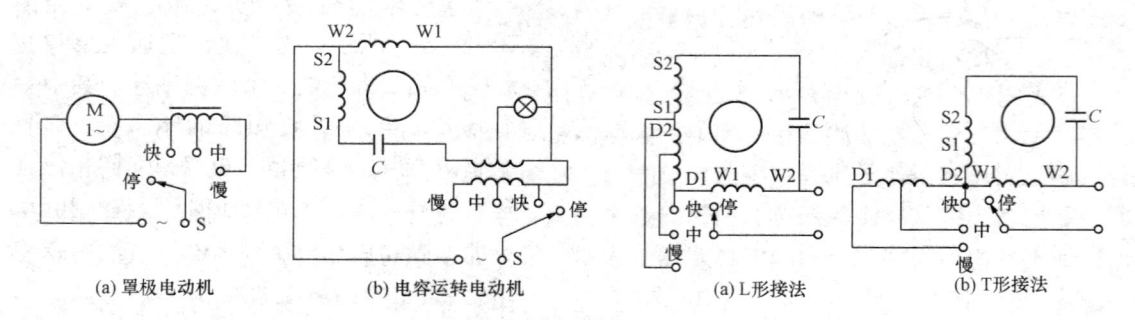

(a) 罩极电动机　　(b) 电容运转电动机

图 10-30　单相异步电动机串电抗器调速电路

(a) L 形接法　　(b) T 形接法

图 10-31　电容电动机抽头调速接线图

与串电抗器调速比较，用绕组内部抽头调速不需要电抗器，故其优点是节省材料，耗电量小，缺点是绕组嵌线和接线比较复杂。

10.7　直线电动机

直线电动机是一种不需要中间转换装置，而能直接作直线运动的电动机械。直线电动机可分为直线异步电动机、直线同步电动机、直线直流电动机和其他直线电机。本节介绍直线异步电动机。

10.7.1 直线异步电动机的分类和结构

直线异步电动机主要有平板形、圆筒形和圆盘形三种形式,其中平板形应用最广泛。

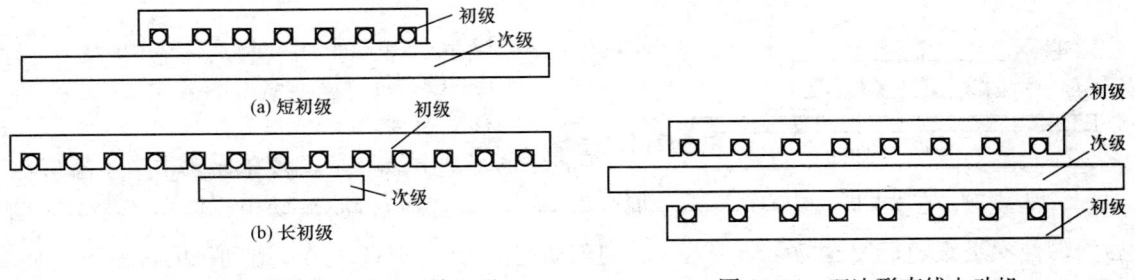

1. 平板形直线异步电动机

平板形直线异步电动机可看成是从旋转电动机演变而来的,设想把旋转的异步电动机沿着径向剖开,并将定、转子圆周展开成直线,即可得到平板形直线异步电动机,如图10-32所示。

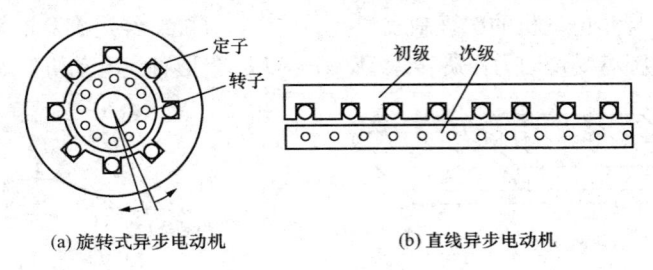

图 10-32 平板形直线电动机的形成

由定子演变出来的一侧称为初级,由转子演变而来的一侧称为次级。直线电动机的运动方式可以是固定初级,让次级运动,此时称为动次级;相反,也可将次级固定,让初级运动,称为动初级。

为了在运动过程中始终保持初级和磁极耦合,初级和次级的长度不应相等,可以是初级短次级长,称为短初级;也可以初级长次级短,称为长初级,如图10-33所示。由于短初级结构简单,制造和运行成本较低,故除特殊场合外,一般均采用短初级。

图10-33所示的平板形直线异步电动机,仅在次级的一边有初级,称为单边形。单边形除了产生切向力外,还会在初次级间产生较大的法向力,这在某些应用中是不希望产生的。为了更充分的利用次级和消除法向力,可以在次级两侧都装上初级,称为双边形,如图10-34所示。

图 10-33 平板形直线异步电动机(单边形)　　图 10-34 双边形直线电动机

平板形直线异步电动机的初级铁芯由硅钢片叠成,表面开有齿槽,槽中嵌放绕组。初级绕组可以是单相、两相、三相或多相。它的次级形式较多,有类似鼠笼式转子的结构,即在钢板上(或铁芯叠片里)开槽,槽中放入铜条或铝条,然后用铜带或铝带在两侧端部短接。但由于其工艺和结构较复杂,故在短初级直线电动机中很少采用。最常用的次级有三种:

(1)用整块钢板制成,称为钢次级或磁性次级,钢板既起导磁作用,又起导电作用。

(2)为钢板上覆合一层铜板或铝板,称为覆合次级。钢板主要用于导磁,而铜板或铝板用于导电。

(3)用单纯的铜板或铝板,称为铜(铝)次级或非磁性次级,这种次级一般用于双边形电机中。

2. 圆筒形（或称管形）直线电动机

若将平板型直线电动机沿着与移动方向相垂直的方向卷成圆筒，即成圆筒形直线电动机，如图 10-35 所示。

3. 圆盘形直线异步电动机

若将平板形直线异步电动机的次级制成圆盘形结构，并能绕经过圆心的轴自由转动，将初级放在圆盘的内侧，使圆盘受切向力作旋转运动，便成为圆盘形直线电动机，如图 10-36 所示。

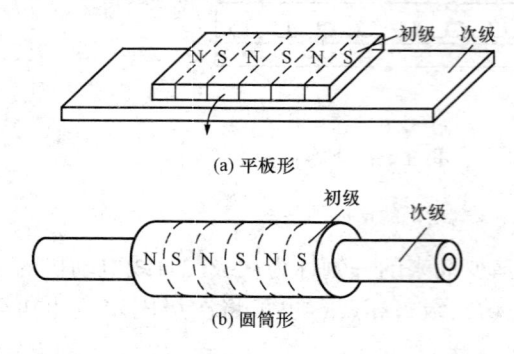

图 10-35 圆筒形直线异步电动机形成示意图

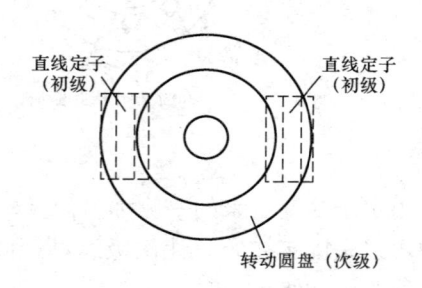

图 10-36 圆盘形直线异步电动机

10.7.2 直线异步电动机的工作原理

当初级的多相绕组通入多相电流后，会产生一个气隙基波磁场，但这个磁场不是旋转磁场，而是沿直线移动的磁场，称为行波磁场。该磁场在空间为正弦分布，如图 10-37 所示。它的移动速度为

$$v_1 = \pi D_a \frac{n_1}{60} = 2p\tau \frac{n_1}{60} = 2\tau f_1 \tag{10-33}$$

式中　τ ——极距，cm；
　　　f_1 ——电源频率，Hz；
　　　v_1 ——移动速度，cm/s。

图 10-37 直线电机工作原理

行波磁场切割次级导条，将在导条中产生感应电动势和电流，该电流与行波磁场相互作用产生切向电磁力，使次级跟随行波磁场移动。若次级的移动速度为 v，则直线异步电动机的转差率 s 为

$$s = \frac{v_1 - v}{v_1} \tag{10-34}$$

将式（10-34）代入式（10-33）中可得

$$v = 2\tau f_1 (1-s) \tag{10-35}$$

由式（10-35）可知，改变极距 τ 或电源频率 f_1，均可以改变次级的移动速度，改变初级绕组中通入电流相序，可改变次级移动方向。

10.7.3 直线异步电动机的应用

直线异步电动机主要应用在各种直线运动的电力拖动系统中。如自动搬运装置、传送带、带锯、直线打桩机、电磁锤、矿山用直线电机推车机及磁悬浮高速列车等。也用于自动

控制系统中，如液态金属电磁泵、门阀、开关自动关闭装置、自动生产线和机械手等。

直线异步电动机与磁悬浮技术相结合应用于高速列车上即磁悬浮列车。可使列车速度达400km/h以上而无振动噪声，成为一种最先进的地面高速交通工具。磁悬浮列车是采用磁力悬浮列车，就是采用磁力悬浮车体，应用直线电动机驱动技术，使列车在轨道上浮起滑行。磁悬浮列车按其机理可分为两类。

1. 常导吸浮型

用一般的导电线圈，以异性磁极相吸的原理使列车悬浮在轨道上。通常由直线异步电动机驱动，图10-38所示为常导吸浮型直线电动机的组成，时速可根据需要设计为几百千米每小时，磁悬浮高度一般在10mm左右。可见，它是将直线异步电动机的短初级安装在车辆上，由铁磁材料制成的轨道为长次级。同时在车上还装有悬浮电磁铁，产生电磁力将车辆从下面拉向轨道，并保持一定的垂直距离。它是以车上的磁体与铁磁轨道之间产生的吸力为基础，通过闭环控制系统调节电压和频率来控制车速。通过控制磁场作用力来改变推力的方向，使磁悬浮列车实现非接触的制动功能。此外，还有导向线圈组成的导向装置。

2. 超导斥浮型

用低温超导线圈，以同极性磁极相斥原理使列车悬浮在轨道上。通常由直线电动机驱动，图10-39所示为超导斥浮型直线电动机的组成。在车上装有直线异步电动机的初级超导磁体和超导电磁铁，直线异步电动机的次级和悬浮线圈都装在地面轨道内。它是以装在车上的磁体与轨道之间产生的推斥力为基础的。电动机只有在速度不为零时工作，推斥力随车速度的增加而增加。另外，在高速运行中，除了上述推进和悬浮特点外，当然也有导向装置。

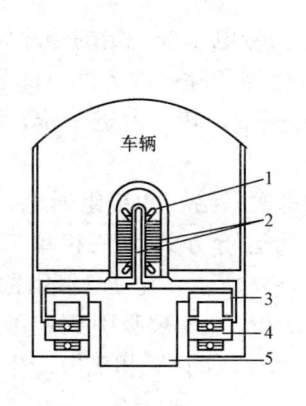

图10-38 常导吸浮型
直线电动机的组成
1—次级；2—初级；3—电磁铁次级；
4—电磁铁初级；5—轨道底座

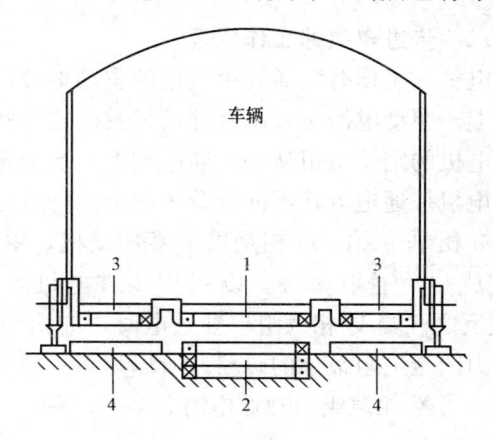

图10-39 超导斥浮型直线电动机的组成
1—次级；2—初级；3—超导电磁铁；4—悬浮线圈

10.8 步进电机

步进电机，又称为脉冲电动机。其功能是把电脉冲信号转换为输出轴上的转角或转速。步进电机按相数的不同分为三相、四相、五相、六相等；按转子材料的不同，分为磁阻式

(反应式)等。目前以磁阻式步进电机应用最多。

10.8.1 步进电机的基本结构

图 10-40 所示,是三相磁阻式步进电机的结构原理图,定子和转子都用硅钢片叠成双凸极形式,定子上有 6 个极,其上装有绕组,相对两个极上绕组串联起来组成 3 个独立的绕组,称为三相绕组,独立绕组数称为步进电机的相数。因此,四相步进电机,定子上应有 8 个极,4 个独立绕组,五相、六相步进电机依次类推。图 10-40 中转子有 4 个极(或称为 4 个齿),其上无绕组。图 10-41 是一种增加转子齿数的典型结构图。为了不增加直径,还可以按相数 m 做成多段式。无论是哪一种结构形式,其工作原理都相同。

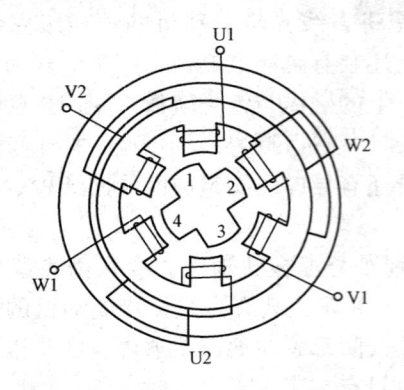

图 10-40 三相磁阻式步进电机原理图 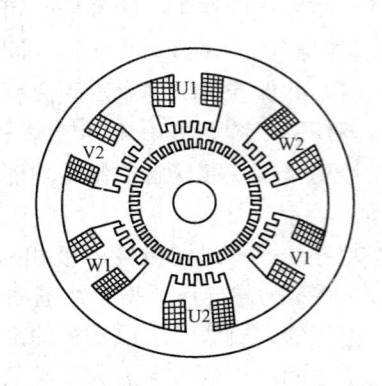   图 10-41 步进电机典型结构图

10.8.2 步进电机的工作原理

步进电机在工作时,需要由专用的驱动电源将脉冲信号电压按一定的顺序轮流加到定子各相绕组上。驱动电源主要由脉冲信号发生器、脉冲分配器和脉冲放大器三部分组成。

步进电机的定子绕组从一次通电到下一次通电称为一拍。转子前进一步,称为步距角。m 相步进电机按通电方式不同,分为以下三种运行方式。

(1) m 相单 m 拍。m 相是指 m 相电动机,单是指每次只给一相绕组通电,m 拍是指通电 m 次完成一个通电循环。以三相步进电机为例,其运行方式为三相单三拍运行,即 U-V-W 或反之。当 U 相绕组单独通电时,如图 10-42(a)所示,定子 U 相磁极产生磁场,由于磁通力图走磁阻最小的磁路,所以靠近 U 相的转子齿 1、3 被吸引到定子极 U1 和 U2 对齐位置。当 V 相绕组单独通电时,如图 10-42(b)所示,定子 V 相磁极产生磁场,同理,

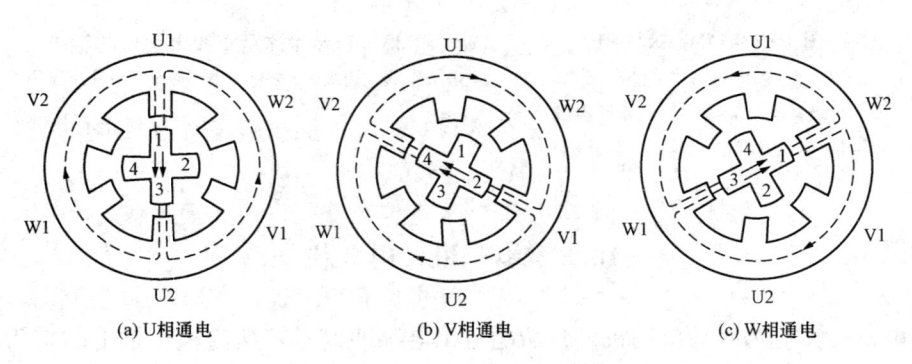

(a) U相通电   (b) V相通电   (c) W相通电

图 10-42 三相单三拍运行示意图

靠近 V 相的转子齿 2、4 被吸引到定子极 V1 和 V2 对齐位置。当 W 相绕组单独通电时，如图 10-42（c）所示，定子 W 相磁极产生磁场，同理，靠近 W 相的转子齿 3、1 被吸引到定子极 W1 和 W2 对齐位置。

以后重复上述过程。可见，当三相绕组按 U-V-W 的顺序通电时，转子将顺时针方向旋转，若改变三相绕组通电顺序，如按 W-V-U 顺序通电时，转子则逆时针方向旋转。显然，该电动机在这种运行方式下的步距角为 30°。

(2) m 相双 m 拍运行。双是指每次同时给两相绕组通电。以三相步进电机为例，其运行方式为三相双三拍运行，其通电顺序为 UV-VW-WU 或反之。当 UV 两相绕组同时通电时，由于 UV 两相磁极对转子都有吸引力，故转子将转到如图 10-43（a）所示位置。当 VW 相绕组同时通电时，由于 VW 相磁极对转子都有吸引力，故转子将转到如图 10-43（b）所示位置。当 WU 组同时通电时，由于 WU 两相磁极对转子都有吸引力，故转子将转到如图 10-43（c）所示位置。以后重复上述过程。可见，当三相绕组按 UV-VW-WU 顺序通电时，转子顺时针方向旋转。改变通电顺序，使其按 WU-VW-UV 顺序通电，则转子变为逆时针方向旋转。显然，这时运行方式下的步距角为 30°。

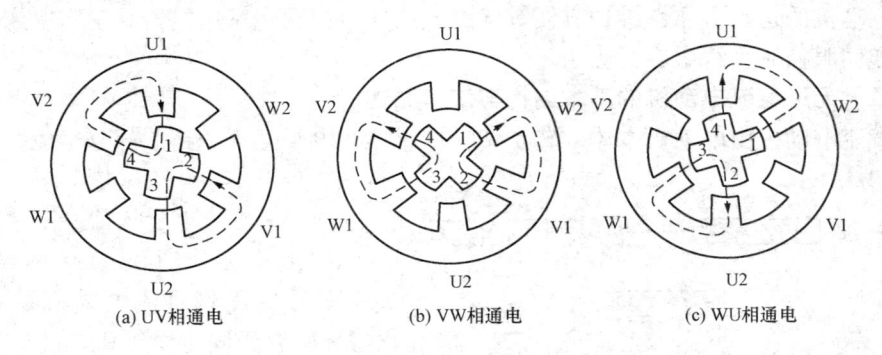

(a) UV 相通电　　　(b) VW 相通电　　　(c) WU 相通电

图 10-43　三相双三拍运行示意图

(3) m 相单、双 $2m$ 拍运行。以三相步进电机为例，其运行方式为三相单、双六拍运行。其通电顺序为 U-UV-V-VW-W-WU 或反之。采用这种运行方式，经过六拍完成一个通电循环，步距角为 15°。综上所述，可见无论采用何种运行方式，步距角（机械角）θ 与转子齿数 Z_r 和拍数 N 之间的关系为

$$\theta = \frac{360°}{Z_r N} \tag{10-36}$$

由于转子每转过一个步距角相当于转子转了 $1/Z_r N$ 圈，若脉冲频率为 f，则转子每秒转过 $f/Z_r N$ 圈，故转子每分钟转速为

$$n = \frac{60f}{Z_r N} \tag{10-37}$$

磁阻式步进电机作用在转子上的电磁转矩为磁阻转矩。转子处在不同位置时，磁阻转矩大小不同，其中，转子受到的最大电磁转矩称为最大静态转矩，它是步进电机的重要技术数据之一。步进电机在启动时，启动转矩不仅要克服负载转矩，还要克服惯性转矩，如果脉冲频率过高，转子跟不上，电机会失步，甚至不能启动。步进电机不失步启动的最高频率，称

为启动频率。

步进电机在启动后，惯性转矩的影响减小，就可以在比启动频率高的脉冲频率下运行步进电机不失步运行的最高频率，称为运行频率。步距角小，最大静态转矩大，则启动频率和运行频率高。

综上所述，步进电机的转角与输入脉冲数成正比，其转速与输入脉冲频率成正比，因而不受电压、负载及环境条件变化的影响。步进电机的上述优点正好符合数字控制系统的要求。步进电机在数控机床、轧钢机、机器人、绘图机、自动记录仪表和计算机外部设备等得到广泛的应用。随着电力电子技术和微电子技术的发展，为步进电机的应用开辟了更为广阔的前景。

10.9 无刷直流电动机

为克服普通直流电动机设置换向器的缺点，无刷直流电动机利用电子开关线路和位置传感器取代了电刷和换向器，使得无刷直流电动机既有直流电动机的机械特性和调节特性，又具有交流电动机的运行可靠性维护方便等优点。因此，在现代家用电器、精密机床、载人飞船等高精度伺服控制系统中广泛应用。

10.9.1 无刷直流电动机的基本结构与工作原理

无刷直流电动机由电动机本体、转子位置传感器和电子开关线路三部分组成，其原理框图如图10-44所示。

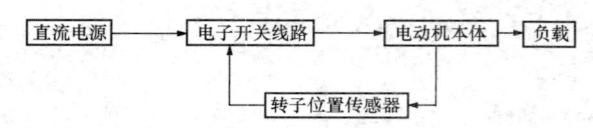

图10-44 无刷直流电动机原理框图

1. 无刷直流电动机的基本结构

无刷直流电动机的基本结构如图10-45所示。无刷直流电动机是一种采用永磁体励磁的同步电动机，所以也可称为无刷永磁直流伺服电动机。它的定子结构与普通同步电动机基本相同，铁芯中嵌有多相对称绕组，而转子则由永磁体取代了直流电励磁同步电动机的转子励磁绕组。

转子结构分两种，一种是将瓦片状永磁体贴在转子表面上如图10-46（a）所示，称为凸极式；另一种是将永磁体内嵌到转子铁芯中，如图10-46（b）所示，称为内嵌式。

定子上开有齿槽，齿槽数与转子极数、相数有关，应是它们的整数倍。绕组相数有二

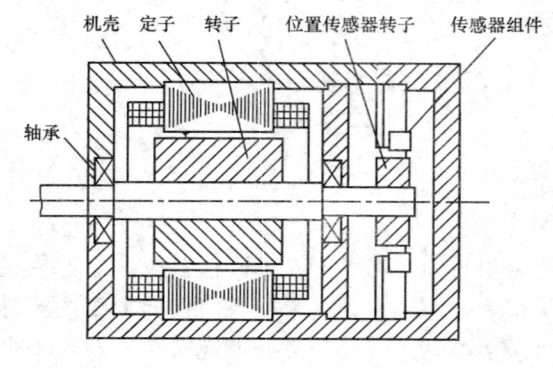

图10-45 无刷直流电动机结构示意图

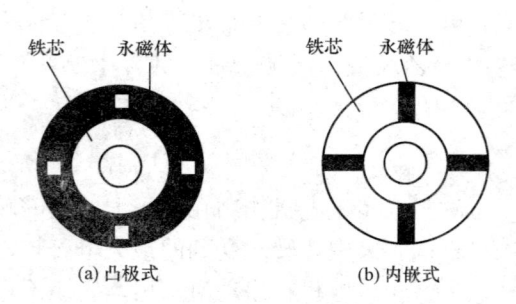

图10-46 永磁转子结构类型

相、三相、四相、五相，最多应用的是三相和四相。各相绕组分别与电子开关电路相连，开关电路中开关管受位置传感器的信号控制。位置传感器是无刷直流电动机的关键部分，常用的位置传感器有电磁式位置传感器、光电式位置传感器和霍尔式位置传感器三种。

无刷直流电动机原理电路图如图 10-47 所示。

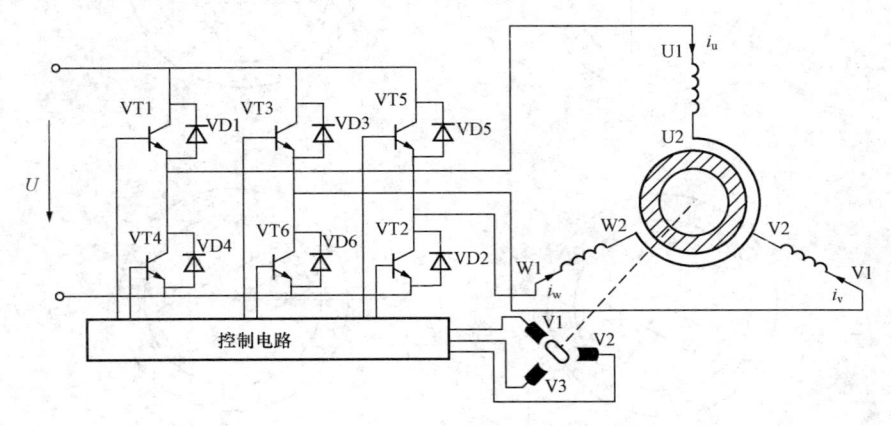

图 10-47　无刷直流电动机原理电路图

2. 无刷直流电动机工作原理

图 10-48 所示为三相无刷直流电动机的工作原理图。利用光电式位置传感器。电动机的定子绕组分布是 U 相、V 相、W 相。因此，光电式位置传感器上也有三个光敏接收元件 V1、V2、V3 与之对应。三个光敏接收元件在空间上间隔 120°，分别控制三个开关管 VT_U、VT_V、VT_W，这三个开关管则控制对应相绕组的通电和断电。

避光板安装在转子上，安装的位置与图中位置相对应。为简化，转子只有 1 对磁极。

当转子处于 10-49（a）所示位置时，遮住光接收元件 V2、V3，只有 V1 可以透光。因此 V1 输出高电平，使开关管 VT_U 导通，U 相绕组通电，而 V、W 两相处于断电状态。U 相绕组通电使定子产生磁场与转子永久磁场相互垂直，产生转矩推动转子逆时针转动。

当转子转到图 10-49（b）位置时遮光板遮住 V1 并使 V2 透光。因此，V1

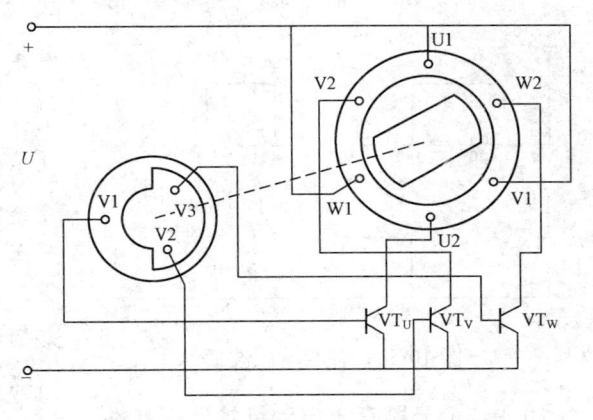

图 10-48　无刷直流电动机工作原理

输出低电平，使开关管 VT_U 截止，U 相断电。同时 V2 输出高电平，使开关管 VT_V 导通，V 相通电，W 相状态不变。这样由于通电相发生变化，使定子磁场方向也发生改变，与转子永磁磁场相互作用，仍然会产生前面过程中同样大转矩，推动转子继续逆时针转动。

当转子转到图 10-49（c）所示位置，遮光板遮住 V2，同时使 V3 透光。因此，V 相断

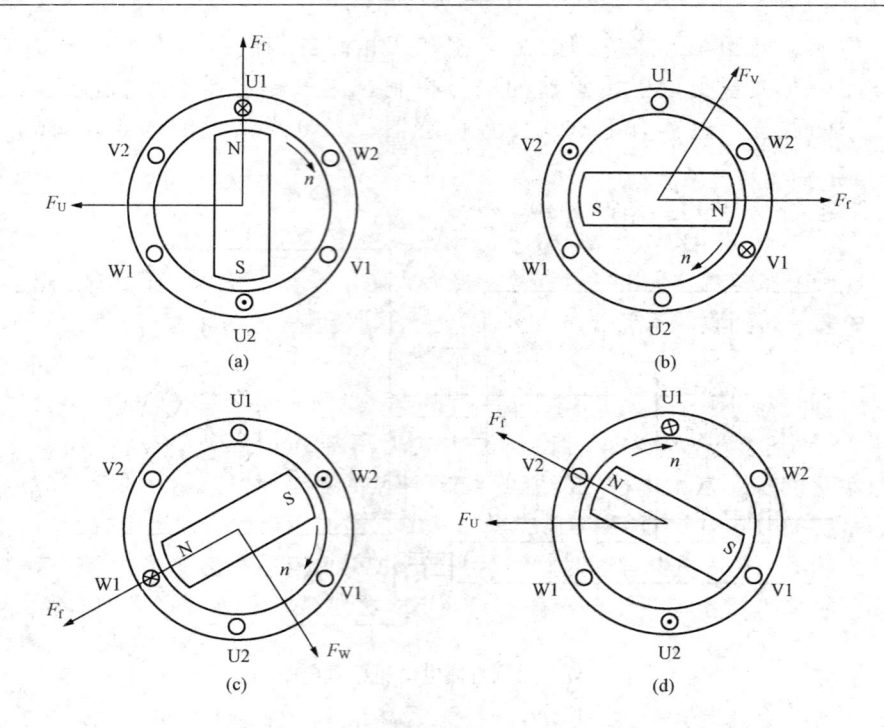

图 10-49　通电绕组与转子位置的关系

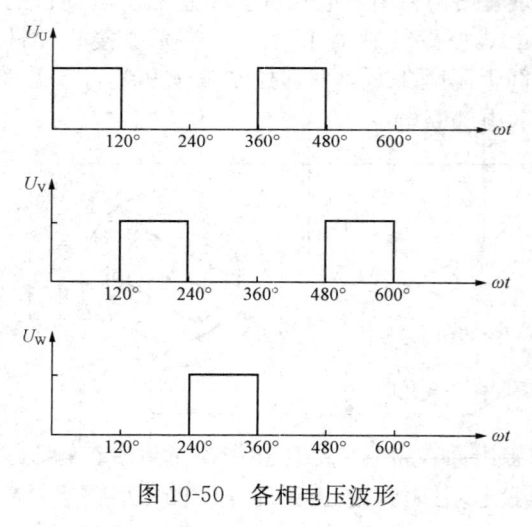

图 10-50　各相电压波形

电，W相通电，定子磁场方向又发生变化，继续推动转子转到图 10-49（d）位置，使转子转到 10-49（a）位置，即转动一周又回到原来位置。如此循环下去，电动机连续转动起来。

图 10-50 所示为各相导通时电压的波形。上述过程可看成按一定顺序换相通电的过程，或者说磁场旋转过程。在换相过程中，定子各相绕组在工作气隙中所形成的旋转磁场是跳跃式运动的。这种旋转磁场在一周期内有三个状态，每种状态持续 120°。定子磁场跟踪转子，并与转子的磁场相互作用，能够产生推动转子继续转动的转矩。

10.9.2　无刷直流电动机的运行特性

1. 机械特性

无刷直流电动机的机械特性为

$$n = \frac{U - 2\Delta U}{C_e \Phi} - \frac{2R_a}{C_e C_T \Phi^2} T \tag{10-38}$$

式中　U——电源电压；

　　　ΔU——一个功率开关管的饱和压降；

　　　R_a——每相电枢绕组电阻；

C_e——电动势常数；

C_T——电磁转矩常数；

Φ——每极磁通。

图 10-51 所示为无刷直流电动机的机械特性曲线。

2. 调节特性

根据式（10-38）可得出调节特性的始动电压 U_0 和斜率 k，即

$$U_0 = \frac{2R_a T}{C_T \Phi} + 2\Delta U \tag{10-39}$$

$$k = \frac{1}{C_e \Phi} \tag{10-40}$$

调节特性曲线如图 10-52 所示。从机械特性和调节特性可见永磁无磁刷直流电动机具有与有刷直流电动机一样良好的控制性能，可以通过改变电压实现无级调速。

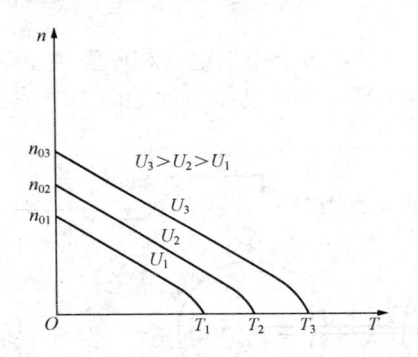

图 10-51 无刷直流电动机的机械特性曲线 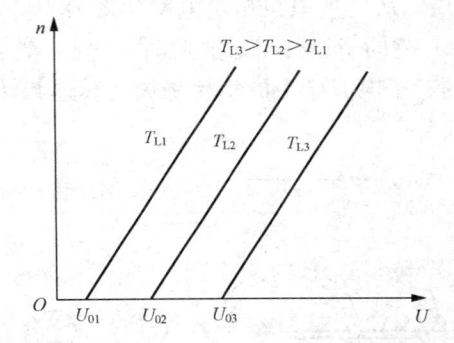　　图 10-52 无刷直流电动机调节特性曲线

10.10 双馈异步电机

10.10.1 双馈异步发电机

双馈异步发电机是当今最有发展前途的一种发电机，其结构是由一台带集电环的绕线转子异步发电机和变频器组成，变频器有交-交变频器、交-直-交变频器及正弦波脉宽调制双向变频器三种，系统结构如图 10-53 所示。

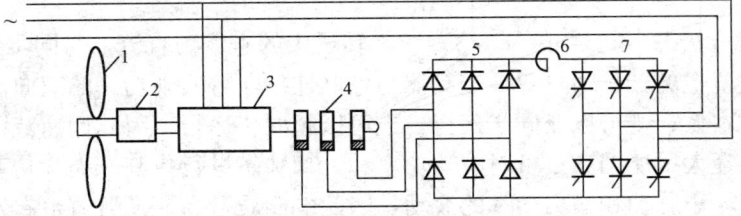

图 10-53 双馈异步发电机的系统结构

1—风力机；2—增速箱；3—双馈异步发电机；4—滑环和电刷；
5—整流器；6—平波电抗器；7—逆变器

异步发电机中定、转子电流产生的旋转磁场始终是相对静止的,当发电机转速变化而频率不变时,发电机转子的转速和定、转子电流的频率关系可表示为

$$f_1 = \frac{p}{60} \times n \pm f_2 \tag{10-41}$$

式中　f_1——定子电流的频率,Hz,$f_1 = \frac{pn_1}{60}$;n_1 为同步转速;

　　　p——发电机的极对数;

　　　n——转子的转速,r/min;

　　　f_2——转子电流的频率,Hz,因 $f_2 = sf_1$,故 f_2 又称为转差频率。

根据双馈异步发电机转子转速的变化,双馈异步发电机可以有三种运行状态:

(1) 亚同步运行状态。此时 $n<n_1$,转差率 $s>0$,频率为 f_2 的转子电流产生的旋转磁场的转速与转子转速同方向,功率流向如图 10-54 所示。

在亚同步运行时,转子电路的滑差功率为 $sP_e = mU_{2s}I_2\cos\varphi_2 > 0$,表明转子由外接电源送入功率 sP_e。发电机传给电网功率为 $P_e = (1-s)P_e$。

(2) 超同步运行状态。此时 $n>n_1$,转差率 $s<0$,转子中的电流相序发生了改变,频率为 f_2 的转子电流产生的旋转磁场的转速与转子转速反方向,功率流向如图 10-55 所示。

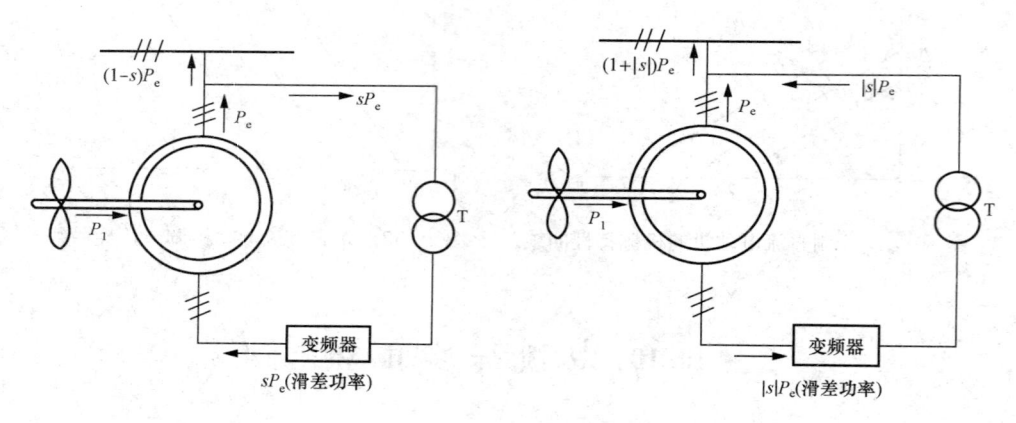

图 10-54　亚同步运行状态时的功率流向　　图 10-55　超同步运行状态时的功率流向

在超同步运行时,$s<0$,转子绕组向电网供电,风力机经转子传递给定子的功率为 P_e,转子输出到电网的电功率为 $|s|P_e$,所以发电机输送给电网的总功率为

$$P_e + |s|P_e = (1+|s|)P_e$$

(3) 同步运行状态。此时 $n=n_1$,$f_2=0$,转子中的电流为直流,与同步发电机相同。

双馈异步发电机的转子通过双向变频器与电网连接,可实现功率的双向流动,功率变换器的容量小,成本低;既可以亚同步运行,也可以超同步运行,因此调速范围宽;可跟踪最佳叶尖速,实现最大风能捕获;可对有功功率和无功功率进行控制,提高功率因数;能吸收阵风能量,减小转矩脉动和输出功率的波动,因此电能质量高,是目前很有发展潜力的变速恒频发电机。

(4) 无刷双馈异步发电机(BDFM)　无刷双馈异步发电机的基本原理与双馈异步发电机相同,不同之处是取消了电刷和集电环,系统运行的可靠性增大,但系统体积也相应增大,

常用的有级联式和磁场调制型两种类型，分别如图 10-56 和图 10-57 所示。

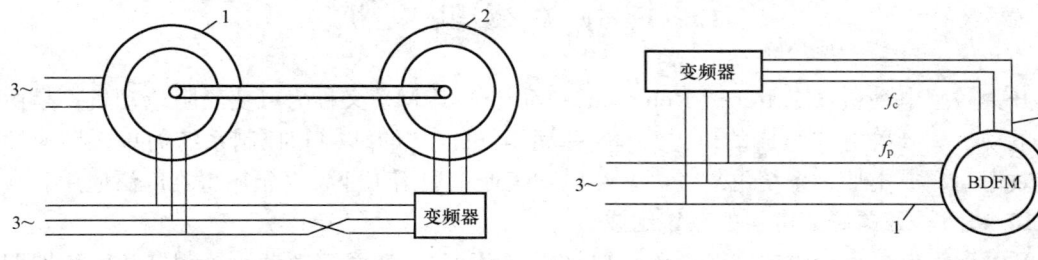

图 10-56　级联式无刷双馈异步发电机
1—功率绕组；2—控制绕组

图 10-57　磁场调制型无刷双馈异步发电机
1—功率绕组频率 f_p；2—控制绕组频率 f_c

10.10.2　双馈异步电动机

绕线式异步电动机可以看作双馈电动机，它有两套绕组与外部连接。双馈电动机具有优异的控制特性，但是传统的双馈异步电动机由于存在集电环和电刷，从而降低了系统可靠性，增加了维修工作，限制了使用。

新型的双馈无刷电动机（DFBM）则将两套绕组均放在定子上，转子上不放绕组。它保留了传统双馈电动机的优点，同时取消了集电环，大大提高了系统可靠性。如采用笼型转子，则称为双馈无刷异步电动机（DFBM）如采用磁阻凸极转子结构，则称为双馈无刷磁阻电动机（DFBRM）。双馈无刷电动机在笼型转子上有短路导体，在导体上感应出电流将产生附近铜损耗，而双馈无刷磁阻电动机没有转子导体不存在铜损耗，因此性能更优越。

图 10-58 所示为双馈无刷磁阻电动机驱动系统总的接线图。图 10-59 所示为双馈无刷磁阻电动机（DFBRM）的截面图。DFBRM 定子由两套三相绕组组成。转子则由一个简单的凸极或轴向叠片构成，没有绕组。双定子绕组有不同极数，一个为 $2p$，另一个为 $2q$。转子极数或叠片块数必须为"$p+q$"以便进行有效地能量转换。两套定子绕组，其中一套绕组直接与恒频电源连接，称为一次绕组，另一套绕组连接电网的电力电子变换器，称为二次绕组。DFBRM 具有结构坚固、高效、低耗和高可靠性，与电力电子变换器有很好的兼容性及运行与控制模式灵活等优点，在汽车、风力发电、调速传动中有广泛应用前景。

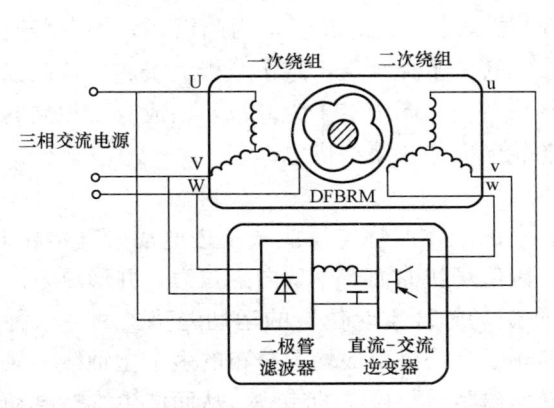

图 10-58　双馈无刷异步电动机的驱动系统总接线图

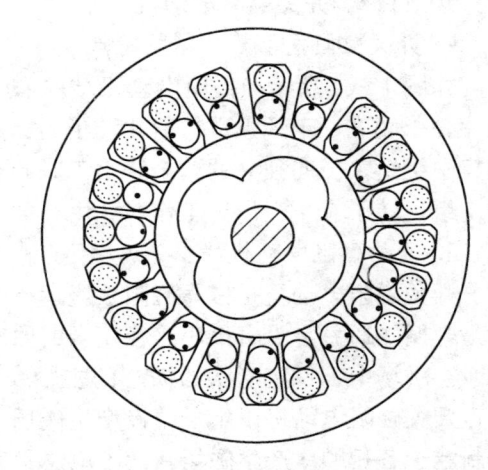

图 10-59　双馈无刷磁阻异步电动机的截面图

10.11 开关磁阻电机

开关磁阻电动机（Switched Reluctance Motor，SRM）又称为可变磁阻电动机，是由磁阻式电动机和开关电源组成的机电一体化新型电机。它的结构和控制系统简单、调速性能好、效率高、成本低、系统可靠性高，在航空工业和通用工业各个领域得到广泛应用。

10.11.1 开关磁阻电机的系统组成

开关磁阻电机系统主要由开关磁阻电动机（SRM）、功率变换器、控制器和传感器四部分组成。如图10-60所示。

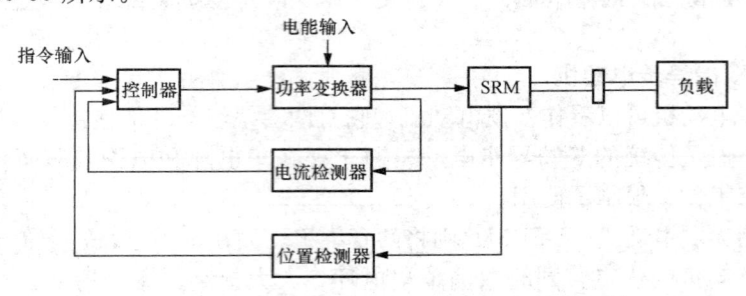

图10-60 开关磁阻电机系统框图

1. 开关磁阻电动机

开关磁阻电动机在系统中作为机电能量的转换的执行元件。

2. 功率变换器

功率变换器是供给开关磁阻电动机的开关电源，连接电源和电动机定子绕组。功率变换器的主电路可以采用不对称的半桥电路、双绕组电路和裂相式电路。

3. 控制器

控制器是SRM系统的指挥中枢，它综合位置传感器、电流检测器提供的电动机转子的位置、速度和电流等反馈信息及外部输入指令，实行SRM的控制。

10.11.2 开关磁阻电动机

1. 开关磁阻电动机的结构特点

如图10-61所示，磁阻电动机结构采用双凸极式。即定、转子均为凸极式，均由普通硅钢片叠压而成，定子极数一般比转子的极数多，转子上无绕组，定子凸极上安放有彼此独立的集中绕组，径向独立的两个绕组串联起来构成一相。图中定子为6极，组成3个独立的三相绕组，转子有4个齿。工作时，由开关电源轮流向三相绕组供电。

2. 开关磁阻电动机的工作原理

开关磁阻电动机是依靠磁阻效应运行的。它的工作原理与反应式步进电动机基本相同，都是遵循磁通总是沿着最小路径闭合的原理，因磁场扭曲而产生切向磁拉力，并形成电磁转矩。在磁场中，一定形状的铁芯的主轴线有向磁场轴线重合位置的运动趋势。利用这种趋势，开关磁阻电动机以定子凸极产生磁场，转子铁芯凸极形成均匀分布的多个主轴线，只要控制定子各相顺序产生磁场，转子就总具有转向磁阻最小位置的趋势。从而产生维持电动机运转的连续电磁转矩。

开关磁阻电动机是由磁阻式电动机和开关电源组成的机电一体化的新型电动机。

如图10-61所示,为一台三相开关磁阻式电动机的结构原理图,定子和转子都采用凸极结构,由硅钢片叠成。定子极数和转子齿数不等,一般相差2个。如图10-61中定子为6个极,其上装有绕组,相对两极上绕组串联起来,组成3个独立的三相绕组,转子上有4个齿,其上不装绕组。工作时,由开关电源轮流向三相绕组供电。

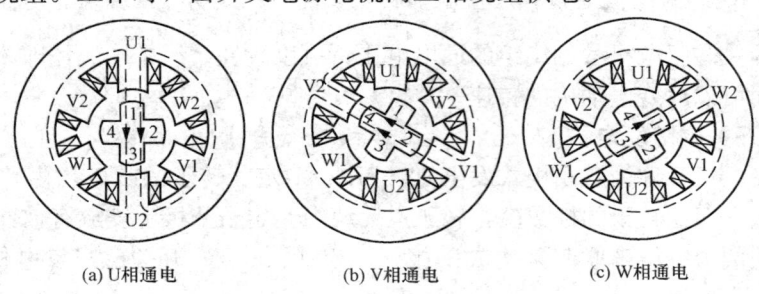

(a) U相通电　　　　(b) V相通电　　　　(c) W相通电

图10-61　三相开关磁阻式电动机的结构原理图

如通电顺序为U－V－W,U相绕组先通电定子U相磁极产生磁场,通过磁阻转矩使转子1、3齿与定子相磁极对齐,如图10-61(a)所示,然后单独给V相绕组通电,V相磁极产生磁场,由于这时转子齿2、4与V相磁极靠得最近,于是转子沿顺时针方向转动,使转子2、4齿与V相磁极对齐,如图10-61(b)所示。再单独给W相绕组通电,W相磁极产生磁场,使转子1、3两齿与W相磁极对齐,如图10-61(c)所示。如此循环通电,则转子会连续转动。如要改变转子转向,改变三相绕组通电的顺序即可,如通电顺序改为U－W－V,则转子改为逆时针转动。

开关磁阻电动机与其他磁阻式电动机相比,不同之处在于开关磁阻电动机转子上装有位置检测器,能够准确及时地发出转子位置信号给开关电源,使其适时的轮流向三相绕组通电,以保证电动机可靠的正常工作。

开关磁阻电动机的相数有单相、两相、三相、四相、五相等。相数越多,产生的电磁转矩越均匀,运行越平衡稳定,但结构越复杂,使电机本身及开关电源制作成本提高,通常应用较多的是三相和四相开关磁阻电动机。

开关磁阻电动机由于结构简单,调速范围广,调速性能好且效率高,已广泛用于通用工业和航空工业的各个方面,额定功率从几十瓦至上万千瓦不等。

3. 运行特性

在开关磁阻电动机实际运行时,经常出现两相或多相同时通电情况。设每相绕组开关频率为f_{ph},转子极数为N_r,则电动机的同步转速可以表示为

$$n = \frac{60 f_{ph}}{N_r} \tag{10-42}$$

开关磁阻电动机磁路通常是饱和的,由于电动机磁路的非线性,其电磁转矩应根据磁功能来计算,即

$$T(\theta, i) = \frac{\partial W(\theta, i)}{\partial \theta} \tag{10-43}$$

式中　　θ——转子位置角;

i——绕组电流,A。

若忽略磁路的非线性，式（10-43）可以简化为

$$T(\theta,i) = \frac{i^2}{2} \cdot \frac{\mathrm{d}L}{\mathrm{d}\theta} \tag{10-44}$$

由此可见，开关磁阻电机的转矩方向不受电流方向的影响，仅取决于电感随转角的变化。$\frac{\mathrm{d}L}{\mathrm{d}\theta} > 0$，相绕组有电流通过，产生电动转矩；若 $\frac{\mathrm{d}L}{\mathrm{d}\theta} < 0$，相绕组有电流流过，产生制动转矩。改变开关磁阻电机各相绕组的通电电压，可以改变绕组中电流，即改变电动机的转矩的大小，进而可以改变电动机的转速。

10.11.3 开关磁阻发电机

开关磁阻发电机又称为双凸极式发电机（SRG），定、转子的凸极均由普通硅钢片叠压而成，定子极数一般比转子的极数多，转子上无绕组，定子凸极上安放有彼此独立的集中绕组，径向独立的两个绕组串联起来构成一相。三相（6/4 极）开关磁阻发电机结构如图 10-61 所示。

开关磁阻发电机用作为风力发电机时，其系统一般由风力机、开关磁阻发电机及其功率变换器、控制器、蓄电池、逆变器、负载以及辅助电源等组成，其系统构成如图 10-62 所示。

开关磁阻发电机的结构简单，控制灵活，效率高而且转矩密度大，在风力发电系统中可用于直接驱动、变速运行，有一定的开发、研究价值。

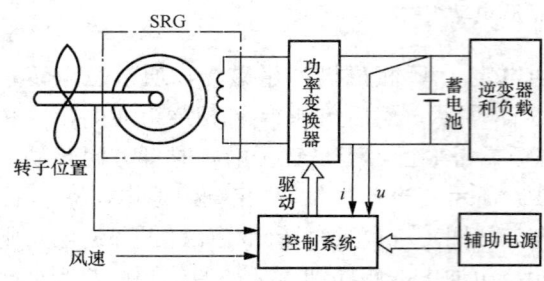

图 10-62 开关磁阻风力发电机系统的构成

小 结

本章介绍了几种常用的微控电机和其他用途的电动机结构，分析了它们的结构特点、工作原理和运行性能。

伺服电动机在自动控制系统中作为执行元件，是一种将控制信号转变为角位移式转速的电动机。转速的大小及方向都受控制信号控制。伺服电动机分为直流、交流两大类。直流伺服电动机输出功率较大而交流伺服电动机输出功率较小。

直流伺服电动机有电枢控制和磁场控制两种方式，电枢控制比磁场控制有较多优点，所以电枢控制应用较多。

交流伺服电动机具有较大的转子电阻，能防止自转现象，它有幅值控制、相位控制和幅相控制三种，其中以相位控制方式特性最好，幅相控制线路较简单。

力矩电动机是一种特殊类型的伺服电动机，也分为直流、交流两种，直流力矩电动机应用比较广泛。直流力矩电动机能够长期处于堵转状态下工作，低转速，大转矩。目前主要采用永磁式电枢控制方式。

测速发电机在自动控制系统中作为检测元件，将转速信号变换为电压信号，它的输出电压与转速成正比。测速发电机也分为直流、交流两种。交流异步测速发电机应用广泛。

直流测速发电机存在线性误差。原因是电枢反应、温度影响，以及电刷与换向器的接触电阻造成。

交流测速发电机的误差主要有幅值及相位误差和剩余电压误差。使用时应尽量减小误差的影响。直流测速发电机输出特性好，但由于受电刷和换向问题限制其应用。交流测速电动机的转动惯性小、快速性好，但输出的交流信号需要特定的交流励磁电源（400Hz）。

自整角机是一种对角位移或角速度能自动整步的电磁元件，必须成对使用，一台作为发送机，一台作为接收机。自整角机有力矩式和控制式两种，力矩式输出力矩大，可直接驱动负载，用于控制精度低的指示系统；控制式精度高，用于随动系统。

旋转变压器是一种精密的控制微电机，在自动控制系统中主要用作测量或传输转角信号，也可作解算元件用于坐标变换和三角函数运算等。

单相异步电动机应用广泛，但无启动转矩。为获得启动转矩，通常在定子上安装启动绕组，根据启动方法不同分为分相启动电动机和罩极电动机。

直线异步电动机是一种能直接产生直线运动的电动机，由旋转电动机演变而来。它广泛用于工业、民用、军事及其他各种直线运动场合。直线电动机平板形、圆筒形和圆盘形三种结构形式。

步进电动机是将控制脉冲信号变换为角位移或直线位移的一种微特电机。步进电机具有启动、制动特性好、反转控制方便、不失步、步距精度高等优点。因此被广泛应用于数字控制系统中作为执行元件。

驱动电源对电机运行性能有较大影响，步进电机有开环和闭环两种控制方式，开环系统结构简单、成本低、应用广泛；闭环系统通常用于高精度控制场合。

永磁式无刷直流电动机具有普通直流电动机的控制特性。它使用位置传感器及功率电子开关代替传统的电刷和换向器，是一种集永磁电动机、电力电子技术、单片机技术和现代控制技术于一体的机电一体化产品。可以通过改变电源电压实现无级调速。

开关磁阻电动机是一种新型的调速电机驱动系统，开关磁阻电机属于双凸极电机，其定子、转子均为凸极结构，定子极上放置集中绕组，因此结构特别简单，可靠性高。具有较广泛的应用前景。

双馈异步发电机广泛应用在风力发电系统中，它有三种运行状态，风速较低，电机运行在亚同步状态，需要从电网向电机转子绕组馈入电功率；风速较高，电机运行在超同步状态，转子绕组向电网供电；当时，电机运行在同步运行状态，与普通同步发电机一样。

新型双馈无刷电动机保留了传统的双馈电机的优点，同时取消了集电环和电刷，提高了系统可靠性。如采用磁阻转子（DFBM），转子无导体，不产生铜损耗。DFBRM具有结构坚固、高效、低耗和高可靠性。由于空制方式灵活，在现代交流调速传动中有广泛应用前景。

思 考 题

10-1 电枢控制的直流伺服电动机，当控制电压和励磁电压保持不变，若负载增加，这时控制电流、电磁转矩和转速如何变化？

10-2 如何改变永磁式伺服电动机的转向？

10-3　什么是交流伺服电动机的自转现象？采用什么方法消除自转现象？

10-4　力矩电动机在长期堵转运行时，电枢电流是否可以大于连续堵转电流 I_b 和峰值堵转电流 I_P？在短时堵转运行时，电枢电流是否可以大于 I_b 和 I_P？

10-5　力矩电动机的峰值堵转电流 I_P，连续堵转电流 I_b 和转子转动时的电枢电流 I_a，请对三者排序。

10-6　步进电动机技术数据中为什么齿距角给出两个角度？

10-7　步进电动机启动时，输入脉冲频率应高于启动频率还是低于启动频率？

10-8　步进电动机在运行时，输入脉冲频率应高于运行频率还是低于运行频率？怎样改变步进电动机的转向？

10-9　何为步进电机的"拍"、"步距角"？转子齿数、拍数与转速 n 有何关系？

10-10　旋转变压器在定子 D1D2 绕组上加励磁电压，其中 D3D4 绕组开路时有无电压输出？

10-11　试说明正弦、余弦旋转变压器的工作原理。

10-12　证明在正弦、余弦旋转变压器采用转子边补偿时，只要满足条件 $Z_C = Z_L$，便能实现全补偿？

10-13　为什么单相异步电动机没有启动转矩？单相异步电动机有哪些启动方法？

10-14　一台三相感应电动机，定子绕组接成星形，工作中如一相断线，电动机能否继续工作？为什么？

10-15　要改变单相异步电动机转向，可采用什么方法？

10-16　何为"自转"现象？交流伺服电动机应采取哪些措施来"克服"自转现象？

10-17　直流测速发电机的输出特性在什么条件下是线性特性？产生误差的原因和改进的方法是什么？

10-18　力矩式自整角机的整步转矩是如何产生的？

10-19　简述开关磁阻电动机工作原理。

10-20　简述步进电动机的工作原理。

10-21　开关磁阻电动机的主要优点是什么？

10-22　位置传感器在无刷电机中起到什么作用？

10-23　为什么双馈电动机在风力发电系统得到广泛应用？

10-24　在亚同步运行和超同步运行时，双馈电机转子绕组中电功率流向有什么不同？

10-25　无刷直流电动机能否使用交流电供电？

10-26　无刷直流电动机与永磁式同步电动机、直流电动机之间有哪些异同点？

习　题

10-1　已知一台电磁式直流伺服电动机，电枢电压 $U_a = 110V$，试求这两种情况下的电磁转矩：

(1) 当电枢电流 $I_a = 0.06A$ 时，转速 $n = 3000 r/min$；

(2) 电枢电流 $I_a = 1.2A$ 时，转速 $n = 1400 r/min$。

10-2　某交流伺服电动机，$p = 1$，$f_N = 50Hz$，$U_{cN} = U_{fN} = 110V$，启动转矩 $T_{st} = $

1N·m，机械特性为直线，在负载转矩 $T_L = 0.06$N·m，空载转矩忽略不计，采用双相控制，求：

(1) $U_c = U_f = 110$V 时转速；

(2) $U_c = U_f = 88$V 时转速。

10-3 某直流力矩电动机，连续堵转功率 $P_b = 2.9$W，峰值堵转功率 $P_P = 32.4$W，转矩灵敏度 $k_T = 0.0177$N·m/A，电枢电路电阻 $R_a = 4.44\Omega$。求连续堵转电流 I_b、连续堵转电压 U_b、连续堵转转矩 T_b、峰值堵转电流 I_P、峰值堵转电压 U_P 和峰值堵转转矩 T_P。

10-4 一台三相步进电动机，转子齿数为 50，试求各种运行方式时的步距角。

10-5 一台五相步进电动机，采用五相十拍运行方式，步距角为 1.5°，若脉冲频率为 3000Hz，试问该机转速多少？

10-6 一台反应式步进电动机，采用双拍运行方式，已知其转速 $n = 1200$r/min，转子表面有 24 齿，试计算：

(1) 脉冲信号频率；

(2) 步距角；

(3) 用电角度表示的步距角和齿距角。

10-7 步距角 1.5°/0.75° 的反应式三相六级步进电动机转子有多少个齿？若频率为 2000Hz，电动机转速多少？

10-8 一台直流测速发电机，已知 $R_a = 180\Omega$，$n = 3000$r/min，$R_L = 2000\Omega$，$U = 50$V。求该转速下的输出电流和空载输出电压。

10-9 某直流测速发电机，在 $n = 3000$r/min 时，空载输出电压为 52V。接上 2000Ω 的负载后输出电压降为 50V。试求当转速为 1500r/min 时，负载电阻为 500Ω 时的输出电压。

10-10 一台正余弦旋转变压器 $k_u = 1.0$，$U_f = 110$V，试求 $\theta = 60°$ 时转子两输出绕组的空载输出电压。

10-11 一台线性旋转变压器 $k_u = 0.52$，$U_f = 36$V，试求 $\theta = 30°$ 和 $45°$ 时的 U_{sc} 的比值与 θ 比值之间的误差值。

10-12 已知一台直流伺服电动机，额定电压 $U_{aN} = U_{fN} = 24$V，额定电流 $I_{aN} = 0.55$A，空载转矩 $T_0 = 0.0003$N·m，额定输出转矩 $T_{2N} = 0.0167$N·m，额定转速 $n_N = 3000$r/min。试求：

(1) $U_a = 19.2$V 时的启动转矩 T_{st}；

(2) 0.1T = 0.0147N·m 时启动电压 U_{st}（与 T 对应的 $n = 0$ 时电压，即启动时所必须超过的最低电压）；

(3) $U_a = 19.2$V，$T = 0.0147$s 时的转速。

第 11 章 电力拖动系统中的电机选择

知识目标

- 知道电动机的绝缘材料。
- 知道电机的发热和冷却规律。
- 熟悉电机允许输出功率。

能力目标

- 掌握电力拖动系统中的电机选择。
- 掌握电机的工作制（连续、短时、断续周期）。
- 掌握电动机容量选择方法。

11.1 电动机选择的基本内容

电动机的选择主要包括以下内容：

1. 电动机类型的选择

选择电动机的类型，一方面要根据生产机械的机械特性、启动性能、调速性能、制动方法和过载能力等方面的要求，对各种类型的电动机进行分析比较；另一方面在满足上述要求前提下，从节省初期投资，减少运行费用等经济方面进行综合分析，最后将电动机的类型确定。在对启动、调速等性能没有特殊要求时，应优先选用三相鼠笼式异步电动机。

2. 电动机额定功率的选择

电动机额定功率要选择适当，额定功率选择过大，电动机长期处于欠载状态下运行，不仅增加设备投资，对异步电动机而言还会降低其效率和功率因数等指标，增加运行费用；额定功率选择过小，电动机长期在过载下运行，会使电动机过热而降低使用寿命，甚至拖不动生产机械。因此，应使所选电动机额定功率等于或大于生产机械所需要的功率。具体方法有以下几种。

（1）类比法。通过调研，参照同类生产机械来决定电动机的额定功率。

（2）统计法。经统计分析从中找出电动机额定功率与生产机械主要参数之间的计算公式，按此公式计算出电动机额定功率。

（3）实验法。用一台同类型或相近类型的生产机械进行实验，测出所需要的功率值。

上述三种方法也可以结合进行。

（4）计算法。根据电动机的负载情况，从电动机发热、过载能力和启动能力等方面考虑，通过计算求出所需要的额定功率。

3. 额定电压的选择

电动机的额定电压应根据电动机的额定功率和供电电压情况选择。例如，三相异步电动机的额定电压主要有380V、3kV、6kV、10kV等几种。由于高压电器设备的初期投资和维护费用比低压电器设备贵得多，一般当电动机额定功率 $P_N \leqslant 200\text{kW}$ 时，往往选用380V电动机。$P_N > 200\text{kW}$ 时，应选用高压电动机，由于3kV电网的电压损失较大，而10kV电动机的价格又较昂贵，除特大型电机外，一般大中型电动机都选用6kV电压。三相同步电动机的额定电压基本与三相异步电动机相同。中小型直流电动机的额定电压目前主要由110、220、160、440V等几种，最后两种分别适用于220V单相桥式整流器供电和380V三相全控桥式整流器供电场合，额定励磁电压为180V。

4. 转速的选择

根据生产机械的转速和传动方式，通过经济技术比较后确定电动机和额定转速。额定功率相同的电动机额定转速高，电动机的重量轻，体积小，价格低，效率和功率因数（对三相异步电动机而言）比较高。若生产机械的转速比较低，电动机的额定转速比较高，则传动机构复杂、传动效率低，增加了传动机构的成本和维修费用。因此，应综合分析电动机和生产机械两方面的各种因素，最后确定电动机的额定转速。

5. 外形结构的选择

根据电动机的使用环境选择电动机的外形结构。电动机的外形结构有以下几种：

（1）开启式。电动机的定子两侧和端盖上开有很大的通风口，散热好、价格低，但容易进灰尘、水滴、铁屑等杂物，只能在清洁、干燥环境使用。

（2）防护式。电动机的机座和端盖下方有通风口，散热好，能防止水滴、铁屑等杂物从上方落入电动机内，但潮气和灰尘仍可进入电机内。一般用在比较干燥、清洁的环境中。

（3）封闭式。电动机的机座和端盖上均无通风孔，完全封闭，外部的潮气和灰尘不易进入电动机内部，多用于灰尘多、潮湿、有腐蚀性气体、容易引起火灾等的恶劣环境中。

（4）密闭式。电动机的密封程度高，外部的气体和液体都不能进入电动机内部，可以浸在水中在液体中使用，如潜水泵电动机。

（5）防爆式。电动机不但有严密的封闭结构，外壳又有足够的机械强度。一旦少量爆炸性气体侵入电动机内部发生爆炸时，电动机外壳能承受爆炸时的压力，火花不会窜到外面以致引起外界气体再爆炸。适用有易燃、易爆气体的场合。

6. 安装形式的选择

根据电动机在生产机械中的安装方式，选择电动机的安装形式。国内目前生产的电动机的安装形式主要有表11-1所列的几种。每种又分单轴伸（一端有转轴伸出）和双轴伸（两端都有转轴伸出）两种。

表 11-1　　　　　　　　　　　电动机的安装形式

型式代号	安装结构形式	说　　明
B3		卧式，机座带底脚，端盖上无凸缘
B5		卧式，机座不带底脚，端盖上有凸缘

型式代号	安装结构形式	说　明
B35		卧式，机座带底脚，端盖上有凸缘
V1		卧式，机座不带底脚，端盖上有凸缘

7. 工作制的选择

根据电动机的工作方式选择电动机的工作制。国家标准 GB 755—2008《旋转电机 定额和性能》对国产电动机按发热和冷却的情况不同，分为 9 种工作制，如连续工作制、短时工作制、断续周期工作制等。选择工作制与实际工作方式适当的电动机比较经济。

8. 型号的选择

根据前述各项的选择结果选择电动机的型号。国产电动机为了满足生产机械的不同需要，做成许多在结构形式、应用范围、性能水平等各异、功率按一定比例递增并成批生产的系列产品，并冠以规定的产品型号。它们的数据可以从电动机产品目录中查找。例如 Y 系列电动机是我国 20 世纪 80 年代设计的封闭式鼠笼式三相异步电动机。型号选定后，便可以按所选型号进行订货和采购。在订货时，对安装形式等在型号中未反映的内容应附加说明。

11.2 电机的发热和冷却

11.2.1 电机的绝缘材料

电机发热是电机在进行机电能量转换过程中，电机内部产生损耗，包括铜损耗、铁损耗及机械损耗等。铜损耗随负载变化而改变，称为可变损耗，其他损耗与负载无关称为不变损耗。这些损耗最终将转变为热量使电动机温度升高。在旋转电机中，绕组和铁芯是产生热量的主要部件，而耐热最差的是与这些部件相接触的绝缘材料。温升越高则电机本身温度越高，加速了电机绝缘材料的老化，降低电动机的使用寿命。

电机的环境温度随季节和使用地点而变化，为了统一，国家标准规定：40℃作为周围环境温度的参考值，温升就是对 40℃的温度的升高值。例如，当电机本身温度为 105℃时，温升为 65℃。电机的使用寿命 t 与电机本身温度 θ 的关系为

$$t = Ae^{-a\theta} \tag{11-1}$$

式中　t——电机的使用寿命，即电动机的绝缘材料的使用寿命；

A、a——绝缘材料系数。

式（11-1）表明，采用不同的绝缘材料时，电机的寿命与绝缘材料的耐热性能等级有关，还与本身的温度有关。例如对 A 级绝缘的电机，当温度 $\theta=95$℃时，能可靠工作 16~17 年，以后每增加 8℃，其寿命缩短一半，即在 $\theta=103$℃时，能可靠工作 8 年多一点。可

见，电机的发热问题直接关系到电机使用寿命和运行的可靠性。为此，对电机所用的各种绝缘材料，都规定了最高允许工作温度。对已制成的电机，这一温度间接确定了电机的额定功率。我国电机常用的绝缘材料耐热等级，见表 11-2。

表 11-2　　　　　　　　　各种绝缘材料的最高允许工作温度及温升

绝缘材料	A	E	B	F	H	C
最高允许工作温度（℃）	105	120	130	155	180	>180
最高允许温升（℃）	65	75	90	115	125	

A 级绝缘材料：包括经过绝缘浸渍处理的棉纱、丝扣和纸等；普通漆包线的绝缘漆。

E 级绝缘材料：包括有机合成材料所组成的绝缘制品，如环氧树脂、聚乙烯和三醋酸纤维薄膜等；高强度漆包线的绝缘漆。

B 级绝缘材料：以有机胶做黏合剂的云母、石棉和玻璃纤维组合物，如云母纸和石棉板等矿物填料塑料。

F 级绝缘材料：以合成胶做黏合剂的云母、玻璃丝制品和石棉制品。

H 级绝缘材料：以硅有机漆做黏合剂的云母、玻璃丝、石棉制品及硅弹性体等材料；无机填料塑料。

当绝缘材料处于上述 5 级规定的极限工作温度时，电机的使用寿命可以长达 20 年以上；反之，温度超过上述最高允许温度，电机使用寿命迅速下降。据试验统计，A 级绝缘的工作温度每上升 8℃，绝缘的寿命将减少一半。

一般电机多采用 E 级和 B 级绝缘。若在高温或重要的场合下，电机采用 F 级和 H 级绝缘。

11.2.2　电机的发热和冷却规律

电机在能量交换过程中会有一定的能量损失，这些能量损失转变为热能使电机温度上升。当电机的温度高于周围介质的温度，就有热量散发到周围介质中去。电机的温升越高，散发到周围介质中的热量就要越多，散热条件好，散发出去热量越多，电机温升就越低。电机的温升不仅与发热有关，而且与电机的散热也有关，因此，改善电机的散热条件，特别是通风条件可以降低电机的温升。如果允许温升保持不变，改善电机的散热条件，可以提高电机的容量。因此，电机的发热和冷却是电机运行中的重要问题。

为简化分析，假设电机是一个均匀发热体，负载和周围环境的温度保持不变。电机的温度与周围环境温度之差称为温升，用 τ 表示。温升的存在又会使电机散热，当电机的发热量等于散热量时，温升达到稳定值。

电机热平衡方程式为

$$Q\mathrm{d}t = A\tau\mathrm{d}t + C\mathrm{d}\tau \tag{11-2}$$

式中　Q——电机在单位时间内产生热量，J/s（焦/秒）；

　　　C——电机的热容量，即电机温度每提高 1℃所需要的热量，cal/℃（卡/度）。

　　　A——电机的散热系数，即电机温升为 1℃时，每秒散出的热量，cal/s·℃。

电机在 $\mathrm{d}t$ 时间内产生热量为 $Q\mathrm{d}t$。其中被电机吸收，使其温升变化为 $\mathrm{d}\tau$ 的部分为 $C\mathrm{d}\tau$；散发至周围环境中去的部分为 $A\tau\mathrm{d}t$。得到将 $A\mathrm{d}t$ 除以式（11-2），整理得到

$$\frac{C}{A}\frac{d\tau}{dt} + c = \frac{Q}{A} \tag{11-3}$$

设 $T_H = C/A$ 为电机发热时间常数（单位：s）；$\tau_s = \frac{Q}{A}$ 为电机的稳定温升（单位：℃ 或 K）。式（11-3）可写成

$$T_H \frac{d\tau}{dt} + \tau = \tau_s \tag{11-4}$$

这是一个非奇次常系数一阶微分方程式，设初始条件为 $t=0, \tau=\tau_i$，则式（11-4）的解为

$$\tau = \tau_s + (\tau_i - \tau_s)e^{-\frac{t}{T_H}} \tag{11-5}$$

当 $t=0$ 时，即发热过程由周围介质温度开始，则式（11-5）变为

$$\tau = \tau_s(1 - e^{-\frac{t}{T_H}}) \tag{11-6}$$

当 $\tau_s > \tau_i$ 时，电机处于发热过程，温升 τ 随时间 t 变化的规律如图 11-1（a）所示；当 $\tau_s < \tau_i$ 时，电机处于冷却过程，温升 τ 随时间 t 变化规律如图 11-1（b）所示。

可见，电机无论是发热还是冷却，温升 τ 随时间按指数规律变化。发热和冷却的快慢与电机的时间常数 t 有关，t 越大，发热和冷却越慢，反之，t 越小，发热和冷却越快。理论上需要无限长时间才能使温升稳定，但在工程上，只要 $t \geq 3\tau$ 时间，即可认为温升已趋于稳定。

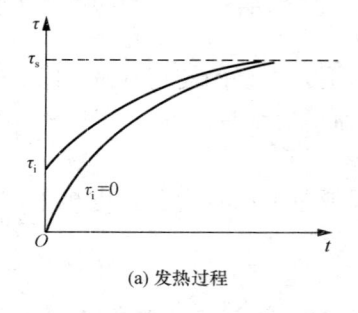

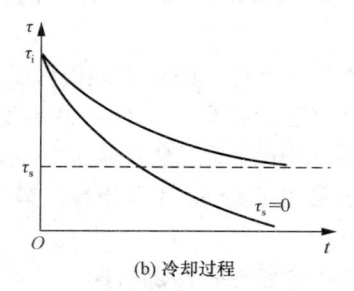

图 11-1　电机发热和冷却过程

11.3　电机的工作制

电机的温升不仅决定于发热和冷却情况，而且与其工作制有很大关系。按照电机发热和冷却情况的不同，国家标准 GB 755—2008《旋转电机 定额和性能》把电机工作制分为（S1～S9）9 类，本节仅介绍常用的 3 类。

11.3.1　连续工作制（S1 工作制）

连续工作制是指电动机在恒定负载下持续工作，其工作时间足以使电动机的温升达到稳定温升而不超过允许值。

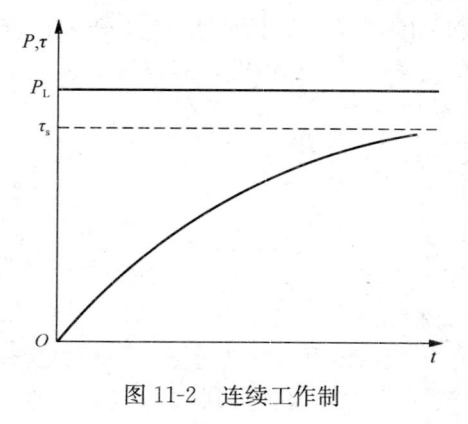

其负载曲线和温升曲线如图 11-2 所示，图中 P_L 表示负载功率，τ_s 表示连续运行时的稳定温升。通风机、水泵、纺织机、造纸机等生产机械中的电动机

图 11-2　连续工作制

的工作方式与这种工作制基本相同，一般选用这种工作制的电动机。

对于连续工作制的电机，取其温升 τ_s 恰好等于允许最高温升 τ_{max} 时的输出功率作为额定功率。

11.3.2 短时工作制（S2 工作制）

短时工作制是指电动机只能在规定时间内运行，由冷却状态开始运行，温升还没有达到稳定值，电机断电停转。它停机时间很长，在停止时间内温升降低至周围介质温度。

其负载曲线和温升曲线如图 11-3 所示。我国规定标准运行时间有 15、30、60、90min 共四种。

图 11-3 中，短时工作制电机温升 τ_{max} 运行小于稳定温升 τ_s，短时工作制电机若让它超过规定时间，温升将沿虚线工作，超过额定温升 τ_{max} 时，电机过热，降低使用寿命，甚至被烧毁。

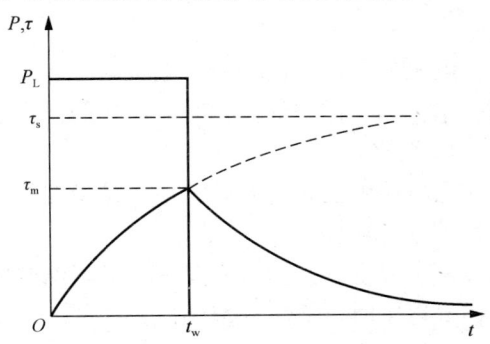

水闸启闭机、冶金、起重机械中的电动机的工作方式基本属于这种工作制，通常都选用这种工作制的电动机。

图 11-3 短时工作制电动机的负载图及温升曲线

对于短时工作制的电动机，按照拖动恒定负载运行，取其在规定的运行时间内实际达到的最高温升，恰好等于允许最高温升 τ_{max} 时的输出功率，作为电动机的额定功率。

11.3.3 断续周期工作制（S3 工作制）

断续工作制是指电动机在恒定负载下短时间工作和短时间停止相交替，并呈周期性变化，在工作时间内温升达不到稳定值，在停止时间内温升降不到周围介质温度。在恒定负载下短时工作时间 t_w 和短时停止时间 t_s 之和小于 10min。属于这类工作状况的电机有电梯、起重机、轧钢机辅助机械的电动机等。

其负载曲线和温升曲线如图 11-4 所示，负载工作时间 t_w 与工作周期时间 $t_w + t_s$ 之比，定义为负载持续率（暂载率）即

$$FC\% = \left(\frac{t_w}{t_w + t_s}\right) \times 100\% \tag{11-7}$$

我国规定标准负载持续率为 15％、25％、40％、60％共四种。

对于指定的断续工作制电动机，把在规定负载持续率下运行的实际最高温升 τ_{max} 恰好等

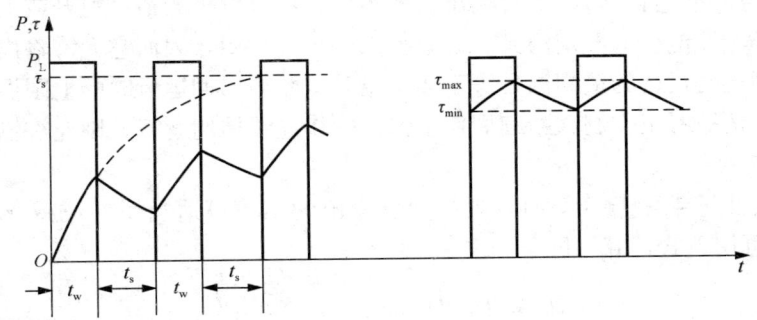

图 11-4 断续周期工作制电动机负载图及温升曲线

于允许温升时的输出功率，定义为电动机的额定功率。

实际上，生产机械所用电动机的负载图各式各样，但从发热的角度考虑，总可以把它们折算到上述 3 种基本类型中去。选择电动机的额定功率时，应根据电机的工作制，采用不同方法。对于特殊要求的生产机械，应选用专用电机。

11.4 电机允许输出功率

电机的允许输出功率与电机的工作条件有关，电机的额定功率是在额定条件下的允许输出功率。当工作条件变化时，电机的允许输出功率也会发生变化。

1. 额定功率的确定

电机铭牌上表示的额定功率是指在规定的工作制和额定状态下运行时，温升达到额定温升时的输出功率。

额定温升定义为电机允许的最高温度减去额定的环境温度。国家标准规定，海拔高度在 1000m 以下时，额定环境温度为 40℃。

电机允许的最高温度主要取决于绝缘材料，因为它是电机中耐热能力最差的。电机中所用绝缘材料等级按允许的最高温度不同分类，见表 11-2。

额定功率、额定电压和额定转速相同的电机采用的绝缘材料等级越高，即允许的最高温度越高，额定温升就越大，电机的体积和质量就越小。因而目前的发展趋势是采用 F 级和 H 级绝缘材料。

对于一台给定的电动机，其额定功率是指在规定的工作制、规定的环境温度和海拔高度下，在额定状态下运行时所允许的输出功率，这时电机的温升正好等于额定温升。

2. 工作制的影响

连续工作制（S1 工作制）。电动机的额定功率是指在额定状态下运行时，其稳定温升 τ_s 等于额定温升 τ_N 时的输出功率。

短时工作制（S2 工作制）。电动机的额定功率是指在额定状态下运行时，其最高温升 τ_{max} 等于额定温升 τ_N 时的输出功率。

断续周期工作制（S3 工作制）。电动机的额定功率是指在额定状态下运行时，其上限温升 τ_{max} 等于额定温升 τ_N 时的输出功率。

同一台电机工作制不同，它所允许输出功率也不同。例如按连续工作制设计的电机用作短时运行或断续周期运行，若仍保持输出功率不变，则该电机的最高温升或上限温升将小于稳定温升，即小于该电机的额定温升。该电机未能充分利用，因而它允许输出的功率可以增加，一直增加到短时运行的最高温升等于额定温升或断续周期运行时的上限温升等于额定温升为止。反之，按短时工作制或断续周期工作制改作连续周期运行，则允许输出功率减小。

3. 环境温度的影响

当环境温度低于或高于 40℃时，电机允许输出的功率可适当增加或减小。增减后的允许输出功率 P_2 可用下式计算，即

$$P_2 = P_N \sqrt{1 + (1+\alpha)\frac{40-\theta}{\tau_N}} \tag{11-8}$$

式中 θ——实际环境温度；

τ_N——额定温升 $\tau_N = \theta_N - 40℃$。

α 为满载时不变损耗，P_F（包括铁芯损耗、机械损耗和附加损耗）与可变损耗 P_V（铜损耗）之比，即

$$\alpha = \frac{P_F}{P_V} \tag{11-9}$$

α 值与电动机类型有关。三相鼠笼式异步电动机一般取 $\alpha=0.5\sim0.7$，三相绕线式异步电动机一般取 $\alpha=0.4\sim0.6$，直流电动机一般取 $\alpha=1\sim1.5$。工程上估算可按表 11-3 进行。

表 11-3 不同环境温度下电动机容量的修正

实际环境温度 θ（℃）	30	35	40	45	50	55
电机允许输出功率百分比	+8%	+5%	0	-5%	-12.5%	-25%

国家标准规定：当实际环境温度低于 40℃ 时，其允许输出的功率可以不予修正。

4. 海拔高度的影响

在海拔高度超过 1000m 的地区使用时，电机允许输出功率应适当降低，因为海拔越高，空气越稀薄，散热越困难。所以国家标准规定：工作地点在海拔 1000～4000m，以 1000m 为基准，每超过 100m，τ_{max} 降低 1%。粗略估计，电动机容量 S 约降低 0.5%。超过 4000m 以上时，τ_N 和 S 值由用户与制造厂协商确定。

11.5 电动机容量选择方法

11.5.1 恒定负载电动机额定功率的选择

1. 连续运行的电动机

在这种情况下选择电动机的额定功率步骤如下：

(1) 选择连续工作制（S1 工作制）的电动机。

(2) 求出电动机的负载功率 P_L，即

$$P_L = \frac{P_m}{\eta_m \eta_t} \tag{11-10}$$

式中 P_m——生产机械的输出功率；

η_m——生产机械的效率；

η_t——电动机与生产机械之间的传动机构的效率。

(3) 选择额定功率 P_N 等于或稍大于负载功率 P_L 的电动机。

(4) 校验启动能力。采用三相鼠笼式异步电动机和三相同步电动机拖动，且对启动转矩有一定要求时，应进行启动能力的校验。

【例 11-1】有一台由电动机直接拖动的离心式水泵，流量 $Q=0.2 m^3/s$，扬程 $H=21m$，效率 $\eta_m=0.78$，转速 $n=1000 r/min$。试选择电动机额定功率。

解：(1) 该电机属于恒定负载连续运行工作方式，故选择 S1 工作制的电动机。

(2) 由水泵设计手册查得泵类负载的输出功率计算公式为

$$P_m = \frac{Q \rho_水 h}{102}$$

$\rho_{水} = 1000 \text{kg/m}^3$，求得

$$P_m = \frac{0.2 \times 1000 \times 21}{102} = 41.18 (\text{kW})$$

由于直接拖动的传动效率 $\eta_t = 1$，故

$$P_L = \frac{P_m}{\eta_m \eta_t} = \frac{41.18}{0.78 \times 1} = 52.79 (\text{kW})$$

(3) 选择 $P_N \geqslant P_L = 52.79 \text{kW}$ 的电动机，例如 $P_N = 55 \text{kW}$、$n = 1000 \text{r/min}$ 的 Y 系列三相鼠笼式异步电动机。

(4) 水泵为通风机负载特性类的生产机械，启动能力能满足要求。

2. 短时运行的电动机

在这种情况下应优先选择 S2 工作制的电动机。若有困难也可以考虑选择 S3 工作制或 S1 工作制的电动机。下面分别讨论。

(1) 选用 S2 工作制的电动机步骤如下：

1) 选择标准时间与实际运行时间相同或相近的 S2 工作制的电动机。

2) 求出电动机的负载功率。

3) 将负载功率 P_L 换算成标准运行时间的负载功率 P_{LN}。换算公式为

$$P_{LN} = \frac{P_L}{\sqrt{\frac{t_{wN}}{t_w} - \alpha\left(\frac{t_{wN}}{t_w} - 1\right)}} \tag{11-11}$$

式中　t_{wN}——标准运行时间；
　　　t_w——实际运行时间。

当 t_{wN} 与 t_w 相差不大时，式 (11-11) 可化简为

$$P_{LN} = P_L \sqrt{\frac{t_w}{t_{wN}}} \tag{11-12}$$

4) 选定额定功率 $P_N \geqslant P_{LN}$ 电动机。

5) 对三相鼠笼式异步电动机要校验启动能力。

(2) 选用 S3 工作制的电动机

首先将 S3 工作制的电动机的标准持续率 FC_N 换算成对应 S2 工作制电动机的标准运行时间 t_{wN}。它们的转换关系为

$FC_N = 15\% \longrightarrow t_{wN} = 30 \text{min}$
$FC_N = 25\% \longrightarrow t_{wN} = 60 \text{min}$
$FC_N = 40\% \longrightarrow t_{wN} = 90 \text{min}$

然后按选用 S2 工作制的步骤进行计算。

(3) 选用 S1 工作制的电动机

专为 S1 工作制设计的电动机用作短时运行，由于部件的发热时间常数存在差异，因而负载和彼此之间的温升快慢会有偏差，可变损耗增大、效率较低。但如果没有合适的专用电机或因投资过大，也可以选用 S1 工作制的电动机。选择步骤如下：

(1) 求出电动机的负载功率 P_L。

(2) 将负载功率 P_L 换算成 S1 工作制的负载功率 P_{LN}，换算公式如下

$$P_{LN} = P_L \sqrt{\frac{1-e^{-\frac{t_w}{\tau}}}{1+\alpha e^{-\frac{t_w}{\tau}}}} \tag{11-13}$$

式中 τ ——电机的发热时间常数；
t_w ——短时运行时间。

(3) 选择 $P_N \geqslant P_{LN}$ 的电动机。

(4) 校验启动能力和过载能力。

由于异步电动机启动转矩和最大转矩与定子电压平方成正比，因此，校验时要考虑供电电压波动的影响。

倘若 $t_w < (0.3 \sim 0.4)\tau$ 时，按式（11-12）求得的 $P_{LN} \ll P_L$。发热问题不大。这时决定对电动机额定功率的主要因素是电机的过载能力和启动能力（对鼠笼式异步电动机而言），因此可以直接由过载能力和启动能力选择电动机的额定功率。

【例 11-2】 某生产机械为短时运行，每次工作时间 12min，停止的时间足够长，输出功率 $P_m = 20$kW，效率 $\eta_m = 0.833$，传动机构效率 $\eta_c = 0.8$，采用 S2 工作制的直流电动机拖动。试问电动机的额定功率应为多少？

解：（1）电动机的负载功率为

$$P_L = \frac{P_m}{\eta_m \eta_t} = \frac{20}{0.833 \times 0.8} = 30(\text{kW})$$

（2）选择标准运行时间为 15min 的 S2 工作制的电动机，其等效负载功率为

$$P_{LN} = P_L \sqrt{\frac{t_N}{t_{wN}}} = 30\sqrt{\frac{12}{15}} = 26.83(\text{kW})$$

（3）电动机的额定功率 $P_N > 26.83$kW

3. 断续周期运行的电动机

选择步骤如下：

(1) 选择标准负载持续率 FC_N 与实际负载持续率相同或相近的 S3 工作制电动机。

(2) 求出电动机的负载功率。如果生产厂方能提供 S3 工作制各种不同规格电动机的 $P_L = f(FC)$ 曲线，则可以很方便地由 P_L 选定合适的电动机，否则按以下步骤继续进行。

(3) 将负载功率 P_L 换算成标准负载持续率的负载功率 P_{LN}，换算公式如下

$$P_{LN} = \frac{P_L}{\sqrt{\frac{FC_N}{FC} + \alpha\left(\frac{FC_N}{FC} - 1\right)}} \tag{11-14}$$

当 FC_N 与 FC 非常接近时，式（11-14）可以化简为

$$P_{LN} = P_L \sqrt{\frac{FC}{FC_N}} \tag{11-15}$$

(4) 选择额定功率 $P_N \geqslant P_{LN}$ 的电动机。

(5) 对三相鼠笼式异步电动机要校验启动能力。若实际负载持续率 $FC < 10\%$ 可按短时运行选择电动机；若实际负载持续率 $FC > 70\%$，可按连续运行选择电动机。

【例 11-3】 有一台断续周期工作的生产机械，运行时间 $t_w = 120$s，停机时间 $t_s = 360$s，电动机负载转矩 $T_L = 275$N·m，试选择电动机的额定功率。

解：（1）求出电动机的实际负载持续率

$$FC = \frac{t_w}{t_w + t_s} \times 100\% = \frac{120}{120 + 360} \times 100\% = 25\%$$

（2）选择标准持续率 $FC=25\%$ 的 S3 工作制绕线式异步电动机。

（3）求出电动机的负载功率

$$P_L = \frac{2\pi}{60} T_L n = \frac{2 \times 3.14}{60} \times 275 \times 700 = 20.15 \text{(kW)}$$

因为 $FC=FC_N$ 负载持续率不用折算，选择额定功率 $P_N \geqslant 21\text{kW}$

11.5.2 变动负载电动机额定功率的选择

1. 周期性变功率负载的电动机

电动机的负载变化通常有周期性的；或者通过统计分析的方法将其大体看成是周期性变化的。

变动负载下电动机额定功率的选择步骤是首先计算生产机械的负载功率，绘制表明负载大小与工作时间长短的生产机械负载图；在此基础上预选电机并作出电机负载图确定电机发热情况；最后进行发热、过载和启动校验。校验通过，说明预选电机合适。否则应重选电机，如此反复进行。

选择额定功率步骤如下：

（1）求出隔段时间电动机的负载功率。负载曲线如图 11-5 所示。

（2）求出平均功率负载。

$$P_L = \frac{P_{L1}t_1 + P_{L2}t_2 + P_{L3}t_3 + P_{L4}t_4}{t_1 + t_2 + t_3 + t_4} \tag{11-16}$$

推广 $$P_L = \frac{\sum_{i=1}^{n} P_i t_i}{\sum_{i=1}^{n} t_i} \tag{11-17}$$

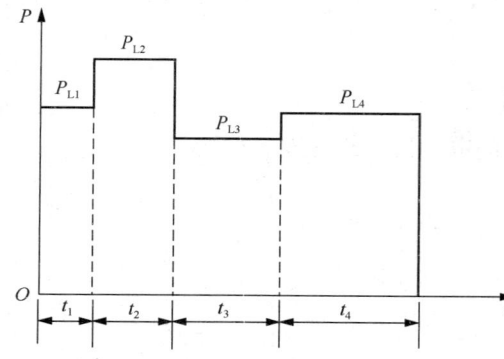

图 11-5 变动负载的负载曲线

（3）预选电动机的额定功率 $P_N = (1.1 \sim 1.6) P_L$ 负载变动大时取系数大些。

（4）进行发热校验。预选的电动机需要从发热、过载能力和启动能力三方面进行校验。首先是发热校验，检查电动机的温升是否会超过其额定温升。下面介绍几种校验方法。

1）平均损耗法。损耗是引起发热的原因，只要每个周期内的平均功率损耗为

$$P_{aL} = \frac{P_{aL\cdot 1}t_1 + P_{aL\cdot 2}t_2 + \cdots}{t_1 + t_2 + \cdots} \tag{11-18}$$

式中，$P_{aL\cdot 1}$、$P_{aL\cdot 2}$、$\cdots$ 是每段时间的功率损耗，只要知道电机的效率曲线 $\eta = f(p_2)$，便可求出各段的功率损耗为

$$P_{aL\cdot i} = \frac{P_{L\cdot i}}{\eta_i} - P_{L\cdot i}$$

电动机的额定功率损耗为

$$P_{aN} = \frac{P_N}{\eta_N} - P_N$$

如果 $P_{aL} \leqslant P_{aN}$，发热校验合格，如果 $P_{aL} > P_{aN}$，发热校验不合格，这时需要重选额定功率较大的电动机，在进行上述的发热校验。直到合格为止。

2) 等效电流法。这种方法适用于电动机的空载损耗 P_0 和电动机主电路电阻不变的情况。

由于铁损耗是不变损耗，P_0 不变，只有可变损耗，即铜损耗随负载变动。如果电机的电阻也不变，则铜损耗只与电流的平方成正比，只要一个周期内的平均铜损耗不超过所选电动机的额定铜损耗。电机总损耗便不会超过电动机的额定总损耗，电机的温升也就不会超过额定温升。

电动机的平均铜损耗为

$$p_{Cu \cdot L} = \frac{RI_{L1}^2 t_1 + RI_{L2}^2 t_2 + \cdots}{t_1 + t_2 + \cdots} = RI_L^2 \quad (11\text{-}19)$$

式中 I_L——产生该平均铜损耗的等效电流。

电动机的额定铜损耗为

$$p_{Cu \cdot N} = RI_N^2$$

比较上述两式可知，只要等效电流不超过所选电机的额定电流 I_N，发热校验合格。由式 (11-16) 可得等效电流 I_L 的计算公式为

$$I_L = \sqrt{\frac{I_{L1}^2 t_1 + I_{L2}^2 t_2 + \cdots}{t_1 + t_2 + \cdots}} \quad (11\text{-}20)$$

当 $I_L \leqslant I_N$ 时，发热校验合格；当 $I_L > I_N$ 时，发热校验不合格。需要选择额定功率再大一些的电动机重新进行上述发热校验。

3) 等效转矩法。这种方法适用于 P_0 和绕组电阻 R 不变，且转矩与电流成正比的情况。与等效电流对应的等效负载转矩可以用下式计算

$$T_L = \sqrt{\frac{T_{L1}^2 t_1 + T_{L2}^2 t_2 + \cdots}{t_1 + t_2 + \cdots}} \quad (11\text{-}21)$$

显然，在这种情况下，只要 $T_L \leqslant T_N$，发热校验合格；$T_L > T_N$，则发热校验不合格。

4) 等效功率法。这种方法适用于 P_0 和 R 不变，$T \propto I$，而且转速 n 基本不变的情况。

由于 n 不变，则负载功率与负载转矩成正比，因此，等效负载功率为

$$P_L = \sqrt{\frac{P_{L1}^2 t_1 + P_{L2}^2 t_2 + \cdots}{t_1 + t_2 + \cdots}} \quad (11\text{-}22)$$

显然，$P_L \leqslant P_N$ 时，发热合格；$P_L > P_N$ 时，则发热不合格。

5) 校验过载能力。校验过载能力是保证在最大负载时交流电动机的负载转矩小于交流电动机的最大转矩，即

$$T_{L \cdot max} \leqslant \lambda_m T_N \quad (11\text{-}23)$$

则 $\lambda_m = \dfrac{T_{max}}{T_N}$ 为最大转矩倍数，一般异步电动机取 $\lambda_m = 2 \sim 2.2$。

对直流电动机短时过载倍数受换向条件的条件限制，应使直流电动机的电枢电流小于直流电动机的允许最大电流，即

$$I_{L \cdot max} \leqslant \lambda_I I_N \quad (11\text{-}24)$$

式中 $\lambda_I = \dfrac{I_{max}}{I_N}$ 为直流电动机的电流过载系数，一般取 $1.5 \sim 2$。

6) 校验启动能力。

校验启动能力就是所选电动机和满足启动的要求,即启动转矩要大于负载转矩,启动电流不要超过允许范围。可用下式计算

$$\left.\begin{array}{l}T_{st} \geqslant (1.1 \sim 1.2)T_L \\ I_{st} \leqslant I_{max}\end{array}\right\} \tag{11-25}$$

2. 对启动、制动和停机过程时发热公式的修正

如果一个工作周期内负载变化包括启动、制动和停机等过程,这实际已属于断续周期工作制。只要其负载持续率大于 70%,可将其看成周期性变化负载,选用 S1 工作制的电动机。在这种情况下进行发热校验时,应考虑启动、制动和停机时转速低或停转,使得散热条件变差,实际温升提高的影响。在工程上处理这一问题的方法是将前述几种发热校验公式中的平均损耗、等效电流、等效转矩和等效功率的数值适当增加一些。具体方法是将这四者计算公式,即式(11-15)~式(11-18)的分母对应于启动时间和制动时间乘以系数 β,对应于停机时间乘以系数 γ。β 和 γ 都是小于 1 的系数。它们的大小因电机类型不同而异,一般取:

交流电动机　$\beta=0.5$,$\gamma=0.25$
直流电动机　$\beta=0.75$,$\gamma=0.5$

下面以图 11-6 所示负载曲线为例说明,图中虚线为电动机转速曲线。其中 t_1 是启动阶段,P_{L1} 是启动阶段的平均功率。t_2 是运行阶段,t_3 是制动阶段,t_4 是停机时间,以后重复上述过程。对这样的负载曲线在进行发热校验时,其平均损耗、等效电流、等效转矩和等效功率用下式计算:

$$P_{aL} = \frac{P_{aL\cdot 1}t_1 + P_{aL\cdot 2}t_2 + P_{aL\cdot 3}t_3}{\beta t_1 + t_2 + \beta t_3 + \gamma t_4}$$

$$I_L = \sqrt{\frac{I_{L1}^2 t_1 + I_{L2}^2 t_2 + I_{L3}^2 t_3}{\beta t_1 + t_2 + \beta t_3 + \gamma t_4}}$$

$$T_L = \sqrt{\frac{T_{L1}^2 t_1 + T_{L2}^2 t_2 + T_{L3}^2 t_3}{\beta t_1 + t_2 + \beta t_3 + \gamma t_4}}$$

$$P_L = \sqrt{\frac{P_{L1}^2 t_1 + P_{L2}^2 t_2 + P_{L3}^2 t_3}{\beta t_1 + t_2 + \beta t_3 + \gamma t_4}}$$

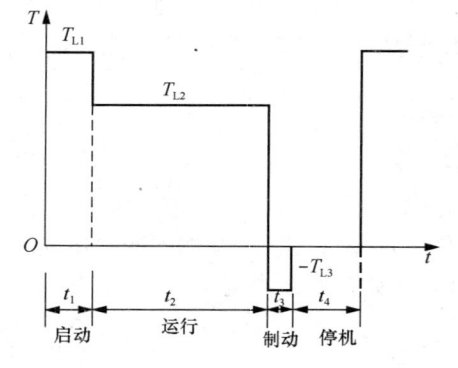

图 11-6　启动、制动、停机的负载曲线

【例 11-4】 以生产机械拟采用他励直流电动机拖动,用转矩表示的负载曲线如图 11-6 所示。图中 $T_{L1}=80\text{N·m}$,$t_1=5\text{s}$,$T_{L2}=60\text{N·m}$,$t_2=40\text{s}$,$T_{L3}=-40\text{N·m}$,$t_3=2\text{s}$,$t_4=10\text{s}$。现初步选择电动机的 $P_N=7.5\text{kW}$,$n_N=1500\text{r/min}$。试对该电动机进行发热校验。

解:(1)等效矩阵

$$T_L = \sqrt{\frac{T_{L1}^2 t_1 + T_{L2}^2 t_2 + T_{L3}^2 t_3}{\beta t_1 + t_2 + \beta t_3 + \gamma t_4}} = \sqrt{\frac{80^2 \times 5 + 60^2 \times 40 + 40^2 \times 2}{0.75 \times 5 + 40 + 0.75 \times 2 + 0.5 \times 10}}$$

$$= 59.71(\text{N·m})$$

(2)求额定转矩 T_N

$$T_N = \frac{60}{2\pi}\frac{P_N}{n_N} = \frac{60}{2\times 3.14}\times\frac{7.5\times 10^3}{1500} = \frac{9.544\times 7.5\times 10^3}{1500} = 47.77(\text{N·m})$$

(3) 由于 $T_L > T_N$，发热校验不合格。

小 结

电力拖动系统中电动机的选择要考虑对电动机的类型、结构形式、额定电压、额定转速和容量的选择，其中主要是容量的选择，其余应根据生产机械情况及对电动机的要求确定。电动机的容量则由电动机的允许发热过载能力和启动能力确定。

电动机的发热限度是由电动机使用绝缘材料决定的，电动机的额定功率由绝缘材料的最高允许温度决定。要求在标准环境温度（40℃）及规定工作方式下其温升不超过绝缘材料最高允许温升时的最大输出功率，我国按绝缘材料的耐热程度将绝缘材料分为 7 个等级。

电动机发热程度由负载大小和工作时间长短决定。体积相同的电动机，其绝缘程度越高，允许输出容量越大。负载越大，工作时间越长，电动机发热量越多。所以电动机容量选择应根据负载大小与工作制不同综合考虑。

电动机按工作方式主要分为连续工作制、短时工作制和断续周期工作制。

连续工作制的负载必须选择连续工作制的电动机，对于恒定负载，只需要满足电动机的额定功率 $P_N \geqslant P_L$，对于周期性负载，首先计算出一个周期 t_p 内平均功率 P_{av} 或平均转矩 T_{av}，再预选一台电动机额定功率 $P_N \geqslant$（1.1～1.6）P_{av} 或 $P_N \geqslant$（1.1～1.6）$\frac{T_{av}\eta_N}{9550}$，最后需对预选电动机进行发热、过载能力和启动能力校验。电动机热校验的方法有平均损耗法和等效电流法。

当短时工作负载的连续工作时间与电动机额定工作时间相差不大时，可以选择短时工作制的电动机。

对于断续周期工作制的负载，可选用断续周期工作制的电动机，和也可选用连续工作制电动机或短时工作制电动机。当 $FC<10\%$ 时，可按短时运行选择短时工作制电动机；若 $FC>70\%$ 时，可选连续工作制电动机。

如果断续运行生产机械运行周期超过 10min，则可选用短时工作制或连续工作制电动机。当选用连续工作制电动机时，可看成标准负载率为 1。对于某些生产机械，工程上为选用简便实用，还可以采用统计法和类比法来选择电动机容量。

思 考 题

11-1 说明电机运行的恒定温升取决于负载的大小。

11-2 简述 S1、S2、S3 三种工作制的电动机其发热的特点是什么？

11-3 确定电机额定功率时主要考虑了哪些因素？

11-4 为什么按 S2 和 S3 工作制设计的电动机工作在 S1 方式运行时，其允许输出功率要小于铭牌上标示的额定功率？

11-5 一台 S3 工作制的电动机，负载持续率减小时，它的额定功率如何变化？

11-6 功率选择的计算法有什么缺点？为什么在生产实践中大多采用统计法和类比法？

11-7 试比较四种发热校验方法的特点和适用条件。

11-8 电动机的温升、温度以及环境温度三者有什么关系？

11-9 电动机的发热和冷却有什么规律？

11-10 一台电动机绝缘材料的等级为 B 级，额定功率为 P_N，若把绝缘材料等级改为 E 级，其额定功率将如何变化？

11-11 电动机三种工作制是如何划分的？负载持续率 $FC\%$ 表示什么？

计 算 题

11-1 某台原为海拔 1000m 以下，地区设计的三相鼠笼式异步电动机额定功率 $P_N=35\text{kW}$。试求在两种情况下，该电动机允许输出的功率。

（1）使用地区的环境温度为 50°。

（2）使用地区海拔高度为 1500m。

11-2 一台为平原地区设计的电动机额定功率，$P_N=35\text{kW}$，额定温升 $\tau_N=80°$，满载时铁损耗与铜损耗之比 $\alpha=0.6$。若将该电动机用于海拔高度 2000m，环境温度为 10℃ 地区，试问该电机允许输出功率是多少？

11-3 一台额定功率 $P_N=5.5\text{kW}$，额定转速 $n_N=1440\text{r/min}$ 的电动机，欲用它直接拖动离心式水泵，水泵流量 $Q=0.04\text{m}^3/\text{s}$，扬程 $H=8\text{m}$，效率 $\eta_m=0.58$，试问该电机能否适用？

11-4 一台额定功率 $P_N=35\text{kW}$，工作时限为 30min 的短时工作制电动机，突然发生故障。现有一台 20kW 连续工作制电动机，其发热时间常数 $T_H=90\text{min}$，损耗系数 $\alpha=0.7$，短时过载倍数 $\lambda_m=2$，试问这台电动机是否可以临时代用？

11-5 某直流电动机，短时运行时间 $t_w=45\text{min}$，负载功率 $P_L=70\text{kW}$，满载时的损耗比 $\alpha=0.6$，发热时间常数 $T_H=100\text{min}$。不考虑过载能力和启动能力情况下，采用下述三种工作制时，额定功率不应小于多少？

（1）S1 工作制的电动机。

（2）S2 工作制的电动机，$t_{wN}=30\text{min}$。

（3）标准负载持续率 $FC_N=25\%$ 的 S3 工作制电动机。

11-6 某 S3 工作制的电动机，满载损耗比 $\alpha=0.8$，负载持续率为 25%，$P_N=42\text{kW}$，求负载持续率分别为 15%、40% 和 60% 时，该电机允许输出的功率。

11-7 某三相鼠笼式异步电动机，$P_N=15\text{kW}$，$n_N=970\text{r/min}$，$\lambda_m=2.0$，$\lambda_I=1.8$。现欲用它直接拖动恒转矩负载作短时运行，负载功率 $P_L=20\text{kW}$，运行时间 $t_w=10\text{min}$，电机发热时间常数 $T_H=100\text{min}$。试问该电机能否试用？

11-8 某生产机械由一台 S3 工作制的三相绕线式异步电动机拖动。运行时间 $t_w=120\text{s}$，停机时间 $t_s=360\text{s}$，电动机的负载功率 $P_L=12\text{kW}$，试选择电动机的额定功率。

11-9 某生产机械需要用一台三相异步电动机拖动。负载曲线如图 11-5 所示。已知 $t_1=20\text{s}$，$P_{L1}=20\text{kW}$，$t_2=40\text{s}$，$P_{L2}=12\text{kW}$，$t_3=40\text{s}$，$P_{L3}=10\text{kW}$。现拟选用电动机 $P_N=15\text{kW}$，$\eta_N=89.5\%$。由该电机效率特性查得对应各段的效率为 $\eta_1=85\%$，$\eta_2=90\%$，$\eta_3=$

92%,试由平均损耗法对该电机作发热校验。

11-10 某台生产机械由一台三相异步电动机拖动,负载曲线如图11-6所示。$T_{L1}=40\text{N}\cdot\text{m}$,$t_1=5\text{s}$,$T_{L2}=20\text{N}\cdot\text{m}$,$t_2=40\text{s}$,$T_{L3}=-20\text{N}\cdot\text{m}$,$t_3=3\text{s}$,$t_4=12\text{s}$ 电动机 $n_N=1500\text{r/min}$,试问仅从发热角度考虑,在下述两种情况下,电动机的额定功率不得小于多少?

(1) 不考虑启动、制动和停机的影响。
(2) 考虑启动、制动和停机的影响。

11-11 某生产机械拟用一台转速为1000r/min左右的鼠笼式三相异步电动机拖动。负载曲线如图11-5所示。其中 $P_{L1}=18\text{kW}$,$t_1=40\text{s}$,$P_{L2}=24\text{kW}$,$t_2=80\text{s}$,$P_{L3}=14\text{kW}$,$t_3=60\text{s}$,$P_{L4}=16\text{kW}$,$t_4=70\text{s}$。启动时负载转矩 $T_{L.st}=300\text{N}\cdot\text{m}$,采用直接启动,启动电流的影响可不考虑。试选择该电动机的额定功率。

11-12 某台电动机的额定功率为 P_N,额定电压为 U_N,额定电流为 I_N,额定转速为 n_N,其绝缘材料的稳定温升为 $\tau_s=75\text{℃}$,损耗比 $\alpha=45/55$,在环境温度为20℃或50℃时,电动机的铭牌数据怎样修正?

参考答案

第1章

1-1　$B = \dfrac{\Phi}{S} = \dfrac{0.001}{10 \times 10^{-4}} = 1.0$ (T)

$\mu = \dfrac{B}{H} = \dfrac{1.0}{5 \times 10^{-2}} = 0.2 \times 10^{-2}$ (H/m)

1-2　$I = 0.46$ A

$\Delta I = 1.592$ A

1-3　$F = H_1 l_1 + H_2 l_2 + H_0 l_0 = 1293$ A

第2章

2-1　$I_{N \cdot M} = \dfrac{P_N}{U_N \eta_N} = \dfrac{13 \times 10^3}{220 \times 0.85} = 69.5$ (A)，$P_1 = \dfrac{P_N}{\eta} = \dfrac{13 \times 10^3}{0.85} = 15.29$ (kW)

2-2　$I_{N \cdot G} = \dfrac{P_N}{U_N} = \dfrac{90 \times 10^3}{220} = 391.3$ (A)，$P_1 = \dfrac{P_N}{\eta} = \dfrac{90 \times 10^3}{0.89} = 101.1$ (kW)

2-3　(1) 第一节距：$y_1 = \dfrac{z_i}{2p} \mp \varepsilon = \dfrac{18}{4} - \dfrac{2}{4} = 4$（$y_1 < \tau$ 短距绕组）

取右行绕组，合成节距 $y = +1$，换向器节距 $y_k = 1$。

(2) 略。

(3) 略。

2-4　解：(1) 计算节距

极距：$\tau = \dfrac{z_i}{2p} = \dfrac{19}{2 \times 2} = \dfrac{19}{4}$

第一节距：$y_1 = \dfrac{z_i}{2p} \mp \varepsilon = \dfrac{19}{4} - \dfrac{3}{4} = 4$（$y_1 < \tau$ 短距绕组）

取单波左行绕组，合成节距 $y = \dfrac{k-1}{p} = \dfrac{19-1}{2} = 9$，换向器节距 $y_k = y = 9$。

2-5　$I_N = 63.2$ A，$T_0 = 3.77$ N·m，$T_N = 124.2$ N·m，

$P_e = 13\,395$ W，$\eta = 93.6\%$，$R_a = 0.226\,\Omega$

2-6　$I_a = 43.48$ A；$I_f = 1.07$ A；$P_e = 10\,926.4$ W；

$P_1 = 11\,718.6$ W；$\eta = 85.3\%$

2-7　$T_0 = 10.43$ N·m；$T = 2007.9$ N·m；$T_2 = 1997.5$ N·m

2-8　$T = 38.2$ N·m；$n = 1050$ r/min

第3章

3-1　$J = J_R + J_m = 200$ kg·m²；$\dfrac{d\Omega}{dt} = 0.25$ rad/s

3-2　$T_2 - 20 = 0.24 \dfrac{dn}{dt}$

3-3　$T_L = 100$ N·m；$J = 3.08$ kg·m²

3-4　$T_L = 11.94\text{N}\cdot\text{m}$；$J = 3.124\text{kg}\cdot\text{m}^2$

3-5　$T_L = 17.75\text{N}\cdot\text{m}$；$T_L = 12.57\text{N}\cdot\text{m}$；$J_m = 0.00464\text{kg}\cdot\text{m}^2$；$J = 3.21\text{kg}\cdot\text{m}^2$

第 4 章

4-1　$\beta = 0.3624$；$a = \dfrac{1}{\beta} = \dfrac{1}{0.3624} = 2.752$

　　　$n = 1674 - 0.3634T$

4-2　$n_1 = 1674 - 0.4361T$；$n_2 = 1339 - 0.3634T$；$n_3 = 2092 - 0.3634T$

4-3　$R_{\text{st}\cdot 1} = 1.846\Omega$；$R_{\text{st}\cdot 2} = 2.81\Omega$；$R_{\text{st}\cdot 2} = 4.265\Omega$

4-4　$R_{\text{st}1} = 0.1925\Omega$；$R_{\text{st}2} = 0.4103\Omega$

4-5　$n_{\min} = 1128\text{r/min}$；$D = 1.33$；$R_s = 0.751\Omega$；$R = 4.31\Omega$

4-6　$T = -114.5\text{N}\cdot\text{m}$；$n = n'_0 - \beta T = 973 - 0.2337T$；$n = 921\text{r/min}$

4-7　$R_s = 0.4189\Omega$；$n = n_0 - \beta' T = 1072 - 1.214T$；$I_a = 2933\text{A}$

4-8　$n = -756\text{r/min}$；$R_s = 0.9426\Omega$

4-9　$n = 1105\text{r/min}$；$R_s = 0.2\Omega$

4-10　(1) 电动机负载转矩 $T_L = T = 223.8\text{N}\cdot\text{m}$；转速 $n_b = -1185\text{ r/min}$ 回馈制动下放重物回馈给电源功率 $P = EI = C_e\Phi n_b I_a = 0.391 \times 1185 \times 60 = 27\,800\text{W} = 27.8\text{kW}$

　　　(2) 电阻上消耗功率为 $P = I^2 R = 60^2 \times 1.562 = 5623.2\text{W}$

第 5 章

5-1　$k = \dfrac{U_{1N}}{U_{2N}} = \dfrac{10\,000}{230} = 43.478$，$I_2 = 217\text{A}$；

满载时，忽略 I_0 则 $I_1 = \dfrac{I_2}{k} = \dfrac{217}{43.478} = 499.1\text{A}$

5-2　Y/y　$\dfrac{U_{1P}}{U_{2P}} = \dfrac{N_1}{N_2} = 10$；$\dfrac{U_{1L}}{U_{2L}} = \dfrac{\sqrt{3}U_{1P}}{\sqrt{3}U_{2P}} = \dfrac{N_1}{N_2} = 10$

　　　Y/d　$\dfrac{U_{1L}}{U_{2L}} = \dfrac{\sqrt{3}U_{1P}}{U_{2P}} = \sqrt{3}\dfrac{N_1}{N_2} = \sqrt{3} \times 10 = 17.3$

　　　D/d　$\dfrac{U_{1L}}{U_{2L}} = \dfrac{U_{1P}}{U_{2P}} = 10$

　　　D/y　$\dfrac{U_{1L}}{U_{2L}} = \dfrac{U_{1P}}{\sqrt{3}U_{2P}} = \dfrac{N_1}{N_2}\cdot\dfrac{1}{\sqrt{3}} = 5.78$

5-3　(1) $I_{1N} = \dfrac{S_N}{\sqrt{3}U_{1N}} = \dfrac{5000}{\sqrt{3}\times 66} = 43.74\text{A}$；$I_{2N} = \dfrac{500}{\sqrt{3}\times 10.5} = 274.9\text{A}$

　　　(2) $I_{1P} = I_{1N} = 43.74\text{A}$；$I_{2P} = \dfrac{I_{2N}}{\sqrt{3}} = \dfrac{274.9}{\sqrt{3}} = 158.7\text{A}$

　　　(3) $I_{1L} = I_{1P} = 43.74\text{A}$；$I_{2L} = \sqrt{3}I_{2P} = 274.9\text{A}$

5-4　(1) 空载试验

$Z_m = \dfrac{U_{2N}}{I_0} = 1475\Omega$；$R_m = \dfrac{P_0}{3I_0^2} = 124.2\Omega$；$X_m = \sqrt{Z_m^2 - R_m^2} = 1470\Omega$

$$k = \frac{10}{\sqrt{3} \times 6.3} = 0.916$$

折算到一次侧阻抗为

$Z'_m = 1237.6\Omega$；$R'_m = 104.2\Omega$；$X'_m = 1233.2\Omega$

(2) 短路试验

$Z'_k = \dfrac{U_k}{I_{1 \cdot k}} = 0.983\Omega$；$R'_k = \dfrac{P_k}{I^2_{1 \cdot k}} = 0.057\,51\Omega$；$X'_k = \sqrt{Z'^2_k - R'^2_k} = 0.981\,3\Omega$

(3) 用标幺值表示

$Z^*_m = \dfrac{Z'_m}{Z_{1b}} = 69.3$；$R'_m = \dfrac{R'_m}{Z_{1b}} = 5.83$；$X'_m = \dfrac{X'_m}{Z_{1b}} = 69$

$Z^*_k = \dfrac{Z'_k}{Z_{1b}} = 0.055$；$R^*_k = \dfrac{R'_k}{Z_{1b}} = 0.003\,22$；$X^*_k = \dfrac{X'_k}{Z_{1b}} = 0.054\,9$

5-5　(1) 空载试验

$Z_m = \dfrac{U_{2N}}{I_{20}} = 9.62$；$R_m = \dfrac{P_0}{I^2_{20}} = 0.705$；$X_m = \sqrt{Z^2_m - R^2_m} = 9.594$

$k = \dfrac{U_{1N}}{U_{2N}} = 26.3$；$Z'_m = k^2 Z_m = 6654$；$R'_m = k^2 R_m = 487.6\Omega$；$X'_m = k^2 X_m = 6636\Omega$

(2) 短路试验

$Z_k = \dfrac{U_{1k}}{I_{1k}} = 22.5\Omega$；$R_k = \dfrac{P_{1k}}{I^2_{1k}} = 10.25\Omega$；$X_k = 19.9\Omega$

换算到 75℃

则 $R_k = \dfrac{234.5+75}{234.5+25} \times 10.25 = 12.23\Omega$；$Z_k = \sqrt{R^2_k + X^2_k} = 23.36\Omega$

$R_1 = R'_2 = \dfrac{1}{2} R_k = 6.12\Omega$；$X_1 = X'_2 = \dfrac{1}{2} X_k = 9.95\Omega$

(3) 求标幺值

$Z^*_m = \dfrac{Z'_m}{Z_{1b}} = \dfrac{6.662}{500} = 13.31$；$R^*_m = \dfrac{R'_m}{Z_{1b}} = 0.975\,2$；$X^*_m = \dfrac{X'_m}{Z_{1b}} = 13.27$；

$R^*_k = \dfrac{R_k}{Z_{1b}} = 0.024\,44$；$Z^*_k = \dfrac{Z_k}{Z_{1b}} = 0.044\,7$；$X^*_k = \dfrac{X_k}{Z_{1b}} = 0.039\,8$

5-6　(1) $k = 14.43$；$I_{2N} = kI_{1N} = 625A$；$Z_{1N} = \dfrac{U_{1N}}{\sqrt{3} I_{1N}} = 133.3\Omega$；$Z_{2N} = \dfrac{U_{1N}}{I_{2N}} = 0.64\Omega$

$Z_m = \dfrac{U_{2N}}{I_{20}} = 6.154\Omega$；$R_m = \dfrac{P_0}{I^2_{20}} = 0.291\,9\Omega$；$X_m = \sqrt{Z^2_m - R^2_m} = 6.147\Omega$

1) $Z'_m = k^2 Z_m = 88.80\Omega$；$R'_m = k^2 R_m = 4.212\Omega$；$X'_m = k^2 X_m = 88.70\Omega$

2) $Z_k = \dfrac{U_{1k}}{\sqrt{3} I_{1k}} = 7.423\Omega$；$R_k = \dfrac{P_{1k}}{I^2_{1k}} = 2.041\Omega$；$X_k = 7.137\Omega$

(2)

1) $\beta = 1, \cos\varphi = 0.8$；$\Delta U = \beta(R^*_k \cos\varphi + X^*_k \sin\varphi) = 8.1\%$；$\eta = 84.3\%$

2) $\beta = 1, \cos\varphi = 1$；$\Delta U = 1 \times (0.030\,7 \times 1 + 0.094\,07 \times 0) = 3.07\%$；$\eta = 87\%$

3) $\beta = 1, \cos(-\varphi) = 0.8$；$\Delta U = 3\%$；$\eta = 84.3\%$

5-7　(1) $Z_k = 16.33\Omega$；$R_k = 2.074\Omega$；$X_k = 16.2\Omega$

(2) $\Delta U = \beta(R_k\cos\varphi_2 + X_k\sin\varphi_2) = 0$; $\beta = \dfrac{I_2}{I_{2N}} = 1$

则 $\tan\varphi_2 = -\dfrac{R_k}{X_k} = -\dfrac{2.074}{16.2} = -0.128$

答：说明负载性质为电容性。

5-8 改成 9.9/3.3kV 降压自耦变压器，$S_N = 3600$kVA

(1) 额定电压下稳态电流

$I_{1N} = \dfrac{S_N}{\sqrt{3}U_{1N}} = \dfrac{5600}{\sqrt{3}\times 9.9} = 326.6$A ; $I_{2N} = \dfrac{6.6}{3.3}I_{1N} = 2\times 326.6 = 653.2$A

$I = I_{2N} - I_{1N} = 326.6$A

自耦变压器额定容量 $S_N = \sqrt{3}U_{2N}I_{2N} = 3733.5$kVA

(2) 感应功率 $S_i = \sqrt{3}U_{2N}I = 1866.8$kVA ; 传导功率 $S_t = \sqrt{3}U_{2N}I_{1N} = 1866.8$kVA

5-9 $I_{II} = 114.3$A ; $I_I = 85.7$A

5-10 (1)

$S_{III} = \dfrac{10\,000}{3.87} = 2584$kVA

$S_I = 1.1 S_{III} = 1.1 \times 2584 = 2842$kVA

$S_{II} = 1.77 S_{III} = 1.77 \times 2584 = 4574$kVA

(2) $S_{max} = 11\,257.9$kVA ; $\dfrac{S_{max}}{S_{IN} + S_{IIN} + S_{IIIN}} = 0.938$

5-11 (1) $S_N = U_{2N}I_{2N} = 115 \times 39.12 = 4500$VA ;

$S_i = U_{2N}I = 115 \times 26.08 = 3000$VA

$S_t = U_{2N}I_{1N} = 115 \times 13.04 = 1500$VA

(2) $S_N = U_{1N}I_{1N} = 230 \times 39.12 = 9000$VA ; $S_i = U_{1N}I = 230 \times 13.04 = 3000$VA

$S_t = U_{1N}I_{2N} = 230 \times 26.08 = 6000$VA

5-12 $k_{TV} = \dfrac{U_{1N}}{U_{2N}} = \dfrac{6000}{100} = 60$; $k_{TA} = \dfrac{I_1}{I_{2N}} = \dfrac{100}{5} = 20$

$U_{1N} = K_{TV}U_{2N} = 60 \times 80 = 4800$V ; $I_1 = k_{TA}I_2 = 20 \times 4 = 80$A

5-13 (1) 由空载试验求得：

$|Z_m| = \dfrac{U_1}{I_0} = 2.223\Omega$; $R_m = \dfrac{P_0}{3I_0^2} = 0.122\Omega$; $X_m = 2.22\Omega$; $k = \dfrac{U_{1NP}}{U_{2NP}} = 43.25$;

折算至高压侧：$R_m = 43.25^2 \times 0.122 = 228.21\Omega$; $X_m = 43.25^2 \times 2.22 = 4152.65\Omega$

$|Z_m| = 43.25^2 \times 2.223 = 4158.26\Omega$

(2) 由短路实验求得：

$|Z_k| = \dfrac{U_K}{I_{1N}} = 11.22\Omega$; $R_k = \dfrac{P_k}{3I_1^2} = 1.55\Omega$; $X_k = \sqrt{|Z_k|^2 - R_k^2} = 11.11\Omega$

折算至 75℃：$R_k = 1.89\Omega$; $X_k = 11.11\Omega$; $|Z_k| = 11.27\Omega$

对比：

$\begin{cases} R_m = 228.21\Omega \\ R_k = 1.89\Omega \end{cases}$ $\begin{cases} X_m = 4152.65\Omega \\ X_k = 11.11\Omega \\ Z_k = 11.27\Omega \end{cases}$ $\begin{cases} Z_m = 4158.26\Omega \\ Z_k = 11.27\Omega \end{cases}$

可见励磁阻抗大于短路阻抗（即漏阻抗）。

第 6 章

6-1 极距：$\tau = \dfrac{Z}{2p} = \dfrac{24}{4} = 6$；槽距角：$\alpha = \dfrac{p360°}{24} = \dfrac{2\times 360°}{24} = 30°$；第一节距：$y_1 = \dfrac{5}{6}\tau = 5$ （1～6）；每极每相槽数：$q = \dfrac{Z}{2pm} = \dfrac{24}{4\times 3} = 2$

$$k_{y1} = \sin\dfrac{y}{\tau}90° = \sin 75° = 0.965\,9$$

$$k_{q1} = \dfrac{\sin\dfrac{q\alpha}{2}}{q\sin\dfrac{\alpha}{2}} = \dfrac{\sin\dfrac{2\times 30}{2}}{2\sin\dfrac{30}{2}} = \dfrac{0.5}{0.517\,6} = 0.965\,996$$

$$k_w = k_{y1}k_{q1} = 0.965\,9 \times 0.965\,996 = 0.933\,1$$

双层绕组展开图略

6-2 （1）已知 $2p = 4, Z = 24, a = 1, y_1 = \tau$ 求得：$\tau = 6, \alpha = 30°, y_1 = 6, q = 2$。绕组系数 $k_{w1} = k_{y1}k_{q1} = 1 \times 0.965\,996 = 0.966$

（2）略；（3）略。

6-3 $k_{w5} = k_{y5}k_{q5} = 0.642\,8 \times 0.652\,7 = 0.426\,0$

$k_{w7} = k_{y7}k_{q7} = 0.342\,0 \times 0.177\,4 = 0.060\,66 \approx 0.060\,7$

6-4 $\Phi_m = \dfrac{E}{4.44fN_1k_w} = \dfrac{350}{4.44\times 50\times 312\times 0.96} = \dfrac{350}{66\,493} = 0.005\,264(\text{Wb})$

6-5 $\Phi_m = 5.258 \times 10^5\,\text{MX}$

6-6 $k_{y1} = \sin\dfrac{\gamma}{2} = \sin\dfrac{130°}{2} = \sin 65° = 0.906\,3$；

$k_{y5} = \sin\dfrac{5\gamma}{2} = \sin 5\times 65° = \sin 325° = 0.573\,6$。

第 7 章

7-1 （1）$T_N = 33.5 N/m$；

（2）$T_m = 71.17 N/m$

（3）$\lambda = \dfrac{T_m}{T_N} = \dfrac{71.17}{33.5} = 2.12$；

（4）$s_m = \dfrac{R'_2}{\sqrt{R_1^2 + (X_1+X)^2}} = \dfrac{1.53}{\sqrt{2.08^2 + (3.12+4.25)^2}} = 0.2$。

7-2 $f_2 = s_N f_1 = 0.05 \times 50 = 2.5(\text{Hz})$；$P_m = P_N + p_{me} + p_{ad} = 7582.5(\text{W})$

$p_{Cu} = \dfrac{s}{1-s}P_m = \dfrac{0.05}{1-0.05}\times 7582.5 = 399.1(\text{W})$；$P_1 = 7500 + 399.1 + 231 + 474 = 8604(\text{W})$

$$\eta = \dfrac{P_2}{P_1}\times 100\% = \dfrac{7500}{8604}\times 100\% = 87\%$$

定子电流：$I_1 = \dfrac{P_1}{\sqrt{3}U_1\cos\varphi_1} = \dfrac{8640}{\sqrt{3}\times 380\times 0.824} = 16A$

7-3 $p_{Cu} = 756W$，$p_{Fe} = 480W$，$p_{al} = 1336W$，$P_1 = 11\,336W$，$P_e = 10\,640W$

$P_{\mathrm{m}} = 10\ 100\mathrm{W}$，$\cos\varphi_1 = \dfrac{P_1}{3U_1I_1} = \dfrac{10\ 000}{3\times 380\times 12} = 0.83$，$\eta = 88\%$

7-4　$T = 9.55\times \dfrac{4580}{1000} = 43.76(\mathrm{N\cdot m})$；$T_2 = 9.55\times \dfrac{4000}{960} = 39.81(\mathrm{N\cdot m})$

　　　$T_0 = T - T_2 = 43.76 - 39.81 = 3.95(\mathrm{N\cdot m})$

7-5　$T = 9.55\times \dfrac{P_\mathrm{e}}{n_1} = 9.55\times \dfrac{9772}{1000} = 93.36(\mathrm{N\cdot m})$

7-6　(1) $n = 1440\mathrm{r/min}$；$\eta = \dfrac{P_2}{P_1}\times 100\% = 87.3\%$，$s = 0.04$，

　　　(2) $T = 9.55\times \dfrac{5800}{1500} = 36.93(\mathrm{N\cdot m})$；$T_2 = 9.55\times \dfrac{5568}{1500} = 35.45(\mathrm{N\cdot m})$

7-7　(1) $s_\mathrm{N} = \dfrac{1500-1470}{1500} = 0.02$，$E_{2s} = sE_2 = 0.02\times 220 = 4.4\mathrm{V}$

　　　(2) $I_2 = \dfrac{E_{2s}}{\sqrt{R_2^2 + (sX_2)^2}} = \dfrac{4.4}{\sqrt{0.08^2 + (0.02\times 0.45)^2}} = 54.66\mathrm{A}$

　　　(3) $I = I_2$

7-8　(1) $T_\mathrm{N} = 9.55\dfrac{P_\mathrm{N}}{n_\mathrm{N}} = 9.55\times \dfrac{75\ 000}{720} = 994.8(\mathrm{N\cdot m})$

　　　(2) $T_\mathrm{m} = \lambda_\mathrm{m}T_\mathrm{N} = 2.4\times 994.8 = 2387(\mathrm{N\cdot m})$

　　　(3) $s_\mathrm{m} = \dfrac{s_\mathrm{N}}{\lambda - \sqrt{\lambda^2-1}} = \dfrac{0.04}{2.4 - \sqrt{2.4^2-1}} = 0.183\ 5$

　　　(4) $T = \dfrac{\lambda_\mathrm{m}T_\mathrm{N}}{\dfrac{s}{s_\mathrm{m}} + \dfrac{s_\mathrm{m}}{s}} = \dfrac{2387.5}{\dfrac{s}{0.183\ 5} + \dfrac{0.183\ 5}{s}}$

7-9　(1) 转子开路时

$\dot{I}_1 = \dfrac{\dot{U}_1}{Z_1 + Z_\mathrm{m}} = \dfrac{380}{0.8 + \mathrm{j}1 + 6 + \mathrm{j}75} = 4.98\angle -84.89°(\mathrm{A})$

(2) 转子堵转时

$\dot{I}_1 = \dfrac{\dot{U}_1}{Z_1 + \dfrac{Z_\mathrm{m}Z_2'}{Z_\mathrm{m}+Z_2'}} = \dfrac{380}{0.8 + \mathrm{j}1 + \dfrac{(6+\mathrm{j}75)(1+\mathrm{j}4)}{6+\mathrm{j}75+1+\mathrm{j}4}} = 74.5\angle -70.29°(\mathrm{A})$

7-10　(1) 额定转差率：$s_\mathrm{N} = 0.037$

　　　(2) 额定转矩：$T_\mathrm{N} = 3439\mathrm{N\cdot m}$

　　　(3) 最大转矩：$T_\mathrm{m} = \lambda_\mathrm{m}T_\mathrm{N} = 2.13\times 3439 = 7325\mathrm{N\cdot m}$

　　　(4) 最大转矩对应的转差率：$s_\mathrm{m} = 0.148$；

　　　(5) $s=0.02$ 时的电磁转矩：$T = 1944\mathrm{N\cdot m}$

第 8 章

8-1　(1) $n = (1-s)n_1 = (1-0.018\ 3)\times 1500 = 1473(\mathrm{r/min})$

　　　(2) $n = (1-S)n_1 = (1-0.022\ 7)\times 3000 = 2932(\mathrm{r/min})$

8-2　(1) $n' = (1-s)n_0 = (1-0.020\ 9)\times 2400 = 2350(\mathrm{r/min})$

　　　(2) $n'' = (1-s)n_0 = (1-0.021\ 6)\times 3600 = 3522(\mathrm{r/min})$

8-3 $D = \dfrac{n_{max}}{n_{min}} = \dfrac{960}{692} = 1.39$; $\delta = \dfrac{n_1 - n}{n_1} = \dfrac{1000 - 692}{1000} \times 100\% = 30.8\%$

8-4 $R_b = R_2\left(\dfrac{s'_m}{s_m} - 1\right) = 0.1368\left(\dfrac{1.12}{0.1} - 1\right) = 1.395\Omega$

8-5 (1) $n = n_1(1-s) = 1000(1 - 0.03527) = 964.7 \approx 965(\text{r/min})$

(2) $n_d = -n_1(1 - s_d) = -1000(1 + 0.03527) = -1035.27 \approx -1035(\text{r/min})$

(3) $R_b = R_2\left(\dfrac{s_c}{s_N} - 1\right) = 0.0237\left(\dfrac{1.28}{0.04} - 1\right) = 0.7347(\Omega)$

(4) 当重物停在空中, $n = 0$, $s = 1$；

$R_b = R_2\left(\dfrac{s}{s_N} - 1\right) = 0.0237\left(\dfrac{1}{0.04} - 1\right) = 0.5688(\Omega)$

(5) $n_c = -n_1(1-s) = -1000(1+0.1413) = -1141(\text{r/min})$

8-6 (1) 负载转矩 $T_L = 0.25T_N$; $I_{st} = \dfrac{1}{3}I_m = 145.4\text{A} < 150\text{A}$; $T_{st} = 0.4T_N > 0.25T_N$

故合格，可以采用 Y－△降压启动。

(2) 负载转矩 $T_L = 0.5T_N$; $I_{st} = 145.4\text{A} < 150\text{A}$; $T_{st} = 0.4T_N < T_L = 0.5T_N$

T_{st} 不满足要求，故不能采用 Y－△降压启动。

第 9 章

9-1 (1) $E_0 = 288.5\text{V}$

(2) $\delta_N = 15.27°$

(3) $P_{max} = 83\,858.8\text{W}$

(4) $\lambda_m = \dfrac{P_{max}}{P_N} = \dfrac{83\,858.8}{22\,083} = 3.8$。

9-2 (1) $\delta_N = 13.25°$; $E_0 = 316.9\text{V}$;

(2) $P_{max} = 3575\text{W}$; $\delta_{max} = 73.81°$; 过载能力 $\lambda_m = 3.46$

9-3 $p = 2$, $T_{2N} = \dfrac{60}{2\pi} \cdot \dfrac{P_N}{n_N} = \dfrac{60}{2 \times 3.14} \times \dfrac{100 \times 10^3}{1500} = 637(\text{N} \cdot \text{m})$

$I_N = \dfrac{P_N}{\sqrt{3}U_N \cos\varphi_N \eta_N} = \dfrac{100 \times 10^3}{1.73 \times 6000 \times 0.8 \times 0.9} = 13.38(\text{A})$

9-4 (1) $\cos\varphi = 0.8$（电感性）时

$E_0 = 1552.65\text{V}$, $\delta = 10.19°$, $\psi = \varphi - \theta = 36.87 - 10.19 = 26.68°$

(2) $\cos\varphi = 0.8$（电容性）时

$E_0 = 1959.35\text{V}$, $\delta = 8.06°$, $\psi = \varphi + \theta = 36.87° + 8.06° = 44.93°$

9-5 $E_Q = 6907.9\text{V}$

$E_0 = E_Q + (X_d - X_q)I_d = 6907.9 + (60 - 45) \times 98.1\sin 66.87° = 8261(\text{V})$

9-6 $P_1 = \sqrt{3}U_{1N}I_1\cos\varphi_N = 1.73 \times 380 \times 60 \times 0.85 = 33\,527.4(\text{W})$

$p_{Cu} = 3I_1^2R_1 = 3 \times 60^2 \times 0.2 = 2160(\text{W})$;

$P_e = P_1 - p_{Cu} = 33\,527.4 - 2160 = 31\,367.4(\text{W})$

$P_2 = P_1\eta = 33\,527.4 \times 0.9 = 30\,174.66(\text{W})$;

$$P_0 = P_e - P_2 = 31367.4 - 30174.66 = 1192.74(\text{W})$$

$$T_2 = \frac{60}{2\pi}\frac{P_2}{n} = 9.55 \times \frac{30\,174.66}{3000} = 96.1(\text{N}\cdot\text{m});$$

$$T = \frac{60}{2\pi}\frac{P_e}{n} = 9.55 \times \frac{31\,367.4}{3000} = 99.9(\text{N}\cdot\text{m})$$

$$T_0 = \frac{60}{2\pi}\frac{P_0}{n} = 9.55 \times \frac{1192.74}{3000} = 3.8(\text{N}\cdot\text{m})$$

9-7 $X_d = \dfrac{E_0 - U_1\cos\delta}{I_d} = \dfrac{12\,500 - 6358.4\cos20.13°}{385.79} = 16.93(\Omega)$

$X_q = \dfrac{U_1\sin\delta}{I_q} = \dfrac{6358.4\sin20.13°}{250.53} = 8.73(\Omega)$

9-8 I_f 应调到 $I'_f = \dfrac{E'_0}{E_0}I_f = \dfrac{11\,741.5}{13\,872} \times 100 = 84.64(\text{A})$

9-9 (1) 正常励磁

$P_2 = P_e = 3\dfrac{U_1 E_0}{X_s}\sin\delta = 3\dfrac{6350.9 \times 6523.42}{12}\sin10.6° = 1.91(\text{MW})$

$I_1 = \dfrac{P_2}{3U_1} = \dfrac{1.91 \times 10^6}{3 \times 6350.9} = 100.3(\text{A})$

(2) 保持输出功率不变，在过励和欠励时允许输出的无功功率和功率因数

$Q_2 = \sqrt{S_N^2 - P_2^2} = \sqrt{2.75^2 - 1.91^2} = 198\text{Mvar}$；$\cos\varphi = \dfrac{P_2}{S_N} = \dfrac{1.91}{2.75} = 0.695$

9-10 (1) $\lambda_m = \dfrac{T_{max}}{T_N} = \dfrac{1590.3}{636.7} = 2.5$；

(2) 若 E_0 增加 1.2 倍，λ_m 也增加 1.2 倍即 $\lambda'_m = 1.2\lambda_m = 1.2 \times 2.5 = 3$

9-11 (1) $U_{1L} = 0.8U_N$，$f_1 = 0.8f_N$。

$n = \dfrac{60f_1}{p} = \dfrac{60 \times 0.8 \times 50}{2} = 1200(\text{r/min})$，$E_0 = 0.8E_{0N} = 0.8 \times 3844 = 3075.2(\text{V})$

$\delta = \arcsin 0.4 = 23.58°$

(2) $U_{1L} = U_N$，$f_1 = 1.2f_N$。

$n = \dfrac{60f_1}{p} = \dfrac{60 \times 1.2 \times 50}{2} = 1800(\text{r/min})$，$E_0 = 1.2E_{0N} = 1.2 \times 3844 = 4612.8(\text{V})$

$\delta = \arcsin 0.48 = 28.69°$

9-12 (1) $U_{1L} = 0.8U_N$，$f_1 = 0.8f_N$；$n = \dfrac{60f_1}{p} = \dfrac{60 \times 0.8 \times 50}{2} = 1200(\text{r/min})$

$E_0 = 0.8E_{0N} = 0.8 \times 3844 = 3075.2(\text{V})$，$\delta = \arcsin 0.5 = 30°$

(2) $U_{1L} = U_N$，$f_1 = 1.2f_N$。$n = \dfrac{60f_1}{p} = \dfrac{60 \times 1.2 \times 50}{2} = 1800(\text{r/min})$

$E_0 = 1.2E_{0N} = 1.2 \times 3844 = 4612.8(\text{V})$；$\delta = \arcsin 0.4 = 23.58°$

9-13 (1) $U_1 = 2400\text{V}$，$f_1 = 40\text{Hz}$。

$n = \dfrac{60f_1}{p} = \dfrac{60 \times 40}{2} = 1200(\text{r/min})$

$\delta = \arcsin 0.462 = 27.5°$，$\dot{I}_1 = 13.22\angle 18.19°(\text{A})$。

(2) $U_1 = 3000\text{V}$，$f_1 = 60\text{Hz}$ 时。

$n = \dfrac{60f_1}{p} = \dfrac{60 \times 60}{2} = 1800(\text{r/min})$；$\delta = \arcsin 0.554 = 33.65°$，$\dot{I}_1 = 16.21\angle 21.63°\text{ A}$。

9-14 (1) $n = \dfrac{60f_1}{p} = \dfrac{60 \times 40}{2} = 1200(\text{r/min})$；$\delta = \arcsin 0.521 = 31.39°$，

$\dot{I}_1 = 14.16\angle 11.25°(\text{A})$，$\cos\varphi = 0.98(容性)$。

(2) $n = \dfrac{60f_1}{p} = \dfrac{60 \times 60}{2} = 1800(\text{r/min})$；$\delta = \arcsin 0.4167 = 24.62°$，

$\dot{I}_1 = 13.44\angle 34.29°(\text{A})$，$\cos\varphi = 0.83(电容性)$。

9-15 $|Z| = \dfrac{E_0}{I_1} = \dfrac{296}{100} = 2.96\Omega$；

$R_b = \sqrt{|Z|^2 - X_s^2} - R_1 = (\sqrt{2.96^2 - 1.2^2} - 0.2) = 2.51\Omega$

9-16 $\dot{I}_1 = \dfrac{\dot{E}_0}{R_b + jX_s} = \dfrac{200\angle 0°}{12 + j15} = 10.41\angle -51.34°$

$T = \dfrac{3U_1 E_0}{X_s \Omega} \sin\delta = \dfrac{3 \times 124.92 \times 200}{15 \times 104.67} \sin 51.34° = 37.28(\text{N·m})$

第 10 章

10-1 (1) $T = 3.38 \times 0.06 = 0.2028(\text{N·m})$；(2) $T = 3.38 \times 1.2 = 4.056(\text{N·m})$

10-2 (1) $n = \dfrac{T_{st} - T_L}{T_{st}} n_1 = \dfrac{1 - 0.06}{1} \times 3000 = 2820(\text{r/min})$

(2) $n = \dfrac{T_{st} - T_L}{T_{st}} n_1 = \dfrac{0.64 - 0.06}{0.64} \times 3000 = 2718.8(\text{r/min})$

10-3 $I_b = \sqrt{\dfrac{P_b}{R_a}} = \sqrt{\dfrac{2.9}{4.44}} = 0.81(\text{A})$；$U_b = \dfrac{P_b}{I_b} = \dfrac{29}{0.81} = 3.6(\text{V})$

$T_b = R_T I_b = 0.0177 \times 0.81 = 0.0143(\text{N·m})$；

$I_p = \sqrt{\dfrac{P_p}{R_a}} = \sqrt{\dfrac{32.4}{4.44}} = 2.7(\text{A})$；$U_p = \dfrac{P_p}{I_p} = \dfrac{32.4}{2.7} = 12(\text{V})$

$T_p = R_T I_p = 0.0177 \times 2.7 = 0.0478(\text{N·m})$

10-4 (1) $\theta = \dfrac{360°}{ZN} = \dfrac{360°}{50 \times 3} = 2.4°$；

(2) $\theta = \dfrac{360°}{50 \times 3} = 2.4°$；

(3) $\theta = \dfrac{360°}{50 \times 6} = 1.2°$

10-5 $ZN = \dfrac{360}{\theta} = \dfrac{360}{1.5} = 240$，$n = \dfrac{60f}{ZN} = \dfrac{60 \times 3000}{240} = 750(\text{r/min})$

10-6 (1) $f = \dfrac{Z_r N}{60} n_1 = \dfrac{24 \times 3}{60} \times 1200 = 1440(\text{Hz})$

(2) $\theta_b = \dfrac{360}{Z_r N} = \dfrac{360}{24 \times 3} = 5°$

(3) 步进电动机的定子极数通常等于相数的2倍，即$2p=2m$，电气角度等于机械角度的p倍，即$\theta_电 = p\theta_b$。步距角$\theta'_b = 3 \times 5° = 15°$，齿距角$\theta'_c = 3 \times 360°/24 = 45°$

10-7 $Z_r = \dfrac{360°}{\theta_b N} = \dfrac{360°}{1.5° \times 3} = 80$

$N=3$ 时转速，$n_1 = \dfrac{60f}{Z_r N} = \dfrac{60 \times 2000}{80 \times 3} = 500\text{r/min}$；

$N=6$ 时转速，$n_2 = 250\text{r/min}$。

10-8 $I = \dfrac{U}{R_L} = \dfrac{50}{2000} = 0.025(\text{A})$，$U_0 = E = U + R_a I = (50 + 180 \times 0.025) = 54.5(\text{V})$

10-9 $U = E - R_a I = (26 - 80 \times 0.005\ 12) = 25.6(\text{V})$

10-10 $U_{\cos} = KU_f \cos\theta = 1 \times 110 \times \cos 60° = 55(\text{V})$；

$U_{\sin} = KU_f \sin\theta = 1 \times 110 \times \sin 60° = 95.26(\text{V})$

10-11 $U_{0\cdot 30°} = \dfrac{k\sin\theta}{1+k\cos\theta} U_f = \dfrac{0.52\sin 30°}{1+0.52\cos 30°} \times 36 = 6.453\ 89(\text{V})$

$U_{0\cdot 45°} = \dfrac{k\sin\theta}{1+k\cos\theta} U_f = \dfrac{0.52\sin 45°}{1+0.52\cos 45°} \times 36 = 9.678\ 35(\text{V})$

$\dfrac{U_{0\cdot 45°}}{U_{0\cdot 30°}} = \dfrac{9.678\ 35}{6.453\ 89} = 1.499\ 66$，$\dfrac{\theta_{45°}}{\theta_{30°}} = \dfrac{45}{30} = 1.5$，

$\delta\% = \dfrac{1.5 - 1.499\ 66}{1.5} \times 100\% = 0.002\ 25$。

10-12 (1) $U_a = 19.2\text{V}$ 时，$T_{st} = C_T \Phi I_a = 0.0309 \times 0.7385 = 0.0228\text{N}\cdot\text{m}$

(2) $U_a = 19.2\text{V}$，$T = 0.014\ 7\text{N}\cdot\text{m}$ 时，$U_{st} = R_a I_a = 26 \times 0.476 = 12.37\text{V}$

(3) $U_a = 19.2\text{V}$，$T = 0.014\ 7\text{N}\cdot\text{m}$ 时，$n = 2108.4\text{r/min}$

第 11 章

11-1 (1) $P_2 = (1 - 12.5\%) P_N = 0.875 \times 35 = 30.63(\text{kW})$

(2) $P_2 = \left(1 - \dfrac{1500-1000}{100} \times 0.5\%\right) P_N = (1 - 2.5\%) \times 35 = 0.975 \times 35 = 34.13(\text{kW})$

11-2 $P''_2 = (1 - 5\%) \times 44.27 = 42.06(\text{kW})$

11-3 $P_L = \dfrac{QPH}{102\eta_m \eta_t} = \dfrac{0.04 \times 1000 \times 8}{102 \times 0.58 \times 1} = \dfrac{320}{59.16} = 5.91(\text{kW})$，$P_N < P_L$ 该电机不适用。

11-4 $P = P_L \sqrt{\dfrac{1 - e^{-\frac{t_w}{\tau}}}{1 + ae^{-\frac{t_w}{\tau}}}} = 35\sqrt{\dfrac{1 - e^{-\frac{30}{90}}}{1 + 0.7e^{-\frac{30}{90}}}} = 15.2\text{kW} < 20\text{kW}$。答：可以临时代用。

11-5 (1) $P_{LN} = 70 \times \sqrt{\dfrac{1 - e^{-\frac{45}{100}}}{1 + 0.6e^{-\frac{45}{100}}}} = 36\text{kW}$

(2) $P_{LN} = \dfrac{70}{\sqrt{\dfrac{30}{45} - 0.6\left(\dfrac{30}{45} - 1\right)}} = 75\text{kW}$

(3) $P_{LN} = \dfrac{70}{\sqrt{\dfrac{60}{45} - 0.6\left(\dfrac{60}{45} - 1\right)}} = 66\text{kW}$

11-6 (1) $P = \dfrac{P_N}{\sqrt{\dfrac{FC_N}{FC} + \alpha\left(\dfrac{FC_N}{FC} - 1\right)}} = \dfrac{42}{\sqrt{\dfrac{15}{25} + 0.8\left(\dfrac{15}{25} - 1\right)}} = 79.37(\text{kW})$

(2) $P = \dfrac{42}{\sqrt{\dfrac{40}{25} + 0.8\left(\dfrac{40}{25} - 1\right)}} = 29.12(\text{kW})$

(3) $P = \dfrac{42}{\sqrt{\dfrac{60}{25} + 0.8\left(\dfrac{60}{25} - 1\right)}} = 22.39(\text{kW})$

11-7 由于 $t_w = 10\text{min} < (0.3 \sim 0.4)\tau = (0.3 \sim 0.4) \times 100 = (30 \sim 40)\text{min}$，所以可以直接校验启动能力和过载能力，用过载能力和启动能力选择电动机的额定功率。

$K_{st}P_N = 1.8 \times 15 = 27(\text{kW})$

$P_L = (1.1 \sim 1.2)P_L = (1.1 \sim 1.2) \times 20 = 2.2 \sim 2.4(\text{kW})$

$K_{st}P_N > (1.1 \sim 1.2)P_L$ 说明 $T_{st} > (1.1 \sim 1.2)T_L$ 启动能力合格。

由于 $\lambda_m P_N = 2.0 \times 15 = 30\text{kW} > P_L = 20\text{kW}$，说明 $T_{max} > T_L$ 过载能力合格，说明选择该电机适用。

11-8 $FC = \dfrac{t_w}{t_w + t_s} = \dfrac{120}{120 + 360} \times 100\% = 25\%$

选择 $FC_N = 25\%$，$P_N > 12\text{kW}$ 的 $S3$ 工作制电动机。

11-9 $P_{aL1} = \dfrac{P_{L1}}{\eta_1} - P_{L1} = \dfrac{20}{0.85} - 20 = 3.53(\text{kW})$

$P_{aL2} = \dfrac{P_{L2}}{\eta_2} - P_{L2} = \dfrac{12}{0.9} - 12 = 1.33(\text{kW})$

$P_{aL3} = \dfrac{P_{L3}}{\eta_3} - P_{L3} = \dfrac{10}{0.92} - 10 = 0.87(\text{kW})$

$P_{aL \cdot L} = \dfrac{P_{aL1}t_1 + P_{aL2}t_2 + P_{aL3}t_3}{t_1 + t_2 + t_3} = \dfrac{3.53 \times 20 + 1.33 \times 40 + 0.87 \times 40}{20 + 40 + 40} = 1.586(\text{kW})$

$P_{aLN} = \dfrac{P_N}{\eta} - P_N = \dfrac{15}{0.895} - 15 = 1.76(\text{kW})$

因为 $P_{aL \cdot N} > P_{aL \cdot L}$ 发热校验合格。

11-10

(1) $T_L = \sqrt{\dfrac{T_{L1}^2 t_1 + T_{L2}^2 t_2 + T_{L3}^2 t_3}{t_1 + t_2 + t_3 + t_4}} = \sqrt{\dfrac{40^2 \times 5 + 20^2 \times 40 + 20^2 \times 3}{5 + 40 + 3 + 12}} = 20.49(\text{N} \cdot \text{m})$

$P_N \geqslant \dfrac{2\pi}{60} T_L n = \dfrac{2 \times 3.14}{60} \times 20.49 \times 1500 = 3.22(\text{kW})$

(2) $T_L = \sqrt{\dfrac{T_{L1}^2 t_1 + T_{L2}^2 t_2 + T_{L3}^2 t_3}{\beta t_1 + t_2 + \beta t_3 + t_4}} = \sqrt{\dfrac{40^2 \times 5 + 20^2 \times 40 + 20^2 \times 3}{0.75 \times 5 + 40 + 0.75 \times 3 + 12}} = 22(\text{N} \cdot \text{m})$

$P_N \geqslant \dfrac{2\pi}{60} T_L n = \dfrac{2 \times 3.14}{60} \times 22 \times 1500 = 3.454(\text{kW})$

11-11 （1）
$$P_L = \frac{P_{L1}t_1 + P_{L1}t_1 + P_{L1}t_1 + P_{L1}t_1}{t_1 + t_2 + t_3 + t_4} = \frac{18 \times 40 + 24 \times 80 + 14 \times 60 + 60 \times 70}{40 + 80 + 60 + 70}$$
$$= 18.14 \text{kW}$$

（2）预选 Y200L2-6 型三相异步电动机，该电机额定功率 $P_N = 22\text{kW}$，$n_N = 970\text{r/min}$，$\alpha_{st} = 1.8, \alpha_{mt} = 2.0$

（3）进行发热校验，用等效功率法
$$P_L = \sqrt{\frac{P_{L1}{}^2 t_1 + P_{L2}{}^2 t_2 + P_{L3}{}^2 t_3 + P_{L4}{}^2 t_4}{t_1 + t_2 + t_3 + t_4}} = \sqrt{\frac{18^2 \times 5 + 24^2 \times 80 + 14^2 \times 60 + 60^2 \times 70}{5 + 40 + 3 + 12}}$$
$$= 18.4(\text{kW})$$

因为 $P_L < P_N$ 发热合格。

（4）校验过载能力
$P_m = \alpha_{Mt} P_N = 2.0 \times 22 = 44\text{kW}$

因为 $P_m > P_L$，转速 n 变化不大，故有 $T_m > T_L$，即过载能力合格。

（5）校验启动能力
$$T_N = 9.55 \frac{P_N}{n_N} = 9.55 \times \frac{22\,000}{970} = 216.7(\text{N} \cdot \text{m})$$

$T_{st} = \alpha_{st} T_N = 1.8 \times 216.7 = 390(\text{N} \cdot \text{m})$

因为 $T_{st} > (1.1 \sim 1.2)T_{Lst} = (1.1 \sim 1.2)300 = 330 \sim 360 \text{N} \cdot \text{m}$ 所以启动能力校验合格。

11-12 $a = \dfrac{P_0}{P_{Cu \cdot N}} = \dfrac{45}{55} = 0.8$

$\theta_{max} = \tau_s + 40℃ = 75℃ + 40℃ = 115℃$

（1）环境温度 20℃，电机铭牌数据修正如下：
$$P = P_N\sqrt{1 + (1+a)\frac{40-\theta}{\tau_N}} = P_N\sqrt{1 + (1+0.8)\frac{40-20}{115-40}} = P_N\sqrt{1.48} = 1.217 P_N$$

由于额定电压不变，所以电流 $I = 1.217 I_N$。

（2）环境温度 50℃，电动机铭牌数据修正如下：
$$P = P_N\sqrt{1 + (1+0.8)\frac{40-50}{115-40}} = P_N\sqrt{0.76} = 0.87 P_N$$

由于额定电压不变，所以电流 $I = 0.87 I_N$。

参 考 文 献

[1] 顾绳谷. 电机与拖动基础[M]. 4版. 北京：机械工业出版社，2011.
[2] 李发海. 朱东起. 电机学[M]. 5版. 北京：科学出版社，2016.
[3] 李光中，周定颐. 电机及电力拖动[M]. 4版. 北京：机械工业出版社，2013.
[4] 许实章. 电机学[M]. 3版. 北京：机械工业出版社，2011.
[5] 唐介. 电机与拖动[M]. 2版. 北京：高等教育出版社，2007.
[6] 李发海，王岩. 电机与拖动基础[M]. 4版. 北京：清华大学出版社，2012.
[7] 陈隆昌，阎治安，刘新正. 控制电机[M]. 4版. 西安：西安电子科技大学出版社，2013.
[8] 张家生，王忠石，符永刚. 电机原理与拖动基础[M]. 2版. 北京：北京邮电大学出版社，2007.
[9] 唐海源，等. 电力系统分析学习指导[M]. 3版. 北京：中国电力出版社，2003.
[10] 刘启新. 电机与拖动基础[M]. 3版. 北京：中国电力出版社，2012.
[11] 唐海源，张晓江. 电机及拖动基础习题解答与学习指导[M]. 北京：机械工业出版社，2010.
[12] 李光中，刘金泽，林友杰. 电机及电力拖动习题解答与学习指导［M］. 北京：机械工业出版社，2013.
[13] 唐介. 电机与拖动学习辅导与习题全解[M]. 2版. 北京：高等教育出版社，2004.
[14] 马宏忠. 电机学[M]. 北京：高等教育出版社，2009.
[15] 任兴权. 电力拖动基础[M]. 北京：冶金工业出版社，1989.
[16] 章明涛. 电机学［M］. 北京：科学出版社，1980.